山东省棉花绿色高质高效生产技术规程与绿色高效棉作结构优化技术

王桂峰　主编

山东大学出版社

·济南·

图书在版编目(CIP)数据

山东省棉花绿色高质高效生产技术规程与绿色高效棉作结构优化技术/王桂峰主编 . —济南:山东大学出版社,2020.11

ISBN 978-7-5607-6791-8

Ⅰ. ①山… Ⅱ. ①王… Ⅲ. ①棉花-栽培技术-技术规范-山东②棉花-作物经济-经济结构调整-山东 Ⅳ. ①S562-65②F326.12

中国版本图书馆 CIP 数据核字(2020)第 226973 号

策划编辑	王桂琴
责任编辑	李昭辉
封面设计	王 艳

出版发行	山东大学出版社
社 址	山东省济南市山大南路 20 号
邮政编码	250100
发行热线	(0531)88363008
经 销	新华书店
印 刷	济南华林彩印有限公司
规 格	720 毫米×1000 毫米 1/16
	29 印张 552 千字
版 次	2020 年 11 月第 1 版
印 次	2020 年 11 月第 1 次印刷
定 价	72.00 元

本书编委会人员名单

序　言

棉花既是重要的纤维作物,也是重要的油料作物,还是纺织、精细化工原料和重要的战略物资。作为我国具有公共产品属性的重要基础性大宗农产品,棉花直接关系到基本民生保障和基础产业体系安全,在农业农村经济发展与乡村产业振兴中发挥着重要的作用。山东是我国特别是黄河流域棉区举足轻重的传统主产省份,山东省棉花生产技术指导站多年来一直致力于推动棉花高产稳产和转型升级,为全省乃至全国棉花稳产保供,防范棉花产业安全风险,促进棉农增收致富发挥了重要作用,做出了重要贡献。

近年来,受管理复杂、用工多、机械化水平低、比较效益差等多种因素的影响,山东棉花生产处于持续走低的状态。如何改变传统生产观念,规范种植技术规程,推广绿色轻简化栽培,提高棉花生产水平和效益,一直是摆在我们面前的一个亟待解决的重大课题。为此,以山东省专家学者为主的省内外广大棉花科技工作者和一线棉花生产技术推广人员贯彻新发展理念,落实高质量发展的要求,深入研究现代棉花绿色高质高效生产规律,着力探索总结棉花绿色高质高效生产组织机制、技术规程和生产模式,并在实际生产中不断进行验证示范和推广应用,取得了重要进展,有力地推动了山东省棉花生产绿色高质高效技术的推广应用,成为山东省棉花生产技术发展进步的突出亮点。

本书由山东省棉花生产技术指导站牵头组织,收录了省内外棉花生产权威科研机构的棉花专家和基层技术人员总结制定的多项棉花生产技术规程和棉花绿色高质高效生产研究成果,涵盖了全省不同区域、不同地力条件下棉花直播、套作、间作等不同种植模式和育种、耕播、中耕、植保、灌溉、施肥、整枝、化控、采摘等生产的全过程,是对山东省棉花生产绿色高质高效技术的最新总结和概括。本书既可作为山东省乃至黄河流域棉花科研工作者、技术推广人员和棉农的实际生产用书,也可作为农业高等院校相关专业的辅助教材。希望本书的出版发行能够对山东省棉花绿色高质高效发展产生积极的推动作用。

编　者

2020 年 11 月 8 日

目 录

第一章
山东省棉花绿色高质高效技术
经济创新体制构建路径研究

第二章
山东省棉花绿色高质高效实践路径研究

第三章　山东省棉花绿色高质高效技术规程

第一章

山东省棉花绿色高质高效技术经济创新体制构建路径研究

山东省棉花绿色发展转型的高质高效创建技术产业组织机制研究[①]

王桂峰[1]　秦都林[1]　张杰[1]　丛琛[2]　崔秀娟[3]

（1.山东省棉花生产技术指导站；2.乳山市农业农村局；
3.平阴县农业机械技术服务中心）

自进入 21 世纪以来，在经济全球化的推动下，世界主要经济体国家与新兴市场经济体国家相继进行了产业转型，同时加快了全球棉花市场的国际化进程及生产格局的重大变化，我国的主产棉区格局也随之发生了重大变迁。世界主要产棉国的竞争力持续变化，巴西、中亚五国、印度、非洲产棉国等国家和地区的棉花供给保持平稳增加，世界棉花产业转向孟加拉、越南、印度、柬埔寨等南亚和东南亚国家的进程加快，传统棉花产业规模资本大国澳大利亚、美国的国际竞争力在波动中保持稳定。

我国由 20 世纪的五大主产棉区（北方特早熟棉区、西北内陆棉区、黄河流域棉区、长江流域棉区、华南热带亚热带棉区）及其配套产业经济地理布局分布逐渐收缩至三大主产棉区（西北内陆棉区、黄河流域棉区、长江流域棉区），全国传统棉区的产业经济地理结构配套仍然呈产业中下游多极区域分布的状态。其中，2001～2010 年黄河流域棉区棉花产量全国占比 42%，西北内陆棉区全国占比 37.8%，长江流域棉区全国占比 25.4%，基本呈非均衡的"三足鼎立"状态[②]；到 2012 年西北内陆棉区仅新疆棉花产量便以总产量 308 万吨首次在全国占比达 50% 以上，2014 年西北内陆棉区的种植面积、总产量全国占比分别达 47.20%、60.72%，基本占到了全国棉花的"半壁江山"，2019 年全国棉花种植面

---

① 基金项目：山东省棉花绿色高产高效创建专项（鲁农棉字［2017］5 号）。第一作者/通讯作者：王桂峰，研究员，主要从事棉花产业技术经济管理研究、遗传育种与耕作学应用研究
② 参见王桂峰、张杰、王安琪：《全国棉花生产格局时景下山东省棉花生产保护区支撑体系构建》，《山东农业科学》2020 年第 5 期。

积 3339.2 千公顷,总产量 588.9 万吨①,其中西北内陆棉区(主要是新疆棉区,甘肃棉区甚小)种植面积、总产量全国占比分别为 76.66%、85.50%,呈现出"一枝独秀"的态势,如表 1 所示。

表 1　　　　　2019 年全国及各省(区、市)棉花生产情况

地区	种植面积(千公顷)	单位面积产量(千克/公顷)	总产量(万吨)
全国	3339.2	1763.7	588.9
天津	14.1	1262.0	1.8
河北	203.9	1115.3	22.7
山西	2.3	1307.9	0.3
江苏	11.6	1350.0	1.6
浙江	5.6	1454.8	0.8
安徽	60.3	921.0	5.6
江西	42.6	1546.7	6.6
山东	169.3	1158.0	19.6
河南	33.8	802.3	2.7
湖北	162.8	882.0	14.4
湖南	63.0	1299.0	8.2
广西	1.1	1032.4	0.1
四川	2.9	975.1	0.3
陕西	5.5	1399.5	0.8
甘肃	19.3	1689.5	3.3
新疆	2540.5	1969.1	500.2

　　数据来源:国家统计局关于 2019 年棉花产量的公告。

　　山东省位于东部沿海,随着工业化、城市化进程的加速以及传统要素价格的持续增长,导致山东省呈现出棉花生产规模缩减和植棉区域集而分散的变化态势,这基本也是全国棉区的一个缩影。自 2008 年以来,山东省棉花种植面积呈现出每年减少 53.33 千公顷的下行收缩走势,2017~2019 年山东省棉花播种

---

①　参见国家统计局.国家统计局关于 2019 年棉花产量的公告[EB/OL].(2019-12-17)[2020-08-13].http://www.stats.gov.cn/tjsj/zxfb/201912/t20191217_1718007.html.

面积分别为 290.80 千公顷、183.30 千公顷、169.30 千公顷①,总产量分别为 34.5 万吨、21.7 万吨、19.6 万吨(见表 2)。山东省 2019 年棉花种植面积和总产量仅相当于 1984 年峰值(棉花种植面积 1712 千公顷,总产量 172.5 万吨)的 10%,占山东省 266.67 千公顷棉花生产保护区面积的 63.49%。目前,山东省的棉花生产基本分布在鲁北、鲁西北、鲁西南三个植棉区,其中鲁北是黄河三角洲滨海盐碱地一熟传统棉区,鲁西北黄河故道为一熟、两熟混作老棉区,鲁西南为蒜棉套作两熟区,另外鲁中、鲁南棉区实为零散旱作微域棉区。2020 年,山东省植棉播种区域中,仅夏津、武城、惠民、鱼台、嘉祥这五个县由于实施了棉花统一供种及棉花目标价格保险等措施而使植棉面积略增或持平,其余各市、县、区均有不同程度的减少。

表 2　　　　　　　　　2001~2019 年山东省棉花生产情况

地区	种植面积(千公顷)	单位面积产量(千克/公顷)	总产量(万吨)
2001	735.40	1062.00	78.1
2002	664.83	1086.00	72.2
2003	882.29	994.00	87.7
2004	1059.85	1036.00	109.8
2005	846.00	1000.00	84.6
2006	890.34	1149.00	102.3
2007	855.22	1112.00	95.1
2008	802.05	1172.00	94.0
2009	686.36	1151.00	79.0
2010	624.34	945.00	59.0
2011	582.93	1043.00	60.8
2012	507.91	1012.00	51.4
2013	470.21	923.00	43.4
2014	393.94	1122.00	44.2
2015	325.34	1042.00	33.9
2016	465.20	1178.50	54.8

---

①　参见国家统计局.国家统计局关于 2019 年棉花产量的公告[EB/OL].(2019-12-17)[2020-08-13].http://www.stats.gov.cn/tjsj/zxfb/201912/t20191217_1718007.html.

续表

地区	种植面积(千公顷)	单位面积产量(千克/公顷)	总产量(万吨)
2017	290.80	1186.10	34.5
2018	183.30	1184.25	21.7
2019	169.30	1158.00	19.6

数据来源:2020 山东省农业棉花生产统计。

导致我国棉花生产格局与棉花产业重大变化的主要原因,一是当今科学技术的进步促进了棉花生产区域的进一步分工优化,使棉花生产的比较生产率低、比较效益低;二是国家粮食安全产业保障及 2014 年启动实施了新疆棉花目标价格改革补贴,并由此构建了目标价格长效机制,有序引导了全国棉花生产格局的变迁与内陆农业种植结构的调整。

棉花是我国重要的基础性并兼具准公共产品属性的大宗农产品,棉花产业关系到基本民生保障和基础产业体系安全,居于农业农村经济发展格局的重要位置。

2017 年,国家确定了山东省 266.67 千公顷棉花生产保护区规划。山东省是我国重要的棉花生产、消费、纺织服装出口大省,棉花产业经济总量及国际市场竞争力居全国前列,棉花全产业从业人员达 260 万~300 万人,棉花产业为山东省传统棉区 8 市 23 县(市、区)广大农民及城镇职工就业创业收入的重要渠道。[①]

2020 年春季,由于全球新冠病毒疫情及经济大幅下行压力加大,导致我国与世界经济贸易的不确定性加剧,国内棉花市场价格同比长期处于低位徘徊态势,棉粮价差大幅缩小,山东省传统植棉业以及我国棉花产业的总体走势将持续以适度增大的降幅下行,地区性的植棉业态存续及棉花产业经济发展可持续性受到了严峻挑战。

基于山东省棉花生产对传统要素的高度依赖及净流出,相对于植棉业原有自然资源生态条件、棉作生态位、棉花产业经济大省的比较优势禀赋下的传统棉作生产窘境,加快变革传统棉花生产要素约束,以"绿色发展"的理念为技术产业组织创新驱动,引入生物技术与数字信息技术,建立绿色发展、动能支持的绿色高质高效产业转型,实现全省种植业生态化生产体系的新型棉作结构及融合协调机制,建立山东绿色高质高效现代棉花供给体系构置,就成了重要的发

---

① 参见王桂峰、纪凤杰、张捷:《山东省棉花产业发展报告》,中国农业出版社 2019 年版,第 1~157 页。

展路径措施。①

一、以绿色发展新动能驱动的棉花绿色高质高效产业模式,是新时代支撑棉花产业高质量发展的客观要求

我国农业农村经济的快速增长带来的不可再生资源匮乏与环境问题,构成了人与自然的特殊约束关系,转变经济增长方式,发展"绿色经济产业"模式,实现绿色发展转型,就成了解决这一问题的必然选择。②

棉花生产是土地、劳动、资本密集型产业,棉花的发育生长自然周期长、产业链条长,其资源环境约束性相对比较重。2016 年,原国家农业部启动了棉花绿色高产高效创建项目,2018 年调整为棉花绿色高质高效创建活动。我国棉花绿色发展总体框架技术产业设计和主要技术集成的绿色高质高效模式试验创建机制的持续完善,推进了山东省传统棉花生产要素依赖的绿色高质高效发展的转型进程。

棉花(cotton)属于锦葵科(*Malvaceae*)棉属(*Gossypium*),原产于亚热带,为短日照的碳三生理生化型灌木植物,其光合生物量、光合固碳能力抗逆环境强,具有无限生长性、营养生长生殖生长交织重叠性长、再生能力显著等生物生理特性。

棉花纤维由棉花种皮纤维单细胞凸起发育,经纤维伸长、加厚、捻曲三个阶段,发育成熟为具有纤维次生壁较厚、中腔适度、天然捻曲多、抱合力强、成纱强度大等自然生理结构特征的绿色植物纤维,其化学组成为天然高分子碳水化合物[化学结构式为$(C_6H_{10}O_5)_n$],优于韧皮纤维结构植物纤维材料的性能,是全球五大天然纤维中唯一由农作物种子可持续生产的纤维资源绿色材料。棉纤维制品具有非静电、天然吸湿性强、透气性适宜、能保暖适温、体肤适着度优异等独特的天然植物纤维产品固有特质,是化纤织品、粘胶织品等纺织工业材料产业不可替代的、可持续的绿色基础性纺织原材料资源。棉花产业是纺织服装业不可替代的基础产业。棉花除了含有原棉纤维外,其棉仁约占棉籽重量的50%,棉仁中含有 35%以上的高质量油脂和 37%～40%的蛋白质(含氨基酸较齐全);棉籽油和棉籽蛋白分别占世界食用植物油和蛋白总供给量的 10%和6%,是优质饲料蛋白原料和植物油料的重要来源。在种植业结构调整优化和耕地集约化利用方面,棉花对于大豆、花生、饲用玉米种植区域单位的等位种植

---

① 参见张长娟.树牢绿色发展理念实现农业高质量发展[EB/OL].(2019-04-12)[2020-08-17].ht-tp://theory.gmw.cn/2019-04/12/content_32735500.htm.

② 参见韩俊.关于实施乡村振兴战略的八个关键性问题[EB/OL].(2018-05-04)[2020-08-23].ht-tp://www.rmlt.com.cn/2018/0504/518093.shtml.

均具有兼具结构替代效应。棉花是集绿色植物纤维、高蛋白质原料及油料"棉、粮、油"产品结构于一体的复合型作物,具有优质蛋白饲料产业和优质食用油脂产业价值,产业链拓展延伸潜力巨大。[①]

在作物学分类里,棉花一直处于最重要的工业原料作物基础位置,是主要的经济作物之一。

目前,绿色概念、绿色发展与绿色发展新理念已被提出,农业绿色发展方式也已开启,主要表现在:

(1)绿色发展已经由概念上升为新发展理念与发展原则。绿色是大自然的底色本源,意指人与大自然的和谐共生状态。[②] 2012年"五位一体"总体布局被纳入了党的十八大报告,提出要协同推进工业化、城镇化、农业现代化、信息化和绿色化"新五化"发展。2013年的中央相关工作会议中就提出,要坚持生态文明,着力推进绿色发展。党的十八届五中全会正式提出了"绿色发展"的理念,将绿色发展列入"十三五"规划。党的十九大报告确定了坚定不移地贯彻创新、协调、绿色、开放、共享发展的理念,这是新时代关于发展理论的历史性重大发展,并为中国推进生态文明建设和绿色发展确立了基本路径,树立了绿色发展新理念,要求坚持节约资源和保护环境,形成节约资源和保护环境的空间格局、产业结构、生产方式、生活方式,加快建设实体经济、科技创新、现代金融、人力资源协同发展的产业体系,构建协调环境效益和经济效益统一有效支持的绿色金融支持方式。[③]

绿色发展是以最少量资源的优化高效配置和最大限度生态环境保护的方式而逐步减少并摆脱对传统资源能源长期依赖的经济社会发展方式,旨在建立人与自然的生态平衡系统。绿色发展的关键是生态、环境、资源要素相协调,发展绿色经济体系,实现经济社会生态协调的绿色发展转型。

(2)农业绿色发展规划与农业绿色发展行动的落实。党的十八大确定了"五位一体"总体布局的生态文明建设重要组成,推进农业绿色发展是农业供给侧结构改革与推进乡村振兴、农业农村现代化发展的方向和基本要求。

绿色农业集节约资源、保护环境、高质供给为一体,是一种农业生产生态和经济效益协调提高的可持续农业发展模式。绿色农业是现代农业发展的创新驱动力,其关键是通过把绿色农业高新技术广泛应用于产业创新,构建现代农

---

① 参见王桂峰、纪凤杰、张捷:《山东省棉花产业发展报告》,中国农业出版社2019年版,第1～157页。

② 参见韩长赋:《大力推进农业绿色发展》,《人民日报》2017年5月9日。

③ 参见张长娟. 树牢绿色发展理念实现农业高质量发展[EB/OL]. (2019-04-12)[2020-08-17]. http://theory. gmw. cn/2019-04/12/content_32735500. htm.

业绿色产业体系,形成农业绿色生产体系与绿色经营体系,实现农业的绿色发展方式转型。

2017年4月,原国家农业部印发了《农业部关于实施农业绿色发展五大行动的通知》,全国农业绿色发展"五大行动"相继展开。同年9月,中央出台了《关于创新体制机制推进农业绿色发展的意见》,绿色发展理念成为我国农业农村发展的重要原则。2018年4月,我国发布了《中国农业绿色发展报告2018》,我国农业绿色发展模式探索取得了成效。2019年4月,农业农村部办公厅印发了《2019年农业农村绿色发展工作要点》,强调持续推进农业绿色发展工作,提升农业农村绿色发展水平。

二、绿色发展的溯源和绿色发展理念的确立

"能源"与"环境"是影响世界发展格局变化的两大主题。能源是工业社会形成发展的直接动力和人类社会赖以生存的重要物质基础,环境则直接关系到人类社会的延续生存和发展,是重要的现代生产要素。

当今世界以化石资源为主导的不可再生传统能源(煤炭、石油、天然气三大化石燃料资源)年消耗量大约为100亿吨石油当量。[①] 能源的挖掘开采应用过程产生的污染排放,已成为环境污染与生态环境破坏的最主要因素,导致了全球气候变暖、臭氧层破坏、酸雨蔓延、生物多样性减少、干旱、土壤退化沙化等世界性的严重环境问题。

(一)传统能源资源的过度依赖、严峻环境问题与催生绿色概念的提出和全球绿色产业转型

绿色概念的产生始于人类与环境之间的严峻矛盾问题,可溯源到世界性资源环境日益约束下的工业革命。

(1)全球一次能源结构分布及不均衡消费。目前,化石燃料资源仍是世界上最主要的能源资源,全球一次性能源储量主要集中在少数区域的少数国家,三种主要化石能源的资源储量中,世界十几个国家占有3/4以上。[②] 世界范围内的能源资源的不均衡分布及消费不平衡,对全球政治、经济、军事产生了重大影响。全球性的能源结构和能源生产结构、能源消费结构不平衡、不协调,一直是世界范围内政治、经济、社会广泛关注的焦点。

我国的能源状况、能源问题也是中国经济发展面临的重要问题,主要表现

---

① 参见周乃君主编:《能源与环境》,中南大学出版社2013年版,第1~20页。

② 参见周乃君主编:《能源与环境》,中南大学出版社2013年版,第1~20页。

在以下几个方面：

一是能源资源严重不足。我国常规能源总资源量约为 8200 亿吨标准煤，按由多到少的顺序依次由煤炭、石油和天然气组成。

二是能源资源的分布与需求不匹配。我国以不可再生能源——煤炭为主要能源供应，我国的煤炭呈"南多北少，西多东少"分布，为主要能源污染源。煤炭的大量消耗造成的大气环境污染会严重影响气候变化，造成土壤酸化、粮食减产和植被破坏。①

（2）世界性的石油资源危机与环境问题加剧，推进减少传统石化能源依赖的新型技术产业萌发及传统工业产业全球转移。

（3）全球性的生态破坏、资源能源短缺、环境问题频发，引发了地区性的能源资源局部冲突社会危机加剧。

1971 年 7 月，第七次美元危机爆发，美元与黄金挂钩的布雷顿森林体系瓦解，美元随后又锚定石油，开启了美国经济产业服务业主导化及去制造业的进程，并由此主导了经济全球化的产业资源配置。中东地区拥有全球已探明石油总储量的 65% 以上，曾经发生过 7 次较大规模的战争冲突，特别是 1973 年的第四次中东战争，更是直接推动了美国去制造业的进程及经济产业服务业主导转型，并主导了经济全球产业的资源配置，由此提升并确立了美国世界领先的信息技术产业发展方向，催生了信息技术产业的成长成熟，进而形成发达的信息社会，力导经济全球化态势和全球产业链转移构置。第一台电子模拟计算机、第一台半导体晶体管计算机、第一台集成电路计算机均诞生在美国，并由此加快了依赖石油能源的美国汽车制造、钢铁等产业的衰退和转移。

基于对传统工业社会、城市化模式引发全球性生态危机与经济危机的反思，推进了对传统生产发展、生活消费方式、产业模式转型的研究。1989 年，英国环境经济学家皮尔斯等人在《绿色经济蓝图》中提出了"绿色经济"的概念，强调经济发展与环境保护相统一，建立经济持续发展机制。②

（二）环境问题的产生过程加快与能源结构形式演变

人类的生存和发展需要充足的能源和良好的环境。能源是重要的物质基础，环境是可持续发展的基本保障。环境问题是指以人类社会为中心的事物及周围事物环境之间的矛盾，人类与环境之间相互的消极影响就构成了环境问题。环境问题分为第一环境问题和第二环境问题，第一环境问题又称"原生环境问题"，是指没有受人类活动影响的自然环境问题；第二环境问题即由人类的

---

① 参见万金泉、王艳、马邕文编著：《环境与生态》，华南理工大学出版社 2013 年版，第 1～183 页。

② 参见程发良、孙成访主编：《环境保护与可持续发展》，清华大学出版社 2014 年版，第 1～77 页。

社会经济活动引起的次生环境问题,又分为环境污染、生态环境破坏等。[1]

环境污染是指人类活动产生并排入环境的污染物或污染因素超过了环境自存容量和环境自净化能力,使环境重要组分及状态发生了改变,导致环境质量恶化,干扰加剧影响人类的正常生产生活,如工业"三废"排放引起的大气、水体、土壤污染等。

生态环境破坏是指人类开发利用自然环境和自然资源的社会性活动超过了环境的自我调节能力,使环境质量恶化或自然枯竭,影响破坏了生物正常的发展演化以及可更新自然资源的持续利用,如砍伐森林引起土地沙漠化、水土加快流失和一些动植物物种灭绝等,其严重关联到耕地休耕与生物资源多样性的生态结构完整稳定。

环境污染是指人类活动使环境要素或其状态发生变化,扰乱和破坏了生态系统的稳定性及人类的正常生活条件的环境质量恶化状况,实质是人类活动中将大量污染物排入环境,改变了环境原有的性质或状态,使环境的自净能力降低及生态系统功能减退。环境污染会导致日照减弱、气候异常、土壤沙化、盐碱化、自然灾害频发、生物物种急剧减少等。

环境污染物一是来自人类生产过程,主要是自然界中原来不存在的大量人工合成的有机化合物(近200万种)、固体废弃物排入环境;二是来自人类生活,如生活污水、垃圾排放等。

环境污染物以气态、液态、固态及胶态四种状态污染大气、水体、土壤及生物(包括人类),主要表现为大气污染、水污染和土壤污染。

(1)从工业革命到20世纪初。在这一时期,人类社会的能源以煤炭为主,重工业导致大气中的污染物主要是粉尘和二氧化硫,以及矿山冶炼、制碱工业导致的水体污染。[2]同时,气候开始变暖,地表温度开始不断上升,农业耕作制度也相应地发生了变化,生产效率降低。

(2)20世纪20年代到40~50年代,石油工业带动了经济产业体系的巨大发展变迁,进而加剧了全球性的环境污染。

在这一时期,人类社会的能源结构主要是煤炭、石油,引发了石油及石油制品污染,导致大气中的氮氧化合物含量增加,产生了光化学烟雾。有机化工、汽车工业、巨型船舶及高空飞行器污染了海洋和大气环境,环境问题成了具有普遍性的社会问题。[3]

(3)20世纪60~80年代,传统能源的高频开发及高强度利用推进了石油

---

① 参见万金泉、王艳、马邕文编著:《环境与生态》,华南理工大学出版社2013年版,第1~183页。

② 参见周乃君主编:《能源与环境》,中南大学出版社2013年版,第1~20页。

③ 参见程发良、孙成访主编:《环境保护与可持续发展》,清华大学出版社2014年版,第1~77页。

业、农业和化工业的快速发展,催生了可持续发展理念的提出及绿色产业的诞生。

产业资本密集效应、科技进步、世界人口增加、城市化进程加快与石油化工业的迅速发展,使社会生产力高度发展;无止境的自然资源开采、无偿利用环境的社会生产方式,超负荷的大气、水、土壤、生物资源污染及生态环境破坏,以及全球气候变暖加速、海平面上升、臭氧洞耗损、酸雨蔓延以及有毒化学品与化肥、农药严重过量使用,诱发了全球"八大公害""城市热岛效应""城市病"以及农业耕作制度效率显著下降等新的环境问题。

世界性人口、资源能源、生态环境问题严重交织,尤其是气候的迅速变化改变了全球降水,导致降水结构出现变化,全球中纬度地区降水快速增加,大气湿度增加。在我国,受此影响,西部地区正在变暖变湿,干旱程度在减弱,大部分地区暖湿化明显。据气象统计,2020 年山东鲁中、鲁东沿海地区夏季降雨量为自 1960 年以来最大。①

世界性的能源资源环境问题弱化、动摇了现代经济社会赖以存在和发展的基础。1962 年,美国海洋生物学家卡森(R. Carson)的《寂静的春天》一书问世,该书针对使用农药造成的严重污染问题,阐明了人类生产活动与"寂静的春天"间的内在机制及其同大气、海洋、河流、土壤、生物间的密切关系。1972 年,联合国人类环境会议秘书长斯特朗(M. Strong)受托编写发表了《只有一个地球》,该文件立足整个地球的发展前景,以不同维度阐述了全球性环境问题已成为人类面临的最大的生态生存问题,并基于石油资源的有限供给提出了石油经济模式增长的不可持续性。挪威前首相布伦特兰夫人(Gro Harlem Brundtland)主导撰写的报告《我们共同的未来》在 1987 年经第四十二届联合国大会审议后出版,这部关于人类未来的报告系统探讨了人类面临的一系列重大经济、社会和环境问题,提出了著名的"可持续发展"的概念。②

(4)自 20 世纪 80 年代以来,人口增长与经济发展方式的不协调,以及全球能源资源与生态环境叠加的协同增加作用,加快了自然资源与生态环境依赖的经济增长方式转型。

人口增长及人们生产生活需求的增加,不断侵蚀着野生动物的生存空间,危胁着全球生态系统的稳定。目前,全球人口攀升到了 74 亿,全球变暖和气候改变加剧,1983 年后均为近百年来出现的最暖年份。③

自 20 世纪 90 年代以来,以煤炭、石油为主的能源结构仍长期存在,二氧化

---

① 参见程发良、孙成访主编:《环境保护与可持续发展》,清华大学出版社 2014 年版,第 1~77 页。
② 参见程发良、孙成访主编:《环境保护与可持续发展》,清华大学出版社 2014 年版,第 1~77 页。
③ 参见万金泉、王艳、马邕文编著:《环境与生态》,华南理工大学出版社 2013 年版,第 1~183 页。

碳、二氧化硫、沙尘、烟尘、粉尘等污染物的持续排放以及化学需氧量(COD)、各种有毒气体、重金属、难降解物、辐射物、噪声等次生干扰增大,人类的生产生活及土地利用活动粗放,工业化、城市化过度排放效应促进全球气候暖化、土地耕层流失、土地暖化、农作制度无效化、食物短缺等趋势加重。

在生态系统中,生物多样性是维持生态系统稳定的基础,生物多样性降低会使生态系统功能退化,生态系统的社会稳定性也会下降。随着工业化进程的加快和生产力的高速发展,次生干扰高频高程度发生,人类与环境之间物质、能量、信息相互连接,形成了更为复杂的人类环境关系,导致生态环境问题越发严重。

一个生态系统中,某个或某几个因素发生明显改变,就会导致生态系统严重受损。全球生态系统的生物多样性是生态系统维持稳定的基础。人口激增、跨境活动和过度追求扩大开采自然资源,无偿利用环境的高能耗、高投入、高排放、高污染的经济增长生产方式与逆全球化、贸易保护等因素叠加起来,给世界经济社会造成的影响的广度和深度超出预期。

全球生态平衡问题加剧的经济产业体系运行的巨大不确定性变化,在迅速改变着人类的生活方式、生产方式,绿色低碳循环经济产业体系与绿色生产生态生活形态出现了重大转型。

三、21 世纪全球经济绿色转型与我国推进绿色经济发展

全球绿色经济产业发展正在逐步转型加快,减少对传统能源产品结构的过度依赖,世界经济绿色发展的软实力正在日益增强。

(一)21 世纪发生的金融危机促进了全球经济发展转型

进入 21 世纪以来,随着全球资源环境双重约束的持续增强,以及全球经济快速增长对传统能源产品结构的过度依赖与对环境生态要素的严重透支,导致世界主要发达国家经济产业体系的内部服务业发展支撑结构的全球产业链、价值链过度扭曲虚拟化,最终导致了 2008 年美国爆发的金融危机,以及由此引发的国际金融市场危机。

在此背景下,世界主要经济体美国、欧盟、日本以及部分发展中国家推进了经济产业体系的发展转型,逆全球化开始显现,绿色产业经济发展模式的新型驱动也在加快探索。因此,以自然资源、生态环境相协调的新技术、新产业、新经济增长方式为动力的世界经济绿色发展软实力显著增强,绿色经济产业发展新进程进入了提速成长扩张期。

联合国在 2016 年正式开始实施"2030 年可持续发展目标",同年 11 月《巴黎协定》生效,世界绿色发展与绿色合作步入了新时期,世界将在绿色发展的更深、更宽广的路径上,从供应链、产业链、经济社会区域结构布局上,建立新型绿色经济社会产业发展结构体系和地区性、区域性的绿色循环空间布局。

(二)我国确定了减排目标,加快了绿色经济发展

2008 年后,我国正式明确了减排目标,要求到 2020 年单位国内生产总值二氧化碳排放量在 2005 年的基础上减少 40%～45%,从此我国经济发展的绿色转型进入了快车道。

为了加速推进绿色发展,我国开展了建设"美丽中国"的战略部署,健全了绿色、低碳、循环发展的经济体系。我国的绿色发展示范引领着经济社会发展取得了重大成效。据国家统计局数据显示,改革开放前,我国以工业为主导,工业增加值长期占 GDP 的 40%;2006 年出现结构新型拐点,2013 年我国服务业占比超过工业,成为第一行业部门和经济增长新引擎;2019 年全年,我国国内生产总值为 990865 亿元,其中第一产业增加值 70467 亿元,第二产业增加值 386165 亿元,第三产业增加值 534233 亿元,人均 GDP 超过 1 万美元。2019 年全年,全国服务业生产指数同比增长 6.9%,其中第三产业增加值占国内生产总值的比重为 53.9%。

四、我国农业绿色发展的传统生产生态要素结构简析

我国人口、自然资源及生态环境的特殊约束性,构成了我国农业农村经济社会发展的特殊瓶颈关系。

(一)农业资源日益趋紧与地理分布不平衡

我国农业发展的基础资源薄弱,农业劳动力结构性稀缺,与耕地、淡水、生物资源减少及不平衡的矛盾正在日益加剧。

我国耕地面积分布与水资源分布呈逆向,时空分布不均及年际变幅大,旱涝多发。我国人均耕地已降为 670～1000 公顷,局部已降为 330 公顷;水资源人均拥有量占世界人均拥有量的 1/4[①];水资源时空分布很不均衡,冬春少雨,夏秋洪涝,东南分布多,西北分布少;西南光能资源少,长城以北热量不足,区域性的能源不足等,都影响了农业的稳定发展。

---

① 参见程发良、孙成访主编:《环境保护与可持续发展》,清华大学出版社 2014 年版,第 1～77 页。

（二）农业发展生态环境受损的环境污染和生境破坏突出

生境破坏引起自然灾害频发,农业环境污染局部蔓延,影响了农业生产质量和农产品市场贸易。

我国农业农村总体生态环境正在加快改善,但与局部地区的农业生态环境问题并存,内外源污染、耕地质量问题及土壤重金属与电子产品污染问题不可忽视,主要表现在:

（1）农业气候条件异常加重,生态破坏引起的自然灾害频发,致使农业生产环境受损。

（2）农田生产生态失衡,水土流失面积占国土面积的38％,荒漠化面积占国土面积的27.3％,土壤退化、次生盐碱化难以抑制,生物多样性受到了影响。

（3）农业环境污染问题。农田化肥、农药和农膜等农用化学品的过量及施用方式不当导致残留重、利用率低,局部酸雨、农业废弃物造成了面源污染。

综上简述,相对我国棉花生产较重要的土地、光、热、水资源、劳动力、资本等生产要素密集型及气候水资源分布的影响,棉田次生盐碱化、农业面源污染问题等约束性矛盾正在日渐变强,内陆宜棉区、次宜棉区均较严重。

五、当今农业发展阶段的演变与我国农业绿色发展的探索推进

作为第一产业,农业的发展主要历经了古代自然农业、近代人力手工半机械农业、工业化农业、生态农业的演进过程,今天已发展为绿色农业。[①]

（一）当今农业的演进发展历程

农业是人类社会的第一产业,农业文明的提升以农业工具和主要能源动力效率的变革为标志。农业发展主要历经了古代农业（自然农业）、近代农业（人力手工半机械农业）、工业化农业、生态农业的演进过程,并已发展成为绿色农业,形成了了开放式的能量转换循环系统。相对于20世纪70年代后"石油农业"模式的农业资本高度集约对能源环境的严重约束收紧,"生态农业"的概念走入了人们的视野,意在建立物质能量于农业生态系统中多级循环、重复利用的农业生态化生产系统。"生态农业"的概念及模式试验可视为当代绿色农业的初级探索。

---

① 参见高志刚:《产业经济学》,中国人民大学出版社2016年版,第93～143页。

(二)我国农业绿色概念的提出与加快推进农业绿色发展

农业绿色发展是农业高质量发展的新型创新驱动力,其关键是通过农业绿色高新技术的重大突破及绿色技术集成,建立农业绿色高质高效产业体系,提升绿色高质生产体系和绿色高效经营体系水平能力。

1. 我国农业绿色概念的提出与农业绿色发展的形成

农业绿色发展的概念性初级阶段是生态农业探索期,在此之前是优质高产高效(即"两高一优"农业)、可持续农业的实践。

20 世纪 80~90 年代以后,"两高一优农业""无公害农业""有机农业""生态农业"及其绿色农产品品牌标志认证等主要基于农产品的健康营养及产地环境状况、特色品牌农产品等,并以其为主要特征探索演进。

我国学者于 20 世纪 80 年代中期开始关注研究绿色农业,在 2003 年提出了"绿色农业"的概念。2013 年,九三学社向中央提交了全国政协会议第 0001号《关于加强绿色农业发展的提案》,建议构建绿色农业产业体系。

2. 我国农业绿色发展的确立及加快推进落实发展

绿色是农业的大自然本色,农业的绿色发展转型构成了农业生态文明建设的重要组成部分。2017 年 4 月,国家农业部印发了《农业部关于实施农业绿色发展五大行动的通知》,同年 9 月,中央出台了《关于创新体制机制推进农业绿色发展的意见》,确立了"农业绿色发展"的体制机制,明确了农业绿色发展的政策导向。2018 年 7 月,国家农业农村部发布了《农业绿色发展技术导则(2018~2030 年)》,部署构建支撑农业绿色发展的技术体系。2019 年 11 月,农业农村部办公厅印发了《农业绿色发展先行先试支撑体系建设管理办法(试行)》,部署各试点县编制农业绿色发展先行先试支撑体系建设方案,我国农业的绿色发展模式试点构建工作进展取得了显著成效。

六、山东省棉花绿色发展转型的必要性及绿色技术集成的产业创新组织推进

棉花为短日照作物,具有无限生长特性、营养生长和生殖生长重叠较长、生育期与成熟期及收花期均较长等特点。棉花作为纺织业基础性绿色纤维材料资源,其产业链条长,资本化程度高。

棉花为土地、劳动、资本等传统生产要素密集型的大宗农产品,棉花生产的农艺农机技术衔接配套与产业中下游的工艺技术结构融合度相当复杂,植棉业的自然生态脆弱性和产业弱质性明显,并因此具有了金融衍生品的特征。

基于植棉业传统要素严重依赖的低效生产方式及纺织工业链条相互割裂,

地方性及区域性棉花生产基本面的收缩下行加快,通过提升棉花绿色高质高效创建而形成高效技术产业模式,引领山东省棉花产业绿色发展转型及构建棉花高质量发展机制,就成了绿色技术集成与高质高效产业组织的重要路径选择。

(一)山东省实施绿色高产高效创建,示范引领棉花产业提质增效转型升级

2016～2017 年,根据国家农业部绿色高产高效创建方向提出的目标要求,山东省结合山东棉花生态生产区域分布,为了体现绿色内涵和提升棉花产量效益,开展了棉花绿色高产高效创建县试点示范,并着重简化栽培技术,减少农业化学品投入并适度替代,为棉花病虫害植保统防统治提供社会化服务,构置了高产体系组织配套,编制了省级创建实施方案(见表 3)。

表 3　　山东省 2016～2020 年棉花绿色高质高效创建项目县汇总表

年份	项目县(市、区)
2016	夏津
	无棣
	利津
	金乡
	巨野
2017	沾化
	成武
	鱼台
	垦利
2018	高唐
	巨野
	无棣
2019	东平
	夏津
	金乡
2020	单县
	惠民
	昌邑
	宁津
	东平

实施项目县的农业部门单位会同财政局根据当地棉花种植及地产棉产业结构需求,以棉花大县为单元试点示范,在市级相关部门的指导下编制县级具体实施方案,成立县级项目棉花领导小组、技术小组管理体制,集成组装节种、节水、节肥、节药等绿色技术模式,辐射带动区域性绿色高产高效工作,围绕标准化的技术集成、试验示范模式引领,建立适宜当地的高效棉花产业体系及新型高效产销机制,抑制当地产棉大县、区棉花产业的下行衰退趋势,稳定棉花生产。

随着项目推进实践,相关县、区植棉规模收缩下滑的速度有所降低,但不同程度的下滑趋势仍然未能扭转,尤其是东营、滨州两市,棉花生产以每年 66.7～133.4 公顷的速度下滑。究其原因,一是对棉花绿色发展的认识存在局限性,对绿色高效产业模式及绿色技术集成缺乏相关的构建支撑,部分市、县、区棉花公共管理技术服务体系还停留在高产创建时期,棉花生产方式长效性预期不高。二是传统植棉结构、方式与属地化的纺织工业机械装备质量技术结构仍然不合,地方区域棉区的一、二、三产分离状态严重。

(二)山东省持续推进棉花绿色高质高效创建县域试点示范工作,总结形成棉花绿色高质高效生产技术规程

2018 年年初,农业部发布了《2018 年种植业工作要点》,强调要绿色兴农、质量兴农,推进绿色发展,持续推进种植业结构调整,提高种植业发展质量。2018 年 5 月,农业农村部、财政部联合印发了《农业农村部 财政部关于做好2018 年农业生产发展等项目实施工作的通知》,确定在 2018～2020 年调整棉花绿色高质高效创建提升工程的基本要求,推进棉花供给侧结构性改革,加快棉花绿色发展转型,建立棉花绿色高质高效创建的技术产业模式。

根据农业农村部和财政部的总体要求,即提升农业发展质量,支持绿色高效技术推广服务,开展棉花绿色高质高效整建制创建,集成推广"全环节"绿色高质高效技术模式,探索构建"全过程"社会化服务体系和"全产业链"生产模式,辐射带动"全县域"生产水平提升,努力增加绿色优质农产品供给,实现订单种植和社会化服务全覆盖,山东省积极开展了棉花绿色高质高效创建工作,根据全省棉花生产生态布局及绿色生态产业类型,分别于 2018～2020 年相继开展了绿色高质高效技术结构调整试验、技术集成、产业模式创新构建,并配套组建了省级专家组,科学编制了省级总体方案,总结编制了 94 项山东省棉花绿色高质高效生产技术规程,以此强化省级方案的绿色标准化、生产技术规程化、绿色高效产业模式创建的技术标准典型引领,突出棉花产业融合,推进绿色高质高效创建工作迈上新水平。

2020 年,山东省在平阴县、东营区、寿光市、夏津县、武城县、鱼台县开展了棉花目标价格保险试点建设,结果显示,绿色金融政策支撑效果明显。山东省传统棉作结构试点县东平县、巨野县、高唐县、金乡县、单县等绿色生态生产结构调整优化技术模式试验已初具绿色技术集成的高效模式框架。

项目创建县的组织实施过程中,局部县级棉花公共服务体系弱化及棉花技术队伍的专业技术结构老化,非专业的断层趋势较重,棉花技术集成实验设计能力、试验数据收集梳理分析总结能力亟待提高;同时,个别县、区存在重物化产品购置而淡化绿色技术筛选组装试验方案的因地制宜组织规范管理的问题,忽略了棉花产业融合、棉作生产生态布局的可操作性,设计具体路径实践性研究总结缺乏数据的综合支持。

山东省棉花绿色高质高效创建项目的实施进程中,注重加强项目创建市、县、区之间的技术考察学习交流,强化了棉花绿色技术集成与高质高效产业构置的专家培训。

山东省棉花绿色发展转型的绿色技术集成度、产业融合度得到了持续提升,各有关创建县及传统棉作结构调整试点县初步建立了"粮、经、饲"三元结构的鲁西南棉区蒜后直播短季棉绿色高效模式、鲁西北黄河故道棉区及鲁中旱地棉花花生"双花"绿色生态高效间作模式、鲁北盐碱地棉草轮作两熟生态典型模式等,同时开启了鲁南地理边缘棉区麦后直播短季棉试点与马铃薯后作短季棉及鲁北中早熟棉晚春直播技术集成产业模式,推动了山东棉花绿色发展的新进展,棉花绿色高质高效创建成了当地棉花生产技术公共服务管理系统开展指导棉花生产技术服务的重要组织平台。

七、基于山东省棉花绿色发展转型的高质高效产业模式机制构建路径

棉花产业的绿色发展主要包括棉花绿色生产与高质高效产业模式配置,是最精简节约的生产要素资源利用与生态环境保护要素的产业平衡体系,是以生物技术、信息技术、数字技术相结合的高质量原棉生态化生产的棉花全产业融合导向的新型技术专业职业主体的生态区域标准化生产高效供给体系机制构置。山东省的棉花绿色发展以棉花产业关联的知识、数据、信息、技术为新生产要素,实现了棉花绿色高质高效模式创建发展的绿色发展力驱动,推进了棉花供给侧结构性改革,助力了乡村振兴。

山东省的棉花绿色高质高效发展方式既要面向国际市场,主要是相关棉花产业国际合作发展循环体系,又要着眼于国内棉花全产业链、价值链大循环主体体系的高质高效供给保障机制,以及山东省绿色新型棉作结构的"粮、经、饲"三元产业产品体系生态高效配置。

（一）山东省棉花自然生态条件及传统棉作的纤维品质质量结构、棉花品种结构、棉花生产问题与棉花生产的生态区划空间选择

1. 山东省主产棉区自然生态资源的不均衡及其变化

自 20 世纪 90 年代以来，山东省主产棉区受棉铃虫危害及黄萎病影响，棉田质量下降，生产成本升高，比较效益降低。

山东省属暖温带季风气候，降水集中，雨热同季，春秋时短，冬夏较长，年平均气温为 11～14 ℃，全省气温地区差异东西大于南北，全年无霜期由东北沿海向西南递增，鲁北和胶东一般为 180 天，鲁西南地区可达 220 天。

山东省棉区不低于 15 ℃的积温为 3500～4100 ℃，无霜期 180～230 天，年日照时数 2200～2900 小时，大部分县域不低于 15 ℃的积温为 3500～3600 ℃，仅能满足中早熟棉花品种对热量的需求；年降雨量 500～800 毫米，多集中在7～8 月份，雨量分布、土壤等生态条件也有较大差异，春末初夏多有旱情发生，春秋日照适中，利于棉花生长和吐絮，由南向北逐渐减少，差异较大，晚秋降温不利于秋桃成熟与纤维成熟。基础棉田土壤以壤质的潮土为主，鲁西北棉区以沙壤土盐碱地为主，鲁北黄河三角洲及环渤海植棉区主要是滨海盐碱地。

2. 山东省纺织产业产能持续优化，全国棉花纺织服装业原棉材料需求基本稳定，但也有结构变化趋势

（1）山东棉花产业配套能力与纺织服装业的发展。山东省纺织服装产业是全省五大万亿级产业之一，纺纱、服装、家纺、产业、化纤、制造、纺机、棉花副产品加工业等纺织产业链条构成的全部产业细分门类齐全，尤其是纺织服装产业体系完善，协同发展能力强，产业集群分布较广，具有一批产业链完整系统且规模实力强的大型企业集群。山东省家纺、服装、产业用纺织品三大终端产业发展占全行业比重的 1/3，为全国纺纱规模最大的省份。[①]

2005 年后，山东省棉纱产量位居全国第一，具有 3400 万纱锭产能。2005～2013 年，山东省年均棉纱产量为 648.3 万吨，全国占比 1/4 以上；2014 年为 856 万吨，织布 115 亿米，纺织用棉 350 万吨，出口 222 亿美元，规模以上纺织服装企业有 4093 家，省政府认定的棉花收购企业有 389 家。[②]

2009 年，山东省有棉花收购加工企业 569 家，规模以上纺织服装企业 5394 家，纱锭 3000 余万枚，纺纱 668.8 万吨，织布 129.3 亿米，纺织用棉 450 多万吨，纱产量占全国的 1/4，纺织服装业总产值 6000 多亿元，出口 142.4 亿美元；全省

---

① 参见王桂峰、纪凤杰、张捷：《山东省棉花产业发展报告》，中国农业出版社 2019 年版，第 1～157 页。

② 参见王广春、代建龙、董合忠：《山东省棉花产业现状与发展对策和建议》，《中国棉花》2016 年第 7 期。

棉花生产和纺织服装业从业人员 1400 多万人;纺织产能也在逐步扩大,省内棉花年缺口 350 万吨以上。①

2013 年,山东省有规模以上纺织企业 4344 家,主营业务收入 11437 亿元,利润 712.7 亿元,均居全国第二位;规模以上服装服饰企业 1309 家,主营业务收入 2170.3 亿元,利润 141.1 亿元,分别居全国同行业第四位和第二位。2015年,山东省有棉花收购加工企业 389 家,规模以上纺织服装企业 4344 家,纱产量占全国的 1/4,纺织品服装(包含纯棉、化纤、混纺类)出口创汇 216 亿美元,居全国第一;棉花产业配套水平较高,带动农民增收能力强,全产业链有从业人员 800 万~1000 万人。②

2017 年,山东省全省有 3944 户规模以上的纺织服装企业,累计主营业务收入 1.18 万亿元;2017 年,山东省纱、布、化学纤维和服装累计产量分别为 876.8万吨、121.1 亿米、82.1 万吨和 27.93 亿件,分别占全国的 21.65%、17.40%、1.67% 和 9.70%,其中棉纱产量 799.8 万吨,占全国总量的 29.10%;印染布产量 28.7 亿米,占全国总量的 5.47%。③

2018 年,山东省全省拥有纺织服装产业集群 26 个,规模以上纺织服装企业 3700 家,全年收入仍达将近 1 万亿元,全行业平均用工规模约 89 万人。其中,2018 年 26 个纺织服装产业集群实现主营业务收入 5500 亿元左右,全省占比高达 46%,全国占比 18.4%;2018 年全省纱线产量 459.32 万吨,占全国总产量 2976.03 万吨的 15.43%。④

山东省纺织服装业拥有魏桥创业集团纺织企业、山东如意集团、鲁泰集团、山东亚光集团、临清三和集团、德棉集团、青棉集团、夏津仁和纺织等驰名企业,还有全国最大的纺机特色王台纺机名镇和较为齐全的棉花副产品加工业配套产能体系。据 2018 年的统计研究,全省有规模以上棉籽油、棉籽饲料加工企业 15 家,主要集中分布在夏津、临清、博兴、嘉祥等县,年加工能力 500 万吨。

山东省是全国重要的棉花产业经济及纺织服装业大省,棉花产业经济总量及市场竞争力居全国前列。自 2010 年以来,山东省全省棉花种植面积产量尽管收缩下行较大,但棉花全产业就业创业人员仍保持在 260 万~300 万人,为当

---

① 参见王广春、代建龙、董合忠:《山东省棉花产业现状与发展对策和建议》,《中国棉花》2016 年第 7 期。

② 参见王广春、代建龙、董合忠:《山东省棉花产业现状与发展对策和建议》,《中国棉花》2016 年第 7 期。

③ 参见王广春、代建龙、董合忠:《山东省棉花产业现状与发展对策和建议》,《中国棉花》2016 年第 7 期。

④ 参见王桂峰、纪凤杰、张捷:《山东省棉花产业发展报告》,中国农业出版社 2019 年版,第 1~157 页。

地农民和城镇职工的生产收入提供了重要渠道。

（2）全国棉花纺织材料结构性变化加快与原棉材料需求基本态势稳定。棉纺织工业是我国基础民生产业属性的传统支柱产业，棉花、涤纶短纤维和粘胶短纤维构成了当今纺织行业的三大主要原料，涤纶化纤具备良好的力学性能、耐热、固色度强等特点，而棉花具有无静电且有吸湿透气、亲肤柔软等特性。

2005年以来，我国化学纤维及纯化纤布的产量总体呈现较快增长态势，2005年我国化学纤维总产量为1629万吨，至2016年已达到4944万吨，年增长率达10.62％；化学纤维布产量由2005年的110亿米增长至2014年的187.96亿米，增长了70.87％。[①]

随着我国经济社会的发展，棉制品的绿色低碳环保消费持续增长，棉纺织行业在近20年间经历了高速增长和平稳发展，原棉纺织长期占据着重要地位，总量需求比较平稳地略增。1999～2018年，山东省人均纤维消费量持续增长，化纤消费量增加迅速，棉纤维整体占比持续降低，但棉纤维消费总量呈稳定略增趋势。

20世纪70年代初，棉花是我国纺织业的唯一原料。到21世纪20年代，棉花需求量增速滞后于化纤及人造棉。据中国棉纺协会的资料显示，1977年纺织用化纤用量占比11％，1990年为22％，到2000年提高至38％。[②]

进入21世纪后，我国纺织品出口大幅增加，2006年棉纤维材料的纺织原棉达1200万吨峰值，其中纺织材料占比65％。随着纺织行业的扩张发展，棉花生产对传统生产要素的依赖性增强而供给弹性低，棉花和涤纶的混纺技术取得了突破发展，原棉材料产业结构占比发生重大变化，内外棉价差增高，化纤材料占比走高，2006后年化纤用量超过了棉花。

自2005年以后，涤纶短纤与棉花价差由持平而变为涤纶短纤成本持续走低，2009年涤纶短纤材料用量超过棉花，粘胶短纤于2012年后替代优势日渐明显。

2011～2013年，国内实施棉花临储政策，国内外棉价差曾超过5000元/吨。2011年，非棉纤维的使用量超过了棉纤维，2018年棉纤维材料市场占比自2006年的65％减至37.5％；2016年年末涤纶短纤、粘胶短纤产量分别为963.92万吨、341万吨，纺织行业主要原料占比分别为涤纶短纤54％、棉花27％、粘胶短

---

① 参见王广春、代建龙、董合忠：《山东省棉花产业现状与发展对策和建议》，《中国棉花》2016年第7期。

② 参见王桂峰、纪凤杰、张捷：《山东省棉花产业发展报告》，中国农业出版社2019年版，第1～157页。

纤 19%。①

21 世纪 20 年代以来,我国棉纱棉织物进出口额的整体出口量快速增加,占全部纺织品服装的比重约为 30%,其中棉花年均产量约 600 万吨,年均进口量保持在约 190 万吨,而年均用棉仍保持在 800 万吨的水平。

2018 年,全国棉纺织行业产能仍达 1.16 亿锭,织布机约 113 万台,全国纺织服装出口额约 2700 亿美元,其中棉纺织品占比逾 1/3。

根据纺织服装产业原料替代产品的市场选择,由于混纺技术进步,尽管满足国内棉花市场 200 万吨左右的供应缺口已具备纺织非棉原料产能及价格基础,但原棉天然植物纤维材料的绿色高质结构和低碳结构产品的绿色消费能力会持续走高。而且,随着棉纺织"三无一精"("三无"即无梭布、无结纱、无卷化,"一精"指精梳纱)占比的逐渐提升,对棉花质量的提升发展和对原纯棉高纺材料的需求也在增加。

3. 山东省主产棉区的种植结构、纤维品质结构与棉纺织产业需求结构的衔接问题

棉花生产结构的棉纤维品质是纺织原棉的质量基础。原棉纺织品质主要由棉花遗传品质、生产品质、轧花加工储运质量等构成,生产品质越接近遗传品质的,棉花品质越好。

(1)棉种退化的生物特性与棉花种植区域化的内在产业要求。山东省全部种植细绒棉,据棉花生产统计研究显示,山东省有棉花育成审定品种近 200 个,涵盖中早熟、晚熟品种以及特色品种、优质品种、杂交种和常规品种。山东省全省棉花种植基本以小农户为主体,棉花人工收摘,择机市场化、社会化销售。

据棉种的异源四倍体棉起源研究,棉花为两性花的常异花授粉作物,遗传背景极为复杂,天然杂交率为 2%~16%,有的可高达 50% 以上。由于基因突变、剩余变异、潜伏基因的不同条件显现、异源基因渗入、自然选择与人工选择、遗传漂变等原因,棉花品种群体存在基因频率和基因型频率的变化及随机波动改变,易导致品种发生退化。对此,棉花品种群体须配套严格的技术保纯措施,棉花生产的区域化合理布局也具有产业必然性。

(2)棉纺织原棉材料品质结构及棉纺织产业纤维技术质量需求结构。根据当今世界纺织工业新型高效高质机械智能装备的原棉质量结构指标体系,相关的棉花质量需求主要由棉纤维的断裂比强度、细度(多用马克隆值表示)、纤维长度、整齐度以及白棉花占比等组成,高质量原棉纤维的指标体系协调一致,是纺织工业工艺技术结构的高质发展需求。

---

① 参见王桂峰、纪凤杰、张捷:《山东省棉花产业发展报告》,中国农业出版社 2019 年版,第 1~157 页。

当今的纺织机械装备中,环锭纺主要纺低支纱、配棉等级低棉;精梳纺可纺40 支或 60 支以上的高支纱,要求原棉纤维比强度高、长度大于 29 毫米或 31 毫米,细度适中,马克隆值 4.0 左右。相对于气流纺,目前国产原棉纤维强度偏低,马克隆值偏高,并缺乏能纺 20～26 支纱的棉花品种。选育不同纤维结构的高质原棉品种,使之适合纺织工业的高质量工艺技术结构,已经成为我国棉花产业发展的农艺技术产业导向。

(3)山东省棉花品种区域种植的分布与棉花生产纤维结构状况。山东传统棉作方式中,众多棉花品种的区域混杂种植与区域化种植的随机化,加之棉花品种天然杂交生物杂合退化,以及采摘、晒花、轧花、种子储运等过程中人工作业与机械混杂叠加效应加剧,使棉花的遗传品质、生产品质、加工品质相互严重偏离,原棉商品性状易劣,棉花纤维一致性及整齐度较差的情况并存。

从目前山东省全省的主产区域看,生产种植的棉花品种总数在 30 个左右,除 2019 年统一提供棉花良种技术社会化服务的武城、夏津、惠民、鱼台等县、区外,客观上可保障地产棉商品的棉花品种种植区域化条件,但与棉花无"三丝"的高品质遗传特性棉花区域标准化生产还有实质性的差距。

山东省棉花主产区的棉花纤维品质结构分布,鲁北(包括鲁西北)棉区因人工采收成本高、采摘期较长且霜后花多,白棉花相对较少,整齐度低,比强度较高,马克隆值偏高;鲁西南蒜(麦)棉套区种植品种多为杂交棉,其杂合一代品种纯度质量的技术市场难以保障,同时棉花多为大蒜种植腾茬,采用全棉植株性收后的路边、场院晾晒充分成熟后采摘的方式,棉花纤维品质、纤维成熟度差,长度较短,马克隆值偏低,比强度较低;鲁中微域分散植棉的纤维比强度及长度高,马克隆值适中,整齐度总体较低。

据国家纤检局报告数据显示,山东省 2018 年棉花品质质量指标情况为:断裂比强度 29.29,棉花长度 27.85(低于全国平均值 28.55);马克隆值 4.9,成纱强力低;长度整齐度指数 82.17。依据棉花国家标准颜色级,即白棉、淡点污棉、淡黄染棉、黄染棉四个类型,白棉占比为 46.27%,淡点污棉占比 51.05%。[①]

山东省陆地棉主栽棉花品种体系类型过于单一,强度不足,缺乏纤维长度25 毫米和 31 毫米两个档次的国产原棉(即可纺 40～60 支纱,主体长度 31 毫米以上,比强度 30 cN/tex 以上,麦克隆值 3.7～4.2 的原棉)。[②]

---

① 参见市场监管总局发布. 关于 2017/2018 年度中国棉花质量情况的通报[EB/OL]. (2018-07-25)[2020-08-26]. http://xy.snqi.gov.cn/gsggl/31818.htm.
② 参见王桂峰、纪凤杰、张捷:《山东省棉花产业发展报告》,中国农业出版社 2019 年版,第 1～157 页。

（二）山东省棉花绿色发展转型的技术产业组织机制高效配置

技术创新与技术集成创新是产业发生发展不衰的动力和产业创新的前提，产业融合发展与产业生态化、产业数字化以及市场深度开发与拓展是产业发展成熟稳定的必要途径。对此，要坚持"绿色发展"的理念，建立棉花绿色发展的产业内涵技术重大创新及技术集成创新驱动的产业创新和产业组织创新机制，依靠科技进步，提高技术专业职业生产素质与生产效率，加快推进绿色发展转型。

1. 山东省棉花绿色发展的关键技术集成创新支持

棉花的绿色发展转型可强化对棉花绿色发展的科技体系支撑，建立绿色、高质、高效的产业技术基础。研究适应不同区域、不同产业的绿色发展关键技术集成创新方案试验总结，可形成绿色高质高效产业示范效应。

（1）棉花品种的基因型频率由于天然异交率及剩余变异等原因易发生改变，导致棉花品种的退化与纯度下降，故必须对种植的棉花品种进行严格的自交，以保证种质资源的纯度，具体来说应做到以下几点：

一是建立全省地域生态产业特色的棉花种质资源保护体制，形成棉花原种良种技术标准繁育生产规程，健全棉花品种及生态生产关联新的其他作物种质物种多样性的自然保护机制，如野生棉花、天然生态化地方棉种等。

二是筛选适合不同生态植棉区、生产方式和纺织加工一体化产业结构要求的优良品种，研发纤维质量提升、产量稳定、节约资源、应用高效的技术措施，筛选综合性状优良、产销契合的品种，建立省、市、县三级棉花种质资源、原种、良种繁育生产推广公共服务体系，强化棉花生产的优质棉种市场供给的统一的公共社会化服务，解决棉花品种"多、乱、杂"和纤维品质一致性差的问题。

三是加强推进高质短季棉品种研发及高效技术产业化应用，建立相应的棉作耕作制度技术体系及原种良种繁育技术生产规程，健全配套棉花原种繁育为主的棉花技术集成公共服务体系。

短季棉（shout-season cotton）最早由美国和苏联培育成功，其生育期季节较短，株型紧凑，植株偏矮，节间与果枝短，第一果枝着生节位低，枝叶较少，营养生长和生殖生长叠加较长，开花到吐絮生殖生长较快，集中成铃采收性强，生长发育期相对于农时季节缩短 1～2 个以上，为早熟性状稳定的陆地棉（Gossypium hirsutum Linn.）种植类型。

培育短季棉，可在一定的农业生产力和棉花产业技术经济条件下，研究总结建立资源环境约束下的耕作种植制度技术体系优化，及实现高效种植业结构配置模式。可试验总结无膜化栽培直播棉作技术模式，并形成生产技术规程。

短季棉的产量和纤维品质等性状受多基因控制的数量遗传,同时受许多其他因素的制约和影响。多数研究表明,棉花杂交优势的营养生长优势显著,有叶大、苗壮、株高和根系发达等植株生物性状,其营养生长优势要强于生殖生长优势,种间杂交营养生长优势更为突出。①

选育高质短季棉品种,要注重充分利用分子育种技术,挖掘早熟棉育种材料,发挥杂交技术优势,培育生育期短而适期、稳产、高质、抗逆性广的短季棉品种,还要相应地完善生产体系,提高植棉生产生态社会综合效益,这是当今我国棉花育种及产业化开发应用工作的重要研究课题。

在山东生态区域,短季棉良种繁育基地的选择更加严格。一般条件下,主要在鲁北进行短季棉晚春直播的区域良繁生产专用研究,以实现光热资源充分条件下的生长发育成熟与花粉授粉的一致性,保证短季棉品种的健子率和种子纯度。

(2)研究棉花绿色高效生产技术集成应用体系,强化"绿色增产增效并重,良种良法体系配套,农机农艺融合,生产生态协调"的产业导向,具体应做到以下几点:

一是开展棉花绿色高效轻简化栽培技术应用研究,建立棉花轻简化绿色生产管理技术模式,如开展轻简化、标准化种植技术,高质高效、水肥协调耦合协同机制及精简生态化栽培和耕作新模式集成创新研究等。此外,还要强化、简化农艺技术管理流程、减氮、节水、化调标准与减量化学防治、有机替代等关键技术集成的量化研究,明确水、肥、药、化、调及简化农艺管理对棉花熟性和株型的调控机制,提出绿色生态防治关键技术的产业构建措施,建立绿色植棉技术规程。

二是试验集成不同生态棉区的绿色高效生产技术模式,重点研究发展鲁西南麦后直播高效短季棉、鲁北中早熟棉晚春播收后轮作饲草、鲁西北鲁中棉花花生生态间作种植、蒜/马铃薯收后直播短季棉等高效生产技术模式,棉田农业化学品投入优化精量精准适用技术和绿色高效生态棉作方式,建立两茬最大限度无膜化的机械化高效作业方式。

20世纪80年代以来,根据相关的麦棉品种及栽培技术成熟提升研究,在黄河流域棉区,发展短季棉引导变更的麦棉两熟、棉蒜两熟耕作模式成效明显,尤其是2017~2020年,鲁西南蒜套棉区占比达53%~65%,其态势逐年提高,构成了山东省境内的植棉基本面,已成为粮棉双保、棉蒜双优的棉作高效产业稳定措施。棉作两熟的基本条件包括:

---

① 参见范术丽主编:《中国短季棉改良创新三十年:喻树迅院士文集》,中国农业科学技术出版社2013年版,第3~25页。

一是具有一定的热量生态基础。小麦和中熟棉花品种一年两熟制，要求不低于 0 ℃的活动积温为 5000 ℃，不低于 15 ℃的活动积温为 3900 ℃，在北纬 38 度以南地区（大致在石家庄至德州一线以南），其热量可满足一年两熟制的基本热量条件。

二是具有较好的灌溉水浇条件。麦棉两熟制年需耗水 900 毫米。

三是具有较高的土壤肥力基础，麦套棉土壤中有机质含量达 0.8％以上，全氮含量在 0.8 克/千克以上，速效磷含量在 15 毫克/千克以上，速效钾含量在 100 毫克/千克，土质以壤土、轻壤土为宜。

短季棉从播种至吐絮，大于 15 ℃的积温至少于要在 3500 ℃以上，受客观上的气候变暖影响，在北纬 36.5 度以南的鲁西、鲁南较适合种植短季棉。鉴于春旱、春灌及不低于 15 ℃活动积温 3900 ℃条件的光热约束，仅在山东鲁西南的鲁、豫、苏、皖四省交界县域有条件发展麦后直播棉两熟。

鲁西南两熟套种棉区可结合棉麦、棉蒜（瓜、菜）间套复种的特点，针对套种茬口衔接不配套、育苗移栽劳动强度大的问题，开展杂交抗虫棉增密、棉蒜双晚栽培、蒜后直播短季棉技术等研究，因地制宜地发展麦棉、棉花花生、棉薯、棉瓜套种，综合降低植棉生产成本，提高植棉整体效益，抑制植棉面积过快下滑。

鲁西北棉区存在棉花多转向旱薄地，棉田地力不足，不施钾肥或使用少，地膜抗虫棉播种偏早，结铃集中和对钾元素敏感等问题，导致棉花早衰减产。要加强棉秆还田肥料化应用的棉田质量提升技术研究，深入研究棉秆还田的有机质组分变化、腐殖酸与 HA/FA 变化、土壤酶活力增加响应机理及土壤污染的棉花生物自然修复技术体系，并分区域研究棉秆作业机械高效技术试制。

三是深化研究不同综合棉花杂交优势的广泛应用，充分运用杂交一代高效增产效应技术配套，综合研究棉花杂交二代有效利用提升关键技术，实验分析其产量与纤维品质结构组成、衰减度的关系及分离差异化比较。

（3）加快全省棉区域高效短季棉技术集成的新型高效棉作结构调整技术工程配套化调技术研究，加快鲁北盐碱地规模化植棉区高质中早熟品种晚春播种及适宜机采模式化控技术配套研究，并注重推进高质短季棉杂交种的研发利用进程。高质短季棉是今后一定时期内可以把棉花生态化生产体系的高效耕作制度与棉纺织的高质量纺织服装产业体系需求有效统一起来的重要技术及产业发展路径。[①]

通过配套缩节胺系统化控技术体系，可定向塑造高效短季棉耕作结构，优化生长生育协调集中成熟技术体系与适宜鲁北棉区机采的农艺棉花株型。在

---

① 参见王桂峰、张杰、王安琪：《全国棉花生产格局时景下山东省棉花生产保护区支撑体系构建》，《山东农业科学》2020 年第 5 期。

棉花各关键生育时期,可设置一系列的缩节胺剂量处理,研究缩节胺系统性化控对高效短季棉与机采棉的农艺性状、冠层结构以及产量品质的影响,试验总结建立相应的生产技术标准。

(4)基于高光谱的棉田土壤主要养分信息高效获取技术,研究建立棉田土壤主要养分的高光谱特征和棉田土壤主要养分的高光谱估测模型。通过高效信息化智能化测土配方施肥技术、病虫害统防统治技术及绿色防控技术标准集成,减少化肥、农药的使用,尤其是减少氮肥、钾肥的过量依赖性低效使用。

(5)研究盐碱地高效植棉综合技术,集成棉花生产、收获、加工、纺织农艺工艺技术,形成盐碱地绿色高效植棉技术新模式。综合开发应用滨海盐碱地资源,形成国家级"一区一品一产"特大型黄三角环渤海湾区域的棉花生产体系与优势高效产能基地。

建立棉花绿色科技的基础支撑,以总结提升现有技术筛选、试验、提炼集成,通过品种与配套技术、农机与农艺等技术融合,建立绿色高效的棉花生产体系,实现两熟棉区的植棉机械化全程作业,优质棉品种与加工、棉纺企业的产业效率配置,以实现内陆植棉业态的棉花生产工业化流程再造。

2.山东省棉花绿色发展的高质生产与高效产业创新体制机制

从棉花的供给纬度出发,棉花产业是以社会化分工为基础,使用相同原材料、相同农艺工艺技术,在相同价值链上生产的,具有替代关系的产品或服务的经济活动的集合;从棉花的需求纬度出发,棉花产业是指在产品、劳务生产方面和经营具有某些相同特征的企业或单位及其活动的集合。山东省棉花绿色发展的高质生产与高效产业创新体制机制建设应做到以下几点:

(1)建立山东棉花绿色发展的空间格局,重点是黄三角环渤海湾区域盐碱地自然禀赋比较优势棉区,发展国家级棉花产业高度融合的"一品一域"生态生产产业带与特色棉花种质生态资源自然保护区,如鲁北宜棉区(包括可灌溉次宜棉区)中熟棉轮作饲料绿肥两熟增效棉区,鲁西北黄河故道棉花间作花生"双花"宜作生态棉区,鲁中旱地棉花间作花生互作区,鲁西南省域界光热资源丰腴区麦后直播短季棉两熟高效粮"双安"棉区,鲁中南马铃薯轮作棉花"双优"区。

基于棉田水土资源及源自工业、农业面源污染的水土质量问题,强化棉田水土资源质量保护提升,通过制度机制、技术、产业、工程综合措施,建立棉田产能基础提升的耕地质量数量稳定长效机制,建立棉花绿色发展试验区,实施棉花绿色发展生态补偿机制。[①]

(2)建立棉花纺织服装加工一体化产业资本主体与绿色技术集成创新、新

---

① 参见韩长赋:《大力推进农业绿色发展》,《人民日报》2017 年 5 月 9 日。

型人力资本支持的棉花生产经营主体,绿色金融相协调的绿色、低碳、高效棉花产业体系。推进棉花绿色发展转型的生态区域化高质量生产方式与高效产业创新试点,建设棉花特色优势区。提升莒南大型家纺企业带动的棉花特色生产基地建设及村支部领办的棉花合作社植棉新模式;促进农村棉花科技园区建设,推进惠民、沂南、东营地区的棉花品种研发及新品种区域试验示范村点建设工作;创建特色棉花产业强镇的区域化品牌,积极推进利津、无棣、夏津、临清、昌邑的特色棉业小镇规划建设,培育区域性高质棉花产品品牌。

加快建设现代棉花产业园区,推行标准化生产,形成绿色、低碳、循环、高效的生态产业体系,加快数字棉业、棉花产业生态园区与棉花生态产业园区建设,推进形成"一村一品、一县一业"的棉花绿色发展体系。开展鲁南宜棉区建设工作时,要因地制宜地试验示范并适度推广短季棉。理论研究表明,麦后直播纯正的短季棉品种目前主要局限于鲁南地区的鲁、苏、豫、皖交界处,即地理边缘光热资源丰裕的边际县界微域宜植棉区。[①]

要加强棉花全产业技术结构转换融合及生态化、棉花纺织业、加工及新型专业区域植棉业的产业重组,提高山东省主产棉区的全产业链水平,形成棉花生产区域的产业内循环错位竞争异质发展新优势,推进黄河流域区域化的多极棉花产业融合发展集群。

(3)建立绿色高效的生态化高质棉花生产方式。结合棉纤维长度类型单一、不能满足纺织产业多结构需求,棉花异性纤维含量高和籽棉混级,棉花具有无限生长及成熟收花期较长及植棉区域棉田规模化平整度低等问题,科学地优化全省的棉花生产结构生态区域布局,以棉纤维高纺织装备的主要指标参数——断裂比强度、马克隆值、纤维长度、整齐度等进行适宜高支纺棉花品种区域化、规模化、标准化生态种植结构合理布局,建立"一区一品种"的棉花纺织结构化、棉花产业市场化的生产体系。

基于棉花种间、品种间、品系间杂交不同的杂种优势利用,有条件地关注棉花杂种杂交优势的有效利用对提高抗逆生态环境、提高产能及资源生产率的技术筛选。根据棉花杂交二代的株型、熟性的分离变化对产量影响相对较低的特点,有选择地在鲁中微域植棉区域及旱作区试验性地应用,试验总结相关的技术着力点。

(4)形成高质结构的,以原棉制品需求为导向的绿色、低碳、健康、时尚生活棉花绿色消费方式,推进棉花绿色生产,高质量原棉制品、有机棉及医用医药劳动保护性纯棉制品的绿色消费理念为导向的绿色棉花产业和产品生产体系并

---

① 参见范术丽主编:《中国短季棉改良创新三十年:喻树迅院士文集》,中国农业科学技术出版社2013年版,第3~25页。

重,完善棉花产业消费与生活绿色消费的制度标准化设计,建立绿色消费价值观行为方式及市场规制对生产及其生产环境领域的约束追溯保障机制,实现棉花绿色生产技术规程的产业遵循体制,形成棉花绿色时尚生活健康消费模式,促进棉花产业绿色发展的全面转型。

(5)构建植棉农户基础棉花一、二、三产业融合发展体系与棉作结构生态生产体系,将棉花全产业链的中下游价值链更多地保留给植棉主体。注重完善提升植棉集中度棉区的棉花全产业链的搭建高效机制运作,注重完善棉花生产保护区规划的基础设施完善配套与棉农的联合与合作,完善村民自治制度和农村基层党建工作,发挥村一级的行政主导带动作用。

3.充分挖掘棉花生物资源的生态文化特性,拓展棉花绿色高效发展的新产品开发的绿色产业特质新模式

棉籽仁含有丰富的油脂和氨基酸种类较齐全的蛋白质,棉籽仁蛋白质含量为小麦的1~2倍,个别棉种的棉籽仁蛋白含量可达35%~38%,接近大豆。脱酚棉籽油不饱和脂肪酸含量高达70%以上。棉子壳是食用菌、药用菌的天然培养基。棉花草谷比按5.0计算,植棉区棉秆资源量及绿色肥料能源建材的工业化开发潜力十分巨大。

在种植业整体生产区域结构优化布局和耕地资源生产率提升集约利用上,棉花生产对于大豆、花生、饲用玉米种植区域单位的等位种植均同时具有显著的替代性效应和绿色区域生态成效。加深研究棉花饲料蛋白和高质植物油资源型技术精深细化专业研发的新技术,有利于实现对我国规模化进口玉米、大豆、食用油材的国际贸易依赖的高技术结构的产业优化替代效应。

棉花具有基于"棉、油、饲"产品产业功能一体化的复合型作物的异质特性,同时兼具纤维材料、食用油料、高蛋白质饲料、绿肥资源等多元生物产业产品价值,棉花产业链延伸拓展潜力效能广阔。可研究拓展棉花产业链延伸,推进有机棉的医药产品、医用卫生保健用品、老年妇幼生活保健品、棉业农耕文化文明、民宿业等产业消费结构引导。

(三)积极发展培植适合山东棉作经营规模结构特点的棉花生产新产业机制支撑体制

近年来,我国的工业化后期发展提升,地方经济体系区域化、一体化格局加快进行,农业规模经营也提速加快。但是,我国农业规模经营继续发展的趋势下,小农户仍将是内陆植棉区的农业微观组织结构基本面。

1.山东棉作经营规模结构与产业经营特点

山东省农业经营结构中,棉花种植经营的小农户与家庭农场、农民合作社、棉企产业化及有关农业工商资本的关注进入了相互并行发展的长期阶段,"大

国小农"农业经营环境下的植棉小农户生产业态还会在一定时期内适度存在，这对于传承棉花生活文化、家纺棉业文明，保护棉作区域的生态环境和种植业结构的作物种类资源多样性有独特作用。

要健全完善广泛的植棉小农户和微域棉区小植棉户的棉花社会化服务体系，促进小农户与当今棉花工业化发展的农艺工艺技术结合的传统植棉业和现代棉花经济产业的有机衔接，实现植棉小农户生产中施用化肥农药等化学投入的标准化，化解无序施用化肥农药的农业面源污染和土壤重金属超标问题，扭转传统棉作方式朝绿色化方向发展，建立绿色、高质、高效的区域棉花品牌。

2.山东省棉花绿色高效生产方式的高效产业机制创制试点

可借鉴日本"六次产业"的"外发促内生"农业发展模式，按照山东省发展农业"新六产"的意见和重要部署，强化棉花生产绿色补贴机制，完善健全棉花社会化服务体系的棉花公共服务和棉花产业市场服务，积极推行棉花公益性服务体系制度位置设计，并引导市场化服务主体进入棉花产业领域，解决植棉户家庭经营外部的社会化需求，高度重视植棉农户收入保障收益的提高，着力建立地产棉原料的在地化棉花工业生产原料的有效使用机制保障，形成当地专业技术型职业棉花生产多元主体结构和属地棉业产业链条融合的地理品牌地域价值，完善棉花一、二、三产业融合与产、学、研结合的产业支撑及高技术人才体系协调支持机制体制。

特别是山东省棉花生产保护区规划的棉花生产区域和棉花工业化集中度区域，更要注重发展棉花新产业、新业态、新模式，即棉花产地纺织加工型、棉花产地品牌直销型、产销订单一体化综合型和棉花绿色消费引领型。在棉花生产保护区，相关政府部门要明确推进棉花服务的规模化公共服务体制组织保障，建立政府积极推动的棉花公共服务管理系统和市场化经营服务主体的地域合作组织机制，注重发挥农村基层组织的集体统筹作用，并参照山东省 2019 年推进棉花补贴政策引导的棉花适纺品种，统一提供社会化服务与棉花目标价格保险试点县的棉花生产区域规模化支持。

3.山东省棉花绿色发展转型的高质高效技术产业机制的组织保障分析

绿色发展是发展模式的创新，需要统筹规划及强有力的政府推动。农业绿色发展已被纳入 2016 年中央"一号文件"。2016 年 11 月，中央深化改革小组审议通过了《建立以绿色生态为导向的农业补贴制度改革方案》，确定了以绿色生态为导向的农业补贴政策体系和激励约束机制，有力促进了农业的绿色转型发展。棉花的绿色发展需要棉花生产绿色发展的技术量化评估标准的高质高效产业创新模式引领，调节棉花生产方式的基本耕作方式朝绿色高效的方向转变，强化棉业绿色发展的组织保障，完善棉花产业绿色发展的政策导向引领，具体来说要做到以下几点：

一是要深化内陆棉花补贴制度的"绿箱""蓝箱"政策改革，建立绿色生态导向的棉花补贴制度和可持续的绿色金融多层次支撑体系。

二是要加强对棉花产业基础数据收集与技术产业结构的系统总结，建立棉花绿色生产的技术与产业生态监测评价体系，形成棉花产业绿色技术产业指标体系，并试点构建绿色发展财税体制的激励约束作用。

三是要推进山东棉区绿色高效耕作制度变革。棉花耕作制度是指棉花栽培方式及用地、养地棉花生产技术体系的总称，即棉作制度，包括棉花种植制度和以棉花布局为中心，由土壤耕作、栽培、施肥、灌溉、水土保持、植保、废弃物资源化处理等技术环节组成的体系。

四是要注重政策体制机制创设的组织落实，形成棉花产业绿色高质高效发展的生产经营主体与社会化服务主体，试点示范政府统一购买服务、生产委托形式及农业废弃物第三方治理。

五是要加强全省棉花生产保护区的高质优势高效基础产能支撑体系研究与配套建设。

八、棉花产业绿色发展与山东棉花产业"十四五"绿色高质量体系发展展望

绿色发展是一种价值观，体现了人类与自然的良性互动、和谐共存、持续发展的状态与境界。山东省棉花产业的绿色发展转型，将加速改变对传统棉作生产要素资源的严重依赖，重建生产绿色资源与生态环境要素的新型棉作结构体系的棉花生产生活生态的绿色产业平衡。

2020 年 7 月 30 日召开的中共中央政治局会议上提出，要加快形成以国内大循环为主体、国内国际双循环相互促进的新发展格局。山东省是棉花产业经济大省，棉花生产和棉花产业在山东农业农村经济的发展中居于重要位置。山东棉花产业的绿色发展转型与高质高效产业发展将以棉花供给侧结构性改革、棉花产业新旧动能转换为主线，加强棉花生产保护区规划建设及支撑体系配套完善，节约资源、保护环境的高效循环生态化生产体系与棉花生物技术、信息技术融合产业、数字棉业、棉花产业生态园区可望加快规划建设，具体包含以下几点：

（1）以国内棉花产业大循环为主体、国内国际棉花产业双循环相互促进的新发展格局下，全国棉花生产保护区规划的高质量发展基本优势基础产能对应的棉花生产区域会加快科学布局及形成，棉花生产与全产业链提升，价值链、供给链的有机统一体系及棉花一、二、三绿色高效生态体系，新型绿色高效棉作制

度逐步建立,应对全球棉花产业转移的能力显著提升,棉花产业的国际竞争力和品牌结构更加完善。

(2)高效的棉花社会化服务体系持续完善,优化棉、麦、经、饲多元种植及产品结构,通过研发适合内陆棉区农业基本经营制度和生产方式的智能化小型采棉机、人工便携式智能化采棉机,推进棉花生产的全程机械化实质性加快。

(3)棉花生产的多产品生态产业功能技术研发取得突破性进展,棉花产业的效能开发质量显著提升,特别是棉花生产油用、饲用技术产业结构体系的加快确立。

(4)棉花生物技术、数字棉业支持体系引领的棉花规模化生产及高质中早熟棉综合技术制度模式化应用取得较大进展。高质短季棉新品种研发与高效技术集成产业化的生态区域化应用效果取得进展;棉纺织原棉材料的高质量棉纤维结构的纯棉高质纤维材料再造技术提升突破取得重要进展,可加速高质棉纺服装业的产业化进程。

农业杂交优势原理为第一次农业技术革命,化肥、农药引入农业,石油农业技术提高农作物产量水平为第二次农业技术革命,通过喷灌农业技术实现节能增产为第三次农业技术革命,绿色生态农业技术可望成为第四次农业技术革命。

棉花产业的绿色发展,应以棉花绿色科技的发展作为高质高效产业的基础支撑,基于绿色产业的绿色科技创新引领工程,沿着"科学—技术—产业—市场"的产业价值链运行,进而创造市场。

棉花绿色高新技术的综合集成持续创新可拉动绿色高质高效产业的持续创新,并从根本上改变我国内陆地区棉纺织产业需求的高质量原棉材料资源和国内棉纺织产业的产品市场"双向"严重依赖国际贸易的产业贸易结构单循环形式。

可以预期,山东省棉花绿色发展转型的高质高效发展,在新时代将加快引领内陆棉区的棉花生产与棉花产业的新发展。

第二章

山东省棉花绿色高质高效
实践路径研究

山东省棉花绿色高质(产)高效创建项目的实践与成效

徐勤青　　魏学文　　王桂峰

(山东省棉花生产技术指导站)

2016～2020年农业农村部、财政部安排专项资金支持开展粮棉油糖绿色高产高效创建。绿色高质高效创建是农业供给侧结构性改革的重要抓手,是促进乡村振兴的有效举措。在创建原则上,坚持绿色引领,坚持创新驱动,坚持产业带动。在创建路径上,突出量质并重,突出机艺融合,突出产销对接。根据有关通知要求,山东省实施了棉花绿色高质(产)高效创建项目,对构建山东现代棉花产业体系、经营体系和生产体系发挥了重要。

一、坚持绿色发展理念,明确项目建设目标和主要任务

农业农村部对棉花棉花绿色高质高效创建项目提出了明确要求:一是"全环节"绿色高效技术集成。集成各环节绿色节本高效技术,总结"最适"种植规模、"最少"药肥用量、"最省"人工投入、"最大"综合效益的绿色生产模式。二是"全过程"社会化服务体系构建。以种植大户、家庭农场、农民合作社、企业等为实施主体,实行良田、良种、良法、良机、良制配套,同时探索应用"互联网＋"现代种植技术,提高生产组织化、标准化、信息化程度。三是"全链条"产业融合模式打造。大力推行"龙头企业＋创建区"、"合作社＋创建区"等经营模式,推进订单种植和产销衔接,提升产业融合水平。四是"全县域"绿色发展方式引领。以绿色理念为引领,围绕"控肥增效、控药减害、控水降耗、控膜减污",在创建区全面推行节肥节药节水节膜技术,示范带动全县种植业转型升级和可持续发展。

按照农业农村部提出的工作要求,山东省密切联系实际确定了棉花绿色高

质高效创建的目标是:以绿色投入品替代、种植业结构优化、节本增效、生态循环、产业融合、绿色标准规范为主攻方向,全面构建高效、安全、低碳、循环、智能、集成的棉花绿色生产方式和高质高效发展模式及其技术集成创新体系,支撑引领全省棉花产业绿色发展,实现重大技术集成、产业创新,促进传统植棉业振兴。

主要任务是:一是加力推进传统棉作模式调整优化。因地制宜,以优质短季棉(或高质量专用棉)绿色高效开发利用为主线,试验示范大蒜收后直播短季棉、油菜或马铃薯收后直播短季棉、小黑麦或燕麦收后直播短季棉、小麦收后直播短季棉,进行传统棉区种植业及棉作模式重新市场化的生态结构调整优化。二是推进适纺性、宜高纺性棉花品种的产业融合发展机制重构。加强高质量棉花品种的种质资源筛选保护、良种繁育体系建设,引领棉花产业集中区域创建现代棉花生产体系农艺工艺契合配套的公共服务平台,开展具有国际竞争力的进口品牌棉花属地化生产技术试验示范。三是加力推进化肥、农药减量(适度替代)增效。试验示范节水、节肥、节药新产品、新装备、新技术,加强绿色生产社会化服务建设。四是加力推进棉秆综合利用。以棉秆还田、肥料化、饲料化、基料化利用为主攻方向,推进项目区棉秆全量再利用。五是加力推进棉田残膜综合治理。核心区全面推广标准地膜(或可降解膜、无膜化植棉业态),加强回收体系建设,加快全生物降解农膜、机械化捡拾机具示范应用,组织开展农膜机械化回收示范展示。六是推进植棉业社会化服务支撑体系建设。发挥新型棉农合作社、植棉大户、金融保险服务、棉花产业资本的带动支撑作用,合力助推植棉业小微农户与现代棉花产业的有效衔接,推进职业型产业棉农培育机制的形成。七是加力推进智慧棉业行动。因地制宜开展物联网、大数据等现代信息技术在棉花产业中的应用,提高棉花生产信息化水平和综合效益。

二、立足"三区"建设,确保项目任务目标落实落地

至2020年,山东省主产棉区有19个县实施了棉花绿色高质(高产)高效创建项目,工作中,按照产业技术"试验一批、示范一批,推广一批"总体思路,开展攻关区、示范区、辐射区"三区"建设,促进各项目标任务落实落地。

(一)攻关区

面积100亩以上,要求土地平整,肥力均匀、灌排方便,专人负责,科学管理。围绕制约棉花绿色高效生产的瓶颈问题,试验总结"最适"种植方式、"最少"药肥膜种用量(或可降解地膜)、"最省"人工投入、"最大"综合效益的绿色生

产模式,形成各具地方特色、可复制推广的棉花绿色高质高效技术体系、生产方式、产业模式。着力解决棉经饲作物间茬口不顺、环节间衔接不畅、技术间协同不强的问题。

1.绿色投入品试验研究

试验筛选适宜轻简栽培和机械化的高效优质多抗专用棉花新品种(包括优质早熟棉、短季棉品种);试验筛选缓/控释肥料、生物肥料、病虫害生物防治产品、害虫理化诱控设备、生态调控技术及高效环境友好的新型农药、新型可降解地膜;试验改良与栽培模式配套的精量播种、规模化精准施药(肥)、节水灌溉、棉秆粉碎还田利用、残膜回收等节能低耗智能化农业装备。

2.棉花种植结构调整优化技术研究

与全省种植业结构棉作传统产业模式调整优化推进计划衔接,开展适合区域棉花产业发展的种植模式研究,创建 2～4 套新型绿色增产增效技术模式。其中,鲁北棉区重点试验总结棉饲连作、棉豆套作等模式;鲁西北棉区重点试验总结棉花花生间作模式、适宜麦茬(蒜)后短季棉直播连作;鲁西南棉区重点试验示范蒜(油菜、马铃薯、麦)后直播短季棉模式。每个棉作模式须制定详细的试验方案,并做好试验记录,确保试验数据的科学性、真实性、有效性。

3.智慧棉业技术试验研究

建设"四情监测站",试验总结"互联网＋"智慧农业技术,开展大田棉花长势、近地气象、土壤墒情、病虫情等信息监测。各创建县采集获取的数据,将统一汇总至"山东省智慧农业平台"进行分析处理,切实提高全省棉花生产信息化水平。

4.组装集成绿色生产技术

结合当地生产实际,围绕棉田地力提升与保育、轻简化栽培、节水灌溉、化肥农药减施增效、适度规模种植环境下的中小型机械化作业农机农艺融合技术等,因地制宜组装集成 1～2 套适宜区域性、大规模推广的高质高效、资源节约、生产生态融合的标准化绿色高效技术模式。

(二)示范区

面积 5000 亩以上,集中连片种植,沟桥路渠涵林电等基础设施齐全配套。可分片实施,便于群众参观学习,提高示范带动能力。

1.建设符合绿色高效高质内涵的棉花品种展示示范中心(场)

中心面积 100 亩左右,开展新优品种引进筛选、区域试验、展示示范和配套技术示范。示范中心(场)要建设在交通便利、肥力均匀、排灌方便的地块。每个品种设小标识牌,简明扼要标识示范品种名称、特征特性、适宜推广范围、重点配套栽培技术等,调查、记载展示品种特性,并调查统计产量。筛选适宜区域种植的优质、多抗、高产、专用棉花主导新品种。定期组织现场观摩培训,引导农民和新型农业经营主体正确选种、科学用种。

2. 集成推广"全环节"绿色高效技术

围绕耕种管收各环节,示范推广一批成熟的绿色节本高效技术。创建区示范推广1~2个优质棉新品种及配套精量播种技术;示范推广高效复合肥料、高效低成本缓控释肥、新型微生物肥、新型植物源、微生物源农药、天敌昆虫产品、物理控害、生物降解膜、残膜回收装备等绿色投入品;示范推广轻简化栽培、机械深耕、秸秆还田、测土配方施肥、水肥一体化精量调控、棉田绿肥高效生产及化肥替代、农药高效低风险精准施药、病虫害综合防治、残膜回收等绿色高效生产技术;示范推广棉蒜(花生、瓜菜、大豆、饲草)间(套、连)作、麦(蒜)后直播短季棉等高效绿色棉作模式。示范区良种覆盖率达到100%;化肥利用率提高到40%以上,继续保持化肥、农药使用量负增长;轻简化栽培、绿色防控等技术到位率达到100%。

3. 构建"全过程"社会化服务体系

以种植大户、家庭农场、农民合作社、农业龙头企业等为主体,全面开展统一种植品种、统一肥水管理、统一病虫防控、统一技术指导、统一机械作业"五统一"社会化服务,实现良田、良种、良法、良机、良制配套;加快示范应用"互联网+"信息化、智能化、自动化现代种植技术,提高生产组织化、标准化、信息化程度;因地制宜示范应用棉花机械化采收技术。每个创建县支持棉花农民合作社、家庭农场、农业专业服务公司、社会化服务组织等新型农业经营主体数量不少于3个,区内社会化服务覆盖率达到100%。耕种收综合机械化水平较非创建区高5%以上。

4. 打造"全链条"产业融合模式

依托龙头企业、合作社等农业新型经营主体,推进订单种植和产销衔接。每个项目县(市、区)应筛选1~2个适宜中高端棉花纺织企业市场需求的棉花品种,推荐应用在生产中纤维长度、比强度"双30"以上及纤维细度适宜的优质棉品种。在收获加工过程中,与棉纺企业、加工企业合作,力争推行戴棉布帽、使用棉布袋,实行分摘、分晒、分存、分售、分加工,最大程度降低或无"三丝"含量。创建区订单生产面积达到100%。

(三)辐射区

按照"全县域"绿色发展方式引领要求,带动全县棉花绿色发展,辐射区围绕"控肥增效、控药减害、控水降耗、控膜减污",以2~3项关键技术为核心,大力推广示范区内成熟的绿色节本高效技术,通过对辐射区技术人员和农民的培训,使先进技术得到广泛推广,绿色高质高效种植理念深入人心,带动全县棉花转型升级和可持续发展。大力构建推行社会化服务体系,通过农民培训和社会化服务提高绿色发展水平;化肥使用量较上年减少5%,化学农药使用量较上年减少5%;棉花订单式优势区域种植良种实现全覆盖。三、强化"四个"到位,确保任务目标顺利推进。在项目实施中,坚持目标导向,精心组织,积极作为,重点强化四个配套:

一是组织管理到位。为确保项目顺利有序推进,省里成立了以农业农村厅分管厅长为组长的领导小组,各项目县成立了以党委政府主要负责人为组织的领导小组,上下联动,确保项目实施保障有力。

二是技术指导到位。省级层面每年都成立有棉花科研、教学、推广等部门单位组成的专家技术指导组,加强项目技术指导工作。项目县也建立了相应的技术指导小组,通过加强项目组织领导建设,做到有组织、有计划、有落实,从保障项目的顺利实施。

三是监督考核到位。严格按照绿色高质高效创建活动要求,加强督导检查,省里定期对各项目县进行督导检查,指出存在问题和不足之处。每年8月底印发了《山东省农业农村厅关于做好棉花绿色高质高效创建项目测产验收及实施总结的通知》,对测产验收和总结考评工作进行了部署。9月上旬组织专家对项目县进行了测产验收。要求各项目县及时将有关文件、方案、记录、招投标、政府采购、测产、以及相关影像资料全部归档管理,做到有章可循、有据可查。

三是培训宣传到位。项目区设置了规范的标牌,标牌标识内容包括示范地点、面积规模、产量目标、种植品种、关键技术、指导专家、技术负责人、实施单位、工作负责人等,便于接受社会监督和技术宣传。每个项目县年度内至少开展4次技术培训或技术观摩,累计举办培训班近100期,促进技术推广。同时充分发挥网络、电视、微信等现代传媒作用,扩大项目辐射带动效果。

四、彰显区域特色,绿色发展成效凸显

棉花绿色高质(高产)高效创建项目的实施,有效推动了山东省棉花供给侧结构性改革和新旧动能转换,产业效率大幅提升,棉花绿色发展理念深入人心,绿色高效生产方式业已形成,成效显著。

1.普及绿色高质高效技术,实现节本增效

山东省根据不同棉区资源禀赋和生产基础,通过试验区和示范区建设,因地制宜形成有区域特色的绿色技术模式10余套,形成山东地方标准8项,地方

技术规程 94 项。其中无棣县集成盐碱地棉花轻简化栽培技术;巨野县集成示范棉蒜椒绿色高质高效技术模式和蒜后直播短季棉绿色高质高效栽培技术;高唐县集成棉花花生间作绿色高质高效生产模式;夏津县充分利用黄河故道棉区沙碱地特点,集成示范盐碱地棉花绿色高效防早衰栽培技术模式和棉花轻简化绿色高质高效栽培技术模式;东平县集成冬绿肥—春棉周年轻简化栽培技术模式;金乡县集成示范育苗移栽蒜棉套种技术和蒜棉瓜绿色高质高效种植模式,等等。此外,还在项目区重点示范推广短季棉蒜后直播、短季棉麦后直播、饲料作物收后直播短季棉模式,重点解决作物间茬口衔接不顺、环节间衔接不畅、技术间协同不强的问题,筛选了适宜的短季棉品种,如鲁棉 532、德棉 15、中棉 6269 等品种,实现了棉花绿色生产、轻简化栽培,经济效益、生态效益显著。

2. 提高产品质量,创响知名品牌

围绕市场需求,项目县以龙头企业、家庭农场或专业合作社为带动,与棉纺企业、加工流通企业订立订单合同,创建优质棉花品牌。如无棣县依托该县钟金燕家纺公司与农户、合作社等经营主体全部签订订单,项目区严格按照订单企业的标准要求,实现品种、种植、收购、加工全链条融合发展。同时在项目区推行戴棉布帽、使用棉布袋,实行分摘、分晒、分存、分售、分加工,最大程度降低或无"三丝"含量,提高产业运行质量和效益。

3. 培育新型经营主体,提高社会化服务水平

项目区全面开展统一种植品种、统一肥水管理、统一病虫防控、统一技术指导、统一机械作业"五统一"社会化服务。对示范区统一棉花良种供应,采购推广适合本地的"双 30"品种。在项目区建设"四情监测站",根据病虫测报统一对示范区棉田进行病虫害防控和统一机械作业,实现良田、良种、良法、良机、良制配套。如无棣县西小王镇围绕"互联网+"信息化、智能化、自动化现代种植技术,建设物联网系统,实现"互联网+"信息技术与棉花种植的有机结合。其中 2019 年项目区共培育带动植棉大户,家庭农场、农民合作社、农业生产龙头企业等新型经营主体 128 个,开展社会化服务 18.38 万亩,对当地棉花区域化、专业化、社会化农技推广服务新模式发挥了很好的示范带动作用,增加了农民收入,提高了项目创建层次和水平。

4. 党建引领日益显现

项目区不断探索"党支部+合作社+农户",增强项目实施执行力、带动力。项目区把发展壮大集体经济作为服务群众、为民办事的重要基础,用好用活上级资金和政策,通过依托合作社、家庭农场、龙头企业,发挥党支部核心引领作用,发挥壮大集体经济,增加农民收入,目前,"党支部+合作社+农户"发展模式正在积极探索中。

鲁西南蒜(麦)后直播短季棉轻简化栽培配套栽培技术体系

许向阳[1]　张桂花[2]　魏春芝[3]　赵中亭[2]　王凤月[3]

(1.菏泽市农业农村局；2.菏泽市农业科学院；3.巨野县农业农村局)

传统的棉蒜间作套种多采用育苗移栽和稀植大棵的栽培管理模式,生产周期长,管理环节多,机械化程度低,劳动强度大,用工多,投资成本高,与已基本实现全程机械化的小麦、玉米等大宗农作物相比,比较效益没有优势可言;再加上受粮食安全和粮棉争地矛盾及国家棉花补贴政策不稳定的影响,棉农植棉积极性受到严重影响,棉花面积出现较大幅度的萎缩,同时鲁西南棉区由于农村劳动力的大量转移和劳动力成本的不断攀升及老龄化现象的凸显,间作套种劳动力密集型的传统植棉技术不仅难以支撑棉花生产的发展,而且成为棉花生产持续发展的障碍。改革传统棉花种植方式,实行棉花轻简化生产是破解当前棉花产业困境的重要技术途径,是该区棉花产业发展的必由之路。山东棉花研究中心和其他科研单位已选育出一批适于蒜后直播的抗虫短季棉新品种(系),并在鲁西南棉区进行了连续几年的研究探讨和试验示范,同时通过机械配套和简化栽培,初步建立了鲁西南棉区短季棉蒜后直播轻简化技术体系。

一、鲁西南短季棉蒜(麦)后直播轻简化栽培的必要性

鲁西南是山东三大产棉区之一,主要以巨野、成武、单县、金乡、鱼台五个产棉县为主,光热资源丰富,棉田土壤肥沃,适宜植棉,也是山东省优质大蒜和小麦的主产区,多年来棉花与大蒜间作套种是当地棉花生产的主要种植模式,蒜田套种棉花,不仅可以提高土地复种指数,而且两者在生态、价格上互补,给当地农民创造了可观的经济效益。但传统的棉蒜间作套种多采用育苗移栽和稀植大棵的栽培管理模式,生产周期长,管理环节多,主要依靠人工操作,机械化

程度低,劳动强度大,用工多,投资成本高,比较效益低。棉花生产持续大幅度走低。如何实现鲁西南棉区棉花产业的健康、可持续发展,是当前棉花生产面临的严峻挑战。改革传统棉花种植方式,实行棉花轻简化生产是破解当前棉花产业困境的重要技术途径,是该区棉花产业发展的必由之路。

二、鲁西南短季棉蒜(麦)后直播轻简化栽培的可行性

(一)棉花轻简化栽培的概念及目标

棉花轻简化栽培是指在保证产量、品质不减的前提下,通过机械代替人工、简化种植管理、减少作业次数、减轻劳动强度,实现棉花生产的轻便简捷、节本增效。轻简化与机械化不同:轻简化要求以机械代替人工,不是简单机械代替人工,而是强调农机农艺融合、良种良法配套;轻简化栽培还包括简化管理程序、减少作业次数,这是与机械化的最大不同。棉花轻简化栽培技术:所谓"轻"就是用机械代替人工,减轻劳动强度;所谓"简(减)"就是减少环节和作业次数、简化管理;所谓"化"就是农机与农艺有机融合,良种良法配套的过程,以实现棉花生产的轻便简捷和可持续发展。

棉花轻简化栽培的目标是节本增效、绿色可持续生产。轻简化栽培既要技术简化,又要高产优质,还要对环境友好。在不断减少用工的前提下,减少水、肥、药等生产资料的投入,保护棉花生态环境,实现绿色可持续生产。

(二)适宜蒜后直播的高产优质短季棉品种和配套栽培技术已经成熟

目前,山东棉花研究中心和其他育种单位已选育出鲁棉 532、鲁棉 241、德棉 15、中棉 425、中棉 691、开棉 206 等适于蒜(麦)后直播的高产优质的抗虫短季棉新品种(系),生育期在 105～110 天,其中鲁棉 532 铃大,产量高,品质达到双 30 标准,马克隆值在 4.5 左右,满足棉花加工企业对优质棉的需求,解决了原来短季棉品种纤维短、粗、品质差的问题。

短季棉品种生育期比传统春棉品种短 30 天左右,利用短季棉生育期短、适合高密度种植、结铃集中等特性,5 月下旬大蒜收获后采用机械直接播种棉花,既不用费工费时的营养钵育苗移栽,也不用昂贵的杂交棉种子,不仅减少了物化和人工投入,也利于提高田间管理的机械化水平;同时密植短季棉开花成铃集中,也为将来实现棉花机械化采收奠定了基础。

短季棉蒜(麦)后机械直播和简化栽培,可提高机械水平,降低劳动强度,减少管理用工和投资成本,为鲁西南棉区稳定棉花种植面积,提高棉花的种植效

益,探索出一条新的发展途径。

(三)鲁西南棉区初步建立了短季棉蒜后直播轻简化栽培技术体系

山东棉花研究中心、山东省棉花生产技术指导站、菏泽市农科院等单位在鲁西南棉区进行了连续几年适于蒜(麦)后直播的抗虫短季棉新品种的试验示范,同时进行了简化栽培和农机农艺有机融合研究探讨。通过选择适宜的早熟、高产优质品种、适宜播期和合理的种植密度,采用机械精量直播,现蕾期化控,见花一次性追肥,采用化学打顶、机械打顶、不去叶枝的简化整枝方式的研究探索;病虫害采用绿色防控并配合机械化控制,集中收花并探索机械采收,机械拔柴或秸秆还田,取得了大量的技术成果,初步集成建立了鲁西南棉区短季棉蒜(麦)后直播轻简化栽培技术体系。在保证棉蒜(麦)产量不减的情况下,提高了机械化程度,降低了劳动强度,减少了劳动用工,降低了生产成本,实现了农机与农艺的有机融合,提高了棉花的直接经济效益,是鲁西南棉区棉花轻简化生产的重要途径。

(1)2015年9月25日中国农科院棉花研究所毛树春研究员、范术丽研究员、山东省棉花技术站赵洪亮站长、于谦林科长、山东农业大学孙学振教授等国内知名棉花专家组成测产验收委员会,对山东棉花研究中心和菏泽市农科院共同组织实施的鲁241简化栽培示范田进行了实地测产验收。经专家现场测定鲁241亩产籽棉303.4千克,折合皮棉123.5千克,创黄河流域短季棉产量新纪录。

(2)2016和2017年分别在巨野县祥瑞棉花种植专业合作社和成武县大田集镇许堂村建立短季棉(鲁棉532)蒜后直播轻简化栽培示范基地各50亩。

(3)2018年在菏泽市巨野县建立了蒜(麦)后直播短季棉轻简化栽培技术示范片12个,总面积333.3公顷,皆应用了“短季棉品种鲁532蒜麦后(5月下旬至6月初)精量播种,合理密植(6000～8000株/亩)化学调控壮株控高塑造直密矮壮型群体结构”,为关键措施的蒜(麦)后直播短季棉简化栽培技术。

2018年9月17日,邀请专家进行田间测产验收,巨野县示范田4块(蒜后、麦后各两块),每块田3个点,共12个点。平均密度6218株/亩,平均株高79.8厘米,平均亩铃数47992个,平均单铃重5.44克,折算系数0.85,平均亩产籽棉221.9千克,对照(传统蒜套棉)平均亩产籽棉235.8千克,示范田比对照减产5.9%。全程用工减少45%以上,物化投入(农药、化肥)节省30%以上。

(4)2019年在菏泽市巨野县陶庙镇狄海村建立短季棉(鲁棉532)蒜后直播轻简化栽培示范基地500亩。5月24日机械播种,行距76厘米,种植密度6000株,播种时同时机械喷施封闭除草剂,全生育期不整枝,只打顶,盛蕾期开始化控，株高控制到 80～90 厘米，盛蕾期见花一次性追肥，重点进行苗后棉蓟马、蚜虫、红蜘蛛、盲蝽象和烟粉虱的绿色防控，9 月 20 日催熟。2019 年 10 月 4 日对巨野狄海短季棉（鲁棉 532）蒜后直播轻简化栽培示范基地测产验收，测产时选 3 个有代表的地块，每块随机抽 3 个点，测平均株距和单株铃数，计算密度和亩铃数。巨野狄海短季棉（鲁棉 532）蒜后直播轻简化栽培示范基地测产结果平均密度 6160.9 株/亩，平均株高 76.8 厘米，平均亩铃数 55779.2 个，平均单铃重 5.9 克，折算系数 0.85，平均亩产籽棉 279.7 千克。测产明细如表 1 所示。

表 1　　　　　　　巨野狄海鲁棉 532 测产明细

地块	行距（米）	株距（米）	株高（米）	果枝数（个）	单株结铃数（个）	密度（株/亩）	亩铃数（个/亩）	单铃重（克）	测产产量（千克/亩）
1	0.76	0.163	68.3	8.6	10.4	5369.2	55705.4	5.9	279.4
2	0.76	0.126	85.3	9	8	6952.7	55853	5.9	280.1
3	0.76	0.145	76.8	8.8	9.2	6160.9	55779.2	5.9	279.7

　　（5）2019 年在菏泽市巨野县陶庙镇伊集村开展了蒜后直播中棉 425、德棉 15、鲁棉 2387、开棉 206、鲁棉 541、鲁棉 532、辽棉 5703、中棉 619、鲁棉 241 短季棉品种比较试验，测产结果如表 2 所示。

表 2　　　　　　短季棉品种蒜后直播品种比较试验测产明细表

品种	行距（米）	株距（米）	株高（厘米）	果枝数（个）	单株结铃数（个）			密度（株/亩）	亩铃数（个/亩）	单铃重（克）	测产产量（千克/亩）
					总铃	絮铃	青铃				
中棉 425	0.76	0.175	75	9.3	10.5	2.6	7.9	5012.5	52631.6	5.4	241.6
德棉 15	0.76	0.16	52	9.5	9.8	1.8	8	5482.5	53728.1	5.4	246.6
鲁棉 2387	0.76	0.165	82.8	11.5	10.7	5.5	5.1	5332.5	56790.9	5.6	270.3
开棉 206	0.76	0.165	82.5	11	11.8	3.5	8.3	5316.3	62732.6	5.3	282.1
鲁棉 541	0.76	0.179	59	9.7	10.4	4.6	5.9	4900.5	50965.4	5.6	242.6
鲁棉 532	0.76	0.164	75	9.5	10.4	4.5	5.9	5348.7	55359.4	5.9	277.6
辽棉 5703	0.76	0.156	88		6.2			5641.1	34974.9		163.5
中棉 619	0.76	0.167	73.7	10.5	10.6	3	7.5	5263.2	55614	5.4	255.3
鲁棉 241	0.76	0.205	72.3	10	14	6.3	7.8	4279	60012.8	5.8	295.9

　　蒜（麦）后直播短季棉轻简化栽培技术是棉花轻简省工、减肥减药、节本增效的重要途径。这些新品种、新技术、新模式的成功研制及应用推广，必将为鲁

西南棉区棉花生产的可持续发展提供有力的科技支撑,在鲁西南蒜套棉产区发展蒜后直播短季棉具有良好的前景

三、鲁西南棉区短季棉蒜(麦)后直播简化栽培技术

(1)选择高产优质生育期在100～105天左右的早发性好,抗病性强、结铃集中的短季棉抗虫品种,鲁西南棉区可选择鲁532、鲁棉551、鲁棉241、德棉15、中棉425、中棉619、开棉206等。同时在大蒜和小麦种植时适当选择早熟的大蒜、小麦品种等。

(2)播种时间:适宜播期5月25日左右,保证6月5日之前播种,6月10日前齐苗。种子采用发芽率超过80%的精加工脱绒包衣种子。在大蒜、小麦收获后抢时直播,小麦收获后秸秆粉碎可贴茬直播,墒情不足时播后灌水,采用精量播种机进行精量播种,亩播量1.2～1.5千克,播种深度2.5厘米左右,播种后出苗前用33%的二甲戊灵＋异丙甲草胺各(50～100毫升/亩)喷施地面进行苗前杂草封闭。

(3)播种密度:采用机械等行距播种,行距76厘米,与后期的机械收获时机采棉行距相配套。保证实收密度5500～6000棵。密度太低,产量不稳定。

(4)中耕:出苗后不间苗、不定苗,2～4片真叶时根据杂草发生情况然后进行行间中耕以提高地温和去除杂草。也可行间每亩定向喷施10～20克的精喹禾灵防除禾本科杂草,中耕后行间喷天仙配(乙草胺＋二甲戊灵)100毫升/亩对禾本科杂草和阔叶类杂草有一定的防效,但要确保棉苗安全。

(5)合理化控:现蕾期化控,使株高控制在80～90厘米,超过100厘米易倒伏和后期烂桃。化控时采用少量多次前轻后重的原则,全生育期化控3～4次,现蕾前后根据棉花长势和天气情况,每亩喷施98%缩节胺0.5～1克;初花期(开花后5天内),缩节胺用量1.5～2克;打顶后5天,缩节胺用量3～4克。注意短季棉比春棉要提前化控,6月底7月初,根据天气情况,加大用量,同一时间遇阴雨天气较多时比春棉可适当加倍用量。化控时和农药配合,减少打药次数。

(6)一次性施肥:因前茬大蒜田施肥较多,可满足蒜后直播短季棉苗期生长需要,蒜后直播短季棉播种时可不施底肥,麦后直播可进行种肥同播,盛蕾期棉田见花一次性机械追施尿素15～20千克。强调盛蕾期施肥,若和春棉一样花铃期施肥易晚熟、造成旺长。

(7)简化整枝:采用简化整枝,不去叶枝,只打顶,在密度达到5500～6000株,合理化控的基础上,保留叶枝,整个生育期不整枝,只打顶。打顶和春棉相

比不延后,可适当提前 3～5 天。根据棉花长势情况,打顶一般可掌握 7 月 15 日前完成,单株平均果枝数 6～8 个、成铃 10 左右,亩成铃 5 万～6 万个。长势强早打顶,长势弱可适当晚打。

(8)病虫害绿色防控:由于短季棉生育期较短,整个生育期施药次数相对减少,鲁西南棉田前期主要防治好棉蓟马、棉蚜和红蜘蛛,掌握好防治时期和用药量。防治时采用物理防治、生物防治和化学防治相结合的绿色防控方法。出苗后用噻虫嗪重点防治棉蓟马,后期主要难以防治的害虫是盲蝽象和烟粉虱等。防治时采用灯光、黄板和性诱剂诱杀,并保护利用天敌。化学防治时化学农药采用高效低毒的生物农药和生物制剂配合交替使用,并进行统防统治。根据地块选择高地隙药械、植保无人机背负式电动植保器械等,施药时保证喷雾均匀,棉株上中下叶片都能附着药剂。

(9)脱叶催熟:一般在棉花吐絮率 60% 以上时开始脱叶催熟,即在 9 月 25 日前后第一次脱叶催熟,7 天后根据情况再喷第二次。喷施时日最高气温在 20 ℃以上,日平均气温 20 ℃。每公顷喷施 50% 噻苯隆可湿性粉剂 450 克＋40% 的乙烯利水剂 3000 毫升兑水 6750 千克混合施用。棉田密度大,长势旺时,可以适当加量。为提高药液的附着性,可加入适当的表面活性剂。喷施时要求雾滴小,喷洒均匀,保证上中下叶片都能均匀喷到脱叶剂,在风大、降雨前或烈日天气禁止喷药作业,喷后 12 小时降中雨,应重喷。

(10)集中收花:短季棉结铃集中,吐絮集中,脱叶率达 95% 以上、吐絮率达 80% 以上时可采用人工集中采收或机械采摘。

菏泽市棉花绿色高质高效栽培模式及蒜棉套作轻简化栽培技术

许向阳[1]　魏春芝[2]　张桂花[3]　王凤月[2]　赵中亭[3]

(1.菏泽市农业农村局;2.巨野县农业农村局;3.菏泽市农业科学院)

自"十二五"以来,随着经济的发展和城镇化进程的加快,山东省植棉面积呈现断崖式下滑,"十二五"全省年均植棉面积684.1万亩,总产66.13万,单产皮棉68.55千克/亩;"十三五"全省年均植棉面积285.56万亩,总产26.12万吨,单产皮棉78.44千克,分别比"十二五"减少了58.26%、60.5%和增加了9.89千克/亩。虽然全省棉花面积和产量下降幅度都较大,但"十三五"期间鲁西南棉区在全省的占比却越来越重,占全省棉花面积的半壁江山,分析其中的原因,蒜棉套作和蒜后直播短季棉高效种植模式对支撑鲁西南棉花高效发展起着强大的支撑作用。

菏泽市位于山东省西南部,苏、鲁、豫、皖四省交界地带,耕地面积1247万亩,基本农田面积1071万亩,大部分耕地为黄河下游冲积平原,地势平坦,土层深厚,旱能浇,涝能排,灌溉率达到80%以上。

菏泽市属暖温带季风型大陆性气候,光热充足,四季分明。农作物旺盛生长的10℃以上积温年平均数为4558℃,持续天数213天。年平均无霜期为209天,光热资源为山东之最。全市多年平均降雨量为655毫米,雨热同季,独特的地理区位和优越的自然条件,发展棉花生产具有得天独厚的条件。适温、富光、丰水的6~8月份为棉叶光合效率最佳时期,非常适宜棉花生长发育。

菏泽市是国家重要商品粮、商品棉、蔬菜生产基地,粮棉菜争地矛盾突出,再加上棉花生产成本的不断增加,收购价格大幅度下跌,植棉比较效益下降等因素影响,棉花生产日益萎缩。

我市棉花生产要稳定发展,必须在保障粮食安全与特色优势产业的基础上,依靠科技创新,发展棉粮、棉菜(瓜)间作套种,走粮棉菜(瓜)并举的技术路线,不断优化粮经饲种植业结构和作物品种布局,规范棉花间作套种绿色高质高效种植模式,完善棉田间套作配套技术,实现优势棉花产区优良品种和绿色高质高效轻简化栽培技术的配套。通过间作套种,提高复种指数,充分利用光热等资源,增加棉花和其他间作套种作物的产量、质量,提高棉田的周年产出,提高单位耕地的生产效益,从而提高棉花的综合效益,保护棉农的积极性,解决粮棉菜争地的矛盾。加强棉作结构优化技术集成产业模式与示范推广,加快完善棉作生产两熟制高效技术集成生产模式创新,构建粮经饲三元结构,重点推广以下模式。

一、菏泽市棉花绿色高质高效间作套种栽培模式

(一)大蒜/棉花——蒜棉套种一年两熟种植模式,主要以蒜棉套种模式为主

棉花与大蒜套作,种植模式有 6-1 式、5-1 式和 4-2 式等。

(1)蒜棉 6-1 式为一年两熟套种种植模式,也就是 10 月中上旬整地做畦播种大蒜。230 厘米一个种植带,畦埂宽 30 厘米,畦面 200 厘米,10 月上中旬在畦面种 12 行大蒜,大蒜行距 18 厘米左右。棉花以 4 月 10 日后开始育苗,5 月 10 日前后在畦埂和大蒜中间各移栽套种 1 行棉花。6 月初大蒜收获后棉花呈等行距 115 厘米种植,然后通过中耕、培土追肥和喷药等管理措施满足其安全生长发育需要。棉花一般选用中晚熟杂交品种,种植密度 2200 株/亩左右。这种种植方式棉花地力基础好,生育期前提,生产潜力大,霜前花率高,品质好,一般亩产籽棉 300 千克左右(见图 1)。

图 1　蒜棉 6-1 式

　　（2）蒜棉5-1式：110厘米一带，80厘米种5行大蒜，大蒜行距20厘米，留30厘米套种行，春天移栽1行棉花，棉花行距为等行距。大蒜适栽期在10月10日左右为宜，密度控制在3000～3500株/亩内为宜。大蒜种植一般作畦，地膜覆盖，其中畦面宽60厘米，畦埂宽40厘米。

　　（3）蒜棉4-2式：即种植大蒜4行，棉花2行。大蒜畦宽100厘米，畦面宽60厘米，畦埂宽40厘米，大蒜行距20厘米，预留套种行40厘米，10月上中旬畦内栽植大蒜4行，5月上旬栽植棉花2行，棉花行距100厘米。该模式大蒜边行优势明显，产量基本上不受影响，又保证了棉花的合理密度，使棉花的通风透光条件好，有利于田间管理，便于田间作业，确保蒜棉高产高效（见图2）。

图2　蒜棉4-2式

　　棉花与大蒜间作套种是我市当地棉花生产的主要种植模式，蒜田套种棉花，不仅可以提高土地复种指数，而且两者在生态、价格上互补，给当地农民创造可观的经济效益。

　　棉花和大蒜间作套种，选择适宜棉蒜套作的优良抗虫棉花品种和棉花与大蒜套作最佳种植模式，适期种植大蒜；棉花采用无土基质育苗，适期移栽，合理的增加栽植密度，加强肥水调控、科学简化整枝、合理化学调控、病虫害绿色防控，双晚栽培（晚拔棉柴和大蒜适期晚播），形成棉蒜间作套种适宜品种、最佳种植模式和一系列关键技术配套的栽培技术体系，提高复种指数，实现棉花与大蒜双优质、双高产和棉田高效。

(二)大蒜/棉花//辣椒——新型绿色高质高效种植模式

具体种植方式为种植带宽 230 厘米,12 行大蒜套种 3 行辣椒和 1 行棉花。

大蒜在 10 月上旬造畦种植,畦面宽 230 厘米(两个畦埂中心线之间的距离),每畦种植 12 行大蒜,大蒜行距 18 厘米。4 月中下旬套种棉花和辣椒。辣椒于 2 月底 3 月初开始育苗,棉花于 3 月下旬穴盘基质育苗;4 月中下旬把辣椒移栽到大蒜田,3 行大蒜种植 1 行辣椒,每畦种植 3 行辣椒,辣椒行距为 54 厘米;4 月底把棉苗移栽至蒜田畦埂上,即棉花行距为 230 厘米;边行辣椒与棉花行距约 61 厘米。辣椒穴距 25 厘米,亩穴数 3400 穴,每穴 2~3 株,亩株数 8500 左右;棉花株距 26 厘米左右,棉花密度约 1100 株。

蒜/棉/辣椒高效种植模式结合农技人员测产和农户实收调查:大蒜平均单产 1250 千克/亩,辣椒 245 千克/亩,棉花籽棉 165 千克/亩。

不同种植模式效益,大蒜/棉花//辣椒模式净产值为 9725 元/亩,纯收益为 6465 元/亩,成本纯收益率为 120.5%,比麦棉 3-2 式分别增加 7634.5 元/亩、6254.5 元/亩、112.8%,比蒜棉 6-1 式分别增加 2641.6 元/亩、1591.6 元/亩、1.0%。

大蒜/棉花//辣椒模式能够有效缓解辣椒与棉花之间争地矛盾,不仅经济效益显著,还能够创造优化环境——棉花能为辣椒遮阴、防治辣椒高温灼伤,实现双双高产优质。另外,在涝灾发生年份,辣椒极易因灾绝产,而棉花则更能发挥生长优势,降低灾害损失,因此该模式具有推广价值(见图 3、图 4、图 5)。

图 3　大蒜/棉花//辣椒模式(1)

图 4 大蒜/棉花//辣椒模式(2)

图 5 大蒜/棉花//辣椒模式(3)

(三)棉花/花生——绿色双高产间作模式

棉花花生间作模式包括 4 行棉花/6 行花生、2 行棉花/4 行花生、2 行棉花/6 行花生等配置模式,花生采用机械起垄覆膜,一垄双行种植,垄宽 50 厘米,垄高 15 厘米,行距 30 厘米,株距 10 厘米,播深 3~4 厘米。棉花平地覆膜机械直播,行距 50 厘米,株距 15 厘米,播深 2~3 厘米。棉花与花生种植带间距 40 厘米。棉花花生采用机械化同期播种,通过前期试验调查和比较,选定 4 行棉花/6 行花生间作作为今后重点推广的模式。这一模式的优点在于:一是棉花和花生播幅相等,便于来年轮换种植和机械化作业;二是充分发挥棉花的边行效应,较等面积单作棉花平均增产10%～20%;三是提高棉花种植带的通风透光性,减少烂铃,促进棉铃提前吐絮,在阴雨年份表现尤为明显;四是花生起垄覆膜种植,起到了增温提墒的作用,实现了花生提前出苗和一播全苗,并且还利于花生果针下扎,提高座果率;五是区域轮作避免了花生连作障碍,保证了花生的连年均衡稳产;六是利用花生根系的固氮特性,通过棉花、花生轮作,在保证棉花产量不减的前提下减少来年棉花种植带的氮肥施用量20%～30%,做到减肥不减产。

棉花/花生绿色双高产间作模式每亩示范田平均可产籽棉200千克、花生250千克左右,远远高于纯作棉花亩产籽棉250千克或纯作花生400千克的效益。

棉花与花生等幅间作轮种,充分发挥了棉花与花生的互补性,做到了地上空间互补、地下根系互补、周年营养互补,有效解决了花生连作障碍和棉花低产低效问题,在实现棉花、花生双高产的前提下减少了化肥农药施用量,是一种棉花花生绿色高效生产新模式,具有广阔的推广前景(见图6)。

图6　棉花/花生间作模式

(四)棉花/西瓜间作——绿色双高产模式

棉花/西瓜间作绿色双高产模式采用2-1式种植,即两行棉花一行西瓜。每150厘米为一种植带,种2行棉花,大行距100厘米,小行距50厘米,株距29.6

厘米,每亩留苗 3000 棵左右;大行内种一行西瓜,株距 60 厘米,棉瓜间距 50 厘米,亩栽种西瓜 740 株。3 月初做畦播种西瓜,采用小拱棚、地膜双层覆盖催芽播种,6 月中下旬西瓜收获;棉花 4 月中下旬播种,棉瓜共生期 55～60 天。在棉花播种前浇 1 次水,浇水量不要过大,以防降低地温。当日平均气温回升到 15 ℃左右时,可去掉西瓜的小拱棚。

棉花/西瓜间作绿色双高产模式产量效益:西瓜平均单瓜重 3 千克左右,一般 1 亩地产量 3000 千克,售价 0.80 元/kg,收入 2400 元,除去种、肥、药、膜、水等成本投入 400 多元,仅西瓜一项 1 亩纯收入 2000 元;亩产棉花 200 千克左右,产值 1500 元,扣除成本 300 元,棉花 1 亩纯效益为 1200 元左右;两项合计亩产棉花西瓜间作纯效益 3200 元左右。

西瓜/棉花间作套种技术的优势为:一是二者共生时间短。西瓜/棉花共生期大约为 70 天左右,共生期较短。二是空间大。西瓜/棉花间作模式具有空间大、行距宽的特点,有助于西瓜生育期间生长发育,棉花前期壮苗早发,延长有效的开花结铃期。三是立体化种植。西瓜/棉花作为高商品性的农业种植产物,经济效益非常高(见图 7)。

图 7　西瓜/棉花间作模式

(五)小麦/棉花一年两熟套种种植模式

小麦/棉花 3-2 式一年两熟套种种植模式,为三行小麦套种两行棉花。每年 10 月上中旬进行土地整理(浇水、施肥、深耕(松)、旋耕、耙压、整畦等),然后播种小麦。种植规格:150 厘米为一种植带,三行小麦占地 40 厘米,留套种行宽度 110 厘米。第二年 4 月中下旬在套种行内直播两行棉花,棉麦间距 25 厘米,然后再地膜覆盖。棉花出苗后再间苗、定苗,根据生育进程需要,再进行中耕、培土、追肥和喷药等管理。棉花品种一般选用常规种子,种植密度 3000~3500 株/亩。这种种植模式棉花地力水平一般,亩产籽棉 260 千克左右(见图 8、图 9)。

图 8　小麦/棉花一年两熟套种种植模式(1)

图 9　小麦/棉花一年两熟套种种植模式(2)

二、菏泽市蒜棉套作绿色高质高效栽培轻简化栽培技术

蒜棉套作一年两熟种植模式是菏泽市近几年棉花的主要种植模式,面积在

70%以上,其他种植模式种植面积占30%左右。针对菏泽市蒜套棉面积较大的生产实际,开展了以筛选适宜棉蒜套作的优良抗虫品种为核心,以棉花与大蒜套作最佳种植模式为基础,适期种植大蒜的生产模式;棉花采用无土基质育苗,适期移栽,以合理增加栽植密度为保证;以加强肥水调控简化施肥、简化整枝、化学调控、病虫害绿色防控为重点;以实现品种、种植模式、简化栽培管理技术最佳结合为目的试验研究、试验示范和技术配套集成,组装集成了平衡简化施肥,合理灌溉、防灾减灾,简化整枝、化学调控,病虫害绿色防控和应用双晚栽培技术等一系列蒜棉套作绿色高质高效栽培轻简化栽培技术体系和技术规程。

(一)选择优良品种

为利于蒜棉茬口合理衔接,实现蒜棉双优高效,在地力高肥水充足的条件下,蒜套棉应首选抗虫优质杂交棉,如瑞杂818、瑞杂816、德棉998、鲁H498等,抗虫杂交棉长势强,单株增产潜力大;一般地力条件下,为保证适时成熟,减少霜后花,应选择早发型常规抗虫棉品种K836、鲁1131、鲁258等。大蒜应选杂交大蒜,如苍山大蒜、金乡红皮、金乡白皮等品种(见图10)。

图10 蒜棉间作模式

(二)选择蒜棉最佳套种模式

棉花与大蒜套作,选择最佳种植模式5-1式或6-1式。5-1式为110厘米一带,80厘米种5行大蒜,大蒜行距20厘米,留30厘米套种行,春天移栽1行棉花,棉花行距为等行距。大蒜适栽期在10月10日左右为宜,密度应控制在2.8万~3.5万株/亩为宜。大蒜种植一般作畦,地膜覆盖,其中畦面宽60厘米,畦埂宽40厘米。6-1式为230厘米一个种植带,畦埂宽30厘米,畦面200厘米,10月上中旬在畦面种12行大蒜,大蒜行距18厘米左右。棉花4月10日后开始育苗,5月10日前后在畦埂和大蒜中间各移栽套种1行棉花,6月初大蒜收获后棉花呈等行距115厘米种植(见图11)。

图11　蒜棉最佳套种模式

(三)适期育苗,选优质苗科学移栽

为确保大蒜棉花茬口合理衔接,根据当地气候情况,菏泽市育苗移栽时间以4月10日后育苗,5月10日前后移栽为宜。采用无土基质育苗,一是这时蒜苔收获完毕,已进入蒜头膨大期,并且所需适宜温度与棉苗生长发育所需温度相近,育苗时间过早,遇春寒棉苗易受冻害。二是采用无土基质育苗,与传统的营养钵育苗相比较,可缩短育苗时间,不仅省工省时,而且能培育出健壮优质棉苗(见图12)。

图 12　大蒜棉花茬口衔接

(四)合理增加移栽密度

移栽时应掌握合理的密度:杂交棉密度为每亩 2000～2500 株,最佳种植密度 2200 株;常规棉为每亩 3000～3500 株。这样既能合理利用光热资源,又能增加棉花产量,实现蒜棉双丰收(见图 13)。

图 13　合理增加移栽密度

(五)简化施肥——推广缓(控)释肥,氮、磷、钾等平衡施肥技术

针对菏泽市棉区蒜棉套作棉田养分特征、棉花产量目标、棉花的需肥规律分类施肥,速效肥和缓控释肥结合一次性施肥。一般采用现蕾期一次性每亩追施氮(N)4 千克、磷(P_2O_5)2.5 千克、钾(K_2O)3 千克,追肥可结合中耕、除草、培土采用机械一次性完成,可减少施肥次数、提高肥料利用率,降低了生产成本,

· 59 ·

减少环境污染,同时提高了棉花产量和植棉效益。

缓(控)释肥实现肥料养分释放速率同棉花生长所需同步,节本省工,环境友好,简化工序,减少用工 1～2 个/亩,肥料利用率提高 10% 以上。缓控释肥改善土壤理化性状,增强棉田土壤抗灾缓冲能力,节肥、保水、抗早衰,解决了棉花生长关键时期(花铃期)因干旱或雨涝无法追肥,或施大量肥料后遇雨涝造成死苗的重大难题。

(缓)控释肥施用要注意:一是不穴施或撒施,集中深施,沟深 15～20 厘米,距离棉株 30～35 厘米,机播沟底覆土一次完成,中后期不施控释肥;二是低洼、渍涝和排水不畅的棉田不宜施用。

(六)合理灌溉,防旱排涝

大蒜抽苔期是大蒜一生需水高峰期,在大蒜抽苔前浇水,既能满足大蒜的需水高峰,又能解决棉苗成活,提高成活率,促苗早发,做到一水两用。

棉花现蕾后至开花前(6～7 月上旬),是常年的干旱季节,也是棉田第一次灌水的关键时期,视天气和土壤墒情应小水轻浇。进入花铃期后如遇干旱,需灌水 1～2 次。进入生长后期(8 月下旬至 9 月上、中旬),如遇秋旱,适量灌水可防止早衰、增加铃重和提高纤维品质。汛期棉田遇大雨、田间积水时争取在 24 小时内排除。

(七)简化整枝

粗整枝或保留部分叶枝粗整枝:现蕾后一次性去除叶枝和主茎叶。

保留部分叶枝:在增加栽植密度的情况下,保留第一果枝下 2 个叶枝,初花和盛花期加强化控,不打边尖,减少去除赘芽和无效蕾的次数,7 月 20 日左右打顶,或采用化学打顶技术,减少管理用工,提高植棉效益。

(八)合理化控

根据棉花长势、土壤湿度和天气情况,掌握“少量多次、前轻后重”原则,蕾期每亩喷施缩节胺 0.5～1 克,兑水 20～30 千克;初花期喷缩节胺 1.5～2 克,兑水 20～30 千克;花铃期喷缩节胺 2～3 克,兑水 30～40 千克喷洒;打顶后一周每亩喷缩节胺 3～4 克,兑水 40 千克均匀喷洒,喷后 4 小时内降雨应重喷。化控药剂也可结合施药喷洒(见图 14)。

图 14　合理化控

(九)病虫草害绿色防控

1.蒜套棉病害的防控

蒜套棉区病害主要是棉花枯、黄萎病,首先选用抗病品种,发病时采用氯溴异氰尿酸等药剂灌根或喷雾。

2.蒜套棉区杂草防治

大蒜浇返青水时,随水冲施除草剂 200 毫升/亩,后期杂草使用专用除草剂混配制剂定向喷雾,棉田苗后杂草选用棉花专用除草剂混配制剂,对禾本科和阔叶类杂草都有较好的防效。不同剂量三氟啶磺隆与精喹禾灵 2 种除草剂混用:10%的精喹禾灵(90 克/公顷)+75%的三氟啶磺隆(33.75 克/公顷)对杂草的防效最好;不同剂量的三氟啶磺隆、嘧草硫醚和精喹禾灵 3 种除草剂混用,10%的精喹禾(75 克/公顷)+75%的三氟啶磺隆(16.875 克/公顷)+20%的醚草硫醚(45 克/公顷)对杂草的防效较好(见图 15)。

图 15　蒜棉套作间植

3.蒜套棉虫害绿色防控

开展蒜套棉绿色防控病虫害,探索有效的蒜套棉病虫害绿色防控措施,是减少农药使用量、提高防治效果、降低农药污染的发展方向。菏泽蒜套棉区的主要害虫是蚜虫、红蜘蛛、蓟马、棉铃虫、盲蝽象和烟粉虱,主要危害的是盲蝽象和烟粉虱。盲蝽象和烟粉虱因具有繁殖力高,抗逆性强,体型小,迁飞能力强和昼伏夜出习性,难以防治,应采用农业防治、物理防治、生物防治和农药防治等综合防控,以预防为主,防重于治,并且应掌握治早治小的原则,在害虫发生初期和低龄幼虫期用药,忌过分依赖化学农药,以保护和助增天敌(见图16)。

图16 绿色防控

(1)农业防治:清除棉田及地边杂草,减少虫源。避免与西葫、冬瓜、南瓜等蔬菜套种。

(2)物理防治:包括诱杀防治和植物诱集。

诱杀防治:盲蝽象可采用性诱剂(中捷四方)、食诱剂(百乐宝)和灯诱等措施诱杀,烟粉虱采用黄色板诱杀(见图17)。

图17 诱杀防治

植物诱集:豇豆诱集中黑盲蝽,绿豆诱集绿盲蝽(见图18)。

图18　植物诱集

(3)生物防治(天敌保护利用技术):盲蝽象释放红茎常室茧蜂,烟粉虱引进使用丽蚜小蜂、捕食螨、瓢虫天敌,并使用白僵菌、阿维菌素类、烟百素、苦参碱类等生物农药。

(4)化学防治:在病虫预测预报的基础上,采用氟啶虫胺腈、烯啶虫胺、联苯菊酯、溴氰菊酯、阿维菌素、啶虫脒、吡蚜酮等高效低毒农药,单独或混配使用,兼治几类害虫,并交替使用,减少抗药性。在防治病虫害过程中,严禁使用高毒、高残留农药。

由于盲蝽象和烟粉虱有昼伏夜出和迁飞的特点,提倡在同一时间段进行大规模统一防治,同时对田边、地头杂草进行喷药,最好棉花田和相邻田块喷药同时进行,群防群治,机防统治,提高防效。防治时间应在上午9点以前和下午4点以后,早晚防、雨后防。大面积病虫害防治苗期虫害施药可用自走悬挂式喷雾机喷雾,蕾期开始使用无人植保机防治,连阴雨天过后要及时用药防治,避免造成大的危害(见图19、图20、图21)。

图19　无人植保机防治(1)

图 20　无人植保机防治(2)

图 21　无人植保机防治(3)

(十)双晚栽培技术:蒜套棉应推广晚拔棉柴和大蒜晚播技术

及时催熟,适期拔棉柴:棉花 9 月下旬喷施乙烯利催熟,每公顷喷施 40％的乙烯利 1500～3000 毫升。若棉株发育较早、秋季气温较高或用药时间较早,用药浓度可低些;反之,棉株愈晚熟、气温低或用药时间较晚,浓度要加大。拔棉柴时间可由原来的 9 月下旬推迟到 10 月 5 日前后。

大蒜晚播技术:根据近年来的试验研究,菏泽市大蒜的最佳栽植期是 10 月 10 日左右,大蒜播期由原来的 9 月下旬可推迟到 10 月 10 日前后,拔柴后要抢耕、抢种。播种前剔去烂瓣、病瓣、僵瓣、狗牙瓣,并将选好的蒜瓣,按照大、中、小单种。

金乡县绿色高效植棉新模式

——短季棉蒜后贴茬直播技术

谢志华[1]　　肖春燕[2]

（1.济宁市农业科学研究院；2.山东省棉花生产技术指导站）

金乡县多年来发展的蒜套棉种植模式因其效益高，对金乡县的经济发展和棉农发家致富起到了关键的支撑作用。但棉花传统的育苗移栽模式主要依靠手工操作，不适宜机械化生产。随着劳动力转移和劳动力成本的逐年增高，传统的蒜套棉模式已不适现代农业的发展。改革种植方式，实行轻简化生产是该区蒜棉产业发展的重要技术途径，是破解金乡县当前棉花产业困境实现可持续发展的必由之路。山东省已选育出一批适于蒜后直播的抗虫短季棉新品种，并在金乡县进行了连续六年的研究探讨和试验示范，同时通过直接免地膜机械播种和简化栽培，初步建成了金乡棉区蒜后直播短季棉轻简化高效栽培技术体系。

针对金乡蒜套棉生产中棉花生育季节长、生产管理用工繁杂、机械化程度低等问题，选用近几年选育的高产优质短季棉品种鲁棉532、鲁棉241等，通过蒜后免覆膜抢茬直播，配合高密度免整枝化控栽培技术等技术，集成了短季棉蒜后免覆膜机械直播高效栽培技术体系，受到了棉农的欢迎，并在金乡农业生产中得到了大面积的推广应用，实现了棉花轻简化高效栽培生产。

一、筛选适宜品种

选好前茬大蒜品种和短季棉品种。选用优质早熟大蒜品种，最好能在5月中旬（5月15～20日）收获，以充分保证短季棉在5月底之前播种。棉花品种选用生育期在100～105天的鲁532（鲁审棉20180011）、鲁棉241（鲁审棉2016036）等早发性好、抗病性强、吐絮集中的短季棉品种，种子健籽率要高、发芽率达到 80% 以上、脱绒包衣,最好年前备好。

二、造好底墒

5 月 20 日前后结合前茬大蒜灌溉进行造墒,收蒜前 1 周内,浇一次透水,不仅对棉花播种充分造墒,也利于蒜头膨大和大蒜收获,实现了一水两用。5 月 23 日前后收蒜,争取 5 月 25 日前收蒜结束,并在 1～2 天内清理完大蒜秸秆及残渣。因前茬大蒜田施肥较多,可满足蒜后直播短季棉苗期生长需要,蒜后直播短季棉播种时可不施底肥。

三、高密度蒜后抢时免覆膜机械播种

高密度(每公顷 75000～90000 株)蒜后抢时免覆膜机械播种。短季棉适宜播期 5 月 26 日左右,越早越好,保证 6 月 5 日之前播上种。大蒜净地后即刻进行贴茬机械直播,将机械调到每公顷 90000 株的株密度档位,行距 76 厘米,便于机械收获、微耕机田间中耕扶垄及施肥的操作,播种机配置浇水器,在播沟内适量浇水,保证棉花出苗。大面积播前一定要试播,保证不断垄,播后当天傍晚喷棉田专用除草剂,5 月下旬,金乡棉区地温已稳定在 26～28 ℃,在不覆膜播种后,一般 3 天开始出苗,5～7 天齐苗。5 月 30 日前后查苗,只要没有 1 米以上缺苗断垄,就不补种,同时也不间苗,这样密度可保证不低于每公顷 75000 株。6 月 3 日前后撒毒饵,出苗 3 天后,在下午 5 点后进行撒施毒饵防治地老虎,也有防治苗蚜的效果。

四、结合中耕一次性施肥

6 月中下旬,在棉花现蕾初期结合中耕一次性施肥,提倡施用棉花缓控释肥。短季棉生育期一般在 100 天左右,出苗到开花时间较中熟春棉缩短近 20 多天时间,在短季棉现蕾后一次性施肥即可,6 月 12 日前后进行中耕施肥,采用适宜在行距 76 厘米操作的中耕机械,进行松土中耕、扶小垄,并一次性施入纯氮 120～150 千克/公顷,纯磷 90～120 千克/公顷,纯钾 120～135 千克/公顷,可施用二胺 270～300 千克/公顷,硫酸钾 225～27 千克/公顷,尿素 150～225 千克/公顷。

五、简化整枝

全生育期除一次性打顶外,不去叶枝、赘芽。在密度为每公顷 75000～90000 株、合理化控的条件下,短季棉叶枝坠芽长势减弱,保留叶枝,整个生育期不整枝,不抹赘芽,只打顶。打顶时间和春棉相比不延后,可适当提前 3～5 天。根据棉花长势情况,打顶一般可在 7 月 15 日前后完成,长势强早打顶,长势弱可适当晚打,一次性打顶,单株平均果枝数 6～8 个、成铃 10 个左右,亩成铃 5～6 万个。

六、化控与防治病虫害合并操作

全生育期化控 3～4 次,分别于蕾前、盛蕾、盛花时化控,化控和防治病虫害合并操作。在棉花生长关键时期进行适时化控,对短季棉进行早化控,使株高控制在 80～90 厘米,超过 100 厘米易倒伏和后期烂桃。化控时采用少量多次前轻后重的原则,在现蕾期开始化控。在 5 月 15～20 日期间,雨后或浇地 2 天后,进行初次化控及防治盲蝽等虫害,及时协调高群体棉花营养生长和生殖生长。在下午 4 点后,每 15 千克水兑入 98％的缩节胺 0.8～1.2 克或助壮素 10～12 毫升,同时加入 45％的氧化乐果乳油 30 毫升,均匀喷施叶子背面,喷施一亩地棉田。6 月 12 日前后,第二次化控及防治盲蝽等虫害。在下午 4 点后,每 15 千克水兑入 98％的缩节胺 1.8～2.0 克或助壮素 15～20 毫升,同时兑成 1500 倍的甲维盐＋1500 倍 98％的吡虫啉药液,均匀喷施叶子背面,喷施一亩地棉田。7 月 20 日前后化控喷药,并进行第三次化控喷药。在下午 4 点后,每 30 千克水兑 98％的缩节胺 3.0～3.5 克或助壮素 25～30 毫升,同时兑成 1000 倍甲维盐＋1000 倍 98％的吡虫啉药液,均匀喷施叶子背面,喷施一亩地棉田。

七、适时灌水和排水

棉花一般苗期到蕾前期不需浇水,蕾期、花铃期及吐絮前期若雨水不足,均应适情及时浇水。灌水时做到"三看":一看棉株,当棉花红茎比迅速上升,顶端绿色部分缩短到 10 厘米以下,叶色暗绿无光,应灌水;二看地,当棉株根系密集土层手捏土勉强成团,手触即散,这时应及时灌水;三看天,一般 7～10 天连续不下雨,应灌水。对于地势低洼、地下水位高的棉田,如遇连阴雨,应及时排涝。

八、脱叶催熟，及时收花、拔柴

要达到蒜棉两茬双高产，要合理安排收种茬口，大蒜栽种的早晚，直接影响蒜头和蒜薹的产量，大蒜种植时，棉花必须清茬出地，以往蒜农偏重大蒜效益，早在9月中旬拔棉柴，严重影响了棉花产量和品质。为兼顾蒜棉双丰收，大蒜适栽期为10月1～10日，所以应将拔柴期适当推迟到10月10日左右。一般在棉花吐絮率60％以上时开始脱叶催熟，即在9月25日前后脱叶催熟。喷施时日最高气温20℃以上。每公顷喷施50％的噻苯隆可湿性粉剂450克＋40％的乙烯利水剂3000毫升兑水6750千克混合施用。棉田密度大、长势旺时，可酌情加量。为提高药液的附着性，可加入适宜的表面活性剂。喷施时，要保证喷洒均匀，保证上、中、下叶片都能均匀喷到。禁止在风大、降雨前或烈日天气喷施作业，喷后12小时降中到大雨，应重喷。短季棉结铃集中，吐絮集中，脱叶率达到95％以上，吐絮率达到80％以上时可适时收获拔柴，抢时整地、施肥，换茬种蒜，既不影响大蒜的播种，又能提高棉花产量和品质，保证了蒜棉两季的丰产丰收。

采用鲁棉532、鲁棉241等优质短季棉品种，在保证亩密度不低于每公顷75000株的条件下，蒜后抢时免覆膜机械播种，结合中耕一次性施肥，一次性打顶外全生育期免整枝管理，化控与防治病虫害合并操作，结合喷施成熟落叶剂适时拔柴等关键栽培技术措施，2018年，在7月份高温干旱对棉花高产不利的天气条件下，金乡县2万亩短季棉示范田皮棉单产平均1470千克/公顷。短季棉蒜后直播不仅实现了棉花机械播种也有利于大蒜的机械收获，短季棉省去了蒜套棉育苗和移栽的环节，免去了生育期4～5次整枝操作，短季棉效益较蒜套棉平均增加375～450元/公顷，达到了棉花简化高效生产的效果。

山东实施棉花目标价格保险试点
结果研究与探讨

肖春燕[1]　丛琛[2]　蒋云薇[3]

(1.山东省棉花生产技术指导站;2.乳山市农业农村局;3.济南金额控股集团)

　　棉花在我国是仅次于粮食的大宗农产品,在国民经济中占有重要的地位和作用。近年来,为保护棉农利益,稳定棉花生产,国家出台了不少政策。2011~2013年,国家实行了棉花临时收储政策;2014年国家制定了棉花目标价格补贴政策,并首次在新疆开展试点,实施6年来对新疆的棉花生产起到了积极的促进作用。但在实施过程中也出现了一些问题,比如目标价格补贴操作程序复杂、补贴配套措施不完善和补贴政策不透明、与WTO规则相矛盾等问题。为解决这些问题,山东借鉴大蒜、水果等的目标价格保险办法,对"棉花目标价格保险"进行了探索和试点。2019年山东运用"政府＋保险＋期货"模式,在全国内地棉花主产区率先启动棉花目标价格保险试点工作,安排财政资金4875万元,在夏津县、鱼台县、平阴县、东营市东营区、寿光市、武城县等6个县(市、区)进行了试点,为试点县的86565户棉农提供保险保障4.94亿元。

　　本次试点工作覆盖6个试点县(市、区)的所有棉花种植面积40.64万亩。棉花目标价格保险费为每吨皮棉1500元,折合每亩120元,由省财政全额承担。投保目标价格为每吨皮棉15200元,保险时限为2019年9月1日至12月31日,市场价格以郑州商品交易所棉花大宗交易价格为基准。

　　截至2019年12月31日,郑州商品交易所棉花期货最终平均收盘价为每吨12785元,保险公司按每吨2415元进行赔付,共赔付86565户棉农7850万元,每亩赔付额达193.2元,赔付率161%,显著降低了棉花种植市场风险(见表1)。

表 1　　　　　　　　2019 年山东省棉花价格保险试点情况

开办市（县、区）	承保农户（户次）	承保面积（亩）	签单保费（万元）	保险金额（万元）	赔款金额（万元）	赔付率
东营市东营区	3350	19019.71	228.24	2312.8	367.46	161%
德州市武城县	14120	46937.39	563.25	5707.59	906.83	161%
德州市夏津县	28775	176258.75	2115.11	21433.06	3405.14	161%
济宁市鱼台县	27503	98461.20	1181.53	11972.9	1902.26	161%
济南市平阴县	9857	22037.81	264.45	2679.80	425.77	161%
潍坊市寿光市	2960	43651.21	523.81	5307.99	843.34	161%
总计	86565	406366.07	4876.39	49414.14	7850.80	161%

一、棉花目标价格保险的概念与发展

从原来实行的棉花临时收储政策,到现在正在实行的棉花目标价格补贴,这都是我国为了保护农民利益优化价格形成机制的重要手段。开展棉花"目标价格保险＋期货"试点正是探索棉花市场化补贴方式的举措之一。

棉花目标价格,是指政府为了保护棉农的利益,根据市场的供需关系、棉农植棉的成本、棉农的利益,考虑各种综合因素,而制定出的预期价格。与此同时,当年市场上又会形成一个实际的市场价格。政府设计的目标价格和实际价格应该有个价格差,当市场价格低于目标价格的时候就按这个差额补给农民。目标价格合理的确定,既能保障棉农利益,保护棉农的生产积极性,稳定棉花生产,又能满足纺织企业的需求。棉花目标价格保险是指国家利用保险机制,对保费进行补贴,实现对棉花市场风险进行汇聚、分散和转移的一种制度安排。它的承包对象是市场风险,赔付依据是目标价格。

二、山东 2019 年棉花目标价格保险方案主要内容

(一)保险试点范围

在山东省棉花种植产区选择地方政府积极性高、试点意愿强的县(市、区)开展。首批试点在平阴县、东营市东营区、寿光市、鱼台县、夏津县、武城县开展。试点县(市、区)内实现政策全覆盖。

(二)被保险人

试点县(市、区)内 2019 年棉花实际种植者(以下简称"棉农")。

(三)保险标的

棉农生产棉花的市场价格。棉花折算为皮棉,不包括废棉、落棉、回收棉及棉短绒。根据山东省棉花生产情况,皮棉平均产量按每亩 0.08 吨折算。

(四)保险费及补贴

单位保险费统一定为 120 元/亩。棉花目标价格保险费实行全额财政补贴,由各试点县(市、区)从省财政下达的中央棉花目标补贴资金中列支。保险费计算方法为:

$$保险费(元)＝单位保险费(元/亩)×保险面积(亩)$$

(五)保险目标价格

根据山东省棉花产业实际情况和当前的市场行情,具体以保险公司的最终报价为准,但不低于 15200 元/吨,即每亩最低保障收益折算为 1216 元。

(六)保险期间

保险期间为 4 个月,即 2019 年 9 月 1 日至 12 月 31 日。

(七)保险责任

保险期限内保险结算价格低于保险目标价格时,视为保险事故发生,由保险公司按照赔偿处理中的具体约定进行赔付。

(八)赔付处理

设定保险结算价格为 2019 年 9 月 1 日至 12 月 31 日期间郑州商品交易所 CF2001 合约收盘价算术平均值,9～12 月每月计算一次结算价格,如当月价格算术平均值低于目标价格则产生赔付,赔付总额为每月赔付额合计的 1/4。月赔付金额计算方法为:

$$月赔付金额＝(保险目标价格－月保险结算价格)×保险数量$$

若月保险结算价格高于保险目标价格,则保险公司按 625 元/吨(折算每亩 50 元)计算月赔偿金额;若月保险结算价格低于保险目标价格,但差额不足 625

元/吨,则保险公司按 625 元/吨(折算每亩 50 元)计算月赔偿金额;若月保险结算价格低于保险目标价格,其差额超过 625 元/吨,则按实际差额计算月赔偿金额。最终赔付金额计算方法为:

最终赔付金额=(9 月赔付金额+10 月赔付金额+11 月赔付金额+12 月赔付金额)/4

保险公司于 2020 年 2 月 29 日前一次性全额赔付至投保棉农。

(九)保险机构

由 2019 年农业保险承保机构调整确定的保险机构进行承保。

(十)保险费风险安排

鉴于保费实行财政全额补贴,保险机构的管理费用不超过保费的 7%,其他用于支付期权费用。

三、主要成效、经验

(一)深化保险供给侧结构性改革,解决棉花价格大幅波动而导致的"价低伤农",有利于化解市场风险

进入 2019 年,受贸易风险、市场风险等各种因素影响,棉花价格跌跌不休,期货交易价格从年初的 16000 元/吨一直跌到了 12500 元/吨。棉花交易价格的巨大波动,普通棉农无力改变,只能被动承受由此带来的损失。棉花目标价格保险的开办,恰好解决了市场风险这一难题,保险公司连接期货公司与广大棉农一起共担风险,为棉农撑起了"保护伞"。棉农有了保险"撑腰",面对市场价格频繁波动能够"处变不惊",农户有了抵御市场风险的能力。

(二)发挥社会稳定器的作用,提振棉农种植信心,稳固山东棉花产业,利于促进棉花产业建康发展

棉花目标价格保险能够和棉花种植保险相互促进、相得益彰。种植保险是承担农户自然灾害带来的风险,棉花目标价格保险保障的是农户的价格风险,这两项保险产品一起开展,形成了直接的相互促进、相互弥补的关系,全面有效化解了农户从种植到销售的所有风险,保证了农户的全部收益,解决了棉农的后顾之忧,能大幅度地提升棉农种棉的信心,进而稳固和壮大我省棉花产业。

（三）保障了棉花种植者的收益，有利于打赢脱贫攻坚战

2019年棉花目标价格保险让参保农户平均多收入882元，通过棉花保险＋期货的开办，达到了稳生产、提收益的目的，为我省依靠农田种植为主要收入来源的贫困户，不仅提供风险保障，还确保了他们的收益提升，有助于加快贫困户脱贫致富的步伐。通过"保险＋期货"这一有效方式化解农产品市场风险，是推动产业扶贫、带动贫困户脱贫、建设扶贫长效机制的一个有效工具，也是实施乡村振兴战略和打赢脱贫攻坚工作的一个重要抓手。

（四）借助金融杠杆，放大补贴效益，有利于政策的合理安排

从贸易规则来看，目标价格保险是适应世贸组织规则的"绿箱政策"，是现行补贴政策的有益探索。同时，财政拿出一定的资金，通过价格保险，把农产品市场风险转移给保险公司，保险公司通过期货公司进行对冲，把风险分散给利益相关方。通过这种方式，可以调动多方资源为农户提供价格风险保障，这种补贴方式既符合世贸组织规则，也可以解决财政补贴的不确定性、预算难以安排等问题。

（五）效果明显，形成可复制、可推广运行模式，有利于提升高质量发展

保险公司通过参与承办2019年棉花"价格保险＋期货"试点工作，从组织实施、宣传发动、承保出单、期货对接、定损理赔等流程严格按照试点方案的要求开展，总结出了一套较为成熟的运行模式，为以后探索形成可复制、可推广、可持续的市场运行模式积累了可借鉴的经验。有利于棉花产业的规模化发展，提升棉花质量。

四、存在的问题及建议

（一）棉花种植者对棉花目标价格保险认识不足

据调查，参与过棉花价格保险试点的棉农，在现阶段仅仅认为这是棉花目标价格补贴政策的另一种操作方式，"随大流"现象比较严重；棉农自身还未充分认识棉花价格保险的作用、特点以及与自然灾害的区别，对未来自主选择购买棉花价格保险可能面临的风险等相关问题不明白，关于其原理和运行模式更是知之甚少。

（二）缺少信息数据的准确性

参保农户多为老人和妇女,村社干部工作繁多,难以在短时间内保证信息数据的准确性和完整性。

（三）推进难度大

"保险＋期货"作为新模式,受限于地方政府认知程度、财力支持力度,试点难度较大,模式难以实施,需从省级层面考虑模式推广的财政支持政策。同时大连商品交易所、郑州商品交易所在我省项目支持上品种少、项目少,支持力度尚需省级层面在 2020 年进一步沟通协调相关事项。

（四）最低保障收益低

2019 年山东棉花目标价格保险每亩最低保障收益 1216 元,实际人工、种子、肥料、地租等成本较高,为 1500~1600 元,建议与棉花种植大县积极对接,沟通期货运作模式,掌握风险化解方式,达成"保险＋期货"化解市场风险的共识,特别是针对当前棉花期货价格较低,受外贸风险、疫情风险影响不确定性加大等现实情况,对目标价格合理预期,适当提高每亩最低保障收益。

（五）保险承担公司不一致

棉花目标价格保险的组织投保与棉花种植保险不同步。棉花价格保险和棉花种植保险有效组合避免了丰产不丰收的市场风险和自然灾害、意外损失造成的意外风险。这二种保险都得到了当地政府和棉农的高度认可,保护了棉农的种植积极性,保证了棉花产业高质量发展。但是组织投保时间、承担公司均不同,造成投保成本上升,建议棉花目标价格保险的组织投保与棉花种植保险同步进行,以避免漏保、误保,保证投保面积数据准确、补贴对象精准。

（六）2019 年山东棉花目标价格保险试点工作启动较晚

2019 年 6 月 27 日,山东省四部门下发《实施方案》(鲁农计财字〔2019〕15号);2019 年 7 月 15 日和 8 月 21 日,市、县分别下达资金指标文件;而此时均过了棉花播种时间。项目下达时间上的偏晚,导致政策效应延后,使项目效果无法在当年体现。同样,2020 年棉花目标价格保险到 8 月底也迟迟没有出台,是否继续实施,给广大棉农和基层主管部门造成了不必要的困惑。建议尽早启动2020 年棉花"价格保险＋期货"试点工作方案,为保险公司与期货公司分散经营风险预留充分的时间。

(七)所定标准皮棉单产偏低

《实施方案》规定:皮棉平均产量按每亩 0.08 吨折算。这就意味着每吨皮棉目标价格与结算价格之间的差价,就是 12.5 亩棉花的理赔额度。而皮棉平均产量越高,每吨皮棉差价覆盖的面积越小,单位面积得到的理赔资金越多,群众越欢迎。以夏津县为例,夏津县近年皮棉单产一直维持在 95 千克以上(统计部门),农业农村部门的数据则是在 100 千克以上,2019 年达到 113.6 千克,远远高于 80 千克的省定标准。建议提高皮棉单产标准。

(八)目标价格保险风险分散方式单一

价格风险相比于生产风险具有更强的系统性,价格大幅下跌就如同巨灾风险一样,是区域内所有投保人都面临的系统性风险,仅依靠期货公司进行场外期权来实现风险对冲,方式过于单一,建议开展棉花收入保险。

棉花花生间作模式研究

陈军　赵臣楼　何鲁军　张伟

（高唐县多种经营服务中心）

随着社会的发展,经济结构不断优化,劳动力不断向城镇转移,高唐县植棉面积呈下降趋势,主要原因就是植棉劳动强度大、投入多、品质差、效益低、种植模式单一。为了稳定提高土地收入效益,棉花产区棉花和其他作物的间作方式多种多样,棉花花生间作是近几年出现的一种新的间作方式。棉花与花生间作种植,能够减少棉花烂铃、提高棉花品质,能够改善土壤结构、解决花生重茬的问题,能够规避市场价格波动风险,保证经济收入,对稳定棉花种植面积也起到了积极的促进作用。针对棉花与花生间作哪种种植模式能取得最大的经济效益,我们进行了试验研究。

一、试验处理

棉花花生间作所用品种:花生品种为华实 9616,棉花品种为鲁 6269。花生垄作,垄宽为 80 厘米,一垄两行,小行距 30 厘米,大行距 60 厘米,种植密度为 2 万株/亩。棉花采用平地种植,种植密度为 4500 株/亩,行距 76 厘米。棉花花生间作采用 2∶4 式、4∶4 式和 4∶6 式三个模式。

(1)2∶4 模式:采用种植 2 行棉花和 4 行花生的间作模式,棉花种植密度为 4500 株/亩,行距 76 厘米;花生种植密度为 2 万株/亩,棉花与花生的行距为 60 厘米。

(2)4∶4 模式:采用种植 4 行棉花和 4 行花生的间作模式,棉花种植密度为 4500 株/亩,行距 76 厘米;花生种植密度为 2 万株/亩,棉花与花生的行距为 60 厘米。

（3）4∶6 模式：采用种植 4 行棉花和 6 行花生的间作模式，棉花种植密度为 4500 株/亩，行距 76 厘米；花生种植密度为 2 万株/亩，棉花与花生的行距为 60 厘米。

棉花的生长发育进程中，详细记录和调查作物生长发育时期、株式图、株高等农艺性状、植株干物重及养分含量，以及产量的测定。包括棉花的生育期以及栽培措施的记录（田间投入：化肥、农药、机械、水电、人工等，产出）、棉花产量及其构成、纤维品质、棉花农艺性状的调查（棉花生育期内，调查 3 次，分别是 7 月 15 日、8 月 15 日、9 月 10 日，调查每个小区内的 10 株定株棉花。记录的内容主要包括：株高，果枝数，每个果枝上对应的蕾、花、铃、烂铃、吐絮数）、棉花干物质积累与分配（现蕾、开花、盛花、盛铃期、吐絮期进行干物质取样，每次取 3 株，分为生殖器官和营养器官，称重）、土样采集等。

二、试验结果

（一）棉花花生产量分析

1. 棉花情况
棉花测产情况如表 1 所示：

表 1   棉花测产情况

试验名称	品种名称	平均行距（厘米）	平均株距（厘米）	收获密度（株/亩）	平均单株成铃数（个/株）	亩成铃数（个）	平均单铃重（克/个）	衣分率（%）	籽棉单产（千克/亩）85%折	皮棉单产（千克/亩）
4∶6式	鲁6269	138	20	2416	11.85	28625	5.4	41.7	131.4	54.8
4∶4式	鲁6269	124	20.2	2622	12.8	34100	5.4	41.7	156.5	65.3
2∶4式	鲁6269	180	23.2	1597	16.15	25784	5.4	41.7	118.3	49.35
纯棉	鲁6269	73	19.5	4684	13.15	61588	5.4	41.7	282.7	117.9

棉花实收情况如表 2 所示：

表 2　　　　　　　　　　　　棉花实收情况

试验名称	品种名称	实轧单铃重（克/个）	实轧衣分率（%）	实收籽棉单产（千克/亩）	三桃比例
棉花花生 4：6 模式	鲁 6269	6.22	40.07	130	42.6：57.4：0
棉花花生 4：4 式	鲁 6269	6.22	40.07	200	46.3：53.7：0
棉花花生 2：4 式	鲁 6269	6.22	40.07	120	28.5：65.2：6.3
纯棉	鲁 6269	5.31	42.18	300	40.1：53.3：6.6

棉花品质情况如表 3 所示：

表 3　　　　　　　　　　　　棉花品质情况

试验名称	品种名称	上半部平均长度（毫米）	整齐度指数（%）	断裂比强度（cN·tex^{-1}）	马克隆值	伸长率（%）	反射率（%）	黄度	纺纱均匀性指数
棉花花生套种	鲁 6269	27.4	82.4	27.9	5.5	6.4	82.3	8	117
纯棉	鲁 6269	25.8	80.9	28.5	5.2	6.5	74.7	8.3	106

棉花干物质积累(3株)情况如表 4 所示：

表 4　　　　　　　　　　棉花干物质积累(3株)情况

试验名称	品种名称	6 月 15 日		7 月 14 日		8 月 15 日		9 月 10 日	
		叶（克）	茎（克）	叶（克）	茎（克）	叶（克）	茎（克）	叶（克）	茎（克）
4：6 式	鲁 6269	25.9	17.8	69.7	101.3	43.8	175.5	47.5	205.2
4：4 式	鲁 6269	17.8	14.5	71.6	94.3	55.8	203.0	24.5	200.6
2：4 式	鲁 6269	33.0	17.9	92.8	116.2	56.7	193.7	53.8	245.3
纯棉	鲁 6269	16.2	12.9	58.1	94.5	51.5	151.4	37.3	182.7

　　按照种植模式,棉花花生 2：4 式、4：4 式、4：6 式中棉花产量最高的是 4：4 式,其次是 4：6 式。

2.花生产量情况

棉花花生套种 2∶4 式,每点调查花生 40 株,平均行距 90 厘米、株距 11 厘米,每亩 6733 株,平均每株干果重量 23.2 克,亩产花生 156.2 千克。

棉花花生套种 4∶4 式,每点调查花生 40 株,平均行距 124 厘米、株距 11 厘米,每亩 4887 株,平均每株干果重量 23.2 克,亩产花生 113.4 千克。

棉花花生套种 4∶6 式,每点调查花生 60 株,平均行距 92 厘米、株距 11 厘米,每亩 6587 株,平均每株干果重量 23.2 克,亩产花生 152.8 千克。

从花生产量看,棉花花生套种 2∶4 式最高,其次是 4∶6 式。

(二)棉花花生间作效益分析

1.棉花花生间作 2∶4 式

棉花籽棉亩产 118.3 千克,按每千克 6.2 元计算,每亩棉花收入 733.46 元。花生亩产 156.2 千克,每千克干花生果 6 元,花生收入 937.2 元,每亩棉花花生合计收入 1670.66 元。

棉花花生投入情况方面,肥料投入:亩施微生物有机肥 109.4 元,追肥每亩复合肥 60 元。土地深松每亩 28 元,浇地每亩 25 元,整地每亩 20 元,播种每亩 23 元,棉种每亩 15 元,地膜每亩 68.4 元,农药每亩 40 元,花生种子 210 元,其他 30 元。每亩用工 13 个、单价 50 元、共 650 元。每亩合计投入 1278.8 元。

棉花花生间作 4∶2 式纯收入 391.86 元。

2.棉花花生间作 4∶4 式

棉花籽棉亩产 156.5 千克,按每千克 6.2 元计算,每亩棉花收入 970.3 元。花生亩产 113.4 千克,每千克干花生果 6 元,花生收入 680.4 元,每亩棉花花生合计收入 1650.7 元。

棉花花生投入情况方面,肥料投入:亩施微生物有机肥 109.4 元,追肥每亩复合肥 60 元。土地深松每亩 28 元,浇地每亩 25 元,整地每亩 20 元,播种每亩 23 元,棉种每亩 25 元,地膜每亩 68.4 元,农药每亩 50 元,花生种子 120 元,其他 30 元。每亩用工 15 个、单价 50 元、共 750 元。每亩合计投入 1308.8 元。

棉花花生间作 4∶4 式纯收入 341.9 元。

3.棉花花生套种 4∶6 式

棉花籽棉亩产 131.4 千克,按每千克 6.2 元计算,每亩棉花收入 814.68 元。花生亩产 152.8 千克,每千克干花生果 6 元,花生收入 916.8 元,每亩棉花花生合计收入 1731.48 元。

棉花花生投入情况方面,肥料投入:亩施微生物有机肥 109.4 元,追肥每亩复合肥 60 元。土地深松每亩 28 元,浇地每亩 25 元,整地每亩 20 元,播种每亩

23 元,棉种每亩 21 元,地膜每亩 68.4 元,农药每亩 50 元,花生种子 150 元,其他 30 元。每亩用工 15 个、单价 50 元、共 750 元。每亩合计投入 1334.8 元。

棉花花生间作 4∶6 式纯收入 396.68 元。

从效益来看,棉花花生 4∶6 式模式较好。

三、试验结论

从稳定棉花种植面积出发,兼顾棉花花生产量,为取得最大的效益,采用棉花花生 4∶6 式模式较好。

深入推进鲁北棉区棉秆还田及棉饲轮作试验,促进棉田耕地质量提升

魏学文　张杰　王桂峰

　　山东省鲁北棉区主要包括东营、滨州、潍坊、德州(东北部)4 个市 24 个产棉县(市、区),2019 年播种面积 74.99 万亩,占全省棉花播种面积的 29.5%。鲁北棉区大多为滨海盐碱地,由于长期"重氮肥、轻磷钾肥和微肥"和"重化肥、轻有机肥"造成土壤中养分不平衡,化肥利用率低,棉田土壤中有机质含量大多在 1% 以下。过量的化肥使用和单一地耕作方式还造成棉田生态环境恶化,土壤酶活性和土壤团粒结构系统功能及形成条件减退,直接影响到传统盐碱地棉区棉花产量稳定和品质改善,已成为制约山东省棉花绿色高质高效可持续发展的一大基础瓶颈。

　　棉秆作为棉花收获后的副产品,其主要化学成分为木质素(22%)、纤维素(60%)和半纤维素、多缩戊糖(13%),还含有单宁、果胶素、有机溶剂抽取物(包括树脂、脂肪、蜡等)、色素及灰分等少量成分,是一种宝贵的可再生有机肥资源存量。山东省作为棉花生产大省,按照 2019 年棉花 19.6 万吨产量计算,棉秆资源约 98 万吨(棉花草谷比按 5.0 计算)。近 10 年来,山东省 70% 左右的棉秆(主要是鲁北一熟制棉区)进行了燃料化利用,部分用作纤维板材用料、少量作基料用,肥料化利用极低,致使棉田土壤单向循环严重,土壤有机质得不到有效补充,耕地质量严重下降,可耕性较差。研究表明,棉秆粉碎还田肥料化利用能够增加土壤有机质、速效氮和速效钾的含量及矿物质营养元素,改善土壤水稳性团粒结构和理化性能,特别是对抑制连作棉田严重缺钾和磷元素流失及鲁北耕地次生盐碱化、实现用地养地结合、平衡土壤肥力效果显著。

　　除棉秆还田外,相应开展棉饲轮作模式配套,也是提升棉田耕地质量的一项必要措施。实验研究表明,鲁北棉区利用中早熟棉晚春适宜播种的生育特点

建立棉花与饲料绿肥作物高效轮作生态产业模式,在棉花不减产的前提下,充分利用在冬闲棉田种植饲草绿肥作物,可以增加冬闲棉田的覆盖,保墒保肥,减少土壤水分蒸发,有效降低土壤含盐量,增加有机质,保护地力生态环境,同时单位棉田经济效益是常规棉花种植的8倍以上。

为此,在原有棉秆还田和棉饲轮作总结研究示范的基础上,进一步深入研究棉秆还田对棉田土壤有机质及腐殖酸组分(FA/HA)变化、土壤酶活性、土壤理化性状的响应机理,系统试验梳理总结鲁北盐碱地棉区棉饲两熟生态轮作高效产业标准模式,为山东棉花产业绿色高质发展转型增加基础动能强力技术支撑。

一、总体目标

按照试验示范相结合的原则,在鲁北棉区有代表性的产棉县(市、区),建立棉秆还田实验(试验)示范点及棉饲轮作实验生态高效(试验)示范点,深度试验研究棉秆还田和棉花饲料绿肥作物轮作制对棉田土壤理化性状的响应机理及变化因素条件。筛选(并选育)适宜区域种植高质短季棉、中早熟棉以及饲料绿肥作物品种(系),制定技术标准,变革传统一熟制棉作制度,形成适合鲁北棉区棉秆还田和棉饲轮作促进棉作耕地质量提升生产技术集成体系及绿色金融支持棉花产业社会化服务体系(主要包括棉花绿色保险体系机制研究设计推广及试验数据分析梳理总结等),促进植棉新技术、新业态、新产业发展,增加棉农收入,提高植棉综合效益,保障鲁北盐碱地棉区棉花生产供给能力,稳定我省鲁北棉花优势产业链体系结构完整。

二、主要内容

(一)棉秆粉碎还田试验示范

选择地力水平均匀一致、地势平坦、四周无不良环境影响的地块,进行定点延续试验。试验设置棉秆不还田、冬季还田、春季还田、冬季还田且基肥增施氮肥、菌种等处理。在棉花播种前、收获后分别采集不同土层土样,测定土壤养分、盐分、水分、pH值、土壤容重、团粒结构、土壤微生物、酶活性等指标,整个生育期分阶段调查株高、果枝数、成铃数,最后测定棉花产量和棉纤维品质、棉籽含油率(不饱和脂肪酸含量)、蛋白含量及其组分变化情况。

(二)棉饲轮作技术试验

选择饲料绿肥作物小黑麦、冬牧 70、燕麦、油菜作物不同品种(系)晚秋播种(部分初春播种),次年春夏之交季节收获后,种植短季棉,短季棉设置 5000 株/亩、6000 株/亩、7000 株/亩三个棉花种植密度。在棉花播种前、收获后采集不同土层土样,测定土壤有机质、pH 值、全氮、碱解氮、全磷、有效磷、全钾、速效钾等土壤养分含量。整个生育期分阶段测定饲料绿肥作物生物质量(包括部分干物质经济产量)棉作结构品种(系)植株干物质含量,调查株高、果枝数、成铃数,最后检测棉花产量和纤维品质、棉籽含油率(不饱和脂肪酸含量)、蛋白含量及其组分变化情况。

三、任务分工

山东省棉花生产技术指导站牵头组织主持项目,会同专家组负责制定总体方案,项目实施总体协调、组织推进、技术指导、技术培训,数据汇总分析,项目总结验收。委托第三方技术检测(监测)机构负责棉作结构植株干物质及土壤养分、盐分、水分、pH、土壤容重、团粒结构、微生物、酶活性等指标检测。宁津、惠民、东平、武城、沾化、滨城区杨柳雪、东营市(滨海适宜县区、国有农场)等农业农村局棉花公共管理服务机构选择并协作试验点以及山东省农业科学院、山东农业大学、青岛农业大学、滨州市农业科学院、德州市农业科学院等相关科研单位承担各项试验分工实施,负责落实试验方案。

四、进度安排

(一)准备阶段(2020 年 10 月)

制定工作实施方案或工作计划,成立技术工作协调指导专家组,遴选试验示范点。

(二)实施阶段(2020 年 10 月至 2021 年 10 月)

种植管理,宣传培训,技术指导,示范推广,田间记录,样品和数据采集,标准编制等。

(三)总结阶段(2021 年 11～12 月)

汇总各试验点和参与单位数据,技术集成、鉴定,标准审定和工作总结、绩效评价。

五、组织保障

(一)加强组织领导

鲁北棉区棉秆还田及棉饲轮作提升耕地质量是一项集成技术系统工程,为强化工作协调、指导,成立技术工作领导小组,统筹推进各项工作,保障各项措施落实到位。

(二)加强技术指导

做好技术方案制定,技术培训和田间指导。技术工作小组成员分片包干,督促落实关键措施,协助解决技术难题。

(三)加强宣传发动

通过网络、电视、报纸、微信等多种媒介,广泛宣传棉秆还田及棉饲轮作的典型经验,扩大关键技术影响力。同时,通过召开现场会、举办田间学校、发放明白纸等形式,提高技术普及率和到位率。

山东省绿色高效棉作生产结构优化技术集成产业模式与示范推广

——2021年全省传统棉区种植业结构调整优化技术促进工程

王桂峰[1]　张杰[1]　秦都林[1]　丛琛[2]

(1.山东省棉花生产技术指导站;2.乳山市农业农村局)

　　棉花与粮食油料一样,是我国具有公共产品属性的重要基础性大宗农产品,棉花产业经济关系到基本民生保障和基础产业体系安全,在山东省农业农村经济发展与乡村产业振兴中举足轻重。

　　基于保障粮食安全与山东农业特色优势产业生态区域结构统筹布局,结合山东省棉花生产情况、棉花生产"十三五"走势及2019年全省棉作结构调整优化试点示范情况,要把山东省棉花生产放在全省大农业生产结构区域布局内统筹科学谋划,以市场导向、产业创新、技术集成、结构调整、组织引领,通盘调整优化全省传统宜棉区和次宜棉区种植业结构,以增加植棉者收入、提高棉作综合效益为基本着力点,积极提升粮经饲产业整体结构的系统区域稳定持续发展能力,经系统试验(实验)试点科学分析,查阅国内外相关文献资料,并根据"十三五"期间全国棉花生产格局对山东省植棉业态变化变迁影响,提出持续加快推进山东省绿色高效棉作结构优化技术产业模式与示范推广项目的高效组织实施,建立绿色高效耕作制度,综合降低植棉成本,提高比较效益,建立完善全省棉花生产供给的高效产业结构模式技术集成和产业结构创新发展路径,持续提升2020~2021年全省传统棉区种植业结构调整优化技术促进工程。

一、山东省绿色高效棉作生产结构优化技术集成模式与示范推广项目主要内容、生产方式和产业模式示范推广资金使用及实施重点区域

短季棉株型紧凑、植株偏矮、节间和果枝均短,第一果枝着生节位低,枝叶较少,营养生长和生殖生长并进期较长,开花到吐絮生殖生长较快,植株成铃采收性状集中,其生长发育期相对于我国农历节气能够缩短1~2个农时季节。早熟性状稳定且纤维比强度、纤维长度可纺性能较适宜的短季棉,是植棉结构新技术、新产业,为一种植棉新业态,能够实现生产方式创新,提高农业生产效率。

优质短季棉,是指生育期105天以内、纤维长度及断裂比强度双"30"以上,整齐度83.5%以上,马克隆值4.6以内;在山东生态适宜地区6月5日前播种,9月25日前能够集中收获的优质短季棉品种,综合性状稳定,可纺40支纱以上品种(系)。

山东省绿色高效棉作生产结构优化技术集成模式与示范推广项目,通过优质短季棉新品种高效技术产业化应用,既链接新型植棉主体农艺技术与纺织工业工艺技术结构衔接配套,又建立新型绿色高质高效耕作制度,有效协调人多地少、大田作物用地生产生态问题,集约改善生产要素利用率,是现代棉花育种研发及棉花杂交优势利用产业融合基础应用课题方向,为一定时期生产力条件下植棉业稳定的技术结构产业路径。

以优质短季棉品种及绿色高效技术产业化应用,变革传统生产体系,建立绿色高效耕作类型植棉新业态,有机结合生育期适宜的中早熟小麦、大蒜、马铃薯、油料(花生、油菜)、饲料绿肥等不同类别两熟制茬口作物技术集成高效生产方式变革创新,在山东省传统植棉区建立绿色高效耕作制度,加强棉作结构优化技术集成产业模式与示范推广,加快完善棉作生产两熟制高效技术集成生产模式创新,构建粮经饲三元结构,实现稳定促进棉花生产发展和确保粮食安全及山东农业、产业特色优势生态区域结构布局统筹保障。

(一)系统实验筛选主要生态区域种植结构两熟制直播关联配套作物品种(系)与生态区域环境条件影响及关键农艺技术

建立棉花新品种与"粮经饲"关联茬口作物两熟制轮作直播及等生态位间作等模式区域化结构布局集成技术持续优化路线。

选择自然生态条件适应试验,研究棉作两熟制生育期适宜的中早熟小麦、大蒜、马铃薯、油菜(包括油用、绿肥应用品种)、小黑麦、冬牧70等不同种类作物品种(间)与农艺综合配套关键技术,花生/棉花"双花"生态位间作品种的对

应品种及自然生态条件下重要农艺互作绿色"双优"技术高效集成路线。

系统总结 2020 年传统棉作区结构调整优 12 个县（市、区）试点试验基础数据、技术集成模式鉴定和绩效评价，完善绿色高效生态化生产技术集成体系与技术标准。

（二）建立绿色高效棉作两熟制耕作制度技术体系，示范推广棉花与粮经饲产业结构融合模式框架下的棉花生态化高效生产方式

1. 科学合理统筹全省传统棉区种植业结构区域，优化粮经饲生产结构总体布局

山东省建立了传统宜棉区、次宜棉区中早熟小麦（大蒜、马铃薯、油菜、绿肥饲料等作物）收后直播优质短季棉新模式。

2. 绿色高效棉作模式构建

加快山东现有两熟高效技术模式的升级变革，在生态宜棉区及次宜棉区，示范推广形成鲁南鲁苏豫皖省际光热资源丰裕的边际棉区 80 万亩中早熟小麦收后贴茬直播优质短季棉生产供给"双安"、全省蒜收后直播优质短季棉 140 万亩高效"双增"、鲁北盐碱地优质短季棉收后直播小黑麦（冬牧 70）90 万亩棉饲两熟生态轮作"双保"、鲁南"早春播产业用马铃薯→优质短季棉→秋播种用马铃薯"高效三熟制棉薯 30 万亩绿色"互优"、鲁西南—鲁西北沿黄河流域沙壤土宜棉区西瓜（甜瓜）收后直播短季棉 20 万亩绿色棉瓜高效"双提"系列绿色生态化轮作棉花生产新模式以及鲁中南部花生旱作区花生间作优质中熟棉 80 万亩"双花双优"新产业，鲁北盐碱地棉区中早熟棉（生育期 130 天以内）无膜化晚春直播棉-棉纺织产业"订单式"高效高质生产方式。

在不增加耕地面积和现有粮食作物、山东特色产业结构保持稳定的生产格局下，以优质短季棉技术集成结构引导，通过全省传统棉区种植业结构调整优化，以种植业优化的粮经饲产业结构内在优化路线，有效加快恢复并保持全省 440 万亩棉花优势基本产能，重新构筑高技术产业创新支撑 400 万亩棉花生产保护区规划，是内地植棉史的一项重大棉作制度体系的创新发展

3. 科学规划，合理设置系统试验，完善提升与示范推广基本区域构成

结合 2019～2020 年全省棉作结构调整优化试验站点布局和棉花生产保护区分布规划，建立棉花生产技术公共管理服务系统引导、产学研密切结合、棉花产业链条重构运行有力的重点传统宜棉区点面示范线面拓展的示范推广体系。

随着短季棉品种研发及技术集成创新能力提升及化控技术完善与智能化植棉技术充分应用，棉作两熟制的中早熟麦后短季棉直播生产方式在原有相关生态区域可适度北移至北纬 35 度附近，试验示范构建鲁南省际边际宜棉区（东明、曹县、单县、定陶、滕州、薛城、台儿庄、鱼台、郯城、兰陵）完整意义的麦棉两

熟高效产业体系。

4.实施重点区域

据山东省棉花生产技术指导站 2020 年全省传统棉作生态区域种植结构调整优化技术推广项目,在全省生态适宜棉区安排 12 县(市、区)试点与技术集成示范进展绩效评价,东明、夏津、东平、武城、惠民、鱼台、嘉祥等县 2020 年棉花播种面积不同程度产业及结构集约性恢复增长显著。以此为基础,2021 年系在全省 10 市 20 县(市、区)统筹推进实施山东省绿色高效棉作生产结构优化技术集成模式与示范推广项目。具体包括,2020 年 12 个棉作结构调整优化技术试点县(市、区)加 6 个棉花绿色高质高效集成技术攻关县(市、区),优化选择 10 县(市、区)+菏泽、济宁、枣庄、临沂、青岛(平度)、东营、滨州、德州、聊城、济南 10 市再各优选一县,建立高标准示范网点,开展示范推广。

二、加快推进山东省绿色高效棉作结构优化技术产业模式与示范推广项目的重要背景、必要性、重大意义

棉花含有 40% 的纤维,其棉子仁含高达 35%～46% 的油脂和 30%～35% 的氨基酸较齐全的蛋白质,是集绿色植物纤维、高蛋白质饲用原料、食用油料"棉粮油"产品结构一体的复合型特色产业高效重要经济作物。在新型纺织替代品材料持续创新升级总量上升态势下,棉纤维因其农作物种子纤维细胞截面中腔、经纤维细胞伸长、次生壁加厚、纤维自然捻曲成熟多等植物生理生化纤维独具成纱织布结构特点,棉纤维仍是全球纺织工业可持续应用的绿色基础原料。棉花生产内涵生物产品非棉纤维结构的高蛋白饲料产业和优质食用油脂产业价值潜力较大,在农业生产上对于大豆、花生、饲用玉米种植区域单位的等生态位种植均兼具产业产品结构部分替代效应。

我国棉花产能在本世纪 20 年均保持在 550 万～600 万吨,棉纺织工业消费总量长期保持在 800 万吨水平,为中下游产业持续发展提供了绿色基础原料支撑。

(一)全国棉花生产格局调整变化与山东省棉花生产供给情况

山东省是全国传统棉花生产、消费、纺织服装出口大省,棉花产业经济总量居全国前列,为全国棉花生态生产格局变迁与产业经济稳定发展提供了高效市场配套体系有力支撑。

20 世纪 80 年代,山东省棉花面积、产量均占全国的 1/4,出口量占全国的 1/5,曾连续 12 年居全国首位。进入 21 世纪以来,我国城市化进程加快和农村农业产业结构调整优化,国内外棉花资源市场融合、棉花目标价格机制有效调

节以及自然气候条件变化,引导了全国棉花区域布局大幅度优化,山东省与内陆省份棉区集中调减,2019 年西北内陆棉区面积、总产占比 76.66%、85.50% 的全国棉花生产大格局下(见表 1),山东省棉花播种面积、总产量分别为 253.95 万亩、19.6 万吨,全国占比分别为 5.07%、3.33%,落后于河北省。

表 1   2019 年全国及各省(区、市)棉花生产情况

区域	种植面积 (千公顷)	单产 (千克/公顷)	总产量 (万吨)	区域	种植面积 (千公顷)	单产 (千克/公顷)	总产量 (万吨)
全国总计	3339.2	1763.7	588.9	山东	169.3	1158.0	19.6
				河南	33.8	802.3	2.7
天津	14.1	1262.0	1.8	湖北	162.8	882.0	14.4
河北	203.9	1115.3	22.7	湖南	63.0	1299.0	8.2
山西	2.3	1307.9	0.3	广西	1.1	1032.4	0.1
江苏	11.6	1350.0	1.6	四川	2.9	975.1	0.3
浙江	5.6	1454.8	0.8	陕西	5.6	1399.5	0.8
安徽	60.3	921.0	5.6	甘肃	19.3	1689.5	3.3
江西	42.6	1546.7	6.6	新疆	2540.5	1969.1	500.2

注:数据来源于国家统计局。

山东省是传统植棉大省,棉花面积、单产、总产分别从 1949 年的 685.35 万亩、12 千克/亩、8.105 万吨到 2019 年的 253.95 万亩、77.2 千克/亩、19.6 万吨。2004 年全省植棉面积、总产创本世纪历史高值,为 1589.78 万亩、109.8 万吨。

2008 年后,山东省植棉业进入世纪性重大拐点期,以每年 70~80 万亩规模结构性加速递减。2016~2019 年,山东植棉面积分别为 418.8 万亩、262.0 万亩、274.95 万亩、253.95 万亩,总产分别为 32.9 万吨、20.7 万吨、21.7 万吨、19.6 万吨。

据山东省农业农村系统棉花生产统计,2020 年全省植棉业面积收窄至 230 万亩,并自 2018 年连续走低于全省 400 万亩棉花生产保护区规划面积,2019 年已降至国家规划棉花保护区规划的 63.49%(见表 2)。

表2　　　　　　　　2001～2019年山东省棉花面积、产量情况

年份	面积 （千公顷）	总产量 （万吨）	单产 （千克/公顷）
2001	735.40	78.1	1061.95
2002	664.90	72.2	1086.00
2003	881.69	87.7	994.47
2004	1059.21	109.8	1036.35
2005	846.26	84.6	1000.05
2006	890.17	102.3	1149.33
2007	801.96	100.1	1248.07
2008	792.96	104.1	1312.30
2009	756.67	92.1	1217.44
2010	633.71	72.4	1142.63
2011	601.94	61.3	1017.93
2012	562.08	58.2	1035.14
2013	551.68	53.3	966.36
2014	495.96	59.2	1193.26
2015	451.01	47.8	1059.22
2016	279.13	32.9	1178.50
2017	174.67	20.7	1186.25
2018	183.27	21.7	1184.20
2019	169.30	19.6	1158.00

注：数据来源于国家统计局。

(二)山东棉花产业配套能力与纺织服装业发展

山东省纺织服装产业是全省五大万亿级产业之一,纺纱、服装、家纺、产业、化纤、制造、纺机、棉花副产品加工业等全产业细分门类齐全,具有一批产业链完整规模实力型大型企业集群。家纺、服装、产业用纺织品三大终端产业发展占到全行业比重的1/3,为全国纺纱规模最大的省份。

2005～2013年,山东省年均棉纱产量为648.3万吨,纱锭3000余万枚,纺纱668.8万吨,织布129.3亿米。2014年为856万吨,织布115亿米,纺织用棉

350 万吨,出口 222 亿美元,规模以上纺织服装企业 4093 家。

2017 年全省 3944 户规模以上的纺织服装企业累计主营业务收入 1.18 万亿元;2017 年山东省纱、布、化学纤维和服装累计产量分别为 876.8 万吨、121.1 亿米、82.1 万吨和 27.93 亿件,其中,棉纱产量 799.8 万吨;印染布产量 28.7 亿米。

2018 年,山东省拥有纺织服装产业集群 26 个,规模以上纺织服装企业 3700 家,全年收入仍达近 1 万亿,全行业平均用工规模约 89 万人;2018 年 26 个纺织服装产业集群实现主营业务收入 5500 亿元左右;2018 年全省纱线产量 459.32 万吨,为全国总量 2976.03 万吨的 15.43%。

山东省纺织服装业拥有魏桥创业集团纺织企业、山东如意集团、鲁泰集团、山东亚光集团、临清三和集团、德棉集团、青棉集团、夏津仁和纺织等驰名企业;有全国最大纺机特色王台纺机名镇和较为齐全的棉花副产品加工业配套产能体系,据 2018 年统计研究,全省规模以上棉籽油、棉籽饲料加工企业 15 家,主要集中分布在夏津、临清、博兴、嘉祥,年加工能力 500 万吨。

山东省是全国重要的棉花产业经济及纺织服装业大省,棉花产业经济总量居全国前列,2010 年以来,全省棉花种植面积产量尽管收缩下行较大,棉花全产业就业创业人员仍保持在 260~300 万人,为当地农民和城镇职工生产收入的重要渠道。

(三)山东省棉作特点及生产区域分布与棉花生产保护区规划

1. 全省鲁北棉作一熟制粗放低效衰退与鲁西南棉经高效两熟制模式对比

自 2005 年后,山东省棉花生产基本面主要向鲁北盐碱地、鲁西北黄河故道沙壤土轻度次生盐化地、鲁西南高效两熟蒜棉套作(包括少量麦棉套作)三个植棉区适度转移调整,其中鲁北是黄河三角洲滨海盐碱地棉花一熟,鲁西北是黄河故道一熟、两熟混作老棉区,鲁西南是蒜棉套作为主体高效两熟区,鲁中鲁南零散分布旱地微域棉区,2019 年植棉主要分布全省 5 市 13 县区;2020 年全省植棉主要播种规模占比鲁北 25.3%、鲁西北 15.2%、鲁西南 47%、其他旱地棉区域 12%。

自 20 世纪 90 年代后,全省主产棉区棉铃虫危害重及黄萎病影响,棉田素质下降,生产成本高、比较效益低。基础棉田单作,耕地质量较低,土壤有机质偏低、缺钾较重;鲁北鲁西北基本多为发电燃料,微量作为奶牛、冬季养羊饲用;鲁西南棉花采收拔杆晾晒棉花为种蒜腾茬,棉杆全部发电燃料用。

2. 山东省棉花生产保护区规划

为保障棉花区域优势基本产能,确保重要农产品有效基本供给,2017 年国务院(国发[2017]24号)文件明确定了全国3500万亩棉花生产保护区及山东省400万亩棉花生产保护区规划,体现了我国棉花生态区域的比较优势基础产能和全国三大生态棉区棉纤维质量结构系统性稳定内在要求。

山东省400万亩棉花生产保护区分布在8个市、55个产棉县(市、区),全省已于2018年底完成规划的相关区域划定(见图1)。

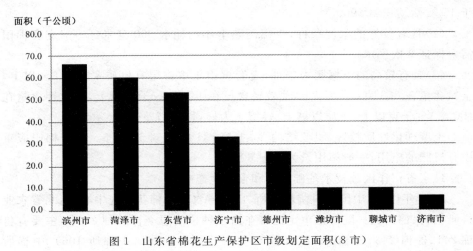

图1　山东省棉花生产保护区市级划定面积(8市)

(四)积极推进棉作绿色高效生产发展,是稳定棉花生产供给与产业链安全的重要技术产业途径

根据我国棉花生产、纺织服装、出口、贸易结构及山东省棉花生产与产业需求结构状况,研究探索国内棉花产业大循环为主体、国内国际棉花产业双循环相互促进的新发展格局下的全省传统棉作区种植业结构技术集成优化,统筹粮经饲产业与棉花生产结构的统一整体结构种植布局,建立绿色高效高质耕作制度,加快山东省绿色高效棉作生产结构优化技术集成模式与示范推广项目示范推广,应对全球棉花产业转移棉花产业国际竞争力重大变化,保障棉花产业体系完整完善,意义重大。

三、山东省建立绿色高质高效棉作两熟制度与棉花全产业融合的生态及产业组织条件

耕作制度也称"农作制度",是指一个地区或生产单位的作物种植制度及相适的养地制度的综合技术体系;种植制度是一个地区或生产单位的作物组成、配置、熟制与种植方式的综合。

从棉花供给纬度看,棉花产业是以社会化分工为基础,使用相同原材料、相

同农艺工艺技术、在相同价值链上生产具有替代关系的产品或服务的经济活动集合;从棉花需求纬度看,棉花产业是在产品和劳务生产和经营具有某些相同特征的企业或单位及其活动的集合。

山东棉作两熟制基本条件(以麦棉两熟为例):

(1)首先需要满足一定热量要求,需要不低于 0 ℃活动积温 5000 ℃,不低于 15 ℃活动积温 3900 ℃。

(2)具有较好的水浇条件,麦棉两熟全年约耗水 900 毫米。一般麦套棉田需要保证 3 次供水。

(3)具有较高的土壤肥力条件,麦套棉田土壤耕层有机质要在 0.8% 以上,全氮含量在 0.8 克/千克以上,速效磷含量在 15 毫克/千克以上,速效钾含量在 100 毫克/千克以上,土质以壤土、轻壤土为好,黏地稍差。

土壤理化性质较好,团粒结构多,土壤 pH 值为 6.5~7.5。高产棉田应重视有机肥的施用,一般施用量为 30~60 吨。

1. 全省棉作区域技术基础品种和自然生态条件

2012 年以后,中国农科院棉花所、山东省农科院棉花研究中心、河北省农业科研机构、德州农科院等已审定适宜在山东种植的短季棉品种 29 个,主要有鲁棉 241、鲁棉 243、鲁棉 2387、鲁棉 532、中棉所 94A361(中棉所 106)、中棉所 94A213(中棉所 105)、中棉所 74、中棉所 84、德棉 15、冀石 929、石早 3 号等在山东棉作结构优化技术试验点 2018~2019 年连续参加适宜品种筛选与种植结构调整对照试验;并已筛选出可纺 40 支纱以上的断裂比强度、纤维长度"双 30"以上优质短季棉品种,已启动建立杨柳雪品牌高质短季棉种质资源圃与原种良种繁育生产专用基地,实验总结相应良繁技术标准体系。

山东省棉区不低于 15 ℃积温为 3500~4100 ℃,无霜期 180~230 天,年日照时数 2200~2900 小时,大部分县域不低于 15 ℃积温为 3500~3600 ℃,仅能满足中早熟品种对热量的要求;年降雨量 500~800 毫米,多集中在 7~8 月份,雨量分布、土壤等生态条件也有较大差异,春末初夏较有旱情发生,春秋日照适中,利于棉花生长和吐絮,由南向北逐渐减少,差异较大,晚秋降温不利于秋桃成熟与纤维成熟。

全省基本棉田土壤以壤质的潮土为主,鲁西北棉区以沙壤土盐碱地为主,鲁北黄三角及环渤海植棉区主要是滨海盐碱地。

2. 目前具有农业生产结构模式、特色产业结构基础与耕作条件

山东省 2019 年粮食作物播种面积 12469.22 万亩,其中小麦 6002.63 万亩,玉米 5769.70 万亩,蔬菜及食用菌 2196.29 万亩,瓜果类 318.05 万亩。

2019 年播种面积棉花 253.92 万亩、大蒜 346 万亩、西瓜 217 万亩,薯类

184.80 万亩(马铃薯 100 万亩),油料 1023.25 万亩(包括花生 999.74 万亩),大豆 275.30 万亩,高粱 3.40 万亩(见表 3)。

表 3　　　　　　　　2019 年山东省棉花与特色经济作物播种面积

棉花与特色经济作物	面积(万亩)
棉花	253.92
大蒜	346.00
西瓜	217.00
甜瓜	63.42
薯类	184.80
油料	1023.25
花生	999.74
大豆	275.30
高粱	3.40

3. 省市县三级棉作生产技术公共服务体制组织优势

山东省是目前全国农业农村系统唯一专设配套棉花生产技术公共管理服务职能系统的省份,山东省农科院、山东农业大学建有棉花功能编制科研力量和学科建设,省农业农村厅设有现代农业产业技术体系棉花创新团队、山东省农业专家顾问团专设棉花分团,棉花产业技术组织管理服务效能工作平台完善,棉作生产技术公共服务体制组织优势。

4. 全省棉花生产区域主要分布

2018～2019 年植棉主要集中分布全省 5 市 13 县市区及分散 8 市 23 县市区;棉花生产保护区规划在 8 个市、55 个产棉县(市、区)。

全省原棉产业消费近 10 年保持在 300 万吨水平,具有中高端纺织加工配套能力;棉花全产业链条体系较完整。

四、山东省建立传统棉区绿色高效两熟制生产结构的技术产业组织路线与机制

山东省 2018 年耕地面积 11359 万亩,人均耕地 1.13 亩,农业人口 4853 万;2019 总人口 10070.2 万,城镇化率 61.51%,土地面积 15796.5 平方公里,三次产业比例为 7.2∶39.8∶53。2019 年棉花进口 70.7082 万吨、进口额 137056.9 万美元,出口原棉、废棉及已梳棉 39158.7 吨、出口额 6684.6 万美元,自产棉花

19.6 万吨,棉花产业消费需求原棉 300 万吨。

全省城镇化、工业化与人多地少、农业结构持续变化交织运行,保障粮食安全和棉经饲产业产品结构生产生态体系完整、促进农业转型升级,调整优化传统棉区种植业结构。

统筹加快推进山东省绿色高效棉作生产结构优化技术集成模式与示范推广项目,持续全省传统棉区种植业结构调整优技术促进工程,是积极应对山东省农业结构产生变化与农村就业人员减少及资源环境约束性增强的综合技术产业组织系统工程。注重市场导向、产业导向,突出棉作生产生态结合、棉花产业链条融合。

1. 研究建立全省棉花公共服务引导棉花产业融合机制

构建山东省市县三级棉花公共服务推广系统结合与产学研融合的"双合"实验—试验平台站点示范推广新机制,从技术集成、结构优化、产业融合、组织创新综合途径,尽快稳定我省棉花生产区域格局,保障山东棉花供给链及产业链安全,稳定棉花生产保护区技术结构基础产能。

2. 构建以棉纺织产业结构需求导向的产业融合为主体创新平台

持续实验→试验优化选择＝技术集成＋示范→推广,形成技术结构→生产方式→产业的科技产业化运行机制。构建高质专用短季棉种质筛选与技术集成创新高效组织体制,配套完善省市县中早熟棉原种良种繁育三级协调公共服务供给体系。

3. 产业政策引导,推进形成在地化棉花生产经营新型主体产业驱动成长环境

积极引导当地纺织企业产业价值链延伸带动植棉新型经营主体经营体系(职业棉农合作社、植棉专业大户、家庭农场)产业融合发展培育体制机制。

坚持示范推广与研发紧密结合,持续筛选系列品种,调整优化对照种植生产方式、遴选最优模式,制定完善技术标准、生产规程技术集成产业链接效率路线。

进行小面积试点高产高质攻关与较大面积稳产示范推广相结合,小面积试验与大田生产规模化相结合,通过"技术、试点、示范、现代传媒、市场开发"的技术产业运作路线。

五、组织实施全省传统棉区种植业结构调整优化技术促进工程的经济生态社会效益分析

推进山东省绿色高效棉作结构优化技术产业模式与示范推广项目,是以优质短季棉品种新棉花技术集成标准化为标志的棉作区域的种植化整体产业优

化路线,可直接带来生产方式的重大进步。

(1)山东省绿色高效棉作结构优化技术产业模式与示范的有效推广,引领了耕作模式变革,相应形成绿色高效高质耕作制度。在农业生产上,可实现棉花无膜化栽培进一步农艺技术轻简化,根除了地膜"白色污染";自然减少大量农艺作业工序,两熟制直播茬口衔接直接节约用工16~18个;基于植物生理上棉花是C3作物、玉米是C4植物特点,种植短季棉,由于棉花生育期缩短,自然减少了发育期间生产的淡水灌溉量40%,回避虫害病害农药50%,合理密植适宜播期科学精播,减少化肥、特别是氮肥40%,节约种子投入20%;提升两熟制配套耕种机械化率25%、耕地利用效率50%。

(2)山东省绿色高效棉作结构优化技术产业模式与示范的有效推广是高效生产方式的自然构建。可直接增加两熟制作物经济产量30%;又基于棉花的优质饲用蛋白、食用植物油产业特性,在不增加耕地面积等位生态的条件下,麦棉直播两熟制生产模式能相对集约增加30%的大豆玉米饲用蛋白质、25%的油料作物生产结构替代产品。

(3)山东省绿色高效棉作结构优化技术产业模式与示范的有效推广直接实现了农作方式生态轮作制。该项目的推广实施可自然提升改善耕地质量,实现了主要农业化学投入品-农药化肥"双减"化、无膜化生产;自然性地通过棉作生育期调整有效缩短,回避病虫草害对作物生长危害;能够明显提高土壤有机质、增进了土壤酶活力,节约淡水资源,通过农田作物品类多样化显著改善作物单一结构种植模式的连作障碍,优化生物资源生态环境。此外,还提升了统筹粮经饲产业结构协调发展能力,催生了农业发展的新技术、新业态、新模式,促进提升农业创业就业产业发展环境优化,保障粮经饲产品结构自然产业优化的经济型选择。

六、建立并持续全省传统棉区种植业结构调整优化技术促进工程优化升级与技术组织保障

通过优质短季棉新品种及高效技术集成产业化,建立绿色高效高质耕作制度,在全省传统棉区将拓展为棉花生产新技术、新产业模式、新植棉业态,从种植业结构技术产业内循环,实现粮经饲三元结构优化的棉花生产发展新路径。

山东省绿色高效棉作结构优化技术产业模式与示范有效推广,不仅是一项重大技术集成创新项目带动,更是山东植棉业绿色高效高质量发展转型的一项重大技术创新集成与产业创新系统技术工程。

基于棉花产业链条与种植业多品类作物的互作关联度较高,要建立全省棉花产业技术公共管理服务机构牵头组织的产学研密切结合并以现代纺织加工

业技术集成创新平台联合省市县三级公共服务系统为主体的重大技术集成示范推广专班机制。

建立了高效示范应用推广体系与绩效评价市场机制,充分发挥山东省棉花生产技术公共管理服务系统组织优势,保持密切跟踪科技进展。积极完善全省大蒜、油菜、小麦、饲料绿肥作物、马铃薯生态适宜生产潜力特具村镇试验点线并区、线面综合拓展技术产业扩散效应体系,进一步系统茬口贴茬直播短季棉品种(系)试验对照及种质筛选保纯技术并建立配套高效技术集成生态实验研究,持续优化拓展升级。确立构建全省集中度棉区的鲁北中早熟棉饲轮作、全省蒜后直播短季棉、棉花花生间作三大产业技术基本定式,加大示范推广力度。

积极研究提高财政支持棉花项目示范带动能力,在项目推进实践中探索通过绿色金融机制,可持续集约化支撑发展山东棉作结构调整优化的社会化服务体系建设完善,形成绿色金融强力支撑的山东传统棉区的升级改造,提升全省粮经饲产业绿色高质量发展能力。包括高质短季棉研发及高效技术产业化应用关联推进、纺织工业化订单式生产体系转变发展产业融合、粮经饲结构与短季棉产业产品结构合理配置、鲁北短季棉晚春去膜直播生产推广、全省高品棉花及高效短季棉原种良种省市县三级公共服务体系建设完善技术必要配套。

七、山东省棉花生产可持续发展瓶颈突破与山东"十四五"棉花产业绿色高效高质发展转型

基于对全省棉花产业发展的研究及对棉花生产、加工产业链关键环节的多层面、多环节、多经纬度深度调研,自2001年后山东棉花产业可持续发展的三大问题逐渐集中凸显出来,一是传统棉作生产方式晚熟棉一熟制,农民种植棉花比较生产效益持续走低。二是棉花遗传品质及生产结构不适合现代纺织工业升级发展的高品质原棉结构需求,三是棉花生产方式不能按照适纺性棉花品种生态区域一致化生产规模布局。

同时,危中见机,山东省棉生产可持续又存在三大技术产业出路,一是积极通过优质短季棉品种集成技术产业化,变革传统春棉一熟制低效耕作制度体系为两熟制棉作结构新产业模式,通过稳定优化粮经饲三元产品产业结构,实现去膜化棉作两熟制的配套茬口粮经饲作物直播,大幅度提升农业生产效率,推提农作综合收入;二是选育适合中高端纺织业工艺技术结构需要的高品质纤维原棉新品种,推进棉纺织产业结构原棉需求的订单式生产,提升棉花全产业融合度;三是研发适合内地农村基本经营制度的小农户家庭经营特点的小型采棉机,加大棉花全程机械化作业率,机器换人,形成高效棉花生产社会化服务方式与高品质棉花品种区域生产布局。

　　解决山东省棉花产业目前所面临的问题,要推进棉花产业高质量发展,要基于保障粮食安全与山东农业特色优势产业生态区域结构统筹布局,把众多小微植棉户的植棉收益与现代纺织工业的高质量原棉材料的产业需求高度统一,在技术和产业上寻求有效供给,一方面强化高质种业技术创新,从源头上解决山东省棉花高纺型商品率低、纤维品质中底端同质化严重以及棉纺所需高质纤维比强度、长度、麦克隆值不协调配套等问题;另一方面增强产业创新,优化调整传统棉区种植业结构,发展优质短季棉作两熟制植棉新业态,实现麦棉直播高效生态生产模式、蒜棉直播完整两熟生产模式、棉花花生生态位高效互作"双增"产业模式、棉饲两熟生态轮作生产模式;同时,以现代纺织业需求及棉农增收为导向,以中早熟棉晚春播生产方式,形成产业融合的"订单化"产业模式及现代棉花产业体系,延伸棉花产业链价值链,提高植棉综合效益。

　　以棉花新品种、新技术、新结构、新产业、新模式,持续推进并完善山东省传统棉区种植业结构调整优化技术促进工程,逐步实现山东省传统老棉区生产体系改造升级,按产业要素结构分阶段建立完善山东传统棉区"粮经饲"三元绿色高效高质产业结构体系,统筹全省粮棉安全与特色经济作物产业生态高效格局可持续发展,实现山东省 440 万亩高效棉花生产恢复性增长。同时也为山东"十四五"农业产业结构持续优化下的棉花绿色高效高质生产供给基本面的产能稳定规划研究提供了一定实践基础。

第三章

山东省棉花绿色高质高效技术规程

棉花缓控释肥种肥同播技术规程

（SDNYGC-1-6001-2018）

李成亮　张民　刘艳丽

（山东农业大学资源与环境学院）

一、技术要求

1.品种的选择

棉花选种严格执行农作物种子质量标准,应符合如表1所示的最低要求（GB 4407.1 经济作物种子第一部分纤维类）。棉花采用单粒精播出苗后不用间苗时,种子的发芽率要达到95％以上。

表1　　　　　　　　　　棉花种子质量要求/%

作物种类	种子类型	品种纯度 不低于	净度（净种子） 不低于	发芽率 不低于	水分 不高于
常规种	毛籽	95.0	97.0	70.0	12.0
	光籽	95.0	99.0	80.0	12.0
	薄膜包衣籽	95.0	99.0	80.0	12.0
杂交种亲本	毛籽	99.0	97.0	70.0	12.0
	光籽	99.0	99.0	80.0	12.0
	薄膜包衣籽	99.0	99.0	80.0	12.0
杂交一代种	毛籽	95.0	97.0	70.0	12.0
	光籽	95.0	99.0	80.0	12.0
	薄膜包衣籽	95.0	99.0	80.0	12.0

2.缓控释肥料的选择

选用的缓控释肥质量应该达到控释肥料的要求(见表 2)和缓释肥料的要求(见表 3)。

表 2 控释肥料的要求

项　目	指标	
	高浓度	中浓度
总养分$(N+P_2O_5+K_2O)$的质量分数[a,b]/%	≥40.0	≥30.0
水溶性磷占有效磷的质量分数[c]/%	≥60.0	≥50.0
水分(H_2O)的质量分数[d]/%	≤2.0	≤2.5
粒度(1.00～4.75毫米或3.35～5.60毫米)/%	≥90	
养分释放期[e]/天	标明值	
初期养分释放率[f]/%	≤12	
28天累积养分释放率[f]/%	≤75	
养分释放期的累积养分释放率[f]/%	≥80	

注:a. 总养分可以是氮、磷、钾三种或两种之和,也可以是氮和钾中的任何一种养分。

b. 三元或二元控释肥料的单一养分含量不得低于4.0%。

c. 以钙镁磷肥等枸溶性磷肥为基础磷肥并在包装袋上注明为"枸溶性磷"的产品、未标明磷含量的产品、控释氮肥以及控释钾肥,"水溶性磷占有效磷的质量分数"这一指标不做检验和判定。

d. 水分以出厂检验数据为准。

e. 应以单一数值标注养分释放期,其允许差为20%。如标明值为180天,累积养分释放率达到80%的时间允许范围为(180±36)天;如标明值为90天,累积养分释放率达到80%的时间允许范围为(90±18)天。

f. 三元或二元控释肥料的养分释放率用总氮释放率来表征;对于不含氮的控释肥料,其养分释放率用钾释放率来表征。

表 3 缓释肥料的要求

项目	指标	
	高浓度	中浓度
总养分$(N+P_2O_5+K_2O)$的质量分数[a,b]/%	≥40.0	≥30.0
水溶性磷占有效磷的质量分数[c]/%	≥60.0	≥50.0
水分(H_2O)的质量分数/%	≤2.0	≤2.5
粒度(1.00～4.75毫米或3.35～5.60毫米)/%	≥90	
养分释放期[d]/d	标明值	

续表

项目	指标	
	高浓度	中浓度
初期养分释放率^e/％	≤15	
28天累积养分释放率^e/％	≤80	
养分释放期的累积养分释放率^e/％	≥80	

注：a. 总养分可以是氮、磷、钾三种或两种之和，也可以是氮和钾中的任何一种养分。

b. 三元或二元控释肥料的单一养分含量不得低于4.0％。

c. 以钙镁磷肥等枸溶性磷肥为基础磷肥并在包装袋上注明为"枸溶性磷"的产品、未标明磷含量的产品、缓释氮肥以及缓释钾肥，"水溶性磷占有效磷的质量分数"这一指标不做检验和判定。

d. 应以单一数值标注养分释放期，其允许差为25％。如标明值为6个月，累积养分释放率达到80％的时间允许范围为(180±45)天；如标明值为3个月，累积养分释放率达到80％的时间允许范围为(90±23)天。

e. 三元或二元缓释肥料的养分释放率用总氮释放率来表征；对于不含氮的缓释肥料，其养分释放率用钾释放率来表征。

f. 除表中的指标外，其他指标应符合相应的产品标准规定，如复混肥料（复合肥料）、掺混肥料中的氯离子含量，尿素中的缩二脲含量等。

根据当地的多年棉花生产经验，确定氮肥、磷肥和钾肥的施用量。选用棉花专用缓控释掺混肥，如果其缓控释养分仅为氮素时，缓控释氮素的量应占总氮量的50％～70％，养分释放期2～4个月，氮素用量可比常规氮肥少施20％～30％，但是磷、钾肥用量仍按常规量施入。钾肥也可选用包膜控释氯化钾或包膜控释硝酸钾，与常规钾肥1∶1配合施用。将上述肥料与磷肥颗粒混合均匀，同时要求肥料颗粒为单粒无黏结，无结块。

3."种肥同播"的播种机作业要求

（1）机型选择。选择适宜的具备施肥功能的棉花"种肥同播"的播种机，或并拥有喷雾和覆膜功能；可以调节播种量、播种深度、行距、株距、播肥量和播肥深度；同时可独立调节肥料与种子水平距离。

（2）棉花作业要求。施肥方式为种床侧位深施，利用棉花"种肥同播"覆膜播种机大小行种植，大行距100～120厘米，小行距50～60厘米，株距30～40厘米，种植播种深度3～5厘米。种子与肥料的行数比为1∶1，小行内施两行肥料，种肥水平距离8～10厘米，施肥深度大于12厘米。

根据已确定的单位面积施肥量，准确调整排肥器（单口）在设定距离中的肥料施入量（例如，棉花按大小行距为100厘米和50厘米，种子与肥料行距为1∶1，每666.7平方米播肥的长度为889米，设定每666.7平方米施用缓控释肥50千克，则每米长度内应均匀施入56.2克，每500克肥料应施入土壤中的长度为 8.9 米,即排肥器每个单口每 8.9 米流出的肥料应为 500 克)。同时确保排肥器排肥均匀、稳定,无漏施,测定 5 米内各行断条数(长度在 10 厘米以上的无肥料区段为断条)及其断条长度,并控制断条纵长度占排肥总长度的百分数不大于 5%。播种、施肥、喷除草剂和覆膜一次性完成,棉花生育期内不再追肥。

4.作业质量检查方法

(1)抽样方法。沿地块长、宽方向的中点连"十"字线,把地块划分为四块,随机选取对角的两块作为检测样本,采用"五点法"检查:从四个地角沿对角线 1/4 至 1/8 长度内选出一个比例数后算出距离,确定出四个检测点的位置,再加上某个对角线的中点。

(2)播种、施肥深度及种肥相对位置测定。在选定的测定点扒去表土至见到种子和肥料为止,测量施肥深度、播种深度及种、肥相对位置。

(3)计算方法。在作业地块上,抽取 5 个小区,每个小区宽度为一个工作幅宽,长度为 2 米。检测施肥深度,测量样本总数不少于 25 个,将被测点数和误差数分别记录,按以下公式计算:

$$H = (1 - H_b / H_t) \times 100\%$$

式中,H 为符合施肥深度要求所点百分数(%);H_b 为测量超过要求误差总个数(个);H_t 为被测点总个数。

二、注意事项

(1)选用的缓控释肥必须达到相应的国家标准或行业标准,缓控释掺混专用肥中的缓控释养分量要达到作物生育后期不脱肥、不早衰所需的掺入量和养分释放期。

(2)单位面积的施肥量和养分配方要按照测土配方施肥的要求和目标产量确定。

(3)准确调节排肥器(单口)在设定距离的排肥量,以确保各行的施入量均匀并达到单位面积所需的施肥量,同时准确调整施肥深度及肥料与种子的空间距离。

(4)大型种肥同播机(包括玉米 4 行以上、小麦 12 行以上的机械),须在首先整平土地的基础上再进行播种和播肥,以保证各播种或播肥行无悬空或漏种漏肥的情况发生。

蒜后直播棉花全面施肥技术规程
（SDNYGC-1-6002-2018）

李成亮　　张民　　马玉增

（山东农业大学资源与环境学院）

一、品种

以当地传统的短季棉花品种为宜,所选的棉花种子质量应达到如表 1 所示的最低要求。

二、整地

大蒜收获后一般土壤含水量较高,所以在施肥翻耕前不用浇水造墒;如果此时土壤含水量较少,则需要浇水 50～70 毫米。利用旋耕或铧犁进行翻耕,作业深度为 15～20 厘米,之后耙平。

三、肥料施用

本技术规程所采用的尿素、重过磷酸钙、磷酸二铵、硫酸钾、棉花专用复混肥等肥料应符合复混肥料(复合肥料)的要求(见表 2)和复混肥料(复合肥料)的要求(见表 3)。

参照该地区的棉花施肥规律,确定每 666.7 平方米施肥量为:氮(N)10～13 千克,磷(P_2O_5)5～7 千克,钾(K_2O)8～12 千克,以后不再追肥。氮肥可选尿素,磷肥可选用磷酸二铵或过磷酸钙,钾肥建议施用硫酸钾,或可选用相当比例的掺混肥。

施肥方式为撒施或种肥同播。在整地过程中,可把肥料均匀撒于地表,然后进行整地。也可采用种肥同播的方式施用。

四、田间播种

在5月25日~6月5日大蒜收获后抢时直播,等行距76厘米,种植密度为5000~6000株/666.7平方米。

五、注意事项

在大蒜收获后土壤含水量适宜时施肥,施肥后对棉花进行培土,土垄高度为15厘米左右。

表1　　　　　　　　棉花种子质量要求/%

作物种类	种子类型	品种纯度 不低于	净度(净种子) 不低于	发芽率 不低于	水分 不高于
常规种	毛籽	95.0	97.0	70.0	12.0
	光籽	95.0	99.0	80.0	12.0
	薄膜包衣籽	95.0	99.0	80.0	12.0
杂交种亲本	毛籽	99.0	97.0	70.0	12.0
	光籽	99.0	99.0	80.0	12.0
	薄膜包衣籽	99.0	99.0	80.0	12.0
杂交一代种	毛籽	95.0	97.0	70.0	12.0
	光籽	95.0	99.0	80.0	12.0
	薄膜包衣籽	95.0	99.0	80.0	12.0

表2　　　　　　　　复混肥料(复合肥料)的要求

项　目	指　标		
	高浓度	中浓度	高浓度
总养分($N+P_2O_5+K_2O$)的质量分数[a]/%	≥40.0	≥30.0	≥25.0
水溶性磷占有效磷的质量分数[b]/%	≥60.0	≥50.0	≥40.0

续表

项　目		指　标		
		高浓度	中浓度	高浓度
水分(H_2O)的质量分数[c]/%		≤2.0	≤2.5	≤5.0
粒度(1.00～4.75毫米或3.35～5.60毫米)/%		≥90.0	≥90.0	≥80.0
氯离子的质量分数[e]/%	未标"含氯"的产品	≤3.0		
	标记"含氯(低氯)"的产品	≤15.0		
	标记"含氯(中氯)"的产品	≤30.0		

注:a.组成产品的单一养分含量不应低于4.0%,且单一养分测定值与表明值负偏差的绝对值不应大于1.5%。

b.以钙镁磷肥等枸溶性磷肥为基础磷肥并在包装袋上注明为"枸溶性磷"时,"水溶性磷占有效磷百分率"项目不做检验和判定。若为氮、钾二元肥料,"水溶性磷占有效磷百分率"项目不做检验和判定。

c.水分为出厂检验项目。

d.特殊性状或更大颗粒(粉状除外)产品的粒度可由供需双方协议确定。

e.氯离子的质量分数大于30.0%的产品,应在包装袋上标明"含氯(高氯)",标记"含氯(高氯)"的产品氯离子质量分数可不做检验和判定。

表3　　　　　　　　　　掺混肥料的要求

项　目	指标
总养分($N+P_2O_5+K_2O$)的质量分数[a]/%	≥35.0
水溶性磷占有效磷的百分率[b]/%	≥60.0
水分(H_2O)的质量分数/%	≤2.0
粒度(2.00～4.00毫米)/%	≥70.0
氯离子的质量分数[c]/%	≤3.0
中量元素单一养分的质量分数(以单质计)[e]/%	≥2.0
中量元素单一养分的质量分数(以单质计)[e]/%	≥0.02

注:a.组成产品的单一养分含量不应低于4.0%,且单一养分测定值与表明值负偏差的绝对值不应大于1.5%。

b.以钙镁磷肥等枸溶性磷肥为基础磷肥并在包装袋上注明为"枸溶性磷",可不控制7指标。若为氮、钾二元肥料,也不控制"水溶性磷占有效磷百分率"指标。

c.包装容器标明"含氯"时不检测本项目。

d.包装容器标明含有钙、镁、硫时检测本项目。

e.包装容器标明含有铜、铁、锰、锌、硼、钼时检测本项目。

蒜套棉模式下缓控释肥施用技术规程

（SDNYGC-1-6003-2018）

李成亮　　刘艳丽

（山东农业大学资源与环境学院）

一、大蒜

1.品种

以选用抗病、高产、商品性好、当地传统的大蒜品种为宜，提倡异地换种或使用脱毒蒜种，不得使用转基因品种。

2.整地

棉花收获后一般土壤含水量较高，所以在施肥翻耕前不用浇水造墒；如果此时土壤含水量较少，则需要浇水 50～70 毫米。利用旋耕或铧犁进行翻耕，作业深度为 15～20 厘米，整平耙细，使土壤松软细碎。做平畦，畦面宽 1.8 米，畦埂宽 20～30 厘米，高 15 厘米。

3.肥料施用

本技术规程所采用的缓控释肥、复合肥和掺混肥分别达到缓释肥料（见表1）、控释肥料（见表2）、普通肥料复合复混肥料（复合肥料）（见表3）、掺混肥料（BB肥）（见表4）等的相关标准。

表 1　　　　　　　　　控释肥料的要求

项　目	指标	
	高浓度	中浓度
总养分（N＋P$_2$O$_5$＋K$_2$O）的质量分数[a,b]／%	≥40.0	≥30.0

续表

项 目	指标	
	高浓度	中浓度
水溶性磷占有效磷的质量分数[c]/%	≥60.0	≥50.0
水分(H_2O)的质量分数[d]/%	≤2.0	≤2.5
粒度(1.00~4.75毫米或3.35~5.60毫米)/%	≥90	
养分释放期[e]/天	标明值	
初期养分释放率[f]/%	≤12	
28天累积养分释放率[f]/%	≤75	
养分释放期的累积养分释放率[f]/%	≥80	

注:a. 总养分可以是氮、磷、钾三种或两种之和,也可以是氮和钾中的任何一种养分。

b. 三元或二元控释肥料的单一养分含量不得低于4.0%。

c. 以钙镁磷肥等枸溶性磷肥为基础磷肥并在包装袋上注明为"枸溶性磷"的产品、未标明磷含量的产品、控释氮肥以及控释钾肥,"水溶性磷占有效磷的质量分数"这一指标不做检验和判定。

d. 水分以出厂检验数据为准。

e. 应以单一数值标注养分释放期,其允许差为20%。如标明值为180天,累积养分释放率达到80%的时间允许范围为(180±36)天;如标明值为90天,累积养分释放率达到80%的时间允许范围为(90±18)天。

f. 三元或二元控释肥料的养分释放率用总氮释放率来表征;对于不含氮的控释肥料,其养分释放率用钾释放率来表征。

表 2   缓释肥料的要求

项 目	指标	
	高浓度	中浓度
总养分($N+P_2O_5+K_2O$)的质量分数[a,b]/%	≥40.0	≥30.0
水溶性磷占有效磷的质量分数[c]/%	≥60.0	≥50.0
水分(H_2O)的质量分数/%	≤2.0	≤2.5
粒度(1.00~4.75毫米或3.35~5.60毫米)/%	≥90	
养分释放期[d]/d	标明值	
初期养分释放率[e]/%	≤15	
28天累积养分释放率[e]/%	≤80	
养分释放期的累积养分释放率[e]/%	≥80	

注:a. 总养分可以是氮、磷、钾三种或两种之和,也可以是氮和钾中的任何一种养分。

b. 三元或二元控释肥料的单一养分含量不得低于4.0%。

c. 以钙镁磷肥等枸溶性磷肥为基础磷肥并在包装袋上注明为"枸溶性磷"的产品、未标明磷含量的产品、缓释氮肥以及缓释钾肥,"水溶性磷占有效磷的质量分数"这一指标不做检验和判定。

d. 应以单一数值标注养分释放期,其允许差为 25%。如标明值为 6 个月,累积养分释放率达到 80% 的时间允许范围为(120±45)天;如标明值为 3 个月,累积养分释放率达到 80% 的时间允许范围为(90±23)天。

e. 三元或二元缓释肥料的养分释放率用总氮释放率来表征;对于不含氮的缓释肥料,其养分释放率用钾释放率来表征。

f. 除表中的指标外,其他指标应符合相应的产品标准规定,如复混肥料(复合肥料)、掺混肥料中的氯离子含量、尿素中的缩二脲含量等。

表3　　　　　　　　　　　　复混肥料(复合肥料)的要求

项　目		指标		
		高浓度	中浓度	高浓度
总养分(N+P_2O_5+K_2O)的质量分数[a]/%		≥40.0	≥30.0	≥25.0
水溶性磷占有效磷的质量分数[b]/%		≥60.0	≥50.0	≥40.0
水分(H_2O)的质量分数[c]/%		≤2.0	≤2.5	≤5.0
粒度(1.00~4.75毫米或3.35~5.60毫米)/%		≥90.0	≥90.0	≥80.0
氯离子的质量分数[e]/%	未标"含氯"的产品	≤3.0		
	标记"含氯(低氯)"的产品	≤15.0		
	标记"含氯(中氯)"的产品	≤30.0		

注:a. 组成产品的单一养分含量不应低于 4.0%,且单一养分测定值与表明值负偏差的绝对值不应大于 1.5%。

b. 以钙镁磷肥等枸溶性磷肥为基础磷肥并在包装袋上注明为"枸溶性磷"时,"水溶性磷占有效磷百分率"项目不做检验和判定。若为氮、钾二元肥料,"水溶性磷占有效磷百分率"项目不做检验和判定。

c. 水分为出厂检验项目。

d. 特殊形状或更大颗粒(粉状除外)产品的粒度可由供需双方协议确定。

e. 氯离子的质量分数大于 30.0% 的产品,应在包装袋上标明"含氯(高氯)",标记"含氯(高氯)"的产品氯离子质量分数可不做检验和判定。

表4　　　　　　　　　　　　掺混肥料的要求

项　目	指标
总养分(N+P_2O_5+K_2O)的质量分数[a]/%	≥35.0
水溶性磷占有效磷的百分率[b]/%	≥60.0
水分(H_2O)的质量分数/%	≤2.0
粒度(2.00~4.00毫米)/%	≥70.0

续表

项　目	指标
氯离子的质量分数[c]/％	≤3.0
微量元素单一养分的质量分数（以单质计）[d]/％	≥2.0
微量元素单一养分的质量分数（以单质计）[d]/％	≥0.02

注：a. 组成产品的单一养分含量不应低于 4.0％，且单一养分测定值与表明值负偏差的绝对值不应大于 1.5％。

b. 以钙镁磷肥等枸溶性磷肥为基础磷肥并在包装袋上注明为"枸溶性磷"，可不控制"水溶性磷占有效磷百分率"指标。若为氮、钾二元肥料，也不控制"水溶性磷占有效磷百分率"指标。

c. 包装容器标明"含氯"时不检测本项目。

d. 包装容器标明含有钙、镁、硫时检测本项目。

e. 包装容器标明含有铜、铁、锰、锌、硼、钼时检测本项目。

每 666.7 平方米施肥量为：氮（N）12～15 千克，磷（P_2O_5）5～8 千克，钾（K_2O）12～15 千克。氮肥包括缓控释尿素 60％，普通氮肥 40％。磷肥可选用磷酸二铵或过磷酸钙，钾肥建议施用硫酸钾。

施肥方式主要有：一是开沟条施，施肥深度 10～15 厘米（种子下方 5 厘米与种子的横向距离 5～10 厘米），覆土压实；二是地表撒施后翻耕，作业深度为 20 厘米。

4. 播种

按照绿色食品大蒜生产技术规程执行（DB 37/T 1703—2010）。适宜的播期为 9 月 25 日～10 月 15 日，蒜薹蒜头兼用品种种植密度 3～4 万株/666.7 平方米，即行距为 15 厘米，株距为 12～15 厘米；以采收蒜头为主的品种种植密度 2～2.5 万株/666.7 平方米，即行距为 17 厘米，株距为 15 厘米。按行开沟，沟深 10 厘米，蒜瓣腹背面连线与行向平行播种，播种深度 6～7 厘米。栽完后覆土整平，立即浇透水，沉实土壤。

5. 注意事项

选用的缓控释肥必须达到相应的国家标准或行业标准，缓控释掺混专用肥中的缓控释养分量要达到作物生育后期不脱肥、不早衰所需的养分释放量。肥料撒施于地表后，必须进行翻耕，且作业深度不低于 20 厘米。

二、棉花

1. 品种

以当地传统的短季棉花品种为宜，所选棉花种子质量应达到如表 5 所示最低要求。

表 5 棉花种子质量要求/%

作物类	种子类型	品种纯度 不低于	净度（净种子） 不低于	发芽率 不低于	水分 不高于
常规种	毛籽	95.0	97.0	70.0	12.0
	光籽	95.0	99.0	80.0	12.0
	薄膜包衣籽	95.0	99.0	80.0	12.0
杂交种亲本	毛籽	99.0	97.0	70.0	12.0
	光籽	99.0	99.0	80.0	12.0
	薄膜包衣籽	99.0	99.0	80.0	12.0
杂交一代种	毛籽	95.0	97.0	70.0	12.0
	光籽	95.0	99.0	80.0	12.0
	薄膜包衣籽	95.0	99.0	80.0	12.0

2.育苗与移栽

3 月底用肥沃的营养土制钵，4 月上旬下种育苗，苗期采取变温管理，培育出两叶一心的无高脚苗的壮苗。大蒜生育后期（5 月上旬）在大蒜行间用打钵器打眼移栽，种植密度为 2000～2200 株/666.7 平方米，然后浇水一次，灌溉量为 50～70 毫米。

3.肥料施用

本技术规程所采用的缓控释肥、复合肥和掺混肥分别达到缓释肥料（见表 1）、控释肥料（见表 2）、普通肥料复合复混肥料（复合肥料）（见表 3）、掺混肥料（BB 肥）（见表 4）等相关标准。大蒜收获后利用小型机械在棉花行间进行旋耕，作业深度为 10～15 厘米，然后施肥培土。每 666.7 平方米施肥量为：氮（N）13～15 千克，磷（P_2O_5）6～8 千克，钾（K_2O）12～15 千克。氮肥中含包膜控释肥 60%，普通氮肥 40%。磷肥可选用磷酸二铵或过磷酸钙，钾肥建议施用硫酸钾。

施肥方式为开沟条施，施肥深度大于 10 厘米（与棉花植株的横向距离为 5～10 厘米），然后在行中间对两侧棉花进行培土。

三、注意事项

选用的缓控释肥必须达到相应的国家标准或行业标准，缓控释掺混专用肥中的缓控释养分量要达到作物生育后期不脱肥、不早衰所需的养分释放量。在大蒜收获后土壤含水量适宜时施肥，施肥后对棉花进行培土，土垄高度为 15 厘米左右。

短季棉适期早播高效栽培技术规程

（SDNYGC-1-6004-2018）

李秋芝　　尹会会　　李彤

（聊城市农业科学研究院）

一、适用范围

本规程规定了山东省短季棉适期早播的棉花播种、水分管理、肥料运筹、病虫害防治、化学催熟、收获等，适用于山东省短季棉棉花生产，周边省份相似种植模式也可参考。

二、种植模式

目前多采用 66 厘米或 76 厘米等行距种植。

三、品种选择

品种选用株型较紧凑、叶枝弱、赘芽少、早熟性好、吐絮畅、易采摘、品质好的棉花品种鲁 54、鲁棉 532、中棉所 64 等短季棉品种。参照我国农作物种子质量标准（GB 4407.1—2008）经济作物种子第一部分纤维类的规定，一般要求棉花种子脱绒包衣、发芽率不低于 80％，单粒穴播时发芽率不低于 90％。要从正规种子企业购买，以保证种子的真实性和一致性。

四、播前准备

1. 田间灌溉

（1）秋冬灌。棉花提倡播前储备灌溉即秋冬灌，秸秆还田棉田更需进行，秋冬灌一般在封冻前 10～15 天开始至封冻结束，每 666.7 平方米灌水量一般为 80 立方米左右。

（2）春灌。可在播前 10～20 天，即 5 月 1～10 日进行春灌，其水量不宜过大，每 666.7 平方米不超过 60 立方米。

2. 肥料运筹

（1）秸秆还田。实行棉花秸秆还田并结合秋冬深耕是改良土壤（特别是盐碱土壤）、培肥地力的重要手段。棉花秸秆用还田机粉碎还田，应在棉花采摘完后及时进行。粉碎后的秸秆长度以小于 5 厘米为宜；棉花秸秆还田后随即耕翻，深度 20～25 厘米；棉田翻后及时浇足水，水量应达田间持水量的 60%～80%。

（2）一基一追。采用有机肥和化肥相结合的原则，结合整地施用。每 666.7 平方米施农家肥 1000～2000 千克，或生物有机肥 100～150 千克，基肥分别施化肥氮（N）5～6 千克、磷（P_2O_5）7～8 千克和钾（K_2O）10～12 千克，鲁西盐碱地大部分缺磷，磷肥宜施用磷酸二铵效果较好，盛蕾或初花期每 666.7 平方米追施速效纯氮（N）7～8 千克。

（3）一次施肥。结合整地，每 666.7 平方米施农家肥 1000～2000 千克或生物有机肥 100～150 千克；播种时提倡采用速效肥与控释氮肥结合一次性施肥，控释氮肥 7 千克、速效氮肥 7 千克、磷（P_2O_5）7～8 千克、钾（K_2O）10～12 千克，种子和肥料同播，肥料在播种时施于土壤耕层 10 厘米以下，与种子水平距离 5～10 厘米，以后不再追肥。根据当地土壤条件，适当补施硫酸锌 1～2 千克、硼酸 0.5 千克。盐碱地化肥品种优先选用含硫肥料，如硫酸钾、硫基复合肥等。

3. 播前除草

每 666.7 平方米用 48% 氟乐灵乳油 100～110 毫升，兑水 30 千克，在地表均匀喷洒，然后通过耖地或耙耢混土，防治多年生和一年生杂草。

4. 整地

及时整地保证土壤墒情，播前深翻松土，以 20～25 厘米为宜，地块要求达到表层疏松，上虚下实，表土细碎，无坷垃，干净。

五、播种

1. 种子处理

为增强棉种发芽势,原则上使用精选包衣种子,提高出苗率,利用晴好天气晒种 2~3 天。

2. 播种时期

结合当地天气预报,在近 5~7 天没有降雨时进行适期早播,山东省棉区可掌握在 5 月 10~15 日播种。

3. 播种要求

精量播种的用种量每 666.7 平方米在 1.0~1.5 千克,每穴单粒种子,株距均匀;与肥料的行比为 1∶1,种肥水平距离10~15厘米,施肥深度大于 15 厘米,播种深度 3~4 厘米,均匀一致。

4. 种植密度

棉花定苗后应保证密度为 5500~7500 株/666.7 平方米。

六、田间管理

1. 生育期灌水

棉花盛蕾期期不需浇水;盛蕾期后、花铃期及吐絮前期若雨水不足,耕层土壤含水量分别降到田间持水量的 60％、65％ 和 55％ 以下时,应及时灌溉,每 666.7 平方米采用沟灌浇水 30~50 立方米。

2. 生育期除草及中耕

棉花现蕾前可结合中耕松土进行物理机械除草或用除草剂化学除草;成株后期可用除草剂化学除草。一般每 666.7 平方米采用 50％ 的扑草净可湿性粉剂 100~150 克,或 24％ 的乙氧氟草醚 40~60 毫升,加水 40~50 千克均匀喷雾。农药使用应符合 GB 4285 的规定。

6 月中下旬盛蕾期前后的中耕最为重要。中耕时,可视土壤墒情和降雨情况将中耕、除草、施肥、培土合并进行,一次完成。

3. 整枝化控

采用粗整枝技术,即在 6 月下旬大部分棉株出现 1~2 个果枝时,将第一果枝以下的营养枝和主茎叶一撸到底("撸裤腿"),全部去掉;打顶依据"枝到不等时,时到不等枝"的原则,在 7 月 20 日前后打顶。

化控根据天气及棉株长势,使用缩节胺进行全程化控:每 666.7 平方米蕾期用 0.5～1 克,兑水 15 千克喷洒;初花期用 1.5～2.5 克,兑水 30 千克喷洒;盛花期用 2～4 克,加水 30 千克喷洒;打顶后用 3～5 克,加水 30 千克喷洒。最终株高控制在 80～90 厘米。

4. 棉花主要病害防治

棉花苗期主要病害有立枯病、炭疽病和红腐病,可采用代森锰锌、吡唑醚菌酯等药剂进行喷雾;棉花花期主要病害有黄萎病,选用抗病品种,或在发病初期用枯草芽孢杆菌和氨基寡糖素等药剂喷雾;棉铃主要病害有棉铃疫病、炭疽病、红腐病和红粉病,在发病初期可用代森锰锌、三乙膦酸铝和吡唑醚菌酯等药剂喷雾。

5. 棉花主要虫害防治

(1)棉铃虫:用甲氨基阿维菌素苯甲酸盐、氯虫苯甲酰胺、茚虫威和高效氯氟氰菊酯等药剂在田间棉铃虫卵孵化盛期喷雾防治。

(2)红蜘蛛:用阿维菌素、螺螨酯、哒螨灵等药剂均匀喷雾。

(3)棉蚜和蓟马:用噻虫嗪、吡虫啉、氟啶虫胺腈等药剂喷雾防治。

(4)棉盲蝽:用噻虫嗪、氟啶虫胺腈、马拉硫磷等药剂喷雾防治。

(5)烟粉虱:用氟啶虫胺腈和溴氰虫酰胺等药剂喷雾防治。

化学防治提倡使用机械统防,交替用药不仅能有效减药增效,还可延缓害虫抗性。施药前一定要严格按照说明书的用量和操作进行。

6. 化学催熟

需要机采或集中收获的棉田可在 9 月底 10 月初且气温稳定在 18～20 ℃,吐絮率达到 40％～60％时,每 666.7 平方米采用 50％的欣噻利悬浮剂120～180 克喷雾脱叶催熟。为了提高药液的附着性,可将表面活性剂有机硅助剂按照 0.05％～0.15％的浓度添加到脱叶催熟剂中混合喷施,作用显著。大风、降雨前或烈日天气禁止喷施,如施药后 12 小时内遇中雨,应当重喷。

七、收获

应在棉铃充分开裂吐絮后及时采摘,不摘"笑口棉",不摘青桃;后期可在脱叶催熟剂喷施 15 天后,待棉株脱叶率达 95％以上,吐絮率达 90％以上时进行人工集中摘拾,有条件的地区提倡采用机械收花。

鲁西北棉花肥料施用技术规程

（SDNYGC-1-6005-2018）

李秋芝　　尹会会　　李彤

（聊城市农业科学研究院）

一、适用范围

本规程规定了鲁西北棉花肥料应用的施肥准则、施肥方法、肥料种类、肥料标准、施肥数量等。本规程主要适用于鲁西北棉区沙壤及盐碱地的肥料施用，周边地市相似应用也可参考。

二、施肥准则

（1）禁止使用未经国家或省级农业部门登记的化学、生物肥料。

（2）禁止使用重金属含量超标的肥料。商品有机肥或有机/无机肥中主要重金属含量指标如表1所示。

表1　　　　商品有机肥或有机/无机肥中主要重金属含量指标

项目	指标（毫克/千克）
砷（以 As 计）	≤20
镉（以 Cd 计）	≤200
铅（以 Pb 计）	≤100
汞（以 Hg 计）	≤2
铬（以 Cr 计）	≤150

（3）有机肥还应符合有机肥卫生及腐熟标准，有机肥卫生标准及要求如表2所示，堆肥腐熟度如表3所示。

表2   有机肥卫生标准

项目		卫生标准及要求
高温堆肥	堆肥温度	最高温度 50～55 ℃，持续 5～7 天
	蛔虫卵死亡	95％～100％
	粪大肠菌值	10^{-2}～10^{-1}个/克粪便
	苍蝇	有效控制苍蝇滋生，堆肥周围没有活蛆、蛹或羽化的成蝇。
沼气肥	密封贮存期	30 天以上
	高温沼气发酵温度	(53±2)℃持续 2 天
	寄生虫卵沉降表	95％以上
	血吸虫卵和钩虫卵	在使用的粪液中不得检出活的血吸虫卵和钩虫卵
	粪大肠杆菌值	普通沼气发酵 10^{-4}，高温沼气发酵 10^{-2}～10^{-1}
	蚊子、苍蝇	有效控制蚊蝇孳生，粪液中无孑孓，池周围无活蛆蛹或新羽化成蝇
	沼气池残渣	经无害化处理后方可用作农肥

表3   堆肥腐熟度的鉴别标准

项目	堆肥腐熟状况
颜色气味	堆肥秸秆变成褐色或黑褐色，有黑色汁液、氨臭味，铵态氮含量显著增高（用铵试纸速测）
秸秆硬度	用手握堆肥，湿时柔软，有弹性，干时很脆，容易破碎，有机质失去弹性
堆肥浸出液	取腐熟的堆肥加清水搅拌后（肥水比例一般为 1：10～1：5），放置 3～5 分钟，堆肥浸出液颜色呈淡黄色
堆肥体积	腐熟的堆肥，堆肥的体积比刚堆时塌陷 1/3～1/2
碳氮比	一般为 20：1～30：1（其中五碳糖含量在 12％以下）
腐殖化系数	30％左右

（4）微生物肥料应符合标准规定。微生物肥料标准指标包括有效活菌数、杂菌率、有机质含量、pH 值、重金属含量等。

（5）根据土壤养分状况，实行有机、无机、生物肥料配合施用，并根据棉田养分状况和目标产量水平确定适用量。

三、基肥施用

作为基肥施用的肥料大多是迟效性的肥料。有机肥(包括农家肥、厩肥、绿肥和饼肥)最适宜作底肥施用,此外氮、磷、钾和微肥也适合作底肥。参照当年当地多年田间肥料试验结果及产量目标,并结合土壤肥力高低,确定底肥数量和化肥施用数量及种类。

1.有机肥

按照平衡施肥要求,施用足量的符合标准的优质有机肥。

2.无机肥

(1)氮肥。氮肥是含有作物营养元素氮的化肥,在棉花种植上主要应用的氮肥有氨态氮肥(碳酸氢铵、硫酸铵、氯化铵)、酰氨态氮肥(尿素)、铵态硝态氮肥(硝酸铵)。氮肥在沙土、沙壤土及轻度盐碱地作底肥使用时,施用量应为总施氮量的40%;在中度和重度盐碱地做基肥使用时,施用量为总施氮量的50%。棉花籽棉目标产量及氮肥施用量如表4所示。

提倡采用控释氮肥,每666.7平方米推荐轻度盐碱地6千克控释氮肥＋6千克普通氮肥,中度盐碱地5千克控释氮肥＋5千克普通氮肥,重度盐碱地4千克控释氮肥＋4千克普通氮肥,作为基肥一次施入,棉花初花期不再追施氮肥,磷、钾肥用量不变。

(2)磷肥。磷肥是以磷为主要养分的原料,在棉花种植上主要应用的磷肥可分为水溶性磷肥(普通过磷酸钙、重过磷酸钙、磷酸一铵、磷酸二铵等)和枸溶性磷肥(钙镁磷肥)。过磷酸钙、磷酸一铵均为酸性肥料,磷酸二铵为中性肥料,均可在盐碱地上施用。但钙镁磷肥为碱性肥料,不宜在盐碱地施用,且钙镁磷肥不宜同氮肥混施。磷肥移动性较差,底施时分上下两层施用,即下层施至15～20厘米的深度,上层施至5厘米左右的深度。一般来说,磷肥在使用时全部作基肥施用,在不能确定土壤含磷量条件下,根据以氮定磷($N : P_2O_5$质量比约为1:0.5)及常年施磷量、目标产量酌情施用磷肥,如表4所示。

(3)钾肥。钾肥肥效的大小决定于氧化钾(K_2O)含量,在棉花种植上主要应用的钾肥有氯化钾、硫酸钾、磷酸二氢钾等,钾在土壤中的移动性介于氮、磷之间,施用在棉花等生育期较长的作物时可基施和追施相结合。硫酸钾复合肥为酸性肥料,磷酸二氢钾为中性肥料,都适合在盐碱地上施用,且有改良盐碱地的良好作用。对于棉花这种纤维作物来说,氯化钾相对于硫酸钾更加适宜棉花的生长发育,但不能在盐碱地上施用。钾肥在沙土、壤土和轻度盐碱地作底肥施用时,其施用量为总需求量的 40％；中度和重度盐碱地上作底肥施用时,则全部底施,如表 4 所示。

表 4   **盐碱地棉花氮、磷、钾底肥施用量**

土壤含盐量	化肥用量（千克/666.7平方米）		
	氮肥（N）	磷肥（P_2O_5）	钾肥（K_2O）
轻度盐碱地（含盐量＜0.2％）	5～6	6～7	3～3.5
中度盐碱地（含盐量 0.2％～0.4％）	5～6	5～5.5	5～6
重度盐碱地（含盐量＞0.4％）	4～5	3.5～4	2～2.5

四、追肥

1. 追肥时间

追肥宜在初花期或第四个果枝开花时,根据底肥施用情况追施尿素及钾肥。

2. 追肥方法

宜采用条施、穴施的施肥方法。

3. 氮肥

若采取“一基一追”的氮肥施用方法,沙土、壤土和轻度盐碱地初花期追肥量应占氮肥总需求量的 60％,中度和重度盐碱地上追施氮肥量,应占氮肥总需求量的 50％,如表 5 所示。

4. 钾肥

初花期追施钾肥量以土壤类型、目标产量而定,一般来说,沙土、壤土和轻度盐碱地初花期追施钾肥应占钾肥总需求量的 60％,中度和重度盐碱地钾肥全部基施,初花期不再追施钾肥,如表 5 所示。

表 5   **盐碱地棉花初花期追肥氮磷钾使用量**

土壤含盐量	化肥追肥用量（千克/666.7平方米）		
	氮肥（N）	磷肥（P_2O_5）	钾肥（K_2O）
轻度盐碱地（含盐量＜0.2％）	8～9	—	4.5～5
中度盐碱地（含盐量 0.2％～0.4％）	5～6	—	—
重度盐碱地（含盐量＞0.4％）	4～5	—	—

5.叶面追肥

(1)现蕾期。现蕾期每 666.7 平方米根外混合喷施磷酸二氢钾 100 克、硫酸锌 80 克、硼酸(或硼砂)80 克,兑水 30 千克,可单独喷施,也可结合治虫进行。

(2)开花期。开花期每 666.7 平方米根外混合喷施磷酸二氢钾 150 克、硫酸锌 80 克、硼酸(或硼砂)80 克,兑水 30 千克,可单独喷施,也可结合治虫进行。

(3)结铃吐絮期。8 月上旬棉花进入吐絮期,生长量逐渐减弱,此期适量施用盖顶肥可为上部秋桃服务,同时还可提高秋桃棉花质量。用浓度为 2.0% 的尿素和 0.5% 的磷酸二氢钾的混合液叶面喷施 2~3 次,可单独喷施,也可结合治虫进行。

鲁西盐碱地棉花简化高效栽培技术规程

（SDNYGC-1-6006-2018）

李秋芝　杨中旭　王士红

（聊城市农业科学研究院）

一、适用范围

本规程规定了鲁西盐碱地的棉花播种、水分管理、肥料运筹、病虫害防治、整枝化控、化学催熟、收获等，适用于鲁西盐碱地的棉花生产，周边地市相似种植模式也可参考。

二、种植模式

机采棉要求等行距 76 厘米，株距为 20～30 厘米。一般大田也可大小行种植，大行距 100～120 厘米，小行距 50～60 厘米，株距为 20～30 厘米。

三、品种选择

选用株型较紧凑、耐盐碱、叶枝弱、赘芽少、早熟性好、吐絮畅、易采摘、品质好的棉花品种，如鲁棉研 28 号、K836、鲁棉研 37 号、聊棉 6 号、聊棉 15 号等春棉品种。参照我国农作物种子质量标准（GB 4407.1—2008）经济作物种子第一部分纤维类的规定，一般要求棉花种子脱绒包衣、发芽率不低于 80％，从正规种子企业购买，以保证种子的真实性和一致性。

四、播前准备

1. 田间灌溉

(1)秋冬灌。棉花提倡播前储备灌溉即秋冬灌,秸秆还田棉田更需进行,秋冬灌一般在封冻前 10~15 天开始至封冻结束,每 666.7 平方米灌水量一般为 80 立方米。

(2)春灌。没有秋冬灌的棉田可在播前 10~20 天进行春灌,其水量不宜过大,每 666.7 平方米一般不超过 60 立方米。

2. 整地

播前深翻松土,以 20~25 厘米为宜,地块要求达到表层疏松,上虚下实,表土细碎,无坷垃,干净。

3. 施肥

施肥原则为不得施用碱性化肥及使土壤盐分碱性增加的复合肥,轻度盐碱地宜多进行施肥,中重盐碱地宜少进行施肥。氮肥宜施用尿素、碳酸氢铵、硝酸铵,不得施用氯化铵、硫酸铵;磷肥宜施用磷酸二铵、过磷酸钙,不得施用钙镁磷肥;钾肥宜施用硫酸钾,不得施用氯化钾;不得施用氯化钾或含氯离子的复合肥。

(1)秸秆还田。实行棉花秸秆还田并结合秋冬深耕是改良土壤,特别是盐碱土壤、培肥地力的重要手段。棉花秸秆用还田机粉碎还田,应在棉花采摘完后及时进行。粉碎后的秸秆长度以小于 5 厘米为宜;棉花秸秆还田后随即耕翻,深度 20~25 厘米;棉田翻后及时浇足水,水量应达田间持水量的60%~80%。

(2)一次施肥。提倡采用速效肥与控释氮肥结合一次性施肥,每 666.7 平方米施用控释氮肥 5~7 千克、速效氮肥 5~7 千克、磷(P_2O_5)5~8 千克、钾(K_2O)4~8 千克,种子和肥料同播,肥料在播种时施于膜内土壤耕层 10 厘米以下,与种子水平距离 5~10 厘米,以后不再追肥。根据当地土壤条件,适当补施硫酸锌 1~2 千克、硼酸 0.5 千克。化肥品种优先选用含硫肥料,如硫酸钾、硫基复合肥等。

(3)一基一追。采用有机肥和化肥相结合的原则,结合整地时施用。每 666.7 平方米施农家肥 1000~2000 千克或生物有机肥 100~150 千克,基肥及追肥分别按照表1、表2的规定实施,鲁西盐碱地大部分缺磷,磷肥宜施用磷酸二铵效果较好。

表1   盐碱地棉花氮、磷、钾底肥施用量

土壤含盐量	化肥用量（千克/666.7平方米）		
	氮肥（N）	磷肥（P$_2$O$_5$）	钾肥（K$_2$O）
轻度盐碱地（含盐量<0.2%）	5～6	6～8	3～3.5
中度盐碱地（含盐量0.2%～0.4%）	5～6	5～5.5	5～6
重度盐碱地（含盐量>0.4%）	4～5	3.5～4	2～2.5

表2   盐碱地棉花初花期追肥氮磷钾施用量

土壤含盐量	化肥追肥用量（千克/666.7平方米）		
	氮肥（N）	磷肥（P$_2$O$_5$）	钾肥（K$_2$O）
轻度盐碱地（含盐量<0.2%）	8～9	—	4.5～5
中度盐碱地（含盐量0.2%～0.4%）	5～6	—	—
重度盐碱地（含盐量>0.4%）	4～5	—	—

4.晒种

为提高棉种发芽势和出苗率，播种前在晴好天气晒种2～3天。

五、播种

1.播种时间

平均地温（5厘米）连续5天稳定在14℃以上时，在4月25日左右冷尾暖头播种。

2.播种要求

精量播种的用种量为每666.7平方米1.0～1.5千克，每穴单粒种子，株距均匀；与肥料的行比为1：1，大小行种植小行内施2行肥料，种肥水平距离10～15厘米，施肥深度10～15厘米，播种深度3～4厘米且均匀一致。

3.播种覆膜

应用播种、施肥、喷除草剂和盖膜一次作业完成的精量播种机进行播种，等行距用中膜覆盖120～130厘米，大小行用窄膜覆盖90～100厘米，膜厚度不低于0.008毫米。除草剂每666.7平方米用地乐胺150毫升加水15～20千克进行喷雾。

参照NY/T 1224—2006农用塑料薄膜安全使用控制技术规范，地膜使用

后应进行机械或人工回收,回收后不应掩埋或焚烧,而应及时交回收部门处理。

4.种植密度

棉花定苗后应保证密度 4000～5000 株/666.7 平方米。

六、田间管理

1.除草松土

棉花现蕾前可结合中耕松土进行物理机械除草或用除草剂化学除草,成株后期可用除草剂化学除草。一般每 666.7 平方米采用 50% 扑草净可湿性粉剂 100～150 克,或 24% 的乙氧氟草醚 40～60 毫升,加水 30 千克均匀喷雾。

6 月中下旬盛蕾期前后中耕,中耕时可视土壤墒情和降雨情况将中耕、除草、施肥、破膜和培土合并进行,一次完成。

2.生育期灌水

棉花苗期到蕾前期不需浇水;盛蕾期后、花铃期及吐絮前期耕层土壤含水量降到田间持水量的 60% 以下时,应及时灌溉,每 666.7 平方米采用沟灌浇水 30～50 立方米。

3.整枝化控

采用粗整枝技术,即在 6 月中旬大部分棉株出现 1～2 个果枝时,将第一果枝以下的营养枝和主茎叶一撸到底("撸裤腿"),全部去掉;打顶依据"枝到不等时,时到不等枝"的原则,在 7 月 20 日左右完成打顶。

化控根据天气及棉株长势,使用缩节胺进行全程化控。蕾期每 666.7 平方米用 0.5～1 克,加水 15 千克喷洒;初花期每 666.7 平方米用 2～3 克,加水 30 千克喷洒;盛花期及时打,每 666.7 平方米用 3～6 克,加水 30 千克喷洒;打顶后每 666.7 平方米用 2～6 克,以防赘芽,最终株高控制在 100 厘米左右。

4.叶面肥

棉花生长后期,即 8 月初可选择无风的阴天,湿度大、蒸发量小的早晚,采用 0.2% 的腐殖酸肥料和 1% 的尿素混合溶液进行叶面喷施,两次即可。

5.棉花主要病害防治

(1)棉花苗期主要病害为立枯病、炭疽病和红腐病,可采用代森锰锌、吡唑醚菌酯等药剂进行喷雾。

(2)棉花花期主要病害为黄萎病,可选用抗病品种,或在发病初期用枯草芽孢杆菌和氨基寡糖素等药剂喷雾。

(3)棉铃主要病害为棉铃疫病、炭疽病、红腐病和红粉病,可在发病初期,用代森锰锌、三乙膦酸铝和吡唑醚菌酯等药剂喷雾。

6.棉花主要虫害防治

(1)棉铃虫:用甲氨基阿维菌素苯甲酸盐、氯虫苯甲酰胺、茚虫威和高效氯氟氰菊酯等药剂在田间棉铃虫卵孵化盛期喷雾防治。

(2)红蜘蛛:用阿维菌素、螺螨酯、哒螨灵等药剂喷雾防治。

(3)棉蚜和蓟马:用噻虫嗪、吡虫啉、氟啶虫胺腈等药剂喷雾防治。

(4)棉盲蝽:用噻虫嗪、氟啶虫胺腈、马拉硫磷等药剂喷雾防治。

(5)烟粉虱:用氟啶虫胺腈和溴氰虫酰胺等药剂喷雾防治。

化学防治提倡使用机械统防,交替用药不仅能有效减药增效,还可延缓害虫抗性。施药前一定要严格按照说明书的用量和操作进行。

7.化学催熟与脱叶

对于桃青叶绿贪青晚熟的棉田,国庆节棉花吐絮率达不到40%～50%时,应在9月底10月初且气温稳定在18～20℃时应用乙烯利催熟棉花。

需要机采或集中收获的棉田可在9月底10月初且气温稳定在18～20℃,吐絮率达到40%～60%时,每666.7平方米采用50%的欣噻利悬浮剂120～180克喷雾脱叶催熟,为了提高药液附着性,可将表面活性剂有机硅助剂按照0.05%～0.15%的浓度添加到脱叶催熟剂中混合喷施,作用显著。大风、降雨前或烈日天气禁止喷施,如施药后12小时内遇中雨应当重喷。

七、收获

棉铃应在充分开裂吐絮后及时采摘,不摘"笑口棉",不摘青桃;集中收获棉田后期可在脱叶催熟剂喷施15天后,待棉株脱叶率达95%以上,吐絮率达90%以上时进行人工集中摘拾,有条件的地区提倡采用机械收花。

棉花/花生分区间轮作生产技术规程

（SDNYGC-1-6007-2018）

李成亮　　张民　　刘艳丽

（聊城市农业科学研究院）

一、适用范围

本规程规定了山东省棉花/花生分区间作轮作的播种、肥料运筹、水分管理、病虫害防治、化学催熟、收获等，适用于山东省内土壤容重高、通透性好的壤土或沙性土壤种植，周边省份相似种植模式也可参考。

二、种植模式

使用棉花一播双行播种机，按照 60 厘米-80 厘米-60 厘米的种植模式进行播种并覆膜，棉花株距为 14 厘米，密度为 3500 株/666.7 平方米左右；6 行花生按照 3 垄种植，垄距为 85 厘米，垄上两行的行距为 30 厘米，株距为 9 厘米，密度8000 株/666.7 平方米左右，棉花行与花生行之间的间隔为 76 厘米，棉花与花生种植带宽均为 2.76 米，翌年采用同种播种方式，将棉花、花生交换种植，使每个种植带的宽度相同。

三、品种选择

棉花选用株型较紧凑、叶枝弱、赘芽少、早熟性好、吐絮畅、易采摘的棉花品种鲁 7619、鲁棉研 37 号、聊棉 6 号等转基因抗虫棉品种；花生选用耐阴、耐密、抗倒高产良种,如花育 36 号、花育 25 号、丰花 1 号等品种。参照我国农作物种子质量标准(GB 4407.1—2008)经济作物种子第一部分纤维类和经济作物种子第二部分油料类,一般要求棉花种子脱绒包衣、发芽率不低于 80%,花生种子发芽率不低于 80%,从正规种子企业购买,以保证种子的真实性和一致性。

四、播前准备

1.田间灌溉

(1)秋冬灌。棉花/花生均提倡播前储备灌溉即秋冬灌,秸秆还田棉田更需进行,秋冬灌一般在封冻前 10～15 天开始至封冻结束,每 666.7 平方米灌水量一般为 80 立方米左右。

(2)春灌。没有秋冬灌的田块,在播前 10～20 天进行春灌,其水量不宜过大,每 666.7 平方米一般不超过 60 立方米。

2.基肥与追肥

播种前结合整地,每 666.7 平方米施农家肥 1000～2000 千克或生物有机肥 100～150 千克。一基一追:棉花按照基肥氮(N)5～7 千克、磷(P_2O_5)6～8 千克和钾(K_2O)10～14 千克,初花期追施氮(N)7～8 千克;一次施肥:每 666.7 平方米施速效氮(N)肥 6～7 千克、控施氮(N)肥 7～8 千克、磷(P_2O_5)6～8 千克和钾(K_2O)10～14 千克。花生每 666.7 平方米施速效氮(N)4～6 千克、控施氮(N)肥 4～6 千克、磷(P_2O_5)7～10 千克和钾(K_2O)10～14 千克,施入膜内土壤耕层 10 厘米以下,与种子水平距离 15 厘米,以后不再追肥,根据当地土壤情况施钙。

3.种子处理

为增强棉种发芽势,原则上使用精选包衣种子,播种前利用晴好天气晒种 2～3 天;花生种在剥壳前晒种 1～2 天;晒种时注意经常翻动,力求晒得均匀一致,忌温度过高种子受伤。

五、播种

1.播种时期

棉花与花生均可在 4 月下旬同期播种,根据天气及土壤情况,花生播期也可推迟到 5 月上旬。

2. 播种要求

棉花精量播种的用种量每 666.7 平方米 1.0～1.5 千克,每穴单粒种子;与肥料的行比为 1:1,大小行种植小行内施 2 行肥料,种肥水平距离 10～15 厘米,施肥深度 10～15 厘米,播种深度 3～4 厘米,均匀一致。

花生播种的用种量每 666.7 平方米 15 千克,每穴单粒种子,株距均匀;与肥料的行比为 2:1,肥料施于垄的中间,种肥水平距离 15 厘米,施肥深度不小于 10 厘米,播种深度 4～5 厘米,均匀一致,覆完地膜后,播种行的上方再均匀压一层 1～2 厘米的土,保证不会因膜内高温灼伤生长点,并且利于花生自行拱土出苗。

3. 播种、覆膜

棉花应用播种、施肥、喷除草剂和盖膜一次作业完成的精量播种机进行播种,等行距用 120～130 厘米地膜覆盖,膜厚度不小于 0.008 毫米。花生应用起垄、施肥、播种、镇压、喷施除草剂、覆膜、膜上覆土一次完成,垄宽 55 厘米,90 厘米地膜覆盖,膜厚度不小于 0.008 毫米。除草剂每 666.7 平方米均为地乐胺 150 毫升加水 15～20 千克进行喷雾。

参照 NY/T 1224—2006 农用塑料薄膜安全使用控制技术规范,地膜使用后,应进行机械或人工回收,回收后不应掩埋或焚烧,应及时交回收部门处理。

六、田间管理

1. 苗期管理

棉花开始出苗后及时查苗补苗,放风放苗,防止高温伤苗;花生出苗时及时将膜上的覆土撤到垄沟内,连续缺穴的地方要及时补种,花生四叶期及时梳理出地膜下面的侧枝。

2. 除草松土

棉花现蕾前可结合中耕松土进行物理机械除草或用除草剂化学除草;成株后期可用除草剂化学除草。一般每 666.7 平方米采用 50% 的扑草净可湿性粉剂 100～150 克,或 24% 的乙氧氟草醚 40～60 毫升,加水 20～30 千克均匀喷雾。

花生 6 月中旬可结合中耕培土迎针进行物理机械除草或用除草剂化学除草,化学除草一般每 666.7 平方米采用 20% 精喹禾灵 40～50 毫升,或 24% 乙氧氟草醚 40～60 毫升,加水 20～30 千克均匀喷雾。

6 月中下旬棉花、花生的中耕最为重要。棉花中耕可视土壤墒情和降雨情况将中耕、除草、施肥、破膜和培土合并进行,一次完成。

3. 棉花整枝化控

棉花采用粗整枝技术,即在 6 月中旬大部分棉株出现 1～2 个果枝时,将第一果枝以下的营养枝和主茎叶一撸到底("撸裤腿"),全部去掉;打顶依据"枝到不等时,时到不等枝"的原则,在 7 月 20 日左右完成打顶尖。

棉花化控根据天气及棉株长势,使用缩节胺进行全程化控。蕾期每 666.7 平方米用 0.5～1.5 克,加水 15 千克喷洒;初花期每 666.7 平方米用 2～3 克,加水 30 千克喷洒;盛花期每 666.7 平方米用 3～6 克,加水 30 千克喷洒;打顶后每 666.7 平方米用 2～6 克,最终株高控制在 100 厘米左右。

花生化控根据天气及花生长势,使用多效唑可湿性粉剂进行全程化控。盛花期或花生株高 35～40 厘米,每 666.7 平方米用 30～50 克,加水 30 千克喷洒。

4. 生育期灌水

棉花苗期到蕾前期不需浇水;盛蕾期后、花铃期及吐絮前期若雨水不足,耕层土壤含水量分别降到田间持水量的 60%、65% 和 55% 以下时,应及时灌溉,每 666.7 平方米采用沟灌浇水 30～50 立方米。

花生苗期一般不需要浇水,开花下针期若雨水不足,耕层土壤含水量降到田间持水量的 60% 以下时,应及时灌溉,每 666.7 平方米采用沟灌浇水 30～50 立方米。荚果膨大期耕层土壤含水量降到田间持水量的 65% 以下时,应及时灌溉,采用沟灌每 666.7 平方米浇水 40～60 立方米。

5. 主要病害防治

(1)棉花主要病害防治。棉花病害主要包括立枯病、黄萎病、棉铃疫病等。立枯病、炭疽病和红腐病可采用代森锰锌、吡唑醚菌酯等药剂进行喷雾;黄萎病可选用抗病品种,或在发病初期用枯草芽孢杆菌和氨基寡糖素等药剂喷雾,7～10 天一次,连喷 2～3 次;棉铃疫病、炭疽病、红腐病和红粉病可在发病初期用代森锰锌、三乙膦酸铝和吡唑醚菌酯等药剂喷雾,7～10 天一次,连喷 2～3 次,交替用药。

(2)花生主要病害防治。花生病害主要包括茎腐病、根腐病、叶斑病等。茎腐病在发病初期可用多菌灵、代森锰锌和甲基硫菌灵等药剂喷雾,间隔 7 天喷一次,连喷 2～3 次;根腐病可在播种前采用精甲霜灵和咯菌腈进行拌种或种子包衣;叶斑病在发病初期,当田间病叶率达到 10%～15% 时,应开始第一次喷药,药剂可选用多菌灵、代森锰锌、吡唑醚菌酯和百菌清等,以后每隔 10～15 天喷药一次,连喷 2～3 次,每 666.7 平方米每次喷药液 20～30 千克。由于花生叶面光滑,喷药时可适当加入黏着剂,防治效果更佳。

6. 主要虫害防治

(1)棉花主要虫害防治。棉花主要害虫包括棉铃虫、棉盲蝽、烟粉虱等害虫。棉铃虫可用甲氨基阿维菌素苯甲酸盐、氯虫苯甲酰胺、茚虫威和高效氯氟氰菊酯等药剂在田间棉铃虫卵孵化盛期喷雾防治;红蜘蛛可用阿维菌素、螺螨酯、哒螨灵等药剂均匀喷雾;棉蚜和蓟马可用噻虫嗪、吡虫啉、氟啶虫胺腈等药剂喷雾防治;棉盲蝽可用噻虫嗪、氟啶虫胺腈、马拉硫磷等药剂喷雾防治;烟粉虱可用氟啶虫胺腈和溴氰虫酰胺等药剂喷雾防治。

（2）花生主要虫害防治。花生主要害虫包括蛴螬、蚜虫、蓟马等害虫。金龟子和地老虎可用二嗪磷和辛硫磷等颗粒剂均匀撒施于田面,浅翻入土;也可采用吡虫啉和辛硫磷等拌种;苗期可在花生根际用辛硫磷灌根。蚜虫和蓟马可用吡虫啉和噻虫嗪拌种,也可用溴氰菊酯喷雾。棉铃虫和尺蠖（造桥虫）可用溴氰菊酯在田间棉铃虫卵孵化盛期喷雾防治。

化学防治提倡使用机械统防,交替用药不仅可有效减药增效,还可延缓害虫抗性。施药前一定要严格按照说明书的用量和操作进行。

7. 喷施叶面肥

棉花、花生生长后期,即 8 月初可选择无风的阴天,湿度蒸发量小的早晚,采用 0.2％的腐殖酸肥料和 0.2％～0.3％的磷酸二氢钾混合溶液进行叶面喷施,两次即可。

8. 棉花化学催熟

对于贪青晚熟的棉田,10 月上旬棉花吐絮率达不到 40％～50％,应在 9 月底 10 月初且气温稳定在 18～20 ℃时,在田间应用乙烯利催熟棉花。

需要机采或集中收获的棉田可在 9 月底 10 月初且气温稳定在 18～20 ℃时,吐絮率达到 40％～60％时,每 666.7 平方米采用 50％的欣噻利悬浮剂 120～180 克喷雾脱叶催熟,为了提高药液附着性,可将表面活性剂有机硅助剂按照 0.05％～0.15％的浓度添加到脱叶催熟剂中混合喷施,作用显著。大风、降雨前或烈日天气禁止喷施,如施药后 12 小时内遇中雨应当重喷。

七、收获

（1）棉花收获:应在棉铃充分开裂吐絮后及时采摘,不摘"笑口棉",不摘青桃;后期可在脱叶催熟剂喷施 15 天后,待棉株脱叶率达 95％以上,吐絮率达 90％以上时进行人工集中摘拾,有条件的地区提倡采用机械收花。

（2）花生收获:上部叶片变黄,中下部叶片由绿转黄并逐步脱落,茎枝转为黄绿色时收获;荚果成熟期的外观标准是:果壳外皮发青而硬化,网脉纹理加深而清晰,果壳内里海绵体呈闪亮的黑褐色,子仁充实饱满,种皮色泽鲜艳,一般在 9 月中旬一次性机械收获。

棉花自然灾害防御生产技术规程

（SDNYGC-1-6008-2018）

李秋芝　杨中旭　商娜

（聊城市农业科学研究院）

一、适用范围

本规程规定了棉田旱灾、雹灾、渍涝灾害等气象灾害的防灾减灾技术,适用于山东省棉花主要气象灾害的防灾减灾,周边相似灾害也可参考。

二、旱灾

1.干旱诊断

（1）土壤含水量诊断。当土壤含水量小于等于萎蔫系数（见表1）时,表明棉株已受旱,应及时补水。

表1　　　　　　　　　　不同土壤类型萎蔫系数表

土壤类型	萎蔫系数（植株开始萎蔫时的土壤含水量）
沙壤土	4～6
轻壤土	4～9
中壤土	6～10
重壤土	6～13
轻黏土	15
中黏土	12～17

（2）棉株形态诊断。干旱发生时棉株的形态指标出现相关情况时,表明棉株受旱,应及时补水,

（3）花位诊断。棉株开花是按照由里向外、自下而上的顺序进行的,棉花打顶前,棉株第一果节正在开花的果枝应与顶部最上一台果枝保持 10 台左右的距离;当距离不到 8 台时,说明土壤缺水;当距离不到 7 台时,说明土壤严重缺水,应迅速补水;当距离不到 5 台时,即使补水也难以恢复生长,常出现早衰。

（4）叶色诊断。未进行化控的时候,如果棉花叶片变厚,呈暗绿色,无光泽,有时在中午还会出现萎蔫,叶片主脉不易折断,说明缺水。

（5）叶片与叶柄诊断。顶部 4 张叶片的大小与叶柄的长短能反映棉花的生长情况,正常的棉花倒 4 叶的大小,应与倒 5 叶基本相仿;如果倒 4 叶比倒 5 叶明显变小,叶柄会明显缩短。

（6）花蕾诊断。顶部第一台果枝出现大小蕾现象,即外边果节位上的蕾大于内侧果枝节位上的蕾,而且顶部叶片未伸展时,蕾已明显可见。

（7）节间诊断。棉株顶部节间正常生长时,应自下而上一节比一节少。缺水时,棉株节间伸长缓慢,节间缩短,甚至出现不同程度的扭曲,主茎顶端也明显变细,红茎比升高。

2.旱灾防灾减灾技术

（1）选用抗旱品种。抗旱品种的生理活性受干旱的影响较小,复水后恢复能力强。如鲁棉研 28 号、鲁棉研 37 号、聊棉 15 号等品种抗旱性较强,适宜抗旱栽培。

（2）大田抗旱技术。棉田土壤含水量低于萎蔫系数,并且已经对棉花生长发育开始产生一定影响,天气预报近期有无降雨时应灌水抗旱。

（3）灌溉时间。棉田抗旱不宜在白天阳光直射下进行,一般要在傍晚 6 点以后灌水,次日清晨排清。高温季节应推迟到晚上 8 点以后灌水。

（4）灌溉方式。要坚持沟灌,坚持速灌速排,杜绝长时间水泡棉田现象,确保棉田抗旱效果。有条件的地区可采用喷灌或滴灌,可较普通灌水抗旱效果提高 20% 以上。

（5）灌水量。每次的灌水量应保证湿润棉花根层土壤,一般苗蕾期要浸透40～60 厘米,花铃期浸透 60～80 厘米,成熟期浸透 50～60 厘米。适宜的灌水量每 666.7 平方米大约为苗期 20～30 立方米,花铃期 30～50 立方米,成熟期30 立方米。

三、雹灾

1.雹灾分级

(1)特重雹灾:所有棉株已经没有生长点,棉叶全部被打掉,成了光秆。

(2)重雹灾:光秆率为 35％～40％左右,生长点破坏率为 50％～55％。

(3)中雹灾:光秆率为 10％～15％左右,生长点破坏率为 20％～25％左右,棉株平均有 2～3 张叶片残留,叶柄未脱落。

(4)轻雹灾:没有被打成光秆的棉株,生长点有的被破坏但并未打光,叶片被穿孔、打碎,地面上有少量落叶。

2.不同雹灾级别选留

对于 7 月 15 日之前发生的雹灾,特重雹灾棉田建议不再进行管理;而重雹灾及中雹灾棉田经科学管理后,其产量会损失 40％～60％,雹灾时间越早损失越小,建议棉农根据自己的情况进行选留;而轻雹灾棉田损失较小,建议及时进行灾后管理。

对于 7 月 15 日之后发生的雹灾,一般都应进行改种;受灾较重的田块一般不宜改种,可套种或播种一些其他作物。

3.田间管理

(1)灾后及时中耕、施肥。灾后必须及时进行扶正棉苗、排水降渍,中耕松土,散墒通气,提高地温,同时每 666.7 平方米要追施速效氮肥 5 千克,改善条件,促使早发新芽。以后施肥应掌握少量多次的原则,并且推迟施肥时间,一般 7 月中旬左右追施第一次花铃肥,每 666.7 平方米用尿素 10 千克左右;8 月中旬还要视棉株长相追施 5～10 千克的长桃肥,并喷施叶面肥,注意每次施肥用量不宜过多,以防贪青晚熟。

(2)合理化控。蕾期、初花期应尽量少化控或不化控,盛花期可视棉株长势适当轻控,以防棉花疯长,提高棉花秋桃的成铃率。

(3)适时精细整枝。遭雹灾棉花长出新芽后,对叶片破碎,果枝折断而主茎顶心未受损伤的棉株,应及时打去营养枝、疯杈、赘芽,保证主茎生长点正常生长。对于顶心被打断,留有破叶和少量果枝的棉株,在主茎上部发出新芽后,可选留 1～2 个大芽。对于断头无叶、无枝的棉株,待发出新芽后,选留最上部的 1～2 个健壮大芽代替顶芽。在一块棉田内,由于棉株受灾程度不同,受雹灾棉田的整枝工作,至少要连续进行两遍以上,做到及时、彻底,还应适当提早打顶,以利保早蕾,座早桃,力争早熟丰产。

(4)病虫害防治。雹灾棉花长出的嫩枝、新叶最容易遭受虫害。而在恢复生长的过程中,新枝嫩弱,叶少、叶小最怕害虫为害。因此,加强害虫防治是保证受雹灾棉田能取得好收成的关键所在,必须十分重视。

四、渍涝灾害

1.渍涝次生灾害

由于土壤水分长期处于饱和状态或田间湿度过大,造成作物病菌繁殖蔓延、植株停止生长或生长缓慢、植株倒伏或早衰趋势加重、产量降低等现象。

2.棉田水利措施

(1)内畦沟、围沟和腰沟开挖。畦沟是畦与畦之间开挖的排灌水沟,沟宽20～25厘米,沟深20～30厘米,间距根据不同种植方式或行距配制,以0.76～2.28米为宜;腰沟是垂直田畦方向开挖的一条或数条排灌水沟,沟宽25～30厘米,沟深20～30厘米,间距30～40米,沟深打破犁底层;围沟是田块四周开挖的排灌水沟,沟宽40～50厘米,沟深30～35厘米,间距四周沿田埂,沟深打破犁底层。

(2)田外沟系建立。根据当地夏、秋季浅表地下水位情况,按120～240米的间距,增挖导渗降渍沟渠,及时清理沟底淤泥,田外沟系水位应低于田内围沟沟底,以备涝灾后及时排水、控水,减少肥料损失。

(3)浅表地下水位控制。棉花播种期地下水位控制在80～100厘米,苗期至蕾期60～80厘米,开花期至吐絮期100厘米左右。

(4)灾后田间管理

①及时中耕松土。棉田适耕时,及时深耕松土,避免棉花的根系发育受到抑制难以恢复,引起棉花早衰。

②酌情施肥。棉花涝灾后要视涝灾发生时间及强度酌情施肥,涝灾后7月15～20日之前可以追肥的,每666.7平方米追肥尿素15～20千克,钾肥15千克;7月20日后只要不超过8月15日,每666.7平方米追肥尿素15～20千克,以增结棉铃,预防早衰;有早衰迹象的可进行叶面追肥,时间可持续到9月上中旬。

③适时施用化学调节剂。对于水灾和遇旱后出现的滞长僵苗及根系发育不良的棉花,要及时喷施"802"或者浠释后灌根,也可喷施保靓(芸薹素内脂)。对于前期施肥较多、长势较旺盛的棉花,从盛蕾至打顶期,要及时喷施缩节胺、调节胺、助壮素等,防止疯长,封顶落锁。

本规程摘编于《棉花主要气象灾害防灾减灾技术规程》(DB 34/T 2722—2016)。

蒜套棉高效生产技术规程

（SDNYGC-1-6009-2018）

刘子乾　　刘爱美　　尚晓宇　　张为勇　　宋传雪　　代彦涛

田英才　　刘振富　　白树森　　刘新　　张跃峰

（金乡县农业技术推广中心）

一、大蒜种植地块的选择

选择排灌方便，土层深厚、疏松、肥沃的地块。

二、播种技术

1. 大蒜播种的准备

选用早熟品种金蒜4号作为栽培品种。大蒜植株生长对种蒜的依赖性较强，大瓣种蒜内含营养物质多，播后出苗粗壮，生长速度快，长成的植株高大，蒜薹粗壮，蒜头产量高。因此，蒜种要"一挑两选"。一挑即选择具有该品种特性，肥大、颜色一致、蒜瓣数适中、无虫源、无病菌、无刀伤、无霉烂的蒜头做蒜种。两选即剥种时，首先进行种瓣选择，剔除茎盘发黄、顶芽受伤、带有病斑、发霉的蒜瓣及过小蒜瓣，选用蒜瓣肥大、色泽洁白、基部突起的蒜瓣，单瓣重在5～7克为宜。蒜种只要在播种前能剥完，愈晚剥愈好。剥种过早，蒜种易失水或受潮萌发或损伤，影响其生活力。在播种前，还要再挑选一次蒜种，剔除茎盘发黄、带病发霉的蒜瓣。将选好的种蒜在播前晒种2～3天播种。

2. 整地、施基肥

大蒜产量与氮、磷、钾三因素有明显的相关性，当氮、磷、钾配比为1∶0.6∶0.78时种植大蒜的经济效益最高，因此，在大蒜施肥上要继续改变传统的施肥观念,增施磷、钾肥及微肥,减少氮肥用量。

3.播种

金乡大蒜最佳播期为 10 月 5～10 日,晚熟品种、小蒜瓣、肥力差的地块可适当早播;早熟品种、大蒜瓣、肥沃的土壤可适当晚播。另外,还应注意播种与耕作的间隔时间,以防烧苗,一般间隔时间不要少于 5 天。

播种方法:开沟播种,用特制的开沟器或耙开沟,深 3～4 厘米。株距根据播种密度和行距来定。种子摆放上齐下不齐,腹背连线与行向平行,蒜瓣一定要尖部向上,不可倒置,覆土 1～1.5 厘米,播后及时浇水覆膜。大蒜种植的最佳密度为 2.2～2.6 万株/666.7 平方米。重茬病严重地块、早熟品种、小蒜瓣、沙壤土可适当密植,晚熟品种、大蒜瓣、重壤土可适当稀植。为便于下茬作物的套种应预留套种行,一般播种行 18 厘米,套种行 25 厘米。

4.喷除草剂和覆盖地膜

栽培畦整平后,每 666.7 平方米用 37％的蒜清二号 EC 对水喷洒。喷后及时覆盖厚 0.004～0.008 毫米的透明地膜。降解膜能够降温散湿,改善根际环境,防治重茬病害,提升大蒜质量,具有增产效果。建议使用降解膜。

三、田间管理技术

1.出苗期

一般出苗率达到 50％时开始放苗,以后天天放苗,放完为止。破膜放苗宜早不宜迟,迟了苗大,不仅速度慢,而且容易把苗弄伤,同时也不可避免地加大了地膜的破损,降低了地膜保温保湿的效果。

2.幼苗期

及时清除地膜上的遮盖物,如树叶、完全枯死的大蒜叶、尘土等杂物,增加地膜透光率,对损坏地膜及时修补,使地膜发挥出其最大功用。用特制的铁钩在膜下将杂草根钩断,杂草不必带出,以免增大地膜破损。

3.花芽、鳞芽分化期

在翌春天气转暖,越冬蒜苗开始返青时(3 月 20 日左右),浇一次返青水,结合浇水每 666.7 平方米追施氮肥(N)5～8 千克,钾肥(K_2O)5～6 千克。

4.蒜薹伸长期

4 月 20 日左右浇好催薹水,蒜薹采收前 3～4 天停止浇水。结合浇水每 666.7 平方米追施氮肥(N)3～4 千克,钾肥(K_2O)4 千克左右。

5.蒜头膨大期

蒜薹采收后,每 5～6 天浇一次水,蒜头采收前 5～7 天停止浇水。蒜头膨大初期,结合浇水每 666.7 平方米追施氮肥(N)3～5 千克,钾肥(K_2O)3～5 千克。

四、病虫害防治技术

1. 防治原则

按照"预防为主,综合防治"的原则,优先采用农业防治、生物防治、物理防治,合理使用化学防治,禁止使用国家明令禁止的高毒、高残留农药。

2. 防治方法

(1)农业防治:

①选种。选用抗病品种或脱毒蒜种,也可以进行异地换种,大蒜新品种安排到高纬度、高海拔地区或栽培条件差异大的地区,经 2～3 年种植,可恢复其生活力,具有一定的复壮增产效果。

②加强栽培管理。深耕土壤,清洁田园,有机肥充分腐熟,密度适宜,水肥合理。

(2)物理防治。采用地膜覆盖栽培;利用银灰地膜避蚜;每 30～60 亩设置一盏频振式杀虫灯诱杀害虫;采用 1∶1∶3∶0.1 的糖、醋、水、90% 的敌百虫晶体溶液,每 666.7 平方米放置 10～15 盆诱杀成虫。

(3)生物防治。采用生物农药防治虫害,每 666.7 平方米用苦参碱 BT 乳剂 2～3 千克防治葱蝇幼虫。

五、采收

1. 蒜薹

蒜薹顶部开始弯曲,薹苞开始变白时应于晴天下午及时采收。

2. 蒜头

植株叶片开始枯黄,顶部有 2～3 片绿叶,假茎松软时应及时采收。

六、生产档案

应建立生产技术档案,应记录产地环境、生产技术、肥料投入、病虫害防治和采收等相关内容。

七、棉花品种选择

项目区统一供种,全部选用早熟抗虫优质杂交棉品种,生育期在 125～130 天之间。全部选用脱绒包衣棉种,种子质量不低于 GB 4407.1—1996 的规定,种子纯度 95％以上,净度 99％以上,发芽率 80％以上,水分低于 12％。播前晒种 3～5 天,提高发芽势。

八、育苗

1. 选用良种

选用杂种优势强、植株高大的中早熟抗虫杂交棉良种,如鲁棉研 15 号、鲁棉研 20 号等。

2. 建苗床

3 月下旬,选择便于移栽的地方建苗床。苗床宽 90 厘米,长 10～15 米,深 20 厘米,铲平床底。

3. 配制营养土

将 70％的沃土与 30％的腐熟粪肥充分掺匀、过筛。

4. 制钵、排钵

采用塑料钵护根育苗法,大钵育大苗。选用上口直径 7 厘米、高 10 厘米的塑料钵,装满营养土,排入苗床内。晒钵 5～7 天,促进养分转化。

5. 播种

3 月 25 日～4 月 5 日,在寒流过后,温度开始回升时选晴天播种。先充分洒水,润透钵体;再点播种子,每钵 1 厘米 2 粒种子;然后覆土 2～2.5 厘米。播种结束后覆盖地膜,并搭拱形棚架,覆盖棚膜。地膜选用宽 100 厘米、厚 0.006 毫米的微膜,棚膜选用宽 120 厘米的普通塑料农膜。

6. 苗床管理

播种至出苗闭棚升温,促进萌发出苗。少量棉苗出土时,扯掉地膜,预防烫苗。齐苗后选微风晴天中午揭开棚膜,边间苗,边松土,然后重新盖好棚膜。出苗至 1 叶期昼通风、夜盖膜,2～3 叶期日夜通风,3 叶期拆除拱棚。苗床缺水时,选晴天中午洒水。

九、肥水管理

1.适时移栽

4 月下旬至 5 月初移栽,移栽苗龄 2～3 片真叶。等行距或大小行栽植,根据品种特性,密度 1800～2200 株/666.7 平方米,等行距 110 厘米,株距 30～35 厘米,大小行种植,小行 80 厘米,大行 130 厘米。

移栽时按株行距打孔,打孔器根据穴盘大小和纸钵大小选择,打孔深度 10 厘米,摆钵注意轻拿轻放,大小苗分开栽,摆钵后封土,埋土超过钵面 1 厘米,封土时不可用力挤压。

移栽结束后剩余棉苗应假植在行间或地头,以备补苗之需。假植方法:把苗床剩余棉苗分开移栽在垄或畦埂上,按正常大田浇水、施肥,确保棉苗生育进程保持一致。

2.轻施苗肥、保膜护苗

移栽后一周,结合浇大蒜膨大水,每 666.7 平方米冲施尿素 5～6.5 千克作苗肥。前茬大蒜或圆葱收获时,尽量注意保护棉苗,减轻棉苗伤损,并注意保全地膜,继续为棉苗保墒、增温。

3.及时查补苗,浇透水

前茬收获后,及时查苗补栽,补栽时用假植的同品种大苗带大土块移栽,补栽后及时浇透水。

4.中耕追施蕾花肥

6 月下旬,棉花处于初花期时开始中耕,中耕深度 6～9 厘米,并清除地膜,结合中耕,每 666.7 平方米追施尿素 10 千克。

5.重施花铃肥、扶垄防倒

7 月上中旬棉田封垄前进行中耕扶垄,垄高 15～20 厘米。重施花铃肥,每 666.7 平方米追施三元复合肥 30～40 千克。

6.补施盖顶肥

后期喷施叶面肥防早衰。

7.抗旱、排涝

遇旱浇水,遇涝排水,严防渍害和因干旱造成水胁迫。

十、整枝

1. 去叶枝

6月上中旬,棉花现蕾后及时去除叶枝。在棉田边行或缺苗断垄处可适当保留1～2个叶枝,待叶枝长出4个果枝后,及早打去叶枝顶心。

2. 打顶

7月15～20日打顶,保留15～18个果枝,去一叶一心,不可大把揪,同一块棉田尽量一次打完。

3. 打边心

8月10日打完棉花顶部果枝边心,并及时抹去赘芽。

十一、全程化控

棉花全程化控是棉花管理的一项重要技术措施,必须与棉花品种、棉花长势、肥水状况、种植密度、气候条件等因素紧密结合,才能充分发挥作用。缩节胺全程调控可参考下面表1的规定。

表1	缩节胺的全程调控
盛蕾到初花期	每666.7平方米0.5～1克,兑水20千克
盛花期	每666.7平方米1.5～2克,兑水50千克
花铃期	每666.7平方米2～3克,兑水50千克

注:缩节胺使用量,依据棉花长势、长相、全生育期每亩保持在4～6克为宜。

十二、病虫害防治

可参考棉花病虫害的介绍及防治方法。

十三、收获

9月上中旬,当大部分棉株有1～2个棉铃吐絮时开始采摘,7～10天采摘一次,间隔期不宜超过半个月。收摘时采用棉布包着,严禁化学纤维、毛发、有色纤维等"三丝"混入,收获的棉花要按不同级别进行收获、分存、分售。

蒜套棉间作辣椒生产技术规程

（SDNYGC-1-6010-2018）

刘子乾　刘爱美　尚晓宇　张为勇　宋传雪　代彦涛
刘振富　田英才　白树森　刘新　张跃峰

（金乡县农业技术推广中心）

一、播种（育苗移栽）

大蒜套种棉花间作辣椒种植模式，大蒜于 10 月上旬播种，一般畦宽 4.4 米，种 22 行大蒜，套种二行棉花四行辣椒。辣椒一般 3 月上旬育苗，五一前后移栽至蒜田。棉花 4 月上旬育苗，4 月下旬至 5 月初移栽至蒜田。

二、合理密植

大蒜行距 18 厘米，株距 15 厘米，种植密度 24000～23000 株/666.7 平方米；棉花行距 2.2 米，棉花株距 25 厘米，密度 1200 株/666.7 平方米；辣椒实行大小行移栽，大行距 1.1 米，小行距辣椒 54 厘米，辣椒穴距 25 厘米，每穴 2～3 株，穴数 3000 穴/666.7 平方米，密度 7500 株/666.7 平方米。

三、田间管理

1.大蒜

9 月下旬耕地，基肥施氮磷钾 15-15-15 复合肥 150 千克。播种后浇水，第二天喷除草剂，覆盖地膜。播种约 3 天后，大蒜芽开始露出地面，然后开始人工辅助大蒜破膜，方法是把麻袋或包裹好厚塑料布的铁链放在地膜上面，左右两个人向前拉,一般需要 3～4 天,则 80％～90％的大蒜能够破膜,顺利出苗,剩余的需要人工逐个勾出来。第二年清明节前后,开始浇第一水,并冲施海藻肥15～20 千克。抽薹后,鳞茎进入生长盛期,应视天气情况 7 天左右浇一水,以保持土壤湿润,蒜头膨大期要小水勤浇,保持土壤湿润,降低地温,促进蒜头肥大。蒜头收获前 5 天要停止浇水,防止田内土壤太湿造成蒜皮腐烂,蒜头松散,不耐贮藏。蒜头一般在 5 月 20 日左右收获。

2. 棉花

(1)选用良种。应选择中熟偏早的抗虫优质杂交棉种,叶片中等大小,管理省工。

(2)肥水管理:

①轻施苗肥。前茬大蒜收获时,尽量注意保护棉苗,减轻对棉苗伤害,并注意保护地膜,继续为棉苗保墒、增温。大蒜收获后,对于棉苗生长较弱小的棉田,每 666.7 平方米可施尿素 5～7 千克。

②稳施蕾肥。6 月中下旬,每 666.7 平方米追施尿素 5～10 千克。

③重施花铃肥。7 月上中旬棉田封垄前,进行中耕扶垄,结合扶垄追施花铃肥,每 666.7 平方米追施 15-15-15 复合肥 30 千克。

④补施盖顶肥。7 月底至 8 月初,每 666.7 平方米追施 10 千克尿素作盖顶肥,防早衰。

⑤浇水、抗旱、排涝。7 月以后进入雨季,视降雨情况灵活掌握,若连续半月不降雨,应及时浇水;如遇长期阴雨天气,应在宽行开沟及时排出积水。

(3)中耕、扶垄。6 月下旬,棉花处于初花期,开始中耕,中耕深度 6～8 厘米,并清除地膜。7 月上中旬棉田封垄前,进行中耕扶垄,中耕深度 8～10 厘米,扶垄高 15～20 厘米。

(4)加强病虫害防治。及时防治棉花猝倒病、枯萎病、黄萎病、蜗牛、地老虎、棉铃虫、棉蚜、盲蝽象、烟粉虱、红蜘蛛等。

(5)整枝。保留 2～3 个叶枝,7 月 20 日打顶,一般保留 17～18 个果枝,及时抹去赘芽。

(6)全程化控。盛蕾期每 666.7 平方米用缩节胺 0.5～1 克,兑水 20 千克;盛花期用缩节胺 1.5～2 克,兑水 50 千克;打顶后 5～7 天用缩节胺 3～4 克,兑水 50 千克。应根据天气和棉花长势,适时增减化控次数,增减缩节胺用量。

(7)适时拔柴。在不影响大蒜产量和品质的前提下,应适当推迟棉花拔柴时间,适宜拔棉柴时间在 10 月 1～5 日。

3. 辣椒

(1)育苗。辣椒品种选择方面,选用簇生型一次性采收的三英系列品种。

最佳育苗期为 2 月 15～25 日。育苗地点选择在地势开阔、背风向阳、干燥、无积水和浸水、靠近水源的地方,苗床土要求肥沃、疏松、富含有机质、保水保肥力强的沙壤土。准备育苗土:土壤和腐熟有机肥比例为 6:4,每 1 立方米育苗土加入草木灰 15 千克、过磷酸钙 1 千克,经过堆沤腐熟后均匀撒在苗床上,厚度 1～2 厘米,然后欠细整平,让床土与育苗土充分混合。苗床要求作厢,要求依育苗方式而定。播种前,将种子用 55 ℃的温水浸泡 15 分钟,并不断搅动,水温下降后继续浸泡 8 小时,捞出漂浮的种子。将浸种完的种子用湿布包好,放在 25～30 ℃的条件下,催芽 3～5 天。当 80%的种子"露白"时,即可播种。播种时浇 1 遍水,播种要求至少 3 遍,以保证落种均匀。覆土要用细土,厚度为 4～5毫米。为便于掌握,可在床面上均匀放几根筷子,然后覆土,至筷子似露非露时即可。覆完土后盖地膜,接着覆盖棚膜,膜上盖草苫。

(2)苗期管理。20 天左右后,出苗达 50%时及时揭掉地膜。育苗期,每天太阳出来后及时揭苫,日落前盖苫。选择无风、温暖的晴天,利用中午时间拔除杂草。定植前 10 天左右逐步降低到白天 15～20 ℃,夜间 5～10 ℃,在幼苗保证不受冻害的限度下尽量降低夜温。苗床干时需浇小水,必要时可施用磷酸二氢钾等叶面肥,育苗后期需放风降温和揭膜炼苗,定植前两天浇透苗床,以利移苗。育苗期间注意防治猝倒病、立枯病,可用井冈霉素 A(0.1～0.15 克有效成分/平方米)、异菌脲(1～2 克有效成分/平方米)和噁霉灵(0.75～1.05 克有效成分/平方米)等药剂兑水泼浇,对苗床土壤进行处理,施药时保证药液均匀,以浇透为宜。

(3)定植。定植应于 10 厘米地温稳定在 15 ℃左右时及早进行,一般在 4 月20 日前后。选择壮苗定植,壮苗的标准:苗高不超过 20～25 厘米,茎秆粗壮、节间短,具有 8～12 片真叶,叶片厚,叶色浓绿,幼苗根系发达,白色须根多,大部分幼苗顶端呈现花蕾,无病虫害。辣椒茎部不定根发生能力弱,不宜深栽,栽植深度以不埋没子叶为宜。栽苗时大小苗要分级,剔除病弱苗,老化苗。定植后要立即浇定植水,随栽随浇。

4.田间管理

(1)定植后管理。刚定植的幼苗根系弱,外界气温低,地温也低,浇定植水量不宜过大,以免降低地温,影响缓苗。浇水后,要及时中耕松土,增加地温,保持土壤水分,促进根系生长。适当控制水分,促使根系向土壤深处生长,达到根深叶茂。土壤水分过多既不利于深扎根,又容易引起植株徒长,坐果率降低。蹲苗的时间长短要视当地气候条件而定。当土壤含水量下降到 13%～14%时,要及时浇水,然后中耕。

(2)定植后到结果期前的管理。此时管理的重点是发根。辣椒根系的生长发育速度在幼苗期最快,以后随着地上部生长速度的加快,根系生长逐渐变慢,至开花结果期根系的生长基本停滞。辣椒根系的早衰都是在作物生长的中后期,根系的培育必须在开花结果期完成,而苗期又是最重要的时期。生产上,除增施有机肥促进土壤团粒结构形成,经常保持适宜的土壤含水量外,灌水及降水后,应及时中耕破除土壤板结,对改善土壤的透气性很有效。

(3)结果初期管理。当大部分植株已坐果时开始浇水,此时植株的茎叶和花果同时生长,要保持土壤湿润状态。如果底肥充足,肥效又好,植株生长旺盛,果实发育正常,可以不追肥。因朝天椒的花果期是其一生中需肥量最大的时期,而且朝天椒主要收获红辣椒,追肥晚会延迟辣椒红熟,因此在盛花期过后,追施高氮高钾低磷水溶性复合肥20～30千克,随水冲施。

(4)盛果期管理。盛果期,植株生长高大,营养生长和生殖生长同时进行。为防止植株早衰,要及时采收下层果实,并要加强浇水,追施水溶性复合肥10～20千克,保持土壤湿润,以利于植株继续生长和开花坐果。

徒长椒田管理:盛花后深中耕,控徒长。在椒苗主茎叶片达到12～13片时,摘去顶心,可促进侧枝生长发育,提早侧枝的结果时间,增加侧枝的结果数,使结果一致,成熟一致,有利于提高产量。

(5)结果后期管理。在雨季到来、植株封垄以前,应对辣椒植株进行培土,既可防雨季植株倒伏,也能降低根系周围的地温,利于根系的生长发育。培土时要防止伤根。培土后及时浇水,促进发秧,争取在高温到来之前使植株封垄。

(6)高温雨季管理。高温雨季的光照强度高,地表温度常超过38 ℃,使辣椒根系的生长受到抑制。重点是要保持土壤湿润,浇水要勤浇、少浇,起到补充土壤水分的作用即可,而不是浇足、浇透。浇水宜在早晨或傍晚进行。雨季高温,杂草丛生,要及时清除田间杂草,防治病害传播。辣椒根系怕涝,忌积水。雨季中如土壤积水,轻者根系吸收能力降低,导致水分失调,叶片黄化脱落,引起落叶、落花和落果;重者根系就会窒息,植株萎蔫,造成沤根死秧。在雨季来临之前,要疏通排水沟,使雨水及时排出。进入雨季,浇水要注意天气预报,不可在雨前2～3天浇水,防止浇水后遇大雨。暴晴天骤然降雨或久雨后暴晴都容易造成土壤中空气减少,引起植株萎蔫。因此,雨后要及时排水,增加土壤通透性,防止根系衰弱。

(7)后期管理。9月份以后,进入辣椒果实成熟期,根系吸收能力下降,可适当喷施叶面肥,及时弥补根系吸收养料的不足。喷施叶面肥的时间应选在上午田间露水已干或下午16～17时之后,以延长溶液在叶面的持续时间。喷洒叶面肥时从下向上喷,喷在叶背面,以利于其吸收,提高施肥效果。

5. 病虫害防治

(1)病毒性病害——病毒病。病毒病主要是预防,在及时防治蚜虫、烟粉虱等传毒媒介的同时,可通过种子消毒,培育壮苗,适时定植,合理密植,使辣椒在高温期时达到封垄状态等措施减轻发病。在幼苗定植前和定植初期隔7天连续喷香菇多糖、辛菌胺醋酸盐、氨基寡糖素和宁南霉素等药2～3次能有效降低发病率。

(2)真菌性病害

①疫病:定植时或定植后10～15天可用甲霜灵和霜脲氰复配制剂进行灌根,每株灌药液150～250毫升;田间发现病株,可用代森锰锌、嘧菌酯和氟啶胺等药剂基部喷雾,如果茎基部病害严重,一定要喷药,大剂量喷雾使药液顺茎秆流到根部,每隔5～7天一次,连用2次即可。

②炭疽病:发病后,可喷咪鲜胺、代森锰锌和啶氧菌酯等防治。

③青枯病:发病初期用三氯异氰尿酸和辛菌胺醋酸盐浇根,隔3～5天再灌一次。出现病株时应及时拔除,并在病窝周围撒入适量生石灰,防止病菌蔓延。

④灰霉病:发病时可用咪鲜胺锰盐和异菌脲防治。

⑤根腐病:此病多在定植后发生,在发病初期用二氯异氰尿酸钠灌根。

c. 细菌性病害——细菌性叶斑病。细菌性斑点病属于细菌性病害,用药主要是氢氧化铜、三氯异氰尿酸和辛菌胺醋酸盐。

d. 生理性病害——脐腐病。辣椒落花后开始喷施0.1%的高硼钙,避免氮肥过多,多施腐熟有机肥;植株不要留果过多,避免果实之间对钙的竞争;从幼果期开始,喷施0.1%的硝酸钙、硼砂、硫酸锌、硫酸铜并加入爱多收6000倍液,5～10天喷1次,连喷3～5次。

(5)蚜虫可用氯虫·高氯氟、苦参碱进行防治。

(6)茶黄螨可用联苯肼酯和藜芦碱进行防治。

(7)白粉虱可用噻虫嗪、螺虫·噻虫啉和溴氰虫酰胺进行防治。

(8)烟粉虱可用噻虫嗪、噻虫啉和溴氰虫酰胺进行防治。

(9)棉铃虫可用溴氰虫酰胺和氯虫苯甲酰胺进行防治。

6. 收获

(1)干辣椒成熟标准:色泽深红,果皮皱缩。一般开花到成熟50～65天。辣椒转红之后并未完全成熟,需再等7天左右,果皮发软发皱才完全成熟。

(2)拔株采收:当红椒占全株总数的90%时,拔下整株遮阴晾晒,至80%干时摘下辣椒,分级、晾晒、待售。

棉花轻简育苗移栽技术规程

（SDNYGC-1-6011-2018）

王国平[1]　毛树春[1]　韩迎春[1]　李亚兵[1]　范正义[1]

王桂峰[2]　王琰[2]

（1.中国农业科学院棉花研究所；2.山东省棉花生产技术指导站）

一、技术概述

轻简育苗移栽分两个环节：一是育苗环节。用无土育苗基质替代营养钵土，因此具有轻型、简化、省工、省力的特点，适合棉农自家的分散育苗和企业的集中育苗、工厂化育苗，要求使用无土育苗基质、促根剂和保叶剂等。育苗方法有基质苗床育苗、基质穴盘育苗和水浮育苗等。二是移栽环节，可人工移栽，也可采用移栽机移栽。与营养钵相比，轻简育苗移栽具有"三高五省"的技术效果，即育苗移栽节省人工一半，育等同苗龄的幼苗，省时3～5天；因育苗基质无土，无烂子烂芽和死苗现象，节省种子一半，有利杂交种扩大繁殖；裸苗轻，一篮苗子栽一亩地因而运苗省力，栽棉如同栽菜省劲儿；单苗成本低，根据品种不同大多0.07～0.1元/株，节省成本一半；苗床成苗率高，一粒健籽一株成苗；移栽成活率高达95％，返苗期5～7天，与营养钵相当；轻简苗适合密植，长势健壮，抗倒伏防早衰，有利夺取高产。

二、增产增收情况

轻简育苗移栽适用于鲁西南蒜棉两熟的种植地区。

三、技术要点

1.轻简育苗健壮苗标准

育苗期 25～30 天,真叶 2～3 片,苗高 10～15 厘米,子叶完整,叶片无病斑,幼苗根系无载体或少载体,根多根密根粗壮;离床前幼苗红茎占一半比例。移栽成活率 95%,返苗时间春季移栽 5～8 天,夏季移栽 2～3 天或不明显。

2.育苗环节要点

(1)种子精选,适时播种。在种子质量符合标准前提下实行精选,除去瘪子、黄子和异形子。

(2)育苗设施。可利用小拱棚、蔬菜大棚或温室大棚育苗进行育苗;苗床地要求背风向阳,取水和交通方便;规模化育苗需分期、分批播种,分期、分批起苗移栽。

(3)做好苗床。苗床宽 120 厘米,以便于操作管理;苗床长度不限,底部要求平整,便于供水一致,培育幼苗整齐一致。

(4)三种育苗方法:

①苗床育苗。无土育苗基质与干净河沙按 1∶1.5 的比例混合均匀,苗床底部铺农膜,铺育苗基质厚 10 厘米,加水以手握基质成团为宜。播种行距 10 厘米,开沟深 2～3 厘米,粒距 1.8～2 厘米,覆盖厚度 2～3 厘米,镇压可防带种壳出苗。

②穴盘育苗。要求床底部铺上农膜,床上放穴盘,穴盘选择每盘 100～120 孔,孔底装少许基质再播种,每孔播种 1～2 粒,播后覆盖基质,镇压,需加足水。

③水浮育苗。一是选用多孔聚乙烯泡沫育苗盘(长 68 厘米,宽 6 厘米),每盘 200 穴,每穴 25 毫升。二是建水池,池长 210 厘米,宽 110 厘米,深 20 厘米,四周和底部整平,用农膜铺在槽底和四周,防止营养液渗漏。每池用水浮育苗专用肥 1 包,兑水 400 千克,配成育苗营养液。三是催芽,将种子用湿毛巾包好,用保温材料包裹保温 10 小时左右,等种子破胸露白即可播种。四是播种,将干净水倒入基质并反复搅拌,使基质吸水均匀装入育苗盘上,并将基质铺紧实;将种子露白部分向下点入育苗盘中,播种结束后再捧少量基质放在育苗盘上,用直木条抹平后喷少量多菌灵即完成播种。五是室内保温保湿 2～3 天,待种子顶出基质达 90% 以上即需转入室外苗床。将育苗盘放入水中漂浮,上加小拱棚,放通风口,子叶平展前棚上需加稻草或遮阳网降温。

(5)苗床期管理以控为主。

①温度控制。播种到出苗适宜温度 25～30 ℃。真叶出生后温度保持在

20～35 ℃,早春育苗主要是增温,晚春育苗是通风降温,遇到寒潮要注意保温防旱,遇到高温要及时通风降温。

②水分控管。掌握"干长根"原则,苗床以控水为主,根据苗情补水,一般每4～5 天灌水一次。后期控水,缺水时轻补"跑马水"。

③壮苗调控和合理疏苗。子叶平展灌 1∶100 的促根剂一次,或者采用缩节胺 15～50 ppm 叶面喷施。由于基质苗床不烂子烂芽,后出的弱苗、矮苗要疏除。

④加强炼苗。基质苗出 2 片真叶后加强通风炼苗,同时结合水分控制开展间歇炼苗。水浮育苗子叶平展 3～4 天后即将育苗盘离开营养液炼苗 3～4 次,每次炼至苗略呈萎蔫状态再将苗盘放入池中,待长出部分水生根后再次炼苗,依次反复进行。

3. 移栽环节

(1)起苗、运苗要点:

①夜间蹲苗。起苗前 5～7 天用 0.1‰的"促根剂"随灌水施在苗床底部,此后苗床不再灌水,方便起苗。通过适当控水调节幼苗的红茎比例达到一半,此为健苗、壮苗。晴朗天气采用夜间揭膜或通风蹲苗,提高幼苗的栽前抗逆能力。

②爽床起苗,幼苗保护。前喷施保叶剂 1∶15 倍稀释液;起苗时拨开基质,一手插入苗床底部托苗,一手扶苗,轻轻抖落基质。分苗和扎捆。剔除病苗、伤苗,选整齐壮健苗,每 50 株扎成一捆,浸。基质苗床苗需用促根剂 100 倍液浸根 15 分钟。每 1 升稀释液浸根 5000 株,再浸根再配。穴盘苗,起苗前喷施保叶剂。将苗盘提起,轻轻抖落育苗基质,用手轻轻扯起幼苗,30～50 株扎成一捆后用清水浸根,使根系附着保水剂吸足水分。也可直接将穴盘运输到田间,边起苗边移栽。浸根同基质苗。

③装苗和运苗,及时移栽。边起苗边移栽,就地起苗就地移栽。异地移栽需要快速运输,采用适宜容盒装苗和运输。运苗盒长 60 厘米,宽 40 厘米,高 25 厘米;装基质苗 1500 株,或装穴盘苗 1000 株;也可用透气纸箱或其他容器运苗,底部和四周铺地膜,底部加水少量(深 1 厘米)保持根系湿润。运输时不能挤压。

(2)移栽要点。壮苗移栽时幼苗叶片完整,无病斑,带走根多。要分期移栽,根据计划分期起苗,当天苗当天栽完。移栽时气温稳定在 15 ℃以上,地温稳定在 17 ℃以上。精细整地,栽爽土不栽湿土和板结土;开沟深 15～20 厘米,栽深 7 厘米;"安家水"宜多不宜少;成活率 95%。

①免耕移栽。"栽苗如同栽菜",用打洞或开沟移栽机移栽,机型有单行 2ZBX-1 和双行 2ZBX-2。麦田套栽、前作休闲、前作大蒜收获后可不耕整地,实

行"板茬"移栽,要求土壤含水量适宜,边开沟或边打洞边加"安家水"移栽,栽前需清理地面残茬如杂草、枯枝落叶。前作大蒜或小麦茬口也可实行板茬移栽,播种时缩窄麦行,扩大移栽行的行宽以便于机器取土覆盖,栽前清理麦茬,栽后灌溉达到足墒促进快速返苗发棵生长。

②人工移栽,打洞和开沟均可。土壤墒情适宜,栽后及时浇足"安根水"。人工和机具移栽要求幼苗根系入土深度不浅于 7 厘米;栽高温苗不栽低温苗,遇到寒潮移栽停止。当天没有栽完的苗放在田间,不能堆放,避光避风,保持根系湿润,不能焐苗,第二天可继续使用。若因天气原因不能移栽,可再栽入苗床,等于"假植"。

四、育苗物质准备和管理

无土育苗基质、促根剂、保水剂和穴盘等可从市场上购买。可用干净无杂草的小麦或玉米秸秆作基质材料。要求先粉碎,按厩肥要求进行堆制达到充分腐烂程度;之后再加入充分腐烂的鸡粪或猪肥,堆制腐烂秸秆与腐烂的鸡粪或猪肥的比例为 1:1 进行混合组成基质。实践中,自制无土基质育苗效果不及市场购买,主要问题是秸秆腐烂程度不够,基质营养不足,杂草过多。

起苗后清理基质中的残根落叶,晾干堆存或装袋保持,育苗穴盘需堆放,来年可再使用。

五、轻简育苗注意事项

(1)育苗时防止翘根。穴盘苗因出苗快速,因覆盖的基质较轻,当出现翘根现象时,可增加覆盖基质或干净河沙。

(2)安全使用除草剂。生产上常见幼苗除草剂中毒症状为老小苗、僵苗,幼茎发紫,新叶迟迟不出。建议返苗发棵后按照要求使用除草剂除草。

(3)无灌溉条件棉田不宜采用轻简育苗移栽。要搞好培训、现场指导和跟踪服务。

棉花营养钵育苗移栽技术规程

（SDNYGC-1-6012-2018）

王国平[1]　毛树春[1]　韩迎春[1]　李亚兵[1]　范正义[1]

王桂峰[2]　王琰[2]

（1.中国农业科学院棉花研究所；2.山东省棉花生产技术指导站）

一、技术概述

棉花采用营养钵育苗移栽的主要作用是通过保护地提前育苗，营养土培育壮苗，以争取农时并保证田间种植密度，是棉花促进成苗和增强早发、实行多茬种植的主要技术措施。棉花营养钵育苗移栽一般在中低密度的栽培方式下使用，与大田直播相比，营养钵育苗可以争取生长时间，缩短共生期，节省种子，是实现高产栽培的主要技术途径之一。但是，营养钵幼苗素质的好坏直接关系到移栽到大田的缓苗期和成活率。农谚说"好苗七分收，孬苗一半丢"。育苗移栽分育苗和移栽两个环节。育苗环节需要提早培肥营养钵土，播种前制作营养钵、做好苗床和覆盖用的农膜和防治病虫害所需农药等。移栽环节，营养钵苗只能人工移栽。

二、技术适宜区域

适宜鲁西南蒜棉两熟的种植地区，以及鲁东南沿海、滨海盐碱地采用保苗移栽的地区。

三、育苗要点

1. 健壮苗标准

营养钵苗植株矮壮敦实,叶色深绿,红茎占一半,子叶完整,白根盘钵,病少病轻。移栽时真叶3~4片,麦(油、蒜)后移栽苗龄一般4~5片真叶,成活率95%以上,返苗期7~10天。移栽时苗龄大小、苗质健壮与否对成活率和缓苗期影响很大。苗龄小,移栽时伤根轻者成苗率高,缓苗期短;苗龄过大或者高脚苗者移栽时伤根多,成活率低,缓苗期长。

2. 育苗环节

(1)精选种子。种子达到商品级别以上,在种子质量符合标准的前提下实行精选,除去瘪子、黄子和异形子。

(2)床址选择。床址选择背风向阳、地势高燥、易排水和管理方便的场地。大面积和规模化程度较高的育苗移栽最好选择离移栽地近的位置,以便于运输。

(3)苗床面积。一般苗床面积与大田移栽面积之比为1:(10~12),即一亩苗床可移栽10~12亩大田,包括比计划移栽密度增加20%的营养钵数量。

(4)培肥床土。冬春耕翻,使之熟化,拣出石渣、草根杂物并施肥。床土有机肥在冬春提早施用,化肥在制钵前7~10天施用。每18~20平方米苗床施优质农家(土杂)肥200~300千克(约占制钵土的20%),或腐熟人畜粪水200千克,浅翻混匀后堆积。制钵前施碳铵和过磷酸钙各2千克,硫酸钾1千克,或与此相当的复合肥。施后浅翻混匀备用,苗床期不需施肥。苗床土不能施尿素。

(5)建立苗床。净苗床建成宽1.2~1.3米,长10~15米,在床面略低于地面。床底宜平整,床外围预留好拱棚架搭建和棚外开沟的空地。

(6)营养钵体大小。用中大钵(块)体作为育苗载体是培育壮苗的重要环节。营养钵以内径6厘米×高10厘米,或内径7厘米×高10厘米为宜。

(7)制钵和摆钵。制钵工具为脚踏制钵器。在制钵前先浇适量水,调整钵土水分含量,标准是手捏成团,平胸落地能自然散开。摆钵前床底铺沙或细土以保证钵体平正、站直,同时也利于搬钵蹲苗即假植。钵体摆毕用细沙或细土填满四周,即可播种,摆钵时必须保持营养钵上部钵面一致平整。

(8)播种、覆土和拱棚农膜覆盖的操作:

一是适时播种,掌握适期播种,播种时间一般在3月下旬到4月初。

二是足墒播种,播种前应浇透钵(块)体,达到钵与钵之间能见明水。

三是精量播种,播种前晒种 2～3 天,包衣子和光子每钵 1 粒,干播;毛子要求湿子播,每钵播 2 粒。播种时尽量做到棉子的小头(胚根)朝下、大头(合点)朝上,点播于营养钵面中间的播眼之处。

四是覆土压实,覆盖钵体的土要用爽细土,或湿细沙填满钵间空隙,覆盖钵面厚 1.5～2 厘米,抹平拍紧可减少带种壳的出苗率。

五是苗床病草的防除,可用 500 倍 40% 的多菌灵或敌克松、甲基托布津等在床表面喷施一次,预防苗病。可用除草剂敌草胺(剂量,每 18～20 平方米苗床 5～6 毫升)或床草净(3～4 毫升兑水 2～3 升)均匀喷洒床面,可防除苗床杂草。

六是覆农膜。用地膜平铺床面(出苗后即要求抽出),再用竹子支撑拱棚,拱高 45～50 厘米,覆盖农膜,再用绳拉紧固定,压实膜两侧。

七是做好苗床排水和防风。在床四周开深 0.2～0.3 米、宽 0.3～0.4 米的排水沟,以便排水。及时检查压膜绳和拱棚支架等,保证育苗外膜的坚实。

3.苗床期管理

一般苗床期持续 40 多天,期间以温度、水分、防病和炼苗为重点。

第一阶段为增温,即播种后至齐苗前,时间 5～7 天,低温年份需 7～10 天。床温保持 25～30 ℃,钵土湿度保持 30% 的含水率,水分不足应补水。

第二阶段为控温,即齐苗到第一片真叶,降温保湿催壮苗。床温控制在 25～30 ℃,温度超过 35℃时需通风降温,当床温高于 40℃会烧苗,在棚侧和两头昼开夜关。

第三阶段为保温、补水和防病,即出真叶后至炼苗前,保温催叶促壮,床温以 25 ℃为佳。上午 9～10 时揭膜,下午 3～4 时盖膜,注意保温、防寒流、炼苗、防高温烧苗,干旱时需补水。棉苗 1～2 片真叶期,若遇低温阴雨易发苗病,可用波尔多液 1∶1∶20 防治炭疽病 1～2 次;此时需间苗疏苗,一钵一株,可防高脚苗。

第四阶段为炼苗,即在 2～3 叶期搬钵蹲苗炼苗,移钵断根控苗长,除病苗弱苗,重新排钵,补泥补水。移栽前 5～7 天昼夜揭膜,若遇寒流降雨仍需盖膜。

4.移栽环节技术

育苗后移栽的关键技术是提高栽后成活率和缩短缓苗期。

(1)适期适龄移栽。移栽期由温度和茬口所决定。根据棉苗发根对温度的要求,以 5 厘米地温达到 18 ℃为移栽适期,过早移栽不利于缓苗。麦行套栽时间最早在 5 月上旬,蒜后移栽即在大蒜(洋葱)收获后抢时间移栽。

(2)栽前整地和造墒。移栽前 7～10 天浇足底墒水,及时梳理前茬,套作要扶秆推垄,连作模式要清茬、整地,做到地熟土爽。

（3）提高移栽质量。选择晴好天气移栽，按计划和数量合理安排人力和物力，做到取苗和移栽合理衔接。若打洞移栽，可先根据移栽密度拉线按株距打洞，洞口大小略大于钵体直径，深度大于 2～4 厘米为宜，不能露出钵土。开沟移栽沟宽 20～30 厘米，深度 9～15 厘米，定距摆钵，钵底稳实，放钵时苗直钵正，不破钵不散钵。大小苗分级移栽；栽后即浇透"安家水"。移栽后及时封土，做到封好、封严、封实，封土采用爽土细土，厚度以 3～5 厘米为宜。

（4）栽后管理。中耕松土，施用提苗肥，遇到干旱应及时灌溉保苗，防治病虫害。

四、注意事项

发病较重的棉田土壤不宜作营养钵土，可异地育苗或用客土（即借非病土）作为钵土。若床土黏重，可随同施肥均匀掺入 20％左右的沙；若床土为沙性，也可随同施肥均匀掺入 20％～30％的黏土，能提高成钵率。

本规程参考和摘编于《棉花营养钵育苗移栽优质高产栽培技术》（DB 42/T 227—2002）等标准。

黄河三角洲盐碱地棉花播种技术规程

（SDNYGC-1-6013-2018）

苗兴武[1]　　刘明云[2]

（1.东营市棉花管理站；2.滨州市棉花生产技术指导站）

黄河三角洲盐碱地主要指由于黄河冲积、海相沉积，在山东省东营市、滨州市形成的三角平原地带上的盐碱地，其主要特征是地下水位高，地下水矿化度高，盐分以氯化物为主。一般将在0～20厘米土层中，土壤可溶性盐分含量高于1克/千克、低于2.5克/千克的盐化土壤称为"轻度盐碱地"；在0～20厘米土层中，土壤可溶性盐分含量高于2.5克/千克、低于4.5克/千克的盐化土壤称为"中度盐碱地"；在0～20厘米土层中，土壤可溶性盐分含量高于4.5克/千克的盐化土壤称为"重度盐碱地"。

一、播前准备

1.施足有机肥、冬耕

棉花收获结束后，抓紧时间拔柴，施足有机肥，然后冬耕。冬耕应在棉田封冻前结束。冬耕深度26～28厘米。

2.播前灌溉

在冬耕晒垡的基础上，于播种前20天左右灌水。每666.7平方米灌水定额，轻度盐碱地为60～80立方米，中度盐碱地为80～100立方米，重度盐碱地为100～120立方米。

3.精细整地

土壤耕层含水量降到适耕范围后，浅耕10～15厘米，再经过多次耙耢，使棉田达到"平、松、净、碎"的要求。

（1）"平"：棉田整平，使棉田地表平整度（100 米×100 米内的高差）不超过10 厘米。

（2）"松"：土壤疏松，上松下实。

（3）"净"：清除可能影响播种、出苗、扎根的残膜、大的根茬。

（4）"碎"：土壤要碎，没有明暗坷垃。

4. 种子准备

选用脱绒包衣种子，选用的种子质量应达到 GB 4407.1—2008 的规定。于播种前 10～15 天，选晴好天气，晒种 2～3 天。结合晒种拣出破碎子。晒种时，将种子在席上摊薄，每天翻动 2～3 次。

二、播种

在做好播前准备的基础上，采用播种、施肥、喷药、覆膜一体化精量播种机进行播种，并遵循以下要求：

（1）播种墒情：中、轻度盐碱地 0～20 厘米土层含水量达到田间持水量的70% 时，重度盐碱地达到 80% 时播种。

（2）播种时期：5 厘米地温稳定达到 14 ℃时开始播种，一般年份从 4 月 20日开始播种，至 5 月 5 日结束。

（3）播种深度：播种深度 2～3 厘米。

（4）播种量：轻、中度盐碱地，每 666.7 平方米播种量 1 千克；重度盐碱地，每 666.7 平方米播种量 1.25 千克。

（5）播种规格：采用 76 厘米等行距条播。

（6）覆膜：地膜宽 120 厘米，一膜盖双行。采用的地膜质量应符合 GB 13735—2017 的规定。

黄河三角洲盐碱地棉花施肥技术规程

（SDNYGC-1-6014-2018）

苗兴武[1]　　刘明云[2]

（1.东营市棉花管理站；2.滨州市棉花生产技术指导站）

黄河三角洲盐碱地主要指由于黄河冲积、海相沉积，在山东省东营市、滨州市形成的三角平原地带上的盐碱地。其主要特征是，地下水位高、地下水矿化度高、盐分以氯化物为主。一般将在0～20厘米土层中，土壤可溶性盐分含量高于1克/千克、低于2.5克/千克的盐化土壤，称为轻度盐碱地；在0～20厘米土层中，土壤可溶性盐分含量高于2.5克/千克、低于4.5克/千克的盐化土壤，称为中度盐碱地；在0～20厘米土层中，土壤可溶性盐分含量高于4.5克/千克的盐化土壤，称为重度盐碱地。

一、推荐施肥量

1.轻度盐碱棉田

每666.7平方米施有机肥（含有机质不少于40％）100千克，尿素（含氮不少于46％）27千克，过磷酸钙（含磷不少于12％）56千克，硫酸钾（含钾不少于50％）10千克。

2.中度盐碱棉田

每666.7平方米施有机肥100千克，尿素（含氮不小于46％）22千克，过磷酸钙（含磷不小于12％）45千克，硫酸钾（含钾不小于50％）8千克。

3.重度盐碱棉田

每666.7平方米施有机肥100千克，尿素（含氮不小于46％）20千克，过磷酸钙（含磷不小于12％）45千克。

二、施肥方法

1. 常规施肥法

(1) 重度盐碱地施肥方法：有机肥全部于冬耕前均匀地撒入棉田中，然后冬耕 26~28 厘米，将有机肥翻压入棉田中。

采用棉花播种施肥一体化机械，将氮肥总施用量的 50％与全部磷肥随棉花播种施入距种子行水平距离 10 厘米、深 10 厘米以下的土壤中；将剩下的 50％的氮肥于棉花盛蕾后至初花前，条播于距棉株 30 厘米、深 10 厘米以下的土壤中。

(2) 中、轻度盐碱地施肥方法：有机肥全部于冬耕前均匀地撒入棉田中，然后冬耕 26~28 厘米，将有机肥翻压入棉田中。

采用棉花播种施肥一体化机械，将氮肥、钾肥总施用量的 40％与全部磷肥随棉花播种施入距种子行水平距离 10 厘米、深 10 厘米以下的土壤中；将剩下的 60％的氮肥与钾肥于棉花初花时条播于距棉株 35 厘米、深 10 厘米以下的土壤中。

2. 简化施肥法

有机肥全部于冬耕前均匀地撒入棉田中，然后冬耕 26~28 厘米，将有机肥翻压入棉田中。

全生育期所需化肥采用 1/3 的速效肥与 2/3 的控释肥相混合，运用棉花播种施肥一体化机械，随棉花播种施入距种子行水平距离 10 厘米、深 10 厘米以下的土壤中。

提高棉花种子活力生产技术规程

（SDNYGC-1-6015-2018）

宋宪亮　　孙学振　　张春庆　　毛丽丽　　袁延超

孙爱清　　吴承来

（山东农业大学农学院）

一、范围

　　本规程从种子准备、种子田选择、播种、施肥、整枝、去杂、采收、脱绒包衣、贮藏、种子质量和活力检验等方面规定了棉花常规种高活力种子的生产技术要求。种子活力是指种子在广泛的田间条件下，种子本身具有的决定其迅速而整齐出苗及长成正常幼苗的全部潜力的所有特性。本规程适用于山东地区及生态条件相同地区棉花高活力常规种子生产工作。

二、总则

　　1.制种企业

　　从事棉花种子生产的企业应具有相应资质。

　　2.要求

　　生产的棉花种子质量应符合国家或行业标准规定。按照《中华人民共和国种子法》的规定，建立规范的种子生产田间档案，田间档案要保管至棉花两个生长周期以上。

三、生产程序

1.种子生产基地

(1)基地选择。制种基地应安排在无霜期较长、光热条件较好、阴雨天少、群众植棉水平高的地区。

(2)种子田选择。选择地势平坦、土层深厚、土壤肥沃、排灌方便、枯黄萎病较轻的地块,最好能成方连片。与其他棉田的隔离距离300米以上。

2.种子准备

使用繁殖品种的质量检验合格的种子。播前利用晴好天气晒种2～3天,可以提高出苗率,达到出苗快、齐整。

3.适时播种,合理密植

在4月下旬,5厘米平均地温连续5天稳定超过15 ℃时,抢晴天播种。建议地膜覆盖,大小行种植,增加通风透光,大行90厘米,小行60厘米。种植密度应略小于当地生产田种植密度,高产种子田,定苗3000株/666.7平方米左右。

4.平衡施肥

提倡增施有机肥,采用稳氮、稳磷、增钾的施肥方法,根据植株长势,做到经济合理。

(1)施足基肥。在整地前,每666.7平方米施入有机肥2000千克或饼肥50千克,尿素15千克,过磷酸钙50千克,硫酸钾15千克,硼肥50千克。

(2)重施花铃肥。在7月上旬初花期,每666.7平方米追施尿素10～15千克。

5.适当化控

种子生产田以收获中早桃为主,化控时要坚持因苗、因天、因地情况而定,遵照早、轻、勤的原则,化控3～4次,调整养分运输方向,塑造丰产株型,促进棉铃和种子发育。

(1)蕾期控旺长。每666.7平方米用缩节胺1～1.5克兑水适量喷雾,防止中部节间过长,减少早蕾脱落。

(2)花期防荫蔽。初花期,每666.7平方米用缩节胺2～3克兑水喷雾,防止上部节间过长,叶片过大,减少落花,提高中上部结铃率。

(3)化学封顶控赘芽。在打顶前后,每666.7平方米用缩节胺4～5克兑水喷雾,防止顶部果枝过长,减少无效花蕾。

6. 精细整枝

精细整枝,增加通风透光,减少无效消耗,促进养分向棉铃输送,促进种子发育。6月上旬后第一果枝明显时,及时"脱裤腿",以减少后期烂铃,促进中部多结铃。7月15～20日打顶,每株留果枝12个左右。8月上旬打边心,每果枝留果节3～4个。赘芽滋生时要随时抹掉,去掉空果枝、老叶和无效蕾。

7. 去杂去劣

分两次进行田间纯度鉴定,并去除杂株、劣株。第一次在盛蕾初花期,着重考察株型和叶型;第二次在花铃期,着重考察株型、铃型、叶型、茎色、茸毛、腺体、花冠和花药颜色等。

8. 防灾抗灾

涝能排,旱能浇;顺行起高垄防倒伏;抓住晴好天气喷药防害虫。坚持预防为主,综合防治,大力推广频振灯诱蛾技术和机动喷雾器统防统治技术。实行轮作换茬,减少病虫源。

9. 适时采收

当棉株进入吐絮期后,要适时及时采收,减少种子劣变。只采收中上部果枝1～3果节的正常吐絮棉铃,建议根据吐絮情况每隔7～10天采收一次。不能施用任何催熟剂,僵瓣、烂铃及霜后棉不得混入种籽棉,应单独收获,转商处理,减少嫩籽、秕籽和空籽,提高健籽率。

10. 及时晾晒

采收后的籽棉必须及时晒干,确保种子水分降至12％以下。在未完全晒干前注意不要堆放过厚过实,以防呼吸发热,引起种子劣变。

四、加工和贮藏

1. 轧花

加工前要彻底清理轧花机,不同品种单独轧花,防止机械混杂。选用轧花质量好、破子率低的轧花设备,加强对设备的维护和保养,保证设备具有良好的技术性能。经常检查棉籽的破损情况,以保证棉子在轧花过程中破子率小于1％。

2. 脱绒包衣

根据需要和实际情况,可以采取泡沫酸脱绒或者硫酸脱绒(一般情况下酸绒比1∶5左右),脱绒后进行包衣。

脱绒前毛子应达到一定的质量标准(原种纯度不低于99.0％,良种纯度不低于95.0％,净度不低于97.0％,发芽率不低于70％,水分不大于12.0％,健籽率大于 75%，破籽率不大于 5%，短绒率不大于 9%）。脱绒后的光子含有部分杂质、瘪子、不成熟籽、破损子等，需要经过风筛式精选机、重力式精选机工序，将其中的杂质、灰尘、破籽、瘪籽等清除，有条件的可加一道色选工序，可以将霉变子筛除，选出成熟度好、整齐度一致、健子率和发芽率高的种子。脱绒后的光子应当达到如下质量标准：原种纯度不低于 99.0%，良种纯度不低于 95.0%，净度不低于 99.0%，发芽率不低于 80%，水分不大于 12.0%，残酸率不大于0.15%，破籽率不大于 7%，残绒指数不大于 27%。包衣后的种子在保持纯度、净度、发芽率和水分质量指标基础上，种衣覆盖度不低于 90%，种衣牢固度不低于 99.65%。

3. 妥善贮藏

入库种子水分应在 12% 以下。种子仓库应具备防热、防潮、防火、防杂、防鼠害和虫害条件。

五、检验

1. 质量检验

种子质量标准参照《经济作物种子第 1 部分：纤维类》(GB 4407.1—2008)执行。

2. 种子活力检验

推荐采取以下方式进行种子活力检验：

（1）测定健籽率。健籽即发育成熟的健康种子健籽率与种子活力显著正相关，健籽率越高，种子活力越高。其测定可以采用下列方法之一进行。

①剪籽法。从净度分析后的净种子中取试样 4 份，每份 100 粒，逐粒用剪刀剪（或用刀切）开，然后观察，根据色泽、饱满程度进行鉴别。色泽新鲜、油点明显、种仁饱满者为健籽；色泽浅褐、深褐、油点不明显、种仁瘪细者为非健籽。

②开水烫种法。从净度分析后的净种子中取试样 4 份，每份 100 粒，将试样分别置于小杯中，用开水浸烫，并搅拌 5 分钟，待棉籽短绒浸湿后，取出放在白瓷盘中，先根据颜色的差别进行鉴定，将深褐色或深红色的棉籽与浅褐色、浅红色或黄白色的棉籽分开，然后将深褐色或深红色的棉籽放在检验台或任意一个硬面上，然后逐粒用手捏或轻按挤压，瘦秕的种子容易破裂，将种仁充实度不足饱满种子 1/3 者挑出。将两次挑出的浅褐色、浅红色、黄白色籽和秕籽破籽数合并作为不成熟籽。

（2）发芽试验。通过活力检测能够较好地了解到种子在田间条件的出苗情况，准确判断种子质量。鉴定高活力种子推荐以下两种方法：

①低温发芽试验。棉花早春播种常遇低温,会引起胚根损伤,下胚轴生长速率降低。棉花发芽最低温度一般为 15 ℃,因此采用 18 ℃的低温模拟田间低温条件。

试验方法:将种子置砂床或纸卷床,于 18 ℃的黑暗条件下发芽 6 天(脱绒种子)或 7 天(毛子);检查幼苗生长情况,凡是苗高(根尖至子叶着生点的距离)达 4 厘米以上的即为高活力种子。活力测定结果以高活力种子百分率表示。

②幼苗评定试验。将种子置于人工老化箱内,45 ℃、100％相对湿度的条件下处理 60～72 小时,处理后进行标准发芽试验,计算发芽率。测定结果与同批种子标准发芽试验结果进行比较,两者无明显差异的或者老化处理后发芽率降低少的为高活力种子。

滨海盐碱地棉花秸秆还田与整地技术规程
（SDNYGC-1-6016-2018）

孙学振[1]　　宋宪亮[1]　　毛丽丽[1]　　李玉道[1]

王桂峰[2]　　秦都林[2]

（1.山东农业大学农学院；2.山东省棉花生产技术指导站）

一、黄河流域滨海盐碱地

黄河流域滨海盐碱地区沿渤海湾自洋河口经天津至胶莱河口，是由深河、海河、黄河等流域三角洲组成的滨海平原，包括天津市、唐山市、沧州市、滨州市、德州市、东营市和潍坊市的一部分滨海县（市、区）。这些盐碱地大部分是成陆年龄较短的海退地。盐碱地的操作技术规程应符合 DB 37/T 2026—2012 滨海盐碱地棉花丰产简化栽培技术规程，使用术语应参考 DB 37/T 2027—2012 滨海盐碱地棉花生产技术术语。

（1）棉花秸秆粉碎还田机械化技术：选择适宜的配带秸秆粉碎装置的拖拉机，在棉花收获后进行棉花秸秆粉碎后抛撒覆盖在地表的机械化技术。所选用的秸秆还田机应符合 GB/T 24675 保护性耕作机械秸秆粉碎还田机、JB/T 6678 秸秆粉碎还田机标准、NY/T 1004 秸秆还田机质量评价技术规范要求。

（2）秸秆粉碎长度合格率：粉碎长度合格的秸秆质量占还田秸秆总质量的百分率。

（3）留茬高度：棉花秸秆还田作业后，残留在地块中的禾茬顶端到地面的高度，垄作棉花以垄顶为测量基准。

（4）抛撒、铺放不均匀率：粉碎还田抛撒、铺放不均匀的秸秆质量占抛撒、铺放总量的百分率。

（5）漏切率：漏切秸秆量占还田秸秆总量的百分率。

二、秸秆还田机械化作业

1. 机具选择

由于棉花秸秆木质纤维含量较高,根据棉花种植规格、具备的动力机械、收获要求等条件,推荐使用悬挂式带有锤爪的秸秆粉碎还田机。

2. 作业条件

作业前3~5天,对田块中的沟渠、垄台予以平整,田间不得有树桩、水沟、石块等障碍物,并对水井、电杆拉线等不明显障碍安装标志以便安全作业。土壤含水率应适中(以不陷车为适度),并对机组有足够的承载能力。

3. 作业要求

11月中下旬,待收花结束后利用秸秆粉碎还田机直接将棉秆粉碎撒布地表。收花结束后秸秆的含水率较高,糖分等营养物质含量较丰富,相对较容易粉碎,此时还田还能加速秸秆腐烂,保证还田的最佳效果。

4. 技术指标

及时检查粉碎后的秸秆还田效果,秸秆切碎长度应不超过5厘米,长度不小于5厘米的秆根数量不得超过秆根总数的20%,秸秆切碎合格率不小于90%,留茬高度不超过5厘米,抛撒不均匀率不超过20%,漏切率不超过0.5%。

三、耕　翻

中度和轻度盐碱地秸秆粉碎后直接翻耕,耕深25~30厘米,翻垡均匀,扣垡平实,不露秸秆,覆盖严密,无回垡现象,不拉钩,不漏耕。重度盐碱地秸秆粉碎后旋耕1~2遍,再使用深松机深松30~35厘米,不扰乱地表耕作层,减少返盐。

四、播前造墒整地

1. 淡水压盐造墒

3月下旬至4月初,淡水压盐与造墒结合,轻度和中度盐碱棉田每666.7平方米灌水60~100立方米,重度盐碱棉田每666.7平方米灌水100~130立方米,达到"一水两用"的目的。

2. 施足基肥

淡水压盐造墒后,宜耕期内施足基肥,一般每 666.7 平方米施土杂肥 2000 千克,或鸡粪 1000 千克,或商品有机肥 200～300 千克,复合肥(含氮、磷、钾按 N、P_2O_5、K_2O 算各 15％以上)40 千克。为加快秸秆腐解,建议以每 100 千克秸秆增施纯氮(N)1.5～2.25 千克,纯磷(P_2O_5)0.5～0.75 千克。

3. 翻耕平地

撒施基肥后随即翻耕,耕深 15 厘米,耙透耧平后保墒待播。

4. 播前除草

播前每 666.7 平方米用 48％的氟乐灵乳油或 33％的二甲戊灵乳油 150～200 毫升,兑水 30 千克地面喷施,随喷随耙,混土深度 3～5 厘米,药物封闭消灭杂草,2～3 天后播种。严格控制除草剂用量,不可随意加大以免产生药害。

短季棉全程化控技术规程

（SDNYGC-1-6017-2018）

王宗文[1]　　王景会[1]　　申贵芳[1]　　段冰[1]　　邓永胜[1]　　孔凡金[1]

韩宗福[1]　　李汝忠[1]　　王桂峰[2]　　王琰[2]

（1.山东棉花研究中心；2.山东省棉花生产技术指导站）

一、播种时期

无论是间作套种还是接茬直播，山东棉区种植短季棉的适宜播种期均在 5 月中下旬，以 5 月 20 日前后为最佳播期。

二、密度配置

山东棉区留苗密度以 5000～7000 株/666.7 平方米为宜，地力肥宜取下限，地力差宜取上限；播种早宜取下限，播种晚宜取上限。以密植拿产量，充分发挥群体优势。

三、全程化控

短季棉种植密度大，播后气温高、发育快，如遇连续阴雨天气，易徒长造成蕾铃脱落，需遵循"早、轻、勤"化控原则。应根据棉花长势、天气、地力情况实行化控，做到及时、少量、多次，天旱、苗弱时少用或不用。降雨多、地力肥时应加大用量，并杜绝一次性大剂量化控，掌握前轻后重的原则。

短季棉全程化控包括以下几个主要时期，具体操作应看苗促控，因天管理，化控次数及用量灵活掌握。

（1）浸种：播种前未包衣的种子用 1.0～2.0 克缩节胺兑水 10 千克浸种至

种皮发软。

（2）苗期：棉花生长到 2～3 片真叶，每 666.7 平方米用 0.2～0.5 克缩节胺兑水 15 千克喷洒棉株，喷洒做到均匀一致，同时注意弱苗轻控或不控。

（3）蕾期：棉株出现 2～3 个果枝，每 666.7 平方米用 0.5～1.0 克缩节胺兑水 25 千克喷洒棉株，喷洒做到均匀一致，同时注意弱苗轻控或不控。

（4）花铃期：第 1 次化控：初花期每 666.7 平方米用 1.5～2 克缩节胺兑水 30 千克喷洒棉株，喷洒做到均匀一致。

第 2 次化控：打顶后一周，每 666.7 平方米用 3～5 克缩节胺兑水 30 千克均匀喷洒，从而控制无效花蕾，改善田间通风透光条件，减少病虫害的发生。若后期遇连阴天，棉花有旺长趋势可于化控后 7 天左右参考上述用量再补控一次。

四、打顶时间

7 月 22～30 日，单株有果枝 10～12 个时打顶，做到"枝到不等时，时到不等枝"。

五、其他

全程化控是短季棉节本增效、提高产量、改进品质的有效途径，可有效调节各生育阶段生长发育，协调营养生长与生殖生长，塑造理想群体结构。通过全程化控使花铃期内最大叶面积系数控制在 4.0 左右，最终株高控制在 70～85 厘米，为优质、高产打下坚实的基础。其他各项管理措施同一般高产短季棉田。

棉花绿豆间作配套栽培技术规程

（SDNYGC-1-6018-2018）

王宗文[1]　赵逢涛[1]　李振怀[1]　申贵芳[1]　段冰[1]　王景会[1]

邓永胜[1]　孔凡金[1]　韩宗福[1]　李汝忠[1]　王桂峰[2]　王琰[2]

（1.山东棉花研究中心；2.山东省棉花生产技术指导站）

一、地块选择

选择有机质含量高、养分丰富、土壤结构疏松、水肥条件较好的地块。绿豆适应性强，一般砂土、旱薄地、黑土、黏土均可生长。绿豆忌重、迎茬，下一年需在同一地块种植时，一定要注意棉花、绿豆倒换行种植。

二、品种选择

棉花选用抗病性好的抗虫杂交棉或常规棉品种，生育期在 120 天以上，优质、包衣达到国标种子标准。

绿豆选用生长期 70 天左右的优质、高产、早熟、抗病性强、株型紧凑、直立的品种，成熟后不易落荚、裂荚，一次性收获。

三、整地施肥

棉花播前 15 天左右浇好底墒水，精细整地，耙细耢平，上暄下实，播种时土壤含水量在 70％左右，确保全苗。

施肥参照棉花缓控释肥种肥同播技术规程，适当增加施肥量，以满足棉花生长前期间作绿豆对肥料的需求。

四、适期播种

绿豆播前应精细挑选,剔出病粒、杂劣粒和"石豆子",然后晒种 1～2 天,提高发芽率和发芽势,确保一播全苗。绿豆播种适期长,可与棉花同期露地直播、地膜覆盖或错后直播,地膜覆盖较直播产量高且早熟。绿豆采取楼播或精播机播种。绿豆播期过晚会延长棉、豆共生期,影响棉、豆产量。

棉花播前晒种 1～2 天,以打破休眠,提高发芽率和发芽势,确保一播全苗。一般棉花播种期可安排在 4 月中下旬或 5 月初。棉花采用地膜覆盖或露地直播方式。

五、种植方式

(1)"2～4"式:棉花大小行种植,大行 120 厘米,小行 50 厘米,大行中间种植 4 行绿豆,绿豆行距 20～30 厘米。

(2)"2～2"式:棉花大小行种植,大行 100 厘米,小行 50 厘米,大行中间种植 2 行绿豆,绿豆行距 20～30 厘米。

具体采用何种方式,依当地习惯以及棉花、绿豆市场行情而定。

六、合理密植

棉花留苗密度根据品种类型而异,抗虫杂交棉以 2200～3000 株/666.7 平方米为宜,常规抗虫棉以 3000～4500 株/666.7 平方米为宜,具体依地力、播期、管理水平等情况而定,播期早、肥水条件较好、管理水平差的地块可取下限,反之则取上限。

绿豆行距 20～30 厘米,株距 10 厘米左右,每穴留苗 1～2 株,留苗 8000～12000 株/666.7 平方米。

七、田间管理

1. 及时放苗、定苗

棉花出苗后适时放苗是保证苗全苗壮的关键,放苗的原则是放绿不放黄,在子叶由黄变绿时及时放苗,放苗避开中午高温时段,放苗后及时覆土,2～3 叶期定苗。

绿豆于第一片复叶展开时间苗,第二片复叶展开时定苗。绿豆单粒精量播种可省去间苗工序。

2.及时查、补苗

棉花发现有缺苗断垄情况则及时进行幼苗移栽,绿豆发现有缺苗断垄情况应及时补种。

3.适时中耕

苗期中耕要做到"勤""深"。"勤"就是要做到雨后地板、有杂草且危害到棉豆生长时必锄,保持土壤疏松,无杂草。"深"就是要求行间中耕深度逐渐加深到 10 厘米左右。地湿、地板、苗旺要适当深锄,但天旱、墒情差、苗弱要适当浅锄。为提高效率,可用除草剂去除田间杂草。

4.肥水运筹

绿豆开花期是需水临界期,花荚期是需水高峰期,此期灌水有增花、保荚、增粒等作用,如果此时干旱,应适当浇水,但切忌大水漫灌,以防锈病发生。

绿豆收获后,山东进入雨季,如遇干旱年份,7 月下旬棉花花铃期要及时浇水,以促进棉花正常生长。

绿豆根外追肥效果好,可用 0.3% 的磷酸二氢钾与 1% 的尿素混合液于初花期喷洒 1 次,间隔 7 天左右喷第 2 次。

5.病虫害综合防治

绿豆生长期 70 天左右,病虫害大发生概率小,但需防治蚜虫、红蜘蛛等害虫。如需防治地老虎、蝼蛄等地下害虫的危害,可采取药剂拌种的方式预防。棉花需防治蚜虫、红蜘蛛、棉铃虫、盲蝽、粉虱等害虫。

6.棉花整枝

间作棉田应保留营养枝,实施轻简化栽培,以减少用工提高效益。同时注意做好棉花化控。

八、绿豆收获

绿豆收获在 7 月上中旬。绿豆收获期的确定根据"荚黑不等时,时到不等荚"的原则,当有 70% 绿豆荚变黑时,一次性收获完毕。如有的品种成熟期拖得过长,为防炸荚,可分两批收摘豆荚。若遇特殊气候或管理不当等原因造成绿豆成熟较晚,而棉花进入开花期,要将绿豆一次拔掉或结合培土将豆秧就地翻压,以免影响棉花的生长发育。

九、绿豆收获后棉田管理

1. 肥水管理

绿豆收获时,棉花将进入开花盛期,棉田应做好肥水管理。应重施花铃肥,绿豆收获后,每 666.7 平方米及时施尿素 12.5～15 千克,开沟深施。

2. 适时打顶

棉花坚持"枝到不等时、时到不等枝"的原则,7 月 20 号前后或果枝达 14 个左右时打顶。

3. 化学催熟

晚发棉田棉花吐絮率达 70％以上时,于 10 月初喷施化学脱叶催熟剂乙烯,加快叶片脱落和棉铃吐絮,便于机采或者人工采摘。

注意,若改绿豆为红小豆,品种宜选生育期在 70 天左右,株型紧凑、抗病、直立的品种。

隐性核雄性不育两系杂交棉制种技术规程

（SDNYGC-1-6019-2018）

王宗文[1]　　孔凡金[1]　　邓永胜[1]　　王景会[1]　　申贵芳[1]　　段冰[1]

韩宗福[1]　　李汝忠[1]　　王桂峰[2]　　王琰[2]

（1.山东棉花研究中心；2.山东省棉花生产技术指导站）

一、制种田选择

1.地力条件

土层深厚、中等以上肥力、地势平坦、排灌方便，无或轻棉花枯萎病和黄萎病的纯作一熟棉田，或符合上述要求的前作为蔬菜、油菜等早熟茬口的棉田。

2.隔离条件

应集中连片种植，周边种植玉米等高秆作物作隔离带，与其他棉田间隔500米以上。避免选择附近有蜜源植物或传粉媒介较多的地块制种。

二、亲本种植与管理

1.亲本种子质量与处理要求

宜采用硫酸脱绒、包衣处理亲本种子。

2.父母本配置比例

父母本配置比例宜为 1∶（6～8）。

3.父母本配置方式

父母本分区种植，父本种植在制种田一头或一侧，行距应稍大于一般大田行距。

4. 父母本种植密度

母本种植密度以当地大田留苗密度的 1.2～1.4 倍为宜。可育株拔除后，以 2000～2400 株/666.7 平方米为宜；父本种植密度和大田相当。

5. 播种方式和时间

宜采用地膜覆盖直播方式。在 4 月中下旬，当 5 厘米地温连续 5 天达到 15 ℃以上时，抢冷尾暖头于晴天播种。

若父母本花期相差 3 天内，可同期播种。若相差 3 天以上，可适当延迟播种开花早的亲本。也可通过覆膜方式，或虽同时播种，但去掉开花期早的亲本早蕾或花的方式调节，以保证父母本开花期相遇。

6. 其他

肥水、病虫害防治同当地大田。亲本为非抗虫亲本时注意防治棉铃虫、红铃虫。

7. 打顶

7 月 20 号前后，或果枝达 14 个左右时打顶。

8. 化学调控

山东棉区，盛蕾期母本每 666.7 平方米喷施 98％的缩节胺原粉 0.5～1 克，打顶后 7～10 天每 666.7 平方米喷施 98％的缩节胺原粉 4～5 克封顶；父本较一般大田化控量酌减。使用量、使用时间可根据天气、地力、棉花长势等因素适当调整。

三、杂交制种

1. 制种时间

黄河流域棉区 7 月 5 日前后开始制种，8 月 15 日前后结束，制种时间控制在 30～40 天。

2. 制种前准备

(1)人员配备。一般每 666.7 平方米制种田配备制种操作人员 1～2 名，每 10000 平方米配备制种监督管理人员 1 名。制种监督管理人员负责制种的监督检查，制种操作人员负责制种的具体操作。应对制种监督管理人员和制种操作人员进行技术培训，使其熟悉制种程序。

(2)常用工具配备。备好标记线、授粉瓶、网袋、镊子、小剪刀、地签、筛网、塑料瓶、毛笔、记号笔、毛巾、雨衣、防暑药品等。注：标记线为长 15～20 厘米红色细毛线和白色塑料绳，分别用于标记繁殖田母本分离出的不育株和可育株。授粉瓶为白色半透明、直径 3～4 厘米、高 5～6 厘米的塑料瓶，瓶盖一侧或中间钻一个直径 3～4 毫米的光滑圆孔。

（3）田间标记。每块制种田都应插上标牌，标明制种田面积、父母本名称或代号，标明操作人员姓名、负责制种区段以及负责人姓名、联系方式。

3. 制种田处理

（1）拔除可育株。制种前 8～10 天开始，对母本逐棵鉴定育性，拔除可育株。鉴定育性方法是手捏花蕾，手感花蕾饱满，手捻花药有花粉则为可育株；反之，花蕾空瘪，手捻花药无花粉则为不育株。鉴定出的不育株随即用标记线标记，可育株随鉴定随拔除。制种过程中，如再发现新可育株，也应立即拔除。

（2）去杂去劣。根据育性、株型、叶形、叶色、叶大小、茎秆颜色、茸毛密度、腺体有无、苞叶形状、花冠颜色、花冠基部有无色斑等亲本典型性状，拔除亲本中的非典型株及病株、劣株。亲本为转基因抗虫棉的，应彻底去除非抗虫株和抗虫性差的变异株。

（3）清理。制种前 1 天，应将母本株上已有的成铃、幼铃及刚开的花全部摘除；经制种监督管理人员检查验收合格后，方可开始授粉制种。在开始制种后 7 天内应随时去除遗漏的自然杂交铃。

4. 人工授粉

（1）取粉。从开放的父本花中用小剪刀把花药剪出，放在下面铺有纸张的筛网上摊开、筛粉，将花粉装入授粉瓶中，装粉量以授粉瓶容积的 1/2～2/3 为宜；也可直接从刚开放的父本花中徒手取下花药，放入授粉瓶中。当气温较低、花药迟迟不能开裂时，可将花摘下摊放在阳光下晾晒，或采用日光灯照射，促其散粉。

（2）授粉应在 8～12 点进行，具体授粉时间根据父本散粉情况确定。若遇高温干燥天气，则应于 11 点前完成授粉。如遇降雨或露水较大时，应待棉株上无水后再开始取粉和授粉。

（3）授粉方法。授粉时一只手拿授粉瓶，水平靠近母本上当日所开的花，另一只手将其花冠分开，通过授粉瓶盖上的小孔将柱头插入授粉瓶中，然后将授粉瓶倒扣过来，使母本柱头埋没在授粉瓶内的花粉中，轻轻转动授粉瓶，然后从柱头上移开，完成授粉。当日授粉结束后，应及时倒掉剩余花粉，将授粉瓶用 75％的酒精或清水清洗后倒置晾干。

（4）质量要求。取粉或授粉时应防止花粉遇水。授粉要均匀，授粉量要充足（肉眼观察可见柱头上应黏有大量花粉粒），避免漏授粉。授粉动作要轻，避免折断或损伤柱头。授粉制种期间如需喷施农药、叶面肥、化学调控剂等，应在授粉结束 4 小时后进行。

5. 异常天气的应变措施

(1)浇水降温。授粉期间,如遇持续高温天气,制种田应及时浇水降温。

(2)保持花粉活力。当气温超过 35 ℃时,可在地头阴凉处挖一小坑,坑深至湿土,将摘下的父本花摊放在坑内,用遮阳网等覆盖以保持花粉活力。有条件时,宜将父本花放入 0~10 ℃的冷藏箱内保存。如预报上午有阵雨不能按时授粉,可在头天下午或当天早上雨前摘下翌日要开放或早上将要开放的父本花,均匀摊放在室内,待雨停且棉株上无水后再进行授粉。

6. 后期清理

(1)去除无效花蕾。制种结束后,去除母本株上的花蕾,并在此后 15 天内每隔 3~5 天检查一次,去除漏下的花蕾和新开的花。

(2)拔除父本。授粉结束后,拔除全部父本。

四、采摘、收购、加工与储藏

1. 检查验收

采收前,组织制种监督检查人员对制种田逐块进行检查验收及估产,对验收合格的制种田登记造册,核发制种合格证。

2. 采摘

当吐絮达 1/3 时开始采摘,应采摘完全吐絮花。每隔 7~10 天采收一次。气温较高、吐絮较快时,收花间隔可适当缩短。每块制种田应集中、统一采收。如遇烂铃重的年份,应提前单独收摘烂铃。烂铃花和僵瓣花不得作种籽棉。

3. 收购

制种企业对照核发的制种合格证,地头集中、统一收购制种籽棉,按制种户单独装袋。同时,制种企业与各制种户应同时取样封存备查。

4. 加工与储藏

对收购的制种籽棉应按户、按批分存、分晒、分轧,一库一种,专库存放,专人管理。在收购、运输、晾晒和轧花过程中要严防混杂。

5. 杂交种子检验与质量要求

棉花杂交一代种子的质量要求不育株率不多于 1%。

五、亲本繁殖与保纯

1. 不育系繁殖(保持)

(1)隔离要求。不育系母本应单独隔离繁殖保纯,繁殖田周边种植玉米等高秆作物作隔离带,与其他棉田间隔1000米以上。避免选择附近有蜜源植物或传粉媒介较多的地块作繁殖田。

(2)种植与管理。地力条件、不育系与保持系配置比例、种植方式与时间、种植密度、栽培管理等同制种田。

(3)育性鉴定与授粉保持。授粉前8～10天开始逐棵检查育性,方法同制种田。选留20%左右健壮无病的典型可育株作保持系,拴绳标记。取保持系花粉给不育系授粉,其余可育株全部拔除。授粉方法同制种田。授粉结束后拔除全部作保持系用可育株。

(4)采收、加工和储藏。要求同制种田。可一次繁殖,冷库保存,多年利用。

2.恢复系繁殖

恢复系父本繁殖田的隔离要求、地力条件、栽培管理等同制种田。采收、加工、储藏要求同制种田。可一次繁殖,冷库保存,多年利用。

六、制种企业要求

1.资质要求

从事利用棉花隐性核雄性不育两系生产棉花杂交种子的企业应具有棉花杂交种子生产经管资质。

2.管理要求

制种企业应建立规范的杂交种子生产田间档案,将制种田基本情况、制种操作和监管人员姓名、主要管理措施、田间检验等情况记入档案。制种档案应妥善保留不少于2个棉花生长周期。

本规程摘编于《隐性核雄性不育两系杂交棉制种技术规程》(NY/T 3078—2017)。

杂交棉人工去雄制种技术操作规程

（SDNYGC-1-6020-2018）

王宗文[1] 　孔凡金[1] 　邓永胜[1] 　王景会[1] 　申贵芳[1]

段冰[1] 　韩宗福[1] 　李汝忠[1] 　王桂峰[2] 　王琰[2]

(1.山东棉花研究中心；2.山东省棉花生产技术指导站)

一、生产程序

1.制种基地

（1）制种基地的选择。制种基地应安排在无霜期较长、光热条件较好、阴雨天少、群众植棉水平高、劳动力资源充足的地区。

（2）制种田要求土层深厚、地力肥沃、地势平坦、排灌水条件良好，无棉花枯、黄萎病，成方连片，交通便利，制种田内不能插花种植其他作物，300米以内禁止种植其他品种的棉花。

2.备播

（1）造墒。重施有机肥作底肥，每666.7平方米施腐熟有机肥3000～5000千克，尿素10～12.5千克，磷酸二铵20～25千克，硫酸钾7.5～10千克，硼砂0.5千克，硫酸锌1千克，精细造墒，做到上暄下实，口墒好底墒足，无坷垃。

（2）备种。用于杂交制种的亲本必须由该杂交种育成单位或育种家本人提供，质量达到国家标准。播前选晴天将亲本种子晒3～4天，随翻晒随剔除破子、异型子，以打破种子休眠，提高发芽势和发芽率。

3.播种

制种田宜采用营养钵育苗移栽技术，一般在4月初播种，4月底至5月初移栽。地膜覆盖直播棉田一般在4月中旬，5厘米平均地温连续5天稳定超过15℃时，抢晴天播种。

4. 父母本配置比例与密度

父母本比例一般为按 1∶（6～8）配置，父本可种在母本区的一头或一侧。母本密度一般 2000～2200 株/666.7 平方米，大小行种植，大行 100～110 厘米，小行 70～80 厘米；父本密度一般为 3000～3500 株/666.7 平方米。

5. 杂交制种前的准备

（1）人员培训。一般制种田每 666.7 平方米配备 2～3 名制种人员，每公顷制种田配备 1 名技术员，负责制种质量的监督检查，制种前应对制种人员进行技术培训，使其熟悉制种程序和要求，树立质量意识，严格操作规程。

（2）常用工具置备。制种开始前，备好临时标记线（以纯白棉线为佳，20 厘米长）、布兜、网袋、授粉瓶、塑料薄膜、贮花瓶等。

（3）去杂去劣。在苗期和开始制种前，根据父母本的典型性，在技术人员的指导下，严格拔除制种田内的差株、劣株、变异株和病株。如是转基因抗虫亲本，要拔除不抗虫变异株。

（4）清棵。在开始制种的前一天，对母本田逐株检查，彻底摘除母本植株所有已开的花和幼龄，并在剥花去雄的当天上午摘除当天所有新开放的花。制种技术员检查验收合格后，方可开始进行剥花去雄，早发棉田应在 6 月下旬摘除早蕾。

（5）制种时间。7 月 6～10 日至 8 月 10～15 日为山东省杂交制种适期，此期间所开的花全部去雄授粉，不允许自花授粉结桃，全株杂交制种。

6. 去雄

（1）时间与对象。以母本植株上花冠变白，并急剧伸长显著突出苞叶的蕾为去雄对象，每天下午 2 点以后开始剥花去雄，直至去完为止，收工前应再补找一遍，以尽量减少漏花。翌日授粉前逐行逐棵查找未去雄的花，并立即摘除。

（2）方法。用左手拇指与食指捏住花冠基部，分开苞叶，用右手拇指指甲从花萼中部凸出部位切入，直至子房壁外白膜，并与食指、中指捏住花冠，一同向右后旋剥，并同时稍用力上提，把花冠连同雄蕊管一起剥下，露出雌蕊。指甲不要掐入过深，旋剥花冠时用力要适度，以防损伤子房或拉断柱头，去雄后随即将标记线搭在花柄上，以便次日上午授粉时查找。剥下的花冠放入随身携带的布兜内，集中带出制种田。

（3）质量要求。去雄要彻底，花柱上不残留花药，不得损伤子房和花柱，尽量保持子房外白膜与苞叶的完整。如遇雨未能及时去雄，应在雨后或次日去雄前，将已开的花全部摘除。

（4）监督检查。制种技术员应每天逐行逐棵严格检查，在下午去雄时检查去雄是否彻底、有无损伤及漏去雄等；上午重点检查有无漏花、授粉是否充分，发现问题及时纠正，在整个制种期间，母本田应见花就除。

7.授粉

(1)时间。一般在上午8～12时进行，天气晴朗、温度高、湿度小时可早些，天气阴、温度低、湿度大时可适当推迟，当遇花药迟迟不能开裂时，可将花药放在阳光下晾晒，散粉后再授粉。当早晨降雨或露水较大时，应在棉株上无水后再开始授粉。

(2)方法。可采用"单花授粉法""扎把授粉法"或"小瓶授粉法"。

①单花授粉法。直接从父本上摘下当天开放的花，放入随身携带的布兜内，授粉时将花从布兜内取出，左手捏住母本花柄，右手捏住父本花朵，让父本花药绕母本柱头轻轻转两圈，将花粉粒均匀地涂在母本的柱头上，一般一朵父本花可涂抹6～8朵母本花。授粉后取下标记线，集中成把，就近搭在棉花棵上，下午去雄时就近取下，重复使用。

②扎把授粉法。该法也叫"集花授粉法"，是将多个从父本上剥下来的雄蕊扎在一起，然后用其在母本柱头上涂抹。

③小瓶授粉法。从父本上逐花采集花粉，放入授粉瓶中，瓶盖上钻制一小孔，授粉时左手轻轻握住已去雄的蕾，右手倒拿小瓶，将小瓶盖上的小孔对准柱头套入，或用手指轻叩小瓶，然后拿开，即完成授粉。

(3)质量要求。授粉量要充足均匀(肉眼观察可见柱头上附着许多花粉粒)，尽量避免漏授粉，小瓶授粉法授粉过程中切忌让水进入瓶内，授粉结束后及时倒掉花粉，并将瓶子擦干净。在高温干燥天气，近中午时花粉的活力就有所下降，因而授粉应力争在上午完成。

(4)应变措施。制种期间，如预测上午有雨不能按时授粉，可在早上雨前摘下已开或将要开放的父本花均匀摆放在室内，雨停后，棉棵上无水时再进行授粉；如遇特别高温干燥天气，可在地头挖一小坑，坑深至湿土，将摘下的父本花放入坑内，上面盖上鲜草或树枝叶，以避免阳光直射，随用随取；并注意及时灌溉排涝。

8.授粉结束后的保纯措施

(1)去除无效花蕾。授粉结束后，彻底去除母本株上的所有无效花蕾，并在此后15天内每隔3～5天检查一次，严格去除漏下的花蕾。

(2)拔除父本。去雄授粉结束后，彻底拔除父本。

(3)去除自交铃。授粉结束后吐絮前，应对母本田抽样逐棵逐铃进行拉网式检查，严格去除自交铃，发现问题及时处理。

9.采摘、加工和储藏

(1)适时采收。当棉株进入初絮期，即可开始采摘。通常每隔7～10天收一次,要集中、统一收摘,地头收购。气温较高时,吐絮较快,收花间隔应短些,不收露水花、笑口花。如遇烂铃重的年份,应提前单独收摘烂铃,剥花晾晒,转商处理,不作种用,僵瓣花单收转商处理。

(2)加工和储藏。对收购的籽棉应按批分存、分晒、分轧,专库存放,专人管理。在收购、运输、晾晒和轧花过程中要严防混杂,加工好的种子方可入库贮存。

二、田间管理

1.目标

增加单位面积总铃数,提高单铃重,提高制种产量和质量。

2.早施、重施花铃肥

分别在 7 月初和 7 月 25 日前后分两次追施尿素,每 666.7 平方米 10～15 千克和 5.0～7.5 千克。

3.轻度化控

母本田盛蕾期每 666.7 平方米用缩节胺 1～1.5 克(助壮素 4～6 毫升),兑水 10～15 千克均匀喷雾,制种开始后一般不再化控,但如遇连续阴雨天,可适当进行化控。

4.其他

其他各项田间管理措施同一般高产棉田。

本规程摘编于《棉花杂交种子生产技术规程》《棉花人工去雄杂交制种技术规程》(DB 37/T 1292.1—2009)。

质核互作雄性不育三系杂交棉制种技术规程

（SDNYGC-1-6021-2018）

王宗文[1]　韩宗福[1]　孔凡金[1]　邓永胜[1]　王景会[1]　申贵芳[1]

段冰[1]　李汝忠[1]　王桂峰[2]　王琰[2]

（1.山东棉花研究中心；2.山东省棉花生产技术指导站）

一、制种田选择

1.地力条件

土层深厚、中等以上肥力、地势平坦、排灌方便，无或轻棉花枯萎病和黄萎病的纯作一熟棉田，或符合上述要求的前作为蔬菜、油菜等早熟茬口的棉田。

2.隔离条件

应集中连片种植，周边种植玉米等高秆作物作隔离带，与其他棉田间隔3000米以上。避免选择附近有蜜源植物或传粉媒介较多的地块制种。

二、亲本种植与管理

1.亲本种子质量与处理要求

亲本种子应由育种者繁殖提供，宜采用硫酸脱绒、包衣处理亲本种子。

2.父母本配置比例

父母本配置比例宜为1∶（6～8）。

3.父母本配置方式

父母本分区种植，父本种植在制种田一头或一侧，行距应稍大于一般大田行距。

4. 父母本种植密度

母本种植密度较当地大田稍低,以 2000～2500 株/666.7 平方米为宜。父本种植密度和大田相当。

5. 播种方式和时间

宜采用育苗移栽方式。在 4 月初播种,4 月底至 5 月初移栽。若采用地膜覆盖直播方式,则在 4 月中下旬,当 5 厘米地温连续 5 天达到 15 ℃以上时,抢冷尾暖头于晴天播种。

花期相差 3 天内可同期播种。若相差 3 天以上,可适当延迟播种开花早的亲本。也可通过覆膜方式,或虽同时播种,但去掉开花期早的亲本早蕾或花的方式调节,以保证父母本开花期相遇。

6. 其他

病虫害防治同当地大田,亲本为非抗虫亲本时注意防治棉铃虫、红铃虫。

7. 打顶

7 月 20 号前后,或果枝达 14 个左右时打顶。

8. 化学调控

山东棉区,盛蕾期每 666.7 平方米母本喷施 98％缩节胺原粉 0.5～1 克,打顶后 7～10 天每 666.7 平方米喷施 98％缩节胺原粉 4～5 克封顶;父本较一般大田化控量酌减。使用量、使用时间可根据天气、地力、棉花长势等因素适当调整。

三、杂 交 制 种

1. 制种时间

黄河流域棉区 7 月 5 日前后开始制种,至 8 月 15 日前后结束。制种时间控制在 30～40 天。

2. 制种前准备

(1)人员配备。一般制种田每 666.7 平方米配备制种操作人员 1～2 名,每公顷配备制种监督管理人员 1 名。制种监督管理人员负责制种的监督检查,制种操作人员负责制种的具体操作。应对制种监督管理人员和制种操作人员进行技术培训,使其熟悉制种程序。

(2)常用工具配备。备好授粉瓶、网袋、镊子、小剪刀、地签、筛网、塑料瓶、毛笔、记号笔、毛巾、雨衣、防暑药品等。注:授粉瓶为白色半透明、直径 3～4 厘米、高 5～6 厘米的塑料瓶,瓶盖一侧或中间钻一个直径 3～4 毫米的光滑圆孔。

(3)田间标记。每块制种田都应插上标牌,标明制种田面积、父母本名称或代号,标明操作人员姓名、负责制种区段以及负责人姓名、联系方式。

3.制种田处理

(1)去杂去劣。根据育性、株型、叶形、叶色、叶大小、茎秆颜色、茸毛密度、腺体有无、苞叶形状、花冠颜色、花冠基部有无色斑等亲本典型性状,拔除亲本中的非典型株及病株、劣株。亲本为转基因抗虫棉的,应彻底去除非抗虫株和抗虫性差的变异株。

(2)清理。制种前1天,应将母本株上已有的成铃、幼铃及刚开的花全部摘除;同时,逐棵检查母本,若发现有可育株及时拔除。经制种监督管理人员检查验收合格后,方可开始授粉制种。在开始制种后7天内,应注意随时去除漏清除的天然杂交铃。制种过程中,如发现母本出现可育株,应立即拔除。

4.人工授粉

(1)取粉。从开放的父本花中用小剪刀把花药剪出,放在下面铺有纸张的筛网上摊开、筛粉,将花粉装入授粉瓶中,装粉量以授粉瓶容积的1/2～2/3为宜;也可直接从刚开放的父本花中徒手取下花药,放入授粉瓶中。当气温较低、花药迟迟不能开裂时,可将花摘下摊放在阳光下晾晒,或采用日光灯照射,促其散粉。

(2)授粉时间。应在8～12点时进行,具体授粉时间根据父本散粉情况确定。若遇高温干燥天气,则应于11点时前完成授粉。如遇降雨或露水较大时,应待棉株上无水后再开始取粉和授粉。

(3)授粉方法。授粉时一只手拿授粉瓶,水平靠近母本上当日所开的花,另一只手将其花冠分开,通过授粉瓶盖上的小孔将柱头插入授粉瓶中,然后将授粉瓶倒扣过来,使母本柱头埋没在授粉瓶内的花粉中,轻轻转动授粉瓶,然后从柱头上移开,完成授粉。当日授粉结束后,应及时倒掉剩余花粉,将授粉瓶用75％酒精或清水清洗后,倒置晾干。

(4)质量要求。取粉或授粉时应防止花粉遇水。授粉要均匀,授粉量要充足(肉眼观察可见柱头上应黏有大量花粉粒),避免漏授粉。授粉动作要轻,避免折断或损伤柱头。授粉制种期间如需喷施农药、叶面肥、化学调控剂等,应在授粉结束4小时后进行。

5.异常天气的应变措施

(1)浇水降温。授粉期间,如遇持续高温天气,制种田应及时浇水降温。

(2)保持花粉活力。当气温超过35 ℃时,可在地头阴凉处挖一小坑,坑深至湿土,将摘下的父本花摊放在坑内,用遮阳网等覆盖以保持花粉活力。有条件时,宜将父本花放入0～10 ℃的冷藏箱内保存。如预报上午有阵雨不能按时授粉,可在头天下午或当天早上雨前摘下翌日要开放或早上将要开放的父本花均匀摊放在室内,待雨停且棉株上无水后再进行授粉。

6.后期清理

(1)去除无效花蕾。制种结束后,去除母本株上的花蕾,并在此后 15 天内每隔 3～5 天检查一次,去除漏下的花蕾和新开的花。

(2)拔除父本。授粉结束后,拔除全部父本。

四、采摘、收购、加工与储藏

1.检查验收

采收前组织制种监督检查人员对制种田逐块进行检查验收及估产,对验收合格的制种田登记造册,核发制种合格证。

2.采摘

当吐絮达 1/3 时开始采摘,应采摘完全吐絮花。每隔 7～10 天采收一次。气温较高、吐絮较快时,收花间隔可适当缩短。每块制种田应集中、统一采收。如遇烂铃重的年份,应提前单独收摘烂铃。烂铃花和僵瓣花不得作种籽棉。

3.收购

制种企业对照核发的制种合格证,地头集中、统一收购制种籽棉,按制种户单独装袋。同时,制种企业与各制种户应同时取样封存备查。

4.加工与储藏

对收购的制种籽棉应按户、按批分存、分晒、分轧,一库一种,专库存放,专人管理。在收购、运输、晾晒和轧花过程中要严防混杂。

5.杂交种子检验与质量要求

棉花杂交一代种子的质量要求不育株率不超过 1%。

五、亲本繁殖与保纯

1.不育系繁殖(保持)

(1)隔离要求。不育系母本应单独隔离繁殖保纯,繁殖田周边种植玉米等高秆作物作隔离带,与其他棉田间隔 3000 米以上。避免选择附近有蜜源植物或传粉媒介较多的地块作繁殖田。

(2)种植与管理。地力条件、不育系与保持系配置比例、种植方式与时间、种植密度、栽培管理等同制种田。

(3)授粉保持。用保持系花粉给不育系授粉保持,采粉、授粉方法同制种田。应分别在授粉前和收花前按照不育系、保持系典型性,严格去除杂株、劣株、变异株和病株。授粉结束后拔除全部保持系。

(4)采收、加工和储藏要求同制种田。可一年繁殖(保持),冷库保存,多年利用。

2.恢复系、保持系繁殖

(1)隔离要求。集中连片种植,周边种植玉米等高秆作物作隔离带,与其他棉田间隔3000米以上。避免选择附近有蜜源植物或者传粉媒介较多的地块制种。

(2)管理要求。应在开花期和收花前按照恢复系或保持系典型性,严格去除杂株、劣株、变异株和病株,田间管理按一般高产栽培要求进行。

(3)采收、加工和储藏。要求同制种田。可一次繁殖,冷库保存,多年利用。

六、制种企业要求

1.资质要求

从事利用棉花质核互作雄性不育三系生产棉花杂交种子的企业应具有棉花杂交种子生产经营资质。

2.管理要求

制种企业应建立规范的杂交种子生产田间档案,将制种田基本情况、制种操作和监管人员姓名、主要管理措施、田间检验等情况记入档案。制种档案应妥善保留不少于2个棉花生长周期。

本规程摘编于《质核互作雄性不育三系杂交棉制种技术规程》(NY/T 3079—2017)。

棉花枯、黄萎病综合防治技术规程

（SDNYGC-1-6022-2018）

王红艳[1]　　夏晓明[1]　　王金花[2]　　王桂峰[3]　　秦都林[3]

（1.山东农业大学植物保护学院；2.山东农业大学资源与环境学院
3.山东省棉花生产技术指导站）

一、棉花枯、黄萎病的病害特征

棉花枯萎病和黄萎病的病原不同，但都作用于植株的维管束，侵染过程类似。在棉区，不但有单一的枯萎病和黄萎病病田，还有许多混生病田，有时一株棉花还能同时感染两种病害。

1.棉花枯萎病

（1）病原。病原为尖孢镰刀菌（萎蔫专化型）〔Fusariumoxysporumf. sp. vesinfectum（Atk.）Snyder et Hansen〕。该菌菌丝透明，具分隔，大型分生孢子镰刀形，略弯，两端稍尖，具 2～5 个隔膜。

（2）危害。病菌从棉株根部伤口或直接从根的表皮或根毛侵入，在棉株内扩展，进入维管束组织后，在导管中产生分生孢子，向上扩展到茎、枝、叶柄、棉铃的柄及种子上，造成叶片或叶脉变色、组织坏死、棉株萎蔫。

（3）症状。发病棉株的根、茎、叶柄导管部分均变为黑褐色或黑色。苗期症状有 5 种，分别为黄色网纹型、黄化型、紫红型、青枯型和皱缩型；成株期常见症状有矮缩型、网纹黄化型、急性凋萎型等。

2.棉花黄萎病

（1）病原。病原在我国主要为大丽花轮枝孢（Verticilliumdahlia Kleb）。该菌菌丝体白色，分生孢子梗直立，呈轮状分枝，轮枝顶端或顶枝着生分生孢子，分生孢子长卵圆形，单胞无色。

（2）危害。病菌在土壤中直接侵染根系，穿过皮层细胞进入导管，产生的分生孢子及菌丝体堵塞导管，此外病菌产生的轮枝毒素也是重要致病因子。

（3）症状。病株一般不矮缩，发病棉株的根、茎、叶柄导管部分均出现褐色。常见症状有黄斑型、叶枯型、萎蔫型和落叶型等。

二、棉花枯、黄萎病的综合治理

棉花枯、黄萎病均属系统侵染的维管束病害，在防治上应统筹兼顾，坚持"预防为主、综合防治"的植保工作方针，在防治策略上应当认真执行"保护无病区，控制轻病区，消灭零星病区，改造重病区"的原则。

1.栽培抗（耐）病品种

选用抗病、耐病品种，注意不从重病区引种调种，使用前对种子进行消毒处理或用杀菌剂拌种。选购棉种时，不能只把高产作为选种的前提，同时还要特别注意种子的抗病性。其中鲁棉研 28 号、鲁棉研 37 号、K826、国欣棉 8 号等符合国家棉花品种审定标准，已通过审定，在山东棉花主产区表现出了较好的抗（耐）枯、黄萎病效果。

2.加强栽培管理

有效的农业防治技术是栽培抗（耐）病品种的有益补充。

（1）合理轮作倒茬。对病重棉田实施轮作倒茬，与小麦、玉米等禾本科植物轮作 3～5 年，可明显减轻病害。

（2）减小秸秆还田比例可有效降低土壤中的菌源量，及时清除病残体，减轻枯、黄萎病的发病情况。

（3）合理施肥与灌溉。施足底肥，增施氮、磷、钾配方肥及微肥，在重病区以无菌有机肥为主，提高肥料作用率，可明显减轻枯、黄萎病的发生并防止早衰。棉花生长中后期适当减少灌水量，减少土壤水分含量，降低土壤湿度，可有效控制病害发展。

（4）合理密植，及时整枝及拔除病株。合理密植，采用宽窄行播种，有利于株间通风透光，降低田间湿度，减轻病害发生。若发现零星病株，应及时拔除，带出田外深埋或烧毁处理。

3.化学防治

目前在我国，针对枯、黄萎病的化学防治药剂通过农药登记并投入使用的还很少，并且防治效果不高。

（1）种子消毒。种子用硫酸脱绒后，用多菌灵浸种处理 24 小时，可以防止棉花枯、黄萎病的种传发生和危害。或者用戊唑醇、甲基硫菌灵、枯草芽孢杆菌等进行种子处理,控制定株后苗期枯萎病和早期黄萎病的发生。如使用枯草芽孢杆菌(10 亿活芽孢/克)与种子按 1∶(10～15)的比例拌种或用 36％的甲基硫菌灵悬浮剂 170 倍液浸种处理。

　　(2)合理喷施药剂。棉花枯、黄萎病发病初期及时喷施甲基硫菌灵、乙蒜素、三氯异氰尿酸等抑制病害的发生及蔓延,注意交替用药。每 666.7 平方米可使用 36％的三氯异氰尿酸可湿性粉剂(有效成分用量 28.8～36 克)或 30％的乙蒜素乳油(有效成分用量 16.5～22.1 克)进行叶面喷雾防治。此外还可以通过喷施叶面肥及植物诱抗剂氨基寡糖素等提高棉株自身的抗病性,抵御病原菌侵染,防止病害的进一步发生和扩展。

棉花铃病综合防治技术规程

（SDNYGC-1-6023-2018）

赵鸣[1]　杨媛雪[1]　夏晓明[2]　王桂峰[3]　秦都林[3]　薛超[1]

（1.山东棉花研究中心；2.山东农业大学植物保护学院；3.山东省棉花生产技术指导站）

一、范围

本标准规定了棉花生长中后期棉铃病害的防治方法，适用于山东省各棉区一熟春棉生产，黄河流域棉区其他省份棉花一熟春棉也可参考。

二、棉花主要棉铃病害种类及防治

1. 棉铃主要病害种类和危害

（1）棉铃疫病。病原为苎麻疫霉（Phytophthora boehmeriae），属鞭毛菌亚门疫霉属，主要危害棉株下部大铃，病原多从棉铃基部、铃缝和铃剑侵入，产生暗绿色水渍状小斑，不断扩散使全铃变青绿色或黑褐色，一般不软腐；潮湿时，铃表面生出白色至黄白色霉层，腐烂脱落或者僵铃。

（2）棉铃红腐病。病原为串珠镰刀菌（Fusarium moniliforme），属半知菌亚门。病铃初成墨绿色、水渍状小斑，后全铃变黑腐烂；潮湿时，铃面和纤维上产生白色至粉红色的霉层；重病铃不能开裂，形成僵瓣。

（3）棉铃红粉病。病原为玫红复端孢（Trichotheciumroseum），属半知菌亚门复端孢属。病铃上先产生深绿色斑点，后产生粉红色霉层，并扩展至全铃，且厚而紧密；高湿时腐烂，铃内纤维上也附着粉红色粉状物；病铃不能开裂，常干枯后脱落。

（4）棉铃炭疽病。病原为棉炭疽菌（Colletotrichum gossypii），属半知菌亚门。棉铃被害后,初生暗红色小点,后扩大并凹陷呈边缘暗红色的黑褐色斑;潮湿时病斑上着生橘红色或红褐色黏物质,严重时全铃腐烂,纤维成黑色僵瓣。

(5)棉铃曲霉病。病原包括黄曲霉(Aspergillus flavus)、烟曲霉(Aspergillus fumigatus)、黑曲霉(Aspergillus niger),均属于半知菌亚门。初在棉铃的裂缝、虫孔、伤口或裂口处产生水浸状黄褐色斑,接着产生黄绿色或黄褐色粉状物,填满铃缝处,造成棉铃不能正常开裂,连阴雨或湿度大时,长出黄褐色或黄绿色绒毛状霉,棉絮质量受到不同程度污染或干腐变劣。

(6)棉铃软腐病。病原为铺枝根霉(Rhizopus stolonifer),属接合菌亚门。潮湿天气全铃表面产生黄白色绵毛状的疏松霉层和黑色头状物;雨水多或大水漫灌,整枝不及时,株间郁闭,棉铃伤口多发病害。

(7)棉铃黑果病。病原为棉色二孢(Diplodiagossypina),属半知菌亚门。铃壳初淡褐色,全铃发软,后铃壳呈棕褐色,僵硬多不开裂,铃壳表面密生突起的小黑点。发病后期铃壳表面布满煤粉状物,棉絮腐烂成黑色僵瓣状。

2.棉铃主要病害防治

(1)加强栽培管理

①合理施肥与排水:施足底肥和保蕾肥,以有机肥为主,补施铃肥,做到氮、磷、钾配方施肥,增施硅硼肥,采取施肥入蔸的办法,提高肥料作用率,促进座果率。

②合理密植,及时整枝:合理密植,采用宽窄行播种,有利于株间通风透光,降低田间湿度,减轻病害。

③抢摘黄熟铃、早剥病铃:及时抢摘棉株下部的黄熟铃和病铃,剥开晾晒,既能减轻产量损失,又能减少病菌再侵染。

(2)及时防治虫害。钻蛀性害虫于铃期危害,造成伤口,有利于病菌侵染,引起烂铃。应采取有效措施防治棉铃、红铃虫等钻蛀性害虫。

(3)药剂防治。根据棉铃病害的特点,7月下旬至8月上旬,棉田出现零星铃病时即可喷药防治。根据发病情况,连续施药2~3次,每次间隔7天,遇连续雨、高温天气需及时喷药防病,施药重点喷施中下部棉铃及垄间地面。棉铃病害早期以疫病为主,每666.7平方米可选用三乙膦酸铝(有效成分用量94~188克)进行喷雾防治。发病重的月份、年份或地区,应结合定期喷施代森锰锌和吡唑醚菌酯等药剂保铃。

棉花苗期病害综合防治技术规程

（SDNYGC-1-6024-2018）

王红艳[1]　夏晓明[1]　王金花[2]　王桂峰[3]　秦都林[3]

（1.山东农业大学植物保护学院；2.山东农业大学资源与环境学院
3.山东省棉花生产技术指导站）

一、棉花苗期主要病害的种类和危害

棉花播种后如遇到低温多雨易遭受病菌侵染，棉种萌发前侵染易造成烂种，萌发后未出土前被侵染而引起烂芽和烂根，出土后发病严重时造成成片的病苗和死苗。病菌侵染幼苗的叶片和茎部时，易形成病斑，影响叶片光合作用，导致棉苗迟发。棉花苗期的根部病害主要有立枯病、炭疽病、猝倒病等，统称为"棉苗病"。棉花苗期的叶部病害主要有棉花褐斑病、棉花轮纹病等。

1. 棉花立枯病

（1）病原。病原为立枯丝核菌（RhizoctoniasolaniKühn），属半知菌亚门，以AG4融合群为主；该菌有性态为瓜亡革菌［Thanatephoruscucumeris（Fank）Donk］。

（2）危害症状。棉苗出土前，病原菌侵染种子造成烂芽、烂种。幼苗出土后，初期在近基部产生黄褐色斑点，病斑逐渐扩展包围整个基部呈明显缢缩，病苗萎蔫枯死。子叶受害后，成株叶片出现褐色斑点，常脱落穿孔。在病苗的茎基部及周围、土面常见到白色稀疏菌丝体。

2. 棉花猝倒病

（1）病原。病原主要为瓜果腐霉［Phythiumaphanidermatum（Eds.）Fitz.］，属卵菌门腐霉属。

（2）危害症状。病菌可危害种子和刚露白的幼芽，造成烂种和烂芽。侵害幼苗时，初期在幼苗茎基部接近地面部分出现水渍状斑，严重时呈水肿状，后变黄褐色腐烂。由于整株维管束系统被毁,呈青枯状倒伏。高温时病组织可产生白色絮状物,为病菌菌丝。与立枯病不同的是,患猝倒病的棉苗茎基部无褐色凹陷病斑。

3. 棉花炭疽病

(1)病原。病原无性态为普通炭疽菌(ColletotrichumgossypiiSouthw.),属半知菌亚门刺盘孢属棉刺盘孢菌;有性态为子囊菌亚门棉小丛壳菌[Glomerellagossypii(Southw.)Edg.]。

(2)危害症状。棉花整个生育期均能发病,以苗期和铃期受害严重。棉苗出土前感染可造成烂芽。出土后感染,病斑呈黄褐色,边缘红褐色,棉苗近地面的茎基部产生红褐色梭型病斑,扩大后呈褐色略凹陷的纵条斑,病斑边缘呈紫红色,气候干燥时病斑中部产生纵向裂痕;病重时,病斑可扩展包围整个茎基,使呈黑褐色半湿腐状,棉苗枯萎。

4. 棉花红腐病

(1)病原。病原主要为串珠镰刀菌(FusariummoniliformeSheld.),属半知菌亚门,有大小两种分生孢子,其中大型分生孢子镰刀形,直或略弯,无色,多数3～5个隔膜;小型分生孢子近卵圆形,无色,多数单胞,串生或假头生。

(2)危害症状。苗期侵染,幼芽出土前受害可造成烂芽,幼芽变为红褐色。棉苗受害时导管变为暗褐色,近地面的茎基部出现黄色条斑,后变褐腐烂,根尖由黄变褐腐烂并蔓延全根,病斑不凹陷。

5. 棉花褐斑病

(1)病原。棉花褐斑病由棉小叶点霉(Phyllostictagossypina Ell. et Mart.)和马尔科夫叶点霉(P. .malkoffiiBubak.)两种病原真菌引起。

(2)危害症状。主要危害叶片,子叶染病,初生紫红色斑点,后扩大成褐色、边缘紫色、稍隆起的圆形至不规则形病斑,多个病斑融合在一起形成大病斑,中间散生黑色小粒点,病斑中心易破碎脱落穿孔,严重的叶片脱落。真叶染病病斑圆形,黄褐色,边缘紫红色。

6. 棉花轮纹病

(1)病原。棉花轮纹病又称黑斑病,由大孢链格孢(Alternariamacrospora Zimm.)、细极链格孢(A. tenuissimaWiltsh)和棉链格孢[A. gossypina (Thum.) Hopk]三种病原真菌引起。

(2)危害症状。主要发生在棉苗1～2片真叶期,危害子叶和真叶。子叶染病后,初生红褐色小圆斑,后为不规则至近圆形褐色斑,有不明显的轮纹,湿度大时,病斑上长出墨绿色霉层,严重时子叶枯焦脱落。真叶染病与子叶症状相似,但病斑较大,四周有紫红色病变。

二、棉花苗期病害的综合治理

棉花苗期病害的防治应采取"以农业防治为主,种子处理和化学防治为辅"的综合防治策略。

1. 精选棉种和种子消毒

选用籽粒饱满的棉种,淘汰小籽、瘪籽和虫蛀籽。使用前对种子进行硫酸脱绒后处理。播种前晒种 3~5 天,促进种子后熟,提高种子生活力。

2. 加强栽培管理

(1)适时播种,地膜覆盖。播种较早易受寒流侵袭,导致发病严重;播种较晚易造成晚苗迟发,产量下降。应在土温 5 厘米左右稳定在 12 ℃以上时播种为宜。有条件的地区可以在无病圃中育苗后移栽。地膜覆盖有利于提高表层地温,减少棉苗发病。

(2)合理轮作,深耕改土。对病重棉田轮作倒茬,与小麦、玉米等禾本科植物轮作 2~3 年,能明显减轻病害的发生。深耕改土,减小秸秆还田的比例,可减少土壤中的病原菌积累量。

(3)加强田间管理。施足底肥,合理追肥,在重病区以无菌有机肥为主,提高肥料作用率,促进棉苗生长健壮。出苗中后期及时中耕松土,破除土壤板结,提高土壤通气性。降水多时及时排水,降低土壤湿度,有效控制病害发展。及时拔除病苗和死苗,带出田间深埋或者烧毁处理。

3. 化学防治

(1)种子处理。用多菌灵、精甲霜灵、甲基立枯磷、咯菌腈、萎秀·福美双等进行拌种处理,控制苗期主要病害的发生,如使用 50% 的多菌灵可湿性粉剂(有效成分用量 500 克/100 千克种子)或 25 克/升的咯菌腈悬浮种衣剂(有效成分用量 20 克/100 千克种子)拌种。准备好桶或塑料袋,将药剂稀释到 2 升/100 千克种子左右,充分搅拌混匀后倒入种子上,快速搅拌或摇晃,直到药液均匀分布到每粒种子上。

(2)喷施药剂。在发病初期及时喷施代森锰锌、多抗霉素等抑制病害的发生及蔓延。如每 666.7 平方米选用 80% 的代森锰锌可湿性粉剂(有效成分用量 40~60 克)进行叶面喷雾。此外还可以通过喷施叶面肥提高棉株自身的抗病性,防止病害的发生。植株在寒流侵袭和阴雨天时易发病,应在寒流侵袭和阴雨天前,选用代森锰锌、吡唑醚菌酯等及时喷药保护。

棉花苗期虫害统防统治技术规程

（SDNYGC-1-6025-2018）

夏晓明[1]　门兴元[2]　王金花[3]　王桂峰[4]　秦都林[4]

（1.山东农业大学植物保护学院；2.山东省农业科学研究院植物保护研究所
3.山东农业大学资源与环境学院；4.山东省棉花生产技术指导站）

一、范围

本标准规定了棉花苗期虫害的防治对象和统防统治方法。本标准适用于山东省各（黄河流域）棉区直播棉生产，移栽棉田也可参考。

二、防治对象和原则

1.防治对象

在棉花苗期主要防治苗蚜、地老虎、盲蝽象、红蜘蛛和蓟马等虫害。

2.防治原则

坚持"预防为主，综合防治"的植保方针，从棉田生态系统出发，综合考虑害虫、有益生物和环境等因素，根据害虫发生预报和实际发生情况，制定防治策略，确定防治适期，协调运用农业、生物、化学、物理等措施和防治技术，压低害虫的种群数量，获得最佳效果。

三、统防统治技术

1.农业防治

秋冬和早春及时清除棉花秸秆、枯枝烂叶和枯死杂草，有条件的棉田可以实行秋耕冬灌；合理进行作物布局，尽量避免棉花与果树、牧草等作物邻作或间作。

2.诱杀防治

(1)苗蚜。在苗期蚜虫发生之前或发生初期,在棉田内悬挂黄色诱虫板。每666.7平方米悬挂数量为30～40片,悬挂高度稍高于植株高度(当黄色诱虫板上沾满蚜虫或因浮尘影响失去黏性时,及时更换黄色诱虫板)。

(2)盲蝽象。根据棉田内盲蝽象的动态监测结果和实际发生危害情况,可采用性诱剂和灯光等措施诱杀,提倡统一连片应用,提高诱杀效果。

①性诱剂诱杀:每666.7平方米悬挂桶形诱捕器2～4个,诱捕器中央放置盲蝽象性诱剂诱芯。诱捕器底端距地面1米,7天清理1次诱捕器。

②灯光诱杀:每2万～3万平方米设置一台杀虫灯,灯管底端距离地面1.5米,天黑开灯,凌晨关灯,定时清扫死虫。

(3)地老虎。可采用诱虫灯、糖醋液和性诱剂等方式诱杀地老虎成虫,减少田间落卵量,降低虫口基数。灯光诱杀参照盲蝽象。也可按照醋∶红糖∶水∶酒质量比例为4∶3∶2∶1的比例,再加入1%的90%敌百虫晶体,调制含药糖醋液诱杀地老虎成虫,调匀后盛在盆内,每666.7平方米5～8盆,距离地面1～1.2米。也可在成虫发生前,用含有人工合成的地老虎性诱剂的诱捕器诱杀地老虎成虫。

(4)蓟马。蓟马发生初期,在棉田内悬挂蓝色黏虫板。每666.7平方米悬挂数量为30～40片,悬挂高度稍高于植株高度(当蓝色诱虫板上沾满蓟马或因浮尘影响失去黏性时,及时更换蓝色诱虫板)。

3.生物防治

(1)苗蚜。在苗蚜发生初期,可以悬挂异色瓢虫卵卡(20粒卵/卡),每666.7平方米悬挂数量为70～80张,均匀分布。也可以通过人工捕捉或饲养的方式大量获得瓢虫成虫,然后按照瓢虫∶蚜虫比例1∶100的比例释放瓢虫成虫。选择两天内无雨天气释放,释放前后7天内不得施用农药。

(2)盲蝽象。可采用释放红茎常室茧蜂来防治盲蝽象。在盲蝽象卵孵化高峰期,按照盲蝽若虫与寄生蜂成虫50∶1的比例释放,每666.7平方米2～3个释放点。释放时,用牙签将纸蜂袋固定在棉株顶部叶片背面的主叶脉上。间隔5～7天释放第二次,连续释放2～3次。释放前后7天内不得施用农药。

(3)红蜘蛛。可在红蜘蛛发生初期,释放智利小植绥螨、钝绥螨等捕食性螨进行防治。

(4)蓟马。可在蓟马发生初期,按照东亚小花蝽∶蓟马比例1∶(25～30)的比例释放东亚小花蝽。

4. 化学防治

（1）苗蚜

①防治指标和适期：防治适期为棉花播种前对棉花种子进行拌种或包衣处理，或苗后棉蚜发生初期喷雾防治。喷雾防治指标为 3 片真叶前卷叶株率 5%～10%，4～8 片真叶期后卷叶株率 10%～20%。

②药剂拌种：未包衣种子或者不含防治棉蚜种衣剂包衣种子，可选择已在棉花上登记药剂，在棉花播种前进行包衣或拌种处理。播种前，先将药剂按照预定剂量调成浆状，通常每 100 千克种子的药量需加 1～2.5 升水调制。将调制好的药液与种子充分搅拌混合，使药液均匀分布在种子上，摊开晾干备用。药剂应选用在棉花上登记的药剂，药剂在使用之前应该详细阅读说明书，并按照说明书执行（防治苗蚜拌种或包衣药剂和使用剂量见附表 1）。

③喷雾防治：可选用背负式手动喷雾器、电动喷雾器或机动喷雾器进行喷雾防治，每 666.7 平方米用水量为 20～30 千克，棉花叶片正反两面均要喷施药液，当苗蚜发生程度偏重时，可连续施药 2 次，间隔 5～7 天。药剂应选用在棉花上登记的杀虫剂，药剂在使用之前应该详细阅读说明书，并按照说明书执行（防治苗蚜喷雾药剂和使用剂量见附表 2）。

（2）盲蝽象

①防治指标和适期：防治适期为盲蝽象集中迁入棉田期，防治指标为棉苗新被害株率达 3% 或百株虫量为 5 头。

②喷雾防治：可选用电动喷雾器或机动喷雾器进行喷雾防治，每 666.7 平方米用水量为 20～30 千克，棉花叶片正反两面均要喷施药液，当发生程度偏重时，可连续施药 2 次，间隔 5～7 天。施药时间应在上午 10 点之前或下午 4 点之后，盲蝽象活动弱的时间，并且施药时一定不要倒着走。药剂应选用在棉花上登记的杀虫剂，药剂在使用之前应该详细阅读说明书，并按照说明书执行（防治盲蝽象喷雾药剂和使用剂量见附表 3）。

（3）地老虎

①防治指标和适期：防治适期为棉花播种前对棉花种子进行拌种或包衣处理，或苗后地老虎发生初期喷雾防治，防治指标为定苗前新被害株率 10%，定苗后新被害株率 5%。

②喷雾防治：可选用电动喷雾器或机动喷雾器进行喷雾防治，每 666.7 平方米用水量为 20～30 千克，棉花叶片正反两面均要喷施药液，当地老虎发生程度偏重时，可连续施药 2 次，间隔 5～7 天。药剂应选用在棉花上登记的杀虫剂，药剂在使用之前应该详细阅读说明书，并按照说明书执行（防治地老虎喷雾药剂和使用剂量见附表 4）。

(4)红蜘蛛

①防治指标和适期:防治适期为棉花红蜘蛛发生初期,防治指标为棉苗有螨危害黄斑株率20%～25%。

②喷雾防治:可选用电动喷雾器或机动喷雾器进行喷雾防治,每666.7平方米用水量为20～30千克,棉花叶片正反两面均要喷施药液,当发生程度偏重时,可连续施药2次,间隔5～7天。药剂应选用在棉花上登记的杀虫剂,药剂在使用之前应该详细阅读说明书,并按照说明书执行(防治红蜘蛛喷雾药剂和使用剂量见附表5)。

(5)蓟马

①防治指标和适期:防治适期为蓟马发生初盛期,防治指标为棉苗单株虫量2～5头。

②喷雾防治:可选用背负式手动喷雾器、电动喷雾器或机动喷雾器进行喷雾防治,每666.7平方米用水量为20～30千克,棉花叶片正反两面均要喷施药液,当发生程度偏重时,可连续施药2次,间隔5～7天。药剂应选用在棉花上登记的杀虫剂,药剂在使用之前应该详细阅读说明书,并按照说明书执行(防治蓟马喷雾药剂和使用剂量见附表6)。

5.化学防治关键技术

(1)安全用药。配药和拌种应选择远离饮用水源、居民点的安全地方。选用设计合理、质量高的施药器械,提高农药使用率,减少农药浪费和污染环境。施药前要检查施药器械是否完好。大风和中午高温时应停止施药。

(2)安全间隔期和用药次数。严格按照规定和说明书,控制安全间隔期和施药量,严格控制药剂在单季棉花上的用药次数。参考药剂的安全间隔期和最多用药次数,见附表1～6。

(3)合理混用和轮用药剂。在整个棉花生长季节要合理混用和轮换使用具有不同作用机制或具有负交互抗性的药剂,以延缓害虫抗药性的发生和发展。

6.化学防治安全注意事项

(1)安全措施。在配制和施用药剂时,应穿防护服、戴手套、口罩,严禁吸烟和饮食。药后应用肥皂和足量清水清洗手部、面部和其他裸露的身体部位以及药剂污染的衣物等。孕妇、儿童及哺乳期的妇女应避免接触农药。农药及相关包装材料、废弃物应及时回收并按照规定集中处理,不应随意放置。

(2)农药中毒急救。施药人员如果将药剂溅到皮肤、眼睛,应及时用大量干净的清水冲洗或携带标签将患者送医院就医,对症治疗。施药人员如果出现头痛、头昏、恶心、呕吐等农药中毒症状,应立即停止作业,离开施药现场,脱掉污染衣物或携带农药标签前往医院就诊。

附表　参考药剂及使用方法

表 1　　　　　　　　　　防治苗蚜拌种或包衣药剂及使用剂量

药剂类别	有效成分	制剂类型	有效成分用量克有效成分/100 千克种子	使用方式
新烟碱类	吡虫啉	悬浮种衣剂	300～500	种子包衣
	噻虫嗪	悬浮种衣剂	315～480	种子包衣
	噻虫嗪	种子处理可分散粉剂；种子处理悬浮剂	210～420	拌种
	吡虫啉	种子处理可分散粉剂；湿拌种剂；湿拌种剂	280～500	拌种

表 2　　　　　　　　　　防治苗蚜喷雾药剂及使用剂量

药剂类别	有效成分	有效成分用量克有效成分/666.7 平方米	安全间隔期/天	每季最多施药次数
新烟碱类	啶虫脒	1～2	14	2
	噻虫嗪	1.5～3	21	2
	吡虫啉	1.5～3	14	3
	烯啶虫胺	1～2	14	3
	氟啶虫胺腈	1～2	14	3
菊酯类	高效氯氟氰菊酯	1～2	21	2
	高效氯氰菊酯	1～2	7	2～3
有机磷类	辛硫磷	20～40	7	2
植物源杀虫剂	烟碱	8～10	14	3

表 3　　　　　　　　　　防治棉田盲蝽喷雾药剂及使用剂量

药剂类别	有效成分	有效成分用量克有效成分/666.7 平方米	安全间隔期/天	每季最多施药次数
新烟碱类	噻虫嗪	1.5～3	21	2
	氟啶虫胺腈	3.5～5	14	2

续表

药剂类别	有效成分	有效成分用量克有效成分/666.7平方米	安全间隔期/天	每季最多施药次数
有机磷类	马拉硫磷	23.3～40	14	2
菊酯类	顺式氯氰菊酯	2～4	14	2
	溴氰菊酯	0.5～1	14	3

表 4　　　　　防治地老虎喷雾药剂及使用剂量

药剂类别	有效成分	有效成分用量克有效成分/666.7平方米	安全间隔期/天	每季最多施药次数
菊酯类	高效氯氟氰菊酯	1～2	21	2

表 5　　　　　防治棉田红蜘蛛喷雾药剂及使用剂量

药剂类别	有效成分	有效成分用量克有效成分/666.7平方米	安全间隔期/天	每季最多施药次数	备注
抗生素类	阿维菌素	0.5～1.5	21	2	
杂环类杀螨剂	哒螨灵	6～9	14	3	
有机硫类杀螨剂	炔螨特	25.5～32.8	14	3	
噻唑烷酮类	噻螨酮	2.5～3.75	30	2	不杀成螨
季酮酸类	螺螨酯	2.4～4.8	30	1	不杀雄成螨
甲脒类	双甲脒	6～10	7	2	
菊酯类	联苯菊酯	3～4	14	2	
	甲氰菊酯	6～10	14	3	

表 6　　　　　防治棉田蓟马喷雾药剂及使用剂量

药剂类别	有效成分	有效成分用量克有效成分/666.7平方米	安全间隔期/天	每季最多施药次数
新烟碱类	噻虫嗪	2～3.75	21	2
菊酯类	联苯菊酯	0.5～1	14	3

棉花生长后期主要害虫防治技术规程
（SDNYGC-1-6026-2018）

赵鸣[1]　杨媛雪[1]　夏晓明[2]　王桂峰[3]　秦都林[3]　薛超[1]

（1.山东棉花研究中心；2.山东农业大学植物保护学院；3.山东省棉花生产技术指导站）

一、范围

本标准规定了棉花生长中后期主要害虫的防治方法，适用于山东省各棉区一熟春棉生产，黄河流域棉区其他省份棉花一熟春棉也可参考。

二、防治对象及防治指标

1.盲蝽象

盲蝽象的主要种类有绿盲蝽、三点盲蝽、苜蓿盲蝽等，以绿盲蝽危害最为严重。盲蝽象的成虫以针刺吸附棉花的嫩叶、幼蚜、幼嫩花蕾，造成蕾铃大量脱落与破碎花叶和丛生枝叶。

（1）虫情测报。以调查绿盲蝽、中黑盲蝽、苜蓿盲蝽、三点盲蝽为主。采用拍打法或目测法，单对角线5点取样，每点调查5株，共计25株。晴天可选择早、晚调查，阴天全天可调查。每5天调查一次，记载棉株成、若虫数，并统计和记载被害株率。

（2）防治指标。新被害株率3％或百株有成虫1～2头。

（3）防治时机。百株25头以上应及时进行药剂防治。

（4）登记农药用量。每666.7平方米马拉硫磷有效成分用量25～40克、氟啶虫胺腈有效成分用量3.5～5克、噻虫嗪有效成分用量1.5～3克。

2.烟粉虱

烟粉虱成虫和若虫均有危害，以若虫危害更为严重，成、若虫群集在中、上部叶背吸食汁液，棉叶受害后，出现褪绿斑点或黑红色斑点，植株生长不良，重者引起蕾铃大量脱落，降低棉花产量和品质。

（1）虫情测报。每块棉田采取对角线 5 点取样方法，每点 20 株，每株上、中、下靠近主茎果枝中等大小的第一叶，每 5 天调查一次。分别记载上、中、下三叶若虫量。

（2）防治指标。棉株上、中、下三叶平均单叶若虫量 11～15 头。

（3）登记农药及用量。每 666.7 平方米氟啶虫胺腈有效成分用量 5～6.5 克、溴氰虫酰胺有效成分用量 3.3～4 克。

3. 棉铃虫

（1）虫情测报。每块棉田采取对角线 5 点取样方法，每点调查 20 株，每 3 天调查一次，调查记载棉铃虫卵量、幼虫量和天敌量。

（2）防治指标。百株低龄幼虫 15 头。

（3）防治时机。当分类定点调查百株低领幼虫接近防治指标时，普查相同生态类型棉田，当达到防治指标时，及时进行施药防治。

（4）登记农药用量。每 666.7 平方米甲氨基阿维菌素苯甲酸盐有效成分用量 0.5～0.75 克、茚虫威有效成分用量 1.5～2.7 克、氯虫苯甲酰胺有效成分用量 1.3～2.7 克、高效氯氟氰菊酯有效成分用量 1～1.5 克、辛硫磷有效成分用量 20～40 克、氟铃脲有效成分用量 6～8 克、苏云金杆菌制剂用量 100～500 克。

三、统防统治基本要求

1. 做好防治区域内的主要害虫发生情况监测

在虫害常年发生的关键代或发生高峰期前 5～7 天，分区域、分类型开展田间虫情调查，掌握不同区域、不同类型田内主要害虫发生数量，为综合防治决策提供第一手资料，做到虫口基数不达防治指标不用药，避免盲目用药和打保险药的做法，减少用药次数和防治面积。

2. 合理使用化学农药，发挥农药的最佳效益

化学农药使用时应注意以下几点：

（1）防治适期，根据害虫发生监测情况，确定合理的农药施药时间。

（2）农药交替轮换使用，可有效延缓当地害虫抗药性的产生和发展。

（3）合理安全使用农药。

（4）使用增效剂，可有效提高农药的防治效果。

（5）协调化学杀虫剂与生物农药的使用。

3.加强生物防治措施的应用

棉田天敌种类较多,从7～8月份花铃期到10月份收花,棉田各种天敌随着主要棉虫的消长起伏呈现有规律的变化。可因地制宜地运用防治指标,利用合理的耕作栽培制度增殖自然天敌,保护早春麦田内天敌的源库,应用选择性农药防治棉田害虫,保护天敌,改进施药方法和农事操作,最大限度地保护利用自然天敌。

4.选择或依托当地植保专业合作社

按照农业部《农作物病虫害专业化统防统治管理办法》和植保合作社"七化"的标准组建标准的植保专业合作社,合作社具体要求做到"运作市场化,管理制度化,人员专业化,技术标准化,操作规范化,设备现代化和服务优质化"。

5.选择大型的植保施药机械

棉花是高秆作物,最传统的施药器械(如手动喷雾器)施药速度慢,效率低下,每人每天仅防治3300平方米;现阶段的机动喷雾器效率虽然速度较快,但一般认为机械损伤棉株,劳动强度大,每人每天可防治13300平方米;而选择现代先进无人植保机防治病虫害,每人每天可防治200000平方米,与机动服务器相比,对棉株零伤害,劳动强度小得多,而且防治病虫害效率提高了15倍以上。同时省工,防治效益也显著提高,防治成本明显下降。

四、统防统治原则

需要采取农药减量控害的方式,保证农产品的质量安全和农业的生态安全,最大限度地保证棉花的稳产增收。

五、关键技术控制

进入8月,棉花自身补偿能力明显减弱,棉田天敌对害虫的控制能力减弱。棉铃虫直接危害收获部分,8月初,若3代棉铃虫发生严重,可使用甲氨基阿维菌素苯甲酸盐、茚虫威、氯虫苯甲酰胺、高效氯氟氰菊酯等药剂进行防治。棉花中后期刺吸式害虫种类多,世代重叠现象没有明显发生高峰。烟粉虱进入发生高峰,秋雨多的年份盲蝽象发生严重,若防治失误可能造成棉花严重减产,因此这一时期以化学防治为主,可使用推荐的农药交替轮换使用,并且与蕾期药剂轮换。当棉花病虫害数量达到防治指标时,按照"适时、适药、适量、适法"的原则,精准用药。棉铃虫成虫期采用加装性诱剂诱捕器,或条施食诱剂、杀虫灯诱杀成虫,或杨枝把(喷施1∶1000的草酸)诱杀成虫;利用色板诱蚜,防治蚜虫。

棉花田间杂草防控技术规程

（SDNYGC-1-6027-2018）

刘伟堂[1]　　夏晓明[1]　　王金信[1]　　王桂峰[2]　　秦都林[2]

（1.山东农业大学植物保护学院；2.山东省棉花生产技术指导站）

一、术语和定义

下列术语和定义适用于本文件：

（1）杂草防治关键期（critical period for weed control）：作物生育期内为了防止不可接受的产量损失而必须对杂草进行防治的一段时间。

（2）茎叶处理（post emergency treatment）：使用除草剂处理杂草茎叶的方法。

（3）土壤处理（pre-emergence treatment）：分为使用除草剂土表处理与混土处理两种方式。土表处理是在作物播种后，出苗前应用，而混土处理是在作物播种前使用。

（4）定向喷雾（directive spray）：将药液全部喷洒到靶标上并避免非靶标着药的用药方式。

二、防治原则和防治指标

1.防治原则

以安全、高效、经济为原则，综合运用农业、化学等方面的技术，对杂草进行综合防治，达到增产、增收和农业可持续发展的目的。

2.主要防治对象

山东棉花田禾本科杂草主要有牛筋草、马唐、狗尾草、金色狗尾草、马唐、虎尾草、稗草、无芒稗、谷莠子、芦苇、白茅等；阔叶杂草主要有马齿苋、铁苋菜、皱果苋、反枝苋、藜、龙葵、碱蓬、小飞蓬、苘麻、醴肠、刺儿菜、牵牛、田旋花、打碗花等；莎草科杂草主要有香附子和黄颖莎草等。山东省棉田各棉区优势杂草主要有牛筋草、马齿苋、马唐、铁苋菜，白茅、芦苇、醴肠、田旋花、藜、刺儿菜、狗尾草、打碗花、香附子、反枝苋为区域性优势杂草（见表1）。

表1　　　　　　　　　　山东省棉花田主要杂草名录

科	种	拉丁文名
禾本科	牛筋草	*E. indica*
	马唐	*D. sanguinalis*
	稗草	*E. crusgalli*
	狗尾草	*S. viridis*
菊科	苍耳	*X. strumarium*
	鳢肠	*E. prostrata*
	苣荬菜	*S. arvensis*
	小飞蓬	*E. canadensis*
旋花科	打碗花	*C. hederacea*
	圆叶牵牛	*I. purpurea*
十字花科	独行菜	*L. apetalum*
	荠菜	*C. bursa-pastoris*
茄科	龙葵	*S. nigrum*
	小酸浆	*P. minima*
大戟科	铁苋菜	*A. australis*
马齿苋科	马齿苋	*P. oleracea*
藜科	藜	*C. album*
	小藜	*C. ficifolium*
锦葵科	野西瓜苗	*H. trionum*
莎草科	香附子	*C. rotundus*
萝藦科	鹅绒藤	*C. chinense*
苋科	反枝苋	*A. retroflexus*
茜草科	茜草	*R. cordifolia*
玄参科	婆婆纳	*V. polita*

棉花田杂草防除应以植物检疫为前提,因地制宜地采用生态、农业、地膜、化学等措施相互配合的综合治理技术,经济、安全、有效地控制杂草的发生与危害。

三、农业措施

1. 清除杂草种子来源

采用精选种子、施用腐熟有机肥料、清除田边沟边杂草等措施,清除杂草种子来源和减少杂草种子基数。

2. 耕翻除草

春播田秋冬早耕、夏播田播种前耕地,深耕 30～50 厘米;中耕除草。

3. 人工除草

人工拔草或利用农机具锄草等方法直接杀死杂草。

4. 合理轮作

春棉花与小麦、玉米二年三作,有利于改变杂草群体,控制杂草危害。

5. 覆盖地膜

播种前,耙平耙细土壤后,覆盖除草药膜或有色膜,封闭播种行,膜与土贴紧,棉花打孔点播。

四、化学防除措施

1. 露地直播棉田

(1)土壤处理。土地平整后,每 666.7 平方米用 35% 的二甲戊乐灵乳油悬浮剂 50～80 克,或 50% 的乙草胺乳油 50.1～75.2 克,或 50% 的扑草净可湿性粉剂 1200～2250 克,或 960 克/升的精异丙甲草胺乳油 57.6～86 克,或 50% 的敌草隆可湿性粉剂 64.9～75 克,或 480 克/升的氟乐灵乳油 48～85.3 克,兑水 30～40 升均匀喷雾。

(2)茎叶处理。棉花 3～5 叶期,杂草 2～5 叶期,茎叶均匀喷雾。以禾本科杂草为优势种群的地块,每 666.7 平方米可选用 5% 的精喹禾灵乳油 2.5～4.0 克,或 15% 的精吡氟禾草灵乳油 8.25～12 克,或 108 克/升的高效氟吡甲禾灵乳油 2.7～3.24 克,或 20% 的烯禾啶乳油 16～24 克,兑水均匀喷雾。杂草叶龄小时用低量,杂草叶龄大时用高量。以阔叶杂草为优势种群的地块,每 666.7 平方米可选用或 24% 的乙氧氟草醚乳油 9.6～14.4 克,或 10% 的乙羧氟草醚乳油 3.0～4.0 克兑 30～40 升水均匀喷雾，即可有效防治杂草。

（3）行间定向喷雾。棉田杂草高 7～15 厘米时，每 666.7 平方米选用 41% 的草甘膦异丙胺盐水剂 82 克，20% 的草铵膦水剂 30～120 克，兑水 30～40 升在棉花行间定向喷雾。

2. 覆膜棉花田

（1）土壤处理。覆膜棉花田化学除草宜选择播种后覆膜前进行土壤处理，每 666.7 平方米用 960 克/升的精异丙甲草胺乳油 57.6～96 克，或 48% 的氟乐灵乳油，或 50% 的扑草净可湿性粉剂，或 48% 的仲丁灵乳油，或 50% 的乙草胺乳油＋50% 的扑草净可湿性粉剂（60 克/666.7 平方米＋62.5 克/666.7 平方米），或 50% 的乙草胺乳油＋20% 的特丁净乳油（60 克/666.7 平方米＋125 克/666.7 平方米），或 50% 的乙草胺乳油＋33% 的二甲戊乐灵乳油（60 克/666.7 平方米＋87.5 克/666.7 平方米），或 50% 的乙草胺乳油＋24% 的乙氧氟草醚乳油（60 克/666.7 平方米＋25 克/666.7 平方米）进行土壤表层喷雾处理。每 666.7 平方米兑水量为 30～40 升。

（2）茎叶处理同露地直播棉田茎叶处理。

3. 棉花苗床杂草防除技术

（1）土壤处理。播种覆土后，每 666.7 平方米可用 20% 的敌草胺乳油 50～60 克，或 60% 的丁草胺乳油 50～80 克，20% 的绿麦隆可湿性粉剂＋60% 的丁草胺乳油 133.3～200 克，对苗床进行封闭式喷雾，能有效防除苗床大多数杂草。

（2）茎叶处理。棉花出苗后，杂草 2～5 叶期，兑水可用 12.5% 的烯禾啶乳油 16～24 克，或 15% 的精吡氟禾草灵乳油 8.25～12 克，或精喹禾灵乳油 2.5～4.0 克进行针对性茎叶喷雾，可有效防治禾本科杂草。

4. 育苗移栽棉花田

麦套棉预留和麦后铁茬移栽棉田杂草较多，一般需麦收完毕，移栽结束后一次施用除草剂，防除已长出的杂草和将要出土的杂草。可用精喹禾灵、烯禾啶、精吡氟禾草灵等除草剂，每 666.7 平方米兑水 20～30 升均匀喷雾。以上 4 种除草剂的应用必须掌握在棉苗 4 叶以后，否则易产生药害。如果棉田杂草除单子叶杂草外，还有双子叶及莎草科杂草时，可用 41% 的草甘膦异丙胺盐水剂定向喷雾防除。施药时若天气干旱，土壤水分含量低，杂草较大，可适量加大除草剂用量。

五、安全施药

1.环境条件

气温应在 10 ℃以上，无风或微风天气，植株上无露水，24 小时内无降雨的情况下施药。

2.土壤条件

雨后或浇地后，土壤湿度在 40%～60%时施药。土质为砂壤土及土壤有机质含量低时，除草剂宜选用较低剂量；土质为沙土时，不宜使用土壤处理除草剂。

3.器械选择

施药器械应专用，宜选用带恒压阀的扇形喷头。不得使用喷施过 2,4-滴丁酯、2,4-滴异辛酯及其含有其复配制剂的喷雾器。

4.科学施药

施药前应对药械进行清洗和校准，仔细检查药械的开关、接头、喷头、药桶等是否完好，对于需二次稀释的药剂，配制时应在小容器中加少量水溶解后再倒入喷雾器中，加足水，摇匀。施药时，喷头离靶标距离不超过 50 厘米，喷雾均匀、不漏喷、不重喷；应注意风向，避免药剂漂移到周围其他敏感作物上产生药害。施药后药械应清洗干净，以防喷雾器残余除草剂对其他作物产生药害。

5.安全防护

施药时应戴口罩、穿工作服，或穿长袖上衣、长裤和雨鞋，不得饮酒、抽烟。施药后应用肥皂洗手、洗脸，用净水漱口。剩余药液或清洗药械的水不得排入沟渠或池塘，剩余药剂应封好后，放置于专用仓库，妥善保管。

棉花药害防御生产技术规程

（SDNYGC-1-6028-2018）

刘伟堂[1]　夏晓明[1]　王金信[1]　王桂峰[2]　秦都林[2]

（1.山东农业大学植物保护学院；2.山东省棉花生产技术指导站）

一、术语和定义

下列术语和定义适用于本文件：

（1）用药适期（suitable time for pesticide application）：指作物所处生育期对药剂耐性强，而病虫草等有害生物生育期对药剂敏感的一段时间。该段时间也称"用药适宜时期"，用药适期内，药剂不仅对作物安全，而且可有效防治病虫草害。

（2）生育期（growth period）：指作物从播种到种子成熟所经历的时间。棉花从种子萌发开始，一生要经历播种出苗期、苗期、蕾期、花铃期、吐絮期五个生育期。

（3）药害（phytotoxicity）：指用药后使作物生长不正常或出现生理障碍。

（4）茎叶处理（post emergency treatment）：使用除草剂处理杂草茎叶的方法。

（5）土壤处理（pre-emergence treatment）：分为使用除草剂土表处理与混土处理两种方式。土表处理是在作物播种后，出苗前应用；而混土处理是在作物播种前使用。

（6）药剂混用（pesticide mixture）：将两种或两种以上的药剂混配在一起应用的施药方式。

（7）定向喷雾（directive spray）：将药液全部喷洒到靶标上并避免非靶标着药的用药方式。

二、防御原则和防治指标

1.防治原则

以安全、高效、经济为原则,综合运用农业、化学、物理等方面的技术,对药害进行预防和防治补救,达到稳产和农业可持续发展的目的。

2.主要药害类型

棉田药害类型可分为杀虫、杀菌剂类药害和除草剂类药害。杀虫、杀菌剂的药害症状表现不仅与棉花品种、生育阶段及形态特征有关,而且与药剂种类和环境条件密切相关:气化性极强的高毒性农药药害,如敌敌畏;强碱强酸类药害,如石硫合剂、波尔多液;环境影响型药害,如高温、高湿。除草剂种类多,其有效成分、使用方式和作用机理多样,除草剂药害也表现多样性,常见的典型除草剂药害有激素类药剂 2,4-滴丁酯、2,4-滴异辛酯,土壤处理剂氟乐灵、乙草胺,灭生性药剂草甘膦等;植物生长调节剂类药害如矮壮素。

棉花田药害防御应因地制宜地采用生态、农业、物理、化学等措施相互配合的综合防御技术,经济、安全、有效地预防控制药害的发生与危害。

三、农业措施

1.选用优良品种

不同的种类和品系、不同的生育期、不同的部位、不同的长势对药剂的敏感程度不同,要选用抗虫性、抗病性、抗逆性品种,如中棉所 41、鲁棉研 21 号、鑫秋 1 号等。

2.加强田间管理

及时进行肥水管理及中耕、除草,做好棉花生长期间的田间管理,增强作物长势以提高作物的抗逆性。

四、预防措施

1.用药环境条件

避免异常气候条件下使用药剂,如低温、高温、干旱、高湿等条件。

2.用药土壤条件

雨后或浇地后,土壤湿度在 $40\%\sim60\%$ 时施药。土质为砂壤土及土壤有机质含量低时,除草剂宜选用较低剂量;土质为沙土时,不宜使用土壤处理除草剂。

3.用药器械选择及合理使用

施药器械应专用,不得使用喷施过 2,4-滴丁酯、2,4-滴异辛酯及含有其复配制剂的喷雾器。施药前应对药械进行清洗和校准,仔细检查药械的开关、接头、喷头、药桶等是否完好。施药时,喷头离靶标距离不超过 50 厘米,喷雾均匀、不漏喷、不重喷;应注意风向,避免药剂漂移到周围其他敏感作物上产生药害。使用灭生性除草剂在棉花行间喷雾,应选择无风天气,喷头安装防护罩进行定向喷雾。施药后药械应清洗干净,以防喷雾器残余药剂对其他作物产生药害。

4.科学用药

(1)选择适宜药剂品种。首先,要选择优质药剂,乳油类药剂不能有絮状沉淀,药剂加入水中要能自行分散,形成白色乳剂,上面不能有浮油,下面不能有沉淀,粉剂药不能有结块;可湿性粉剂的药粉要均匀地分散在水中。其次,在棉田用药时,凡是当地没有使用过的药剂,必须进行小面积试验后才能使用;在棉花上未取得国家审批登记的药剂不得在棉田内使用。在棉田周边或附近要禁止使用 2,4-D-丁酯等挥发性强,同时又对棉花敏感的药剂。

(2)准确把握施药剂量。准确把握施药剂量,严格按各类除草剂说明书推荐用量及用药次数使用,不可盲目加大农药的使用量和施药次数,同时配药、施药要均匀,特别是在苗床的芽前用药时,不要重复喷雾。

(3)合理配制药液。配制药液浓度不可过高,有机磷类农药和石硫合剂、波尔多液不可混用,乳油和某些水溶性药剂不可混用,波尔多液和石硫合剂不能混用。药液随配随用,配制时间过长会导致农药防治效果降低,有时还会产生沉淀,容易使棉花产生药害。

(4)施药的间隔期。注意农药使用的安全间隔期,草甘膦用于棉花免耕栽前除草时,要保证安全间隔期,一般要药后 1 周以上时间才能移栽棉花。

(5)避免药剂误用。对于包装易混淆的药剂应分开放置,使用前看清商标,避免农药间的误用,特别是除草剂与杀虫剂、杀菌剂间的误用。

五、补救措施

1.喷水洗药

多数化学药剂都不耐水冲刷,叶片和植株因药剂茎叶处理引起的药害若发现及时,在药液未完全渗透或吸收到植株体内时,可迅速用大量清水喷洒受害植株,反复喷洒 3～4 次,冲洗时,保持喷雾器械气压充足,喷水量要大。

2.加强肥水管理

对于触杀型药剂产生的药害,叶面已出现药斑、叶缘焦枯等症状时,可追肥中耕促进棉株恢复生长,减轻药害。一是叶面喷肥,可喷施绿风95、高美施、植物动力2003、天达2116、旱地龙500倍液或惠满丰600~800倍液,1%~2%的尿素溶液或0.3%~0.5%的磷酸二氢钾溶液3.33~50千克/666.7平方米,或棉丰等营养液肥快速补充养分;二是土壤追肥,结合灌水,比正常情况下增施尿素5.0~7.5千克/666.7平方米,促使植株恢复生长。

3.摘除受害枝叶

叶片遭受药害后,及时摘除褪绿变色枝叶以减少棉株对药剂的再吸收和植株内的渗透传导。

4.喷施生长调节剂缓解

对于抑制和干扰作物生长的除草剂引起的药害,可打光畸形枝叶,并根据棉花受害程度,喷洒1~2次30~50微升/升的赤霉素溶液,或及时喷洒40微升/升的奇宝(920)激素类植物生长调节剂以缓解药害,促进棉花生长。但蕾期棉花受除草剂药害后不得摘去畸形棉叶,要在吐絮期喷施乙烯利催熟保证产量。棉花发生矮壮素药害时,可喷洒920溶液缓解药害。

5.及时中耕松土

进行中耕松土,破除土壤板结,增强土壤透气性,促进有益微生物活动,加快土壤养分分解,增强根系对养分和水分的吸收能力,使植株尽快恢复生长发育,降低药害。

以安全、高效、经济为原则,综合运用农业、化学等方面的技术,对杂草进行综合防治,达到增产、增收和农业可持续发展的目的。

棉花中期虫害统防统治技术规程

（SDNYGC-1-6029-2018）

夏晓明[1]　门兴元[2]　王金花[3]　王桂峰[4]　秦都林[4]

（1.山东农业大学植物保护学院；2.山东省农业科学研究院植物保护研究所
3.山东农业大学资源与环境学院；4.山东省棉花生产技术指导站）

一、范围

本标准规定了棉花中期虫害的防治对象和统防统治方法。本标准适用于山东省各（黄河流域）棉区一熟直播棉生产，移栽棉田也可参考。

二、防治对象和原则

1.防治对象

在棉花生长中期主要防治伏蚜、棉铃虫、盲蝽、红蜘蛛和烟粉虱等虫害。

2.防治原则

坚持"预防为主，综合防治"的植保方针，从棉田生态系统出发，综合考虑害虫、有益生物和环境等因素，根据害虫发生预报和实际发生情况，制定防治策略，确定防治适期，协调运用农业、生物、化学、物理等措施和防治技术，压低害虫的种群数量，获得最佳效果。

三、统防统治技术

1.农业防治

秋冬和早春及时清除棉花秸秆、枯枝烂叶和枯死杂草,有条件的棉田可以实行秋耕冬灌;合理作物布局,尽量避免棉花与果树、牧草等作物邻作或间作。

2.诱杀防治

(1)伏蚜和烟粉虱。在伏蚜发生之前或发生初期,在棉田内悬挂黄色诱虫板。每666.7平方米悬挂数量为30～40片,悬挂高度稍高于植株高度(当黄色诱虫板上沾满蚜虫或因浮尘影响失去黏性时,及时更换黄色诱虫板)。注意:已释放蚜茧蜂的田块不得使用黄色诱虫板。

(2)盲蝽象。根据棉田内盲蝽的动态监测结果和实际发生危害情况,可采用性诱剂、食诱剂和灯诱等措施诱杀,提倡统一连片应用,提高诱杀效果。

①性诱剂诱杀:每666.7平方米悬挂桶形诱捕器2～4个,诱捕器中央放置盲蝽象性诱剂诱芯。诱捕器底端距地面1米,7天清理1次诱捕器。

②灯光诱杀:每2万～3万平方米设置一台杀虫灯,灯管底端距离地面1.5米,天黑开灯,凌晨关灯,定时清扫死虫。

(3)棉铃虫。可在棉田周围统一合理安排种植玉米带,引诱棉铃虫在玉米上集中产卵,集中统一防治。

利用半枯萎的杨树枝诱捕成虫。在棉铃虫羽化盛期,取10～15支两年生杨树枝(长60～70厘米)捆成一束,竖立在田间地头,高出棉株15～30厘米,每亩设10～15把。每天日出之前用网袋套住枝把捕捉棉铃虫成虫。树枝每5～7天更换一次,以保持较强的诱虫效果。

可采用诱虫灯、糖醋液和性诱剂等方式诱杀棉铃虫成虫,减少田间落卵量,降低虫口基数。每2万～3万平方米安装1盏灯,天黑开灯,凌晨关灯,定时清扫死虫。也可按照醋:红糖:水:酒质量比例为4:3:2:1的比例,再加入1%的90%敌百虫晶体,调制含药糖醋液诱杀棉铃虫成虫,调匀后盛在盆内,每666.7平方米5～8盆,距离地面1～1.5米。也可在成虫发生期用含有人工合成的棉铃虫性诱剂的诱捕器诱杀棉铃虫成虫。

3.生物防治

(1)伏蚜。在伏蚜发生初期,可以悬挂异色瓢虫卵卡(20粒卵/卡),每666.7平方米70～80张,均匀分布。也可以通过人工捕捉或饲养的方式大量获得瓢虫成虫,然后按照瓢虫:蚜虫比例1:100的比例释放瓢虫成虫。选择两天内无雨天气释放,释放前后7天内不得施用农药。

（2）盲蝽象。可采用释放红茎常室茧蜂的方法来防治盲蝽象。在盲蝽象卵孵化高峰期，按照盲蝽若虫与寄生蜂成虫 50：1 的比例释放，每 666.7 平方米 2～3 个释放点。释放时，用牙签将纸蜂袋固定在棉株顶部叶片背面的主叶脉上。间隔 5～7 天释放第二次，连续释放 2～3 次。释放前后 7 天内不得施用农药。

（3）红蜘蛛。可在红蜘蛛发生初期，释放智利小植绥螨、钝绥螨等捕食性螨进行防治。

4. 化学防治

（1）伏蚜

①防治指标和适期：防治适期为伏蚜发生初期喷雾防治，防治指标为百株蚜量 5000～10000 头。

②喷雾防治：选用电动喷雾器或机动喷雾器进行喷雾防治，每 666.7 平方米用水量为蕾期 40～50 千克，花铃期 60～80 千克，棉花叶片正反两面均要喷施药液，当伏蚜发生程度偏重时，可连续施药 2 次，间隔 5～7 天。药剂应选用在棉花上登记的杀虫剂，药剂在使用之前应该详细阅读说明书，并按照说明书执行（防治伏蚜喷雾药剂和使用剂量见附表 1）。

（2）盲蝽象

①防治指标和适期：防治适期为各代 2～3 龄若虫发生高峰期。防治指标为蕾期（二代）百株虫量 5 头，花铃期（三代和四代）百株虫量 10 头。

②喷雾防治：选用电动喷雾器或机动喷雾器进行喷雾防治，每 666.7 平方米用水量为蕾期 40～50 千克，花铃期 60～80 千克，棉花叶片正反两面均要喷施药液，当发生程度偏重时（二代 10 头，三代和四代 15 头）可连续施药 2 次，间隔 5～7 天。施药时间应在上午 10 点之前或下午 4 点之后，盲蝽象活动弱的时间，并且施药时一定不要倒着走。药剂应选用在棉花上登记的杀虫剂，药剂在使用之前应该详细阅读说明书，并按照说明书执行（防治盲蝽象喷雾药剂和使用剂量见附表 2）。

（3）棉铃虫

①防治指标和适期：防治适期为各代棉铃虫低龄幼虫（3 龄之前）发生高峰期，防治指标为二代棉铃虫（棉田一代），百株低龄幼虫 20 头；三代棉铃虫（棉田二代），百株低龄幼虫 15 头；四代棉铃虫，百株低龄幼虫 8～10 头。

②喷雾防治：选用电动喷雾器或机动喷雾器进行喷雾防治，每 666.7 平方米用水量为蕾期 40～50 千克，花铃期 60～80 千克，棉花叶片正反两面均要喷施药液，当发生程度偏重时，可连续施药 2 次，间隔 5～7 天。药剂应选用在棉花上登记的杀虫剂，药剂在使用之前应该详细阅读说明书，并按照说明书执行

（防治棉铃虫喷雾药剂和使用剂量见附表3）。

（4）红蜘蛛

①防治指标和适期：防治适期为棉花红蜘蛛发生初期，防治指标为棉苗有螨危害株率20%～25%。

②喷雾防治：选用电动喷雾器或机动喷雾器进行喷雾防治，每666.7平方米用水量为蕾期40～50千克，花铃期60～80千克，重点喷施棉花叶片背面，施药均匀，当发生程度偏重时，可连续施药2次，间隔5～7天。药剂应选用在棉花上登记的杀虫剂，药剂在使用之前应该详细阅读说明书，并按照说明书执行（防治红蜘蛛喷雾药剂和使用剂量见附表4）。

（5）烟粉虱

①防治指标和适期：防治适期为棉花烟粉虱成虫始盛期或卵始孵盛期，防治指标为棉株上、中、下三叶平均单叶若虫量11～15头。

②喷雾防治：选用电动喷雾器或机动喷雾器进行喷雾防治，每666.7平方米用水量为蕾期40～50千克，花铃期60～80千克，喷雾时应重点对棉花叶片背面均匀喷雾，棉花叶片正反两面均要喷施药液，当发生程度偏重时，可连续施药2次，间隔5～7天。施药时间应在上午10点之前或下午4点之后，烟粉虱成虫活动弱的时间，施药时不要倒着走。药剂应选用在棉花上登记的杀虫剂，药剂在使用之前应该详细阅读说明书，并按照说明书执行（防治烟粉虱喷雾药剂和使用剂量见附表5）。

5.化学防治关键技术

（1）安全用药。配药应选择远离饮用水源、居民点的安全地方。选用设计合理、质量高的施药器械，提高农药使用率，减少农药浪费和污染环境。施药前要检查施药器械是否完好。大风和中午高温时应停止施药。

（2）安全间隔期和用药次数。严格按照规定和说明书控制安全间隔期和施药量，严格控制药剂在单季棉花上的用药次数。参考药剂的安全间隔期和最多用药次数，见附表1～5。

（3）合理混用和轮用药剂。在整个棉花生长季节，要合理混用和轮换使用具有不同作用机制或具有负交互抗性的药剂，以延缓害虫抗药性的发生和发展。

6.化学防治安全注意事项

（1）安全措施。在配制和施用药剂时，应穿防护服、戴手套、口罩，严禁吸烟和饮食。药后应用肥皂和足量清水清洗手部、面部和其他裸露的身体部位以及药剂污染的衣物等。孕妇、儿童及哺乳期的妇女应避免接触农药。农药及相关包装材料、废弃物应及时回收并按照规定集中处理，不应随意放置。

（2）农药中毒急救。施药人员如果将药剂溅到皮肤、眼睛，应及时用大量干净的清水冲洗或携带标签将患者送医院就医，对症治疗。施药人员如果出现头痛、头昏、恶心、呕吐等农药中毒症状，应立即停止作业，离开施药现场，脱掉污染衣物或携带农药标签前往医院就诊。

附表　参考药剂及使用方法

表 1　　　　　　　　　　防治伏蚜喷雾药剂及使用剂量

药剂类别	有效成分	有效成分用量克有效成分/666.7 平方米	安全间隔期/天	每季最多施药次数
新烟碱类	啶虫脒	1～2	14	2
	噻虫嗪	1.5～3	21	2
	吡虫啉	1.5～3	14	3
	烯啶虫胺	1～2	14	3
	氟啶虫胺腈	1～2	14	2
菊酯类	高效氯氟氰菊酯	1～2	21	2
	高效氯氰菊酯	1～2	7	2～3
植物源杀虫剂	烟碱	8～10	14	3

表 2　　　　　　　　　　防治棉田盲蝽喷雾药剂及使用剂量

药剂类别	有效成分	有效成分用量克有效成分/666.7 平方米	安全间隔期/天	每季最多施药次数
新烟碱类	噻虫嗪	1.5～3	21	2
	氟啶虫胺腈	3.5～5	14	2
有机磷类	马拉硫磷	23.3～40	14	2
菊酯类	顺式氯氰菊酯	2～2.5	14	2～3
	溴氰菊酯	0.5～1	14	3

表3   防治棉铃虫喷雾药剂及使用剂量

药剂类别	有效成分	有效成分用量克有效成分/666.7平方米	安全间隔期/天	每季最多施药次数
抗生素类	甲氨基阿维菌素苯甲酸盐	0.5～0.75	14	2
	阿维菌素	1.5～2.5	21	2
	多杀霉素	2.16～2.88	14	2
噁二嗪类	茚虫威	1.5～2.7	14	2
酰胺类	氯虫苯甲酰胺	1.3～2.7	7	3
	溴氰虫酰胺	2～2.5	14	3
几丁质合成抑制剂	氟铃脲	6～8	21	3
	氟啶脲	5～7	21	3
生物农药	苏云金杆菌（8000 IU/毫克或1600 IU/毫克）	100～500 克制剂/666.7 平方米	7	3
	棉铃虫核型多角体病毒（10 亿、20 亿、50 亿或600 亿 PIB/毫克或毫升）	按说明书推荐剂量	10	4
菊酯类	高效氯氟氰菊酯	1～1.5	21	3
	高效氯氰菊酯	2～4.7	7	2～3
有机磷	辛硫磷	20～40	7	2

表4   防治棉田红蜘蛛喷雾药剂及使用剂量

药剂类别	有效成分	有效成分用量克有效成分/666.7平方米	安全间隔期/天	每季最多施药次数	备注
抗生素类	阿维菌素	0.5～1.1	21	2	
杂环类杀螨剂	哒螨灵	6～9	14	3	
有机硫类杀螨剂	炔螨特	25.5～32.8	14	3	
噻唑烷酮类	噻螨酮	2.5～3.75	30	2	不杀成螨
季酮酸类	螺螨酯	2.4～4.8	30	1	不杀雄成螨
菊酯类	联苯菊酯	3～4	14	3	
	甲氰菊酯	6～10	14	3	

表 5　　　　　　　　　防治棉田烟粉虱喷雾药剂及使用剂量

药剂类别	有效成分	有效成分用量克有效成分/666.7 平方米	安全间隔期/天	每季最多施药次数
新烟碱类	氟啶虫胺腈	5～6.5	14	2
酰胺类	溴氰虫酰胺	3.3～4	14	3

滨海盐碱地棉花油葵牧草分区间作
轮作生产技术规程
（SDNYGC-1-6030-2018）

张晓洁[1]　　刘国栋[1]　　赵红军[1]　　王爱玉[1]　　张桂芝[1]　　王桂峰[2]

赵金辉[1]　　陈兰[1]　　王琰[2]

（1.山东棉花研究中心；2.山东省棉花生产技术指导站）

一、种植区域

棉花和油葵均为耐盐碱、耐瘠薄、耐干旱的作物，对土壤肥力和性质没有特殊要求，在肥力较好地块丰产性更好。在黄河三角洲地区滨海盐碱地适宜种植棉花的地块均适合棉花油葵间作。本规程概述了棉花与油葵和牧草间作的种植模式、品种选择、田间管理及收获的相关技术，适用于山东省棉花油葵绿肥间作轮作生产区。

二、种植模式与轮作

两种作物种植均应适宜机械化播种、管理和采收。

1.种植模式

以棉花为主的棉花、油葵间作地块，棉花与油葵以 8∶4 种植为宜。棉花收获可以 4 行采棉机对行收获，油葵则可以 2 行或 4 行收获机。棉花、油葵行距均为 76 厘米等行距，次年二者相互轮作倒茬。

2.种植密度

棉花种植密度为 6000～7000 株/666.7 平方米，实收密度 5000～6000 株/666.7 平方米；油葵种植密度 5000 株/666.7 平方米，实收密度 4000～5000 株/666.7 平方米。

三、选择品种

1. 棉花品种

油葵间作要求棉花品种株型紧凑、适于机械化采收,以春播常规棉或杂交棉品种为宜,如 K836、鲁棉研 36 号、鲁棉研 37 号、鲁杂 424、鲁杂 2138 等。

2. 油葵品种

油葵品种以含油量高、综合性状表现好、适于山东种植的品种为主,如美国矮大头、新葵杂 6 号、新葵 22 号等。

四、播前准备

1. 冬耕

秋后作物灭茬或者清除残茬后,进行冬前深翻或深松,也为播种和保苗创造了有利条件。

2. 播前整地

春季播种前浇水、旋耕,做到底墒充足、耕层上虚下实,施足底肥,底肥约占全生育期需肥量的 60%,以圈肥配合施用氮磷钾复合肥,使用量以每 666.7 平方米施用圈肥 2000 千克、含氮磷钾各 18% 的复合肥 50 千克为佳。

3. 种子准备

参照我国农作物种子质量标准 GB 4407.1—2008 和 GB 4407.2—2008,以棉花种子发芽率不低于 80%、油葵种子发芽率不低于 90% 的质量要求准备种子,棉花种子要求脱绒包衣种,要在正规种子企业购买,以保证种子的真实性和一致性。

五、播种

棉花与油葵均采用播种、施肥、覆膜一体化的播种机播种。油葵于 3 月下旬机械播种,每 666.7 平方米播种量为 0.5 千克;棉花于 4 月 20 日至 5 月 10 日精量播种,每 666.7 平方米播量为 1 千克,均采用 1.2 米地膜双行覆盖;绿肥于 7 月中旬油葵收获后,在油葵种植行直播或撒播。

六、田间管理

1.棉花管理

（1）简化管理。棉花采取轻简化管理，即出苗后按照 5500～6000 株/666.7 平方米的密度放苗，不再间苗定苗；现蕾后一次性捋掉果枝以下的叶枝和棉叶，俗称"捋裤腿"。7 月 15～20 日打顶（人工或者化学或机械打顶），期间不再整枝；以机械（或者统防统治技术）防治病虫害；施肥分为基肥（包括种肥）和初花期追肥两次使用；中耕、除草均采用机械化作业。

（2）化学调控。根据天气、地力、品种及棉花长势，掌握"前轻后重、少量多次"的原则。在正常生长的棉田，一般在现蕾后 5～7 天开始以缩节胺或者助壮素调控棉花生长。缩节胺每 666.7 平方米初次施用量 0.3～0.5 克，之后根据棉花长势逐渐加量，每 10 天左右调控 1 次。

（3）脱叶催熟。棉花吐絮率在 60％以上时（约在 9 月 25 日至 10 月 5 日）进行脱叶催熟，如果时间到了而吐絮率不达标时要加大用量进行脱叶催熟。脱叶催熟剂用量为每 666.7 平方米以 50％的噻苯隆可湿性粉剂 30～40 克＋40％的乙烯利水剂 300 毫升＋水 30 千克混合喷雾施用。要求施药后日最低温度不低于 12.5 ℃，并且日均气温不低于 18 ℃维持 3～5 天，喷施后如果 4 个小时内遇雨，需要重新补喷。有条件的地块可以进行机械收花。

2.油葵管理

油葵出苗后，按照 18 厘米左右株距均匀放苗，保证出苗密度在 5000 株/666.7 平方米左右，最后实收密度在 4500 株/666.7 平方米左右。

（1）施肥。施肥以匹配相当的氮/磷/钾复合肥为主，除基肥外，可在 20 片真叶（即生长锥膨大期）前后追施氮肥，以每 666.7 平方米追施尿素 7.5～10 千克或碳铵 20～25 千克或硝铵 10～15 千克均可，追肥以沟施覆土为佳。

（2）治虫。油葵播种后和葵花籽粒形成后，均为鸟类啄食危害期，可以具有特殊气味的驱鸟剂驱赶鸟类，不可以毒药除杀；开花期间有蜜蜂等虫类采啄花药，此时虫类可以帮助授粉，不可驱赶和除杀；籽粒形成期有甲壳虫或鼠害，以生物防治或驱赶为主。

（3）辅助授粉。向日葵是典型的自花不亲和型植物，在昆虫帮助授粉的同时，可以进行人工辅助授粉。人工辅助授粉主要提倡"粉扑子"授粉方法，授粉时，一手握住花盘背面脖颈处，另一手用粉扑子在花盘正面开花部位轻轻按几下，粉扑子粘满花粉后，就可逐棵在花盘上授粉。至于花盘接触法，因效果不如粉扑子授粉好，且易扭伤折断花盘脖颈，不宜提倡。授粉时间以上午 9～10 时进行为适宜。

其他管理如中耕、浇水、除草等和棉田一致。

七、收获

1. 棉花收获

在吐絮率达 90% 以上时，可以 4 行摘锭式采棉机对行收获，没有条件的可以根据吐絮情况人工择时收获，人工收获时应以布袋采摘和盛装棉花，避免掺入毛发、塑料、地膜及其他异性纤维等。

2. 油葵收获

花盘背面发黄，花盘边缘为微绿色，舌状花瓣凋萎或干枯，苞叶黄褐，茎秆老黄，叶片黄绿或黄枯下垂，种皮呈现该品种的固有色泽，剥开种子看到种仁内没有过多水分，就是油葵收获的最佳适期。

3. 油葵脱粒

收获后晾晒 3～5 天后，种子含水量降低，体积缩小，即可进行机械脱粒。

八、绿肥植物

油葵 3 月底播种，一般在 7 月中旬即可收获。油葵收获后，在播种行播撒绿肥种子，如适宜夏季播种的豆科或者菜籽类绿肥植物，于冬前深翻于地下，改良盐碱地，提高地力条件。

春播棉花脱叶催熟技术规程

（SDNYGC-1-6031-2018）

张晓洁[1]　刘国栋[1]　赵红军[1]　王爱玉[1]　张桂芝[1]　王桂峰[2]

赵金辉[1]　陈兰[1]　王琰[2]

（1.山东棉花研究中心；2.山东省棉花生产技术指导站）

本规程适用于山东省春播棉花生产的脱叶催熟环节，对棉花脱叶催熟的作用机制、种类、施药时机、施药量、施药方法、施药机具以及作业要求进行了说明。

一、作用原理

1.脱叶剂

脱叶剂如氯酸镁、脱落宝等喷到棉叶上渗入叶片后，吸收了叶片中的水分，从而使得叶片失水、枯萎，叶柄着生点形成断离层，而使棉叶脱落。

2.催熟剂

催熟剂（如乙烯利等）有降低铃壳内过氧化物酶活性的作用，喷施乙烯利后，棉铃中的乙烯与生长素之间的平衡改变，促使棉铃开裂。

二、脱叶催熟剂的种类

1.脱叶剂

目前普遍使用的脱叶剂为德国生产的脱落宝（噻苯隆）50％可湿性粉剂，这是一种植物生长调节剂，可作用于棉花脱叶催熟，其脱叶效果好于乙烯利。

2.催熟剂

催熟剂为国产乙烯利液剂，虽然乙烯利也有脱叶效果，但其效果较差，易造成叶片"枯而不落"。

3.复配使用

脱落宝和乙烯利二者复配使用,脱叶催熟效果好,并且经济实用,为了提高脱叶催熟效果,还要加入一定剂量的有机硅增效助剂。

三、施药时机

在棉花上部棉桃发育 40 天以上、吐絮率达到 50%～60%时,施用脱叶催熟剂对产量影响较小,正常年份是在 9 月 20 日至 10 月 5 日。同时要求施药后最低温度不低于 12.5 ℃,并且日均气温不低于 18 ℃维持 3～5 天。

四、施药用量

1.施药原则

化学脱叶催熟的施药用量原则是,正常棉田适量减少,过旺棉田可适量增加;早熟品种适量减少,晚熟品种适量增加;喷期早的适量减少,喷期晚的适量增加;密度小的适量减少,密度大的适量增加。

2.施药量

在山东棉区,密度 4500～5500 株/666.7 平方米且正常生长的棉田,施药用量每 666.7 平方米为 50%的噻苯隆可湿性粉剂 30～40 克＋40%乙烯利水剂 200 毫升＋水 30 千克混合喷雾施用,为了提高药液附着性,将表面活性剂有机硅助剂按照 0.05%～0.15%的浓度添加到脱叶催熟剂中混合喷施作用显著。

五、施药方法

脱叶剂有很好的渗透作用,但没有传导作用,所以要求药液必须直接接触叶片,雾滴要细,喷水量要大(每 666.7 平方米不少于 30 千克),喷洒均匀,使上下层、高低叶片的正反面都能喷上脱叶剂,喷施作业时间应以早晨为佳。喷施后如果 4 个小时内遇雨,需要重新补喷,对于密度较大、长势较旺的高产棉田,应适当增加脱叶剂用量,必要时可以二次喷施,以促进叶片脱落,防止叶片"干而不落"。

六、喷药机具

喷药机具可采用飞机喷洒和高架喷雾剂喷施。

1.飞机喷洒

飞机喷洒能在较佳的温度条件下大面积作业,作业速度快、效率高,但是飞机喷施下层叶片脱叶率低,遇风易使得雾滴漂移,棉田四周有林带或高压线时,邻近地段脱叶效果差。

2.高架喷雾机

高架喷雾机作业质量好,喷洒药剂上下均匀,不漏喷也不受风影响,但作业效率低,受土壤和天气变化影响大,转弯掉头易碾压棉株,造成产量损失。不过,目前山东省乃至全国绝大部分棉区还是以高架喷雾机作业为主。

七、喷施药剂作业要求

1.高架喷雾机

作业前,根据喷药量确定喷头孔径和工作压力,正确调整喷头角度;机具必须空运转和负荷试验运转10～20分钟,检查个零部件的工作状态,不得漏水和堵塞,并实测喷药量的精确度。作业时,保持发动机额定转速,以保证药泵的正常工作压力,地头转弯应减速,并切断动力输出,停止喷药。

2.飞机喷洒

药剂的亩用水量不得少于5千克,要选择无风或微风的天气喷药,应尽量避开高温天气喷药;对于药剂没有接触的下部叶片,可重复喷施;周边有林带的棉田,在飞机没有喷施的应人工补喷;在上有高压线的棉田,时刻注意飞行高度,及时避让高压线。

八、注意事项

(1)噻苯隆是弱碱性,乙烯利是强酸性的,要严格按照二次稀释法配药顺序来配药,配药后及时喷药。

(2)配用药按照先配母液、再配成液的步骤进行,配制成药的过程中要注意脱叶剂、助剂和乙烯利三种药剂的添加次序。

(3)配药用水尽量避免使用过脏的渠道水。

(4)必须使用吊杆式喷雾机、风幕式吊杆喷雾机或高架自走式吊杆喷雾机;药箱应有明显的容量标示线,能随时观察药箱内药液量;操作者给药箱加液时,应能清楚地看到液面的高度。

(5)施药前必须全面清除田间杂草,尤其是龙葵等恶性杂草,以免机采时污染棉花,影响棉花等级。

(6)机车行走速度：悬挂/牵引式喷杆喷雾机 4～5 千米/小时，大型自走式喷杆喷雾机 8～12 千米/小时。喷雾高度：横杆喷靖距棉花顶端 50 厘米。

(7)飞机喷施是农业生产发展的大趋势，一定要选择技术成熟的公司。

春播棉花应用缩节胺调控生长技术规程

（SDNYGC-1-6032-2018）

张晓洁[1]　　刘国栋[1]　　赵红军[1]　　王爱玉[1]　　张桂芝[1]　　王桂峰[2]
赵金辉[1]　　陈兰[1]　　王琰[2]

（1.山东棉花研究中心；2.山东省棉花生产技术指导站）

本规程说明了缩节胺的产品特性、作用机理，以及其在棉花生长过程中的使用方法，适用于山东棉区棉花的生长调控。

一、产品特性

缩节胺的化学名称是 N. N-二甲基哌啶翁氯化物，简称 DPC，呈白色或淡黄色晶体或粉末，毒性极低，使用安全。国产缩节胺为晶体粉末，含有效成分 96%以上，含纯品 25%的水剂称为"助壮素"。缩节胺易溶于水，喷施后能够迅速被棉株吸收。

二、作用机理

缩节胺（助壮素）喷施后，被棉株绿色部分吸收，影响植物内源激素水平，并改变同化物和磷、氮营养元素的分配，从而有效抑制细胞伸长，影响植物纵横生长，适当控制棉株主茎和果枝生长速度，使旺长的植株逐渐恢复到平稳状态，达到株型紧凑、生长稳健的效果。缩节胺还可以促进根系发育，增强根系活力，改善棉铃内源激素水平，促进光合作用产物向棉铃运送，从而达到高产、早熟、优质的目的。缩节胺药效持续期在 15 天以内。

三、应用特点

1.原则

缩节胺化控应与当地棉花生产的气候、土壤条件、种植制度、品种特性以及预期产量目标相结合。掌握"少量多次、前轻后重、循序渐进"的原则。

2.特点

一是要促控结合,即控制地上部生长和促地下根系作用并存;二是修饰植株外形与调节内部生理的作用并进;三是营养生长和生殖生长相互协调。

四、使用技术

1.种子处理

(1)作用效果。种子包衣剂中加入缩节胺粉剂可促进棉苗根系发育,增强棉苗对春季地温的耐受能力,利于培育壮苗,增强苗期抗逆性。

(2)施用量。按照1克缩节胺粉剂拌种5千克棉花种子的比例施用。

2.苗期使用

(1)使用时机。对于旺苗、高脚苗,要及时使用缩节胺或者助壮素调控。旺苗指叶片大,茎干细长,整个茎秆嫩绿,节间过长达6~7厘米,主茎日增长量1厘米以上的苗;高脚苗是指子叶下方幼茎段伸得过长,茎秆细,子叶瘦小,子叶节离地面5厘米以上的苗。

(2)施用量。每666.7平方米以缩节胺0.5~0.8克+兑水30千克喷洒棉苗。

3.蕾期化控

(1)使用时机。对于棉花蕾期生长过旺的棉田,及时用缩节胺调控,田间表现为棉株高大、松散,茎秆青绿,节间长达6厘米以上,茎日增长量超过2厘米,叶色嫩绿,现蕾少。一般现蕾后7~10天使用。

(2)施用量。每666.7平方米以0.5~1.5克+兑水30千克均匀喷洒棉株,掌握前轻后重、少量多次的原则。

(3)作用效果。蕾期喷施缩节胺可促进养分向根系输送,增强根系生长,使叶色变浓绿,主茎生长变慢,果枝变粗,蕾明显增大。

4.花铃期调控

(1)施用对象。在蕾期调控的基础上,控制棉花花铃期生长,对于枝叶繁茂、叶片肥大、茎粗色绿、赘芽丛生、蕾铃脱落严重的棉田要重施。

（2）施用量。一般初花期每 666.7 平方米用缩节胺 2～3 克＋兑水 30 千克喷施棉株；打顶后 3 天内要重控，施用量每 666.7 平方米以 3～4 克＋兑水 30 千克喷施，10 天后以同样剂量再重控一次。

（3）作用效果。促进棉花结铃保铃，推迟封行时间，并可以简化整枝或免整枝；此期调控既能增加铃重，又能防止贪青晚熟。

五、注意事项

（1）掌握缩节胺用药量"先轻后重"的原则，生长前期一次施用量不宜过大，以免产生药害。

（2）应根据年份、气候、地力、土质、品种、种植方式、生育时期、植株长势灵活掌握。一般多雨年份、棉田肥力高、密度大、长势旺时要用到施药量上限，土壤肥力低、墒情差、棉花密度低、长势弱时要用低限或者不用药。

（3）喷药时间以晴天下午喷施较好，避免强光高温下使用。喷后 2 小时为快吸收期，6 小时后全部吸收完，所以喷药后 6 小时以后遇雨不必重喷，但 6 小时内下雨则需重喷。

（4）缩节胺为内吸性生长调节剂，在棉株体内上下双向运输，全株分配，保证每株着药，不必全株喷透。

（5）缩节胺用药量过大的棉田要及时进行灌溉，使缩节胺药效降解。必要时可用赤霉素来解除缩节胺的药效。

（6）缩节胺（助壮素）不得与碱性农药混施。

（7）喷施缩节胺（助壮素）后，叶片变浓绿，不能代替肥料。

黄河三角洲棉花高粱间作生产技术规程

（SDNYGC-1-6033-2018）

张晓洁[1]　　刘国栋[1]　　赵红军[1]　　王爱玉[1]　　张桂芝[1]　　王桂峰[2]
赵金辉[1]　　陈兰[1]　　王琰[2]

（1.山东棉花研究中心；2.山东省棉花生产技术指导站）

本技术规程对棉花、高粱间作生产的种植模式、品种选择、播种、田间管理及收获进行了概述，适用于黄河三角洲地区棉花高粱间作生产区。

一、地块选择

棉花和高粱均为耐盐碱、耐瘠薄、耐干旱的作物。棉花虽然耐涝性较好，但是长期淹水也会造成影响，因此不宜种在低洼易涝地块。黄河三角洲适宜种植棉花的地块均适合棉花高粱间作。

二、选择品种

棉花高粱间作要求棉花、高粱品种株型紧凑，适于机械化采收。

（1）棉花：春播棉或夏播短季棉品种皆可，如 K836、鲁棉研 36 号、鲁棉532 等。

（2）高粱：要求早熟性好，株高 130～150 厘米，淀粉和蛋白质含量高，适于酿酒、饲用等，可优选杂交种，如济梁 1 号等。

三、播前准备

1. 冬耕

秋后作物灭茬或者清除残茬后，进行冬前深翻或深松，也为播种和保苗创造了有利条件。

2. 播前整地

春季播种前浇水、旋耕，做到底墒充足、耕层上虚下实，施足底肥，底肥约占全生育期需肥量的 60％，以圈肥配合施用氮磷钾复合肥，使用量以每 666.7 平方米施圈肥 2000 千克、含氮磷钾各 18％的复合肥 50 千克为佳。

3. 种子准备

参照国家标准（即棉花种子发芽率大于 80％、高粱种子大于 90％）准备好种子，棉花种子要求脱绒包衣种，要在正规种子企业购买，以保证种子的真实性和一致性。

四、种植模式与播种

两种作物种植要适应机械播种、管理和采收，地膜覆盖。

1. 种植模式

棉花与高粱以 8 行棉花 4 行高粱种植为宜。为适应棉花机采需求，棉花采用 76 厘米等行距，高粱行距 40 厘米，棉花高粱间距 50 厘米，1～3 年二者相互轮作倒茬。

2. 种植密度

棉花种植密度为 6000～8000 株/666.7 平方米，实收密度 5000～5500 株/666.7 平方米；高粱密度 10000 株/666.7 平方米，实收密度 8000～9000 株/666.7 平方米。

3. 播种时间

棉花与高粱于 4 月 20 日至 5 月 10 日间同期播种。

4. 播种量

棉花种子播种量为每 666.7 平方米 0.75 千克，高粱种子播种量为每 666.7 平方米 0.5 千克。

五、棉花田间管理

1. 简化管理

棉花采取轻简化管理,即出苗后按照 6000 株/666.7 平方米左右的密度放苗,不再间苗定苗;现蕾后一次性捋掉果枝以下的叶枝和棉叶,俗称"捋裤腿"。7 月 15～20 日打顶(人工或者化学或机械打顶),期间不再整枝;以机械(或者统防统治技术)防治病虫害;施肥分为基肥(包括种肥)和初花期追肥两次使用;中耕、除草均采用机械化作业。

2. 化学调控

根据天气、地力、品种及棉花长势,掌握"前轻后重、少量多次"的原则进行化控。在正常生长的棉田,一般在现蕾后 5～7 天开始用缩节胺或助壮素调控棉花生长。每 666.7 平方米初次施用量 0.3～0.5 克,之后根据棉花长势逐渐加量,每 10 天左右调控 1 次,棉花最终株高控制在 100～110 厘米。

3. 脱叶催熟

棉花吐絮率在 60% 以上时(约在 9 月 25 日至 10 月 5 日)进行脱叶催熟。脱叶催熟剂用量为每 666.7 平方米 50% 的噻苯隆可湿性粉剂 30～40 克＋40% 的乙烯利水剂 300 毫升＋水 30 千克混合喷雾施用。要求施药后日最低温度不低于 12.5 ℃,并且日均气温不低于 18 ℃维持 3～5 天,喷施后如果 4 个小时内遇雨,需要重新补喷。

六、高粱管理

1. 出苗

高粱出苗后,按照 15 厘米左右的株距放苗,保证出苗密度在 10000 株/666.7 平方米左右,甜高粱分蘖力也较强,但盐碱地分蘖相对较弱,可以不特意去分蘖。

2. 施肥

施肥以匹配相当的氮/磷/钾复合肥为主,除基肥外,可在拔节期(株高小于80 厘米)机械施肥,中等地力地块可亩施磷酸二铵 10 千克、复合肥 20 千克,可与棉花施肥结合施入。

3. 治虫

甜高粱抗病性好,抗虫性差,易受钻心虫、蚜虫危害,要及时防治;以溴氟氰菊酯 1∶2000 倍液喷洒,防治蚜虫和钻心虫。

4. 除草

盐碱地碱蓬、芦苇等杂草较多,播前一定要喷施除草剂;棉花与高粱共生期间,除草要严格选择共用型的除草剂,切勿除草伤害间作作物。

七、收获

棉花和高粱均采用易于机械收获的种植模式。棉花在吐絮率达90%以上时,可以4行摘锭式采棉机对行收获;高粱可在抽雄后60天进行收获。

机采棉农艺生产技术规程
（SDNYGC-1-6034-2018）

张晓洁[1]　　刘国栋[1]　　赵红军[1]　　王爱玉[1]　　张桂芝[1]　　王桂峰[2]
赵金辉[1]　　陈兰[1]　　王琰[2]

（1.山东棉花研究中心；2.山东省棉花生产技术指导站）

本规程对适宜机采的棉花品种性状、机械化整地备播、棉花简化管理、科学化控施肥以及脱叶催熟进行了概述，适用于山东省纯作棉田。

一、选择品种

1.农艺性状

果枝始节位高距离地面不低于 20 厘米，果枝较短并上冲，结铃集中，株型紧凑，吐絮畅，含絮力适中，对脱叶剂比较敏感。

2.纤维品质

纤维长度不低于 30 毫米，强度不低于 30 cN/tex，马克隆值 4.2～4.9。

3.抗性

抗倒伏，耐阴性强，抗病，抗虫。

4.株高

通过缩节胺的有效调节，棉花株高控制在株高 100 厘米左右。

二、土壤条件

冬前在前茬作物收获后进行深松，深度 25～30 厘米，从而起到疏松土壤、透气蓄水、减少病害、促进根系生长发育的作用。深松前，最好用残膜回收机清理棉田残留地膜。播种前 15 天大水漫灌造墒，播种时土壤 0～40 厘米适宜含水量为田间持水量的 70%。旋地前施有机肥或圈肥,每 666.7 平方米施用量以 2000 千克以上为宜。播种前,以旋耕机、联合整地机等耙耢平地。

三、机械精播、免间苗定苗

1.机采棉田规模

机采棉田长度一般在 300 米以上,面积 50 亩以上。

2.机械精量播种

播种机要求集播种、施肥、喷除草剂和覆膜一次性完成,播种行距 76 厘米。

3.种子质量

种子纯度 95% 以上,净度 98% 以上,发芽率 90% 以上,含水量小于 11%。

4.播种量

在墒情充足的棉田,播种量每 666.7 平方米为 1 千克,盐碱、瘠薄地块播种量每 666.7 平方米可为 1.5 千克。

5.留苗密度

根据预设密度放苗,一般留苗数 7000 株/666.7 平方米,实收密度 5000 株/666.7 平方米;重度盐碱地或者墒情差的棉田留苗数 8000 株/666.7 平方米,实收 6000 株/666.7 平方米。

6.出苗管理

出苗后只放苗,不再间苗、定苗,放苗补土可以采用机械扶苗机补孔覆土,起到保苗保墒作用。

四、简化田间管理

1.简化整枝

(1)粗整枝。现蕾后一次性去除第一果枝以下的营养枝和主茎叶,俗称"撸裤腿",以后除打顶外不再整枝。

(2)不整枝。棉花出苗后除打顶外不整枝,以化学调控其生长量,控制株高。

2.管理机械化

治虫、化调、中耕等均以机械完成,其中中耕可在苗期和蕾期各中耕 1 次,可起到保持地面无杂草、土壤不板结、表土疏松等作用,能够促进棉花的生长发育。

五、合理施肥

1. 基肥

春冬耕时施入有机肥和复合肥作为基肥,也可施用控释肥,播前施肥量要占棉花全生育期总需肥量的 60% 以上。

2. 追肥

在初花期,即 6 月底 7 月初每 666.7 平方米追施尿素 15 千克,此期施肥量约占总需肥量的 40%,瘠薄土地或者水肥难以保障的沙壤土地每 666.7 平方米可以加施 10 千克复合肥。

六、科学化控

1. 调控原则

调控植株生长可结合联合化防进行,从棉花现蕾后 5～10 天开始,掌握"少量多次、循序加量"的原则。

2. 施用量

喷施缩节胺用量一般是初次每 666.7 平方米使用 0.3～0.5 克,之后每 7～10 天化控一次,用量根据棉花长势逐渐增加,7 月中旬打顶后重控,每 666.7 平方米可加大到 3.5 克。

3. 特殊情况

棉花调控要依天气、地力以及棉花长势而定;在天气干旱的条件下,可以推迟调控,或者减少用量。

七、脱叶催熟

1. 施药时间

以上部棉桃发育 40 天以上、田间吐絮率达到 60% 时为最佳施药期,多在 9 月 25 日至 10 月 5 日之间。

2. 施药条件

要求施药后 5 天日均气温不低于 18 ℃且相对稳定。

3. 施药种类

要求脱叶性能好、温度敏感性低、价格适中,以噻苯隆和乙烯利混用效果较好。

4.施药比例

每 666.7 平方米用 50％的噻苯隆可湿性粉剂 20～30 克和 40％的乙烯利水剂 0.15～0.2 升混合施用。

5.脱叶效果

棉花脱叶率达 95％以上,吐絮率达 90％以上,即达到采棉机作业要求。

棉花机械采收技术规程

（SDNYGC-1-6035-2018）

张晓洁[1]　　刘国栋[1]　　赵红军[1]　　王爱玉[1]　　张桂芝[1]　　王桂峰[2]

赵金辉[1]　　陈兰[1]　　王琰[2]

（1.山东棉花研究中心；2.山东省棉花生产技术指导站）

　　本规程对棉花机械化采收要求的农艺技术、棉田准备以及采棉机的技术准备、人员要求、安全作业等进行了概述，适用于山东省纯作棉田。

一、选择适合机械采收的棉花品种

1.品种性状

　　适宜机采的棉花品种要具备早熟、优质、高产、抗病的特性，始果枝节位不低于 20 厘米，以及吐絮集中、株型紧凑、抗倒伏、成熟一致等特点，同时棉花叶片对脱叶催熟剂敏感。

2.适宜品种

　　经试验筛选，符合山东棉区机采棉特点的品种主要有鲁棉研 36 号、鲁棉研 37 号、K836 等，种子要符合 GB 4407.1—2008 的质量指标规定。

二、种植模式

1.行距配置

　　目前，山东棉花生产采用的主要是自走摘锭式采棉机，行距要求 76 厘米等行距的种植模式，实际行距与规定行距相差不超过±3 厘米，行距一致性和邻接行距合格率应达到 90％以上；（66±10）厘米的种植模式不适宜内地气候和地理条件。

2.机采株高

种植密度在 5000～6000 株/666.7 平方米的棉田,株高应控制在 90～110 厘米。

三、脱叶催熟

1.施药时间

应以上部棉桃发育 40 天以上、田间吐絮率达到 60％时为最佳施药期,多在 9 月 25 日至 10 月 5 日之间,要求施药后 5 天日均气温不低于 18 ℃且相对稳定。

2.施药种类

要求脱叶性能好、温度敏感性低、价格适中,山东棉区试验以噻苯隆和乙烯利混用效果较好。

3.施药比例

正常条件下为每 666.7 平方米用 50％的噻苯隆可湿性粉剂 20～30 克和 40％的乙烯利水剂 150～200 毫升混合施用,注意喷洒均匀,不漏喷,遇雨重喷,确保喷匀喷透。

四、适时采收

1.采收时机

棉花脱叶率达 95％以上,吐絮率达 90％以上,纤维含水率 12％以下时适时采收

2.采棉机

采棉机的安全性应符合《棉花收获机》(GB/T 21397—2008)的规定,作业质量应符合《采棉机作业质量》(NY/T 1133—2006)的规定。

3.采收指标

水平摘锭式采棉机要求采净率 93％以上,总损失率不超过 7％,籽棉含杂率不大于 10％,撞落棉率不大于 2.5％,籽棉含水率增加值不大于 3％。

4.机械采收前的棉田准备

平整棉田进出道路,清除杂物,确保机具顺利通过;拔除田间杂草,并对田边地角难以机械采收、但机具又应通过的区域进行人工采收,并拔除棉田两端地头 10 米以上的棉柴,以便采棉机及拉运棉花的车辆通行;做好破损残膜的清除和压盖工作,以防残膜混入采棉机。

五、采棉机技术准备

1.作业前的技术调试

检查轮胎气压,确保各指示仪表正常;检查发动机柴油、机油、冷却液及传动部件间隙;启动设备,检查转向行走机构间隙;检查液压升降系统;运转采摘滚筒,进行清洗保养,并检查调整摘锭和脱棉盘、刷座及压紧板间隙。检查传动齿箱,加注摘锭油;链接风机装置,检查负压管道气压;加注清洗剂、调试润湿系统压力,检查泵、阀压力及喷嘴的雾化情况。

2.田间作业现场技术调试

检查调整轮距,校准行走路线;检查调整采摘头的前倾角度和压紧板间隙;根据棉花成熟度情况和空气湿度情况,检查调整润湿水压;检查报警装置间隙及灭火器配置。

3.拉花运输车的准备

车辆工作应确保"五净",即机净、油净、水净、空气净、工具净;"四不漏",即不漏油、不漏水、不漏气、不漏电;安装防火罩,关闭机构灵活可靠,配置盖布和灭火器。

六、机械作业及人员

要求采收机械技术状态完好,牌证齐全,并具备防火设施;操作人员具备采棉机驾驶证和操作证,并经培训后上岗。操作人员能够正确处理交接行采摘;田间作业速度4～5千米/小时;每台采棉机配备1名助手;运棉机应服从采棉机手的统一指挥和调度。

七、安全作业要求

机械作业前要认真阅读机具操作手册;机组人员着合身工作服;非机组人员不得随意上下车;机车运转情况下,不得进行故障排除;机车行走运转前应发出行走运转信号;机车作业时,严禁任何人员在拖拉机和收割台前活动;作业区禁止使用明火;确保机车具备防火设施,严防机车漏油或洒油。

棉花精量播种技术规程

（SDNYGC-1-6036-2018）

张晓洁[1]　刘国栋[1]　赵红军[1]　王爱玉[1]　张桂芝[1]　王桂峰[2]
赵金辉[1]　陈兰[1]　王琰[2]

（1.山东棉花研究中心；2.山东省棉花生产技术指导站）

本技术规程概述了棉花精量播种的耕整地、种子准备、播种机以及播种技术，适用于山东省机械直播棉田。

一、耕整地

1.清洁前茬作物

前茬作物收获后，及时清理干净残秆残茬，回收捡拾残膜，秸秆粉碎还田的地块最好施入微生物腐秆剂，促进秸秆腐烂，为棉花精量播种创造良好的棉田环境。

2.犁地整地

冬前进行耕地深松或者深翻，深松（翻）深度 25～30 厘米，便于冬闲蓄水养地。春天造墒浇水，施足基肥，播前旋耕地、耙耢平整，耕后地表平整，松碎均匀，不重不漏，地头整齐到头到边，严格耕作制度，普通单向犁开闭垄每次耕作要依前次情况而变更，不得多年重复一种耕作方向。

3.整地质量

整地要达到底墒充足、平整细碎、上虚下实、土地清洁（整地前与整地后机械或人工清理捡拾残秆残膜各一次）。播前整地时，要根据土壤质地、土壤肥力水平、土壤墒情，在技术人员的指导下科学合理地选择除草剂及使用技术。

二、种子准备

1.选择适宜品种

山东各棉区地理、气候条件差异较大,种植模式、栽培习惯也各有特色,应综合棉花不同品种的抗性、熟期、品质等方面,选择适合当地种植的优良棉花品种。

2.购置优质的种子

选择正规棉种企业购买包衣棉种,购种后及时查验种子质量,检测种子发芽率。一般要求大田用种纯度不低于 95%,净度不低于 99%,发芽率不低于 85%,水分含量不超过 12%。按照每 666.7 平方米用种 1～1.5 千克准备种子数量。

三、播种机

根据山东省棉花的直播情况,选择集开沟、播种、施肥、铺膜为一体的 2 行或 4 行精量播种机。为适应现代机采棉推广,播种行距调整为 76 厘米等行距。排种器为勺轮式或指夹式,并且排种均匀,播深一致,落地准确,空穴率低。同时播种机要具备良好的铺膜功能,种行覆土机构性能良好,覆土厚度 1～2 厘米,种行镇压机构确保种行镇压确实,播下的种子与周围的土壤接合紧密,利于发芽、扎根、出苗。

四、播前准备

1.晒种

播种前 1 周,将种子摊在布包、苇席或者毡布上晒种 2～3 天,摊晒厚度 3～5 厘米,每天翻动 3～5 次,在翻动的同时剔除瘪子、不成熟籽以及其他杂质,晒好后放回原包装袋。

2.地膜

根据土壤质地和种植模式,选择地膜宽度,76 厘米等行距种植一般选择 1.2 米覆盖两行,地膜厚度要在 0.8 毫米以上,防止因阳光曝晒、地膜内的杂草等的影响造成地膜过早裂开破碎。

3.基肥

根据地力条件选择底肥种类和数量,一般以氮、磷、钾匹配合理的复合肥为主,也可一次性施入控释肥。施肥数量占棉花全生育期施肥量的 60%。

五、播种技术

1. 播种

山东省各棉区春直播棉花在 4 月 15 日至 5 月 5 日播种较为适宜。播种前应调试播种机、铺膜机,模拟播种机作业速度,并按机组前进方向旋转点播滚筒,检查并调整好排种情况,按照预定计划调整好播种机播量。按技术要求装好种子、地膜,机组按正常作业速度进行试播,并检查播种、铺地膜、覆土等情况,达到播种技术要求后即可正式播种。

2. 播种技术要求

播行要直,接行要准确,铺膜要平整,种子上面覆土 1～2 厘米,种子落地不错位,空穴率不高于 5%。

六、播后管理

1. 检查地膜

播种过程中要及时检查播种质量、地膜的铺设质量,每一播幅沿垂直方向用土压好,地膜两侧入土的部位要处理好,防止地膜被风掀起,播种孔穴漏风跑墒。

2. 喷施除草剂

播种完毕后,喷施膜上除草剂,一是防止露地杂草出生,二是通过地膜渗入减少膜下杂草危害。

棉花连作绿肥培肥地力生产技术规程

（SDNYGC-1-6037-2018）

张晓洁[1]　刘国栋[1]　赵红军[1]　王爱玉[1]　张桂芝[1]　王桂峰[2]
王智华[3]　陈兰[1]　王琰[2]

（1.山东棉花研究中心；2.山东省棉花生产技术指导站；
3.东营市农业科学研究院作物研究所）

本技术规程对棉花和绿肥的作用、种类、种植方式、田间管理以及绿肥翻压等技术进行了概述,适用于山东省盐碱地、瘠薄地的棉花间作绿肥、提升地力的生产区域。

一、绿肥的定义

绿肥就是利用其生长过程中所产生的全部或者部分的鲜体,直接或者间接翻压到土壤中作肥料的绿色植物体。

二、绿肥的作用

1.合理用地养地

种植绿肥可以增加土壤有机质;可增加土壤营养元素,如豆科绿肥可以进行生物固氮,增加土壤氮元素养分含量;增加土壤微生物数量,增强土壤酶的活性。

2.轮作换茬

在连作棉田插入一茬绿肥植物可以大幅度减少棉田连作带来的危害,减少病虫害的发生。

3.节省肥料,改善生态环境

种植绿肥植物可以替代部分化肥投入,以生物状态培肥地力,保护环境,利于减排。

三、种植方式

棉花间作绿肥以不进行机采的春播棉田种植较好。为了保证棉花种植密度和绿肥产出量，以春播棉花后期、在行间播种绿肥较为适宜，即在春播棉田的行间，在 9 月下旬或者 10 月上旬机播或人工撒播冬绿肥种子，此期棉田遮阴作用大，土壤有一定湿度绿肥即可生根发芽，次年播种前棉田旋耕地时可就地翻压于土壤中作为基肥使用。

四、绿肥种类及播种

利用棉花收获期抢种一次短期绿肥作物要选择速生种类的绿肥，如绿豆、黄豆、田菁、油菜、菠菜等。绿肥种子在播种前要选晴天晒种 1～2 天，播种时以多菌灵拌种，必要时可掺入肥土播种。

五、棉花品种选择

棉花品种要选择早熟性好的高产优质品种。可以结合作物轮作休耕，种植短季棉品种，鲁棉 532、鲁 54 等，或早熟性好的春播棉品种鲁棉研 36 号、鲁棉 241 等。

六、田间管理

1.棉花管理

棉花生产田间管理进行常规管理，可参考棉花轻简化生产技术规程。棉花吐絮后期可进行脱叶催熟，最好不进行机械采摘。如果进行机械采摘，可以在籽棉采收、秸秆还田后，及时抢茬播种绿肥。

2.绿肥管理

绿肥播种后，棉田湿润，便于绿肥种子生根发芽。棉花收获完毕后，应及时将棉花秸秆还田，并漫灌浇水，水过地面即可，不可形成绿肥涝害。

七、适时翻压

1. 翻压时机

次年 4 月上旬,地温回升,绿肥返绿生长并开花抽穗时,先进行镇压,也可用重型圆盘耙交叉耕切碎后,借棉田造墒浇水之势,在土壤适于机械作业时,及时以旋耕机将绿肥翻耕于地下,旋耕深度以 10～15 厘米为宜。

2. 翻压质量

翻耕后,应做到绿肥植株不外露,土块和根系耙碎,土壤整平。为提高绿肥效力,可以在镇压耕耙的同时,在绿肥植物上喷撒微生物菌剂或者秸秆腐熟剂,再借棉田浇水进行翻耕,这样便于绿肥腐解。

棉花品种试验数据调查记载技术规程

（SDNYGC-1-6038-2018）

张晓洁[1]　　刘国栋[1]　　王爱玉[1]　　张桂芝[1]　　赵红军[1]　　王桂峰[2]

赵金辉[1]　　陈兰[1]　　王琰[2]

（1.山东棉花研究中心；2.山东省棉花生产技术指导站）

本技术规程规定了棉花品种性状调查、抗病抗逆、取样考种、收花的技术要求，适用于各类各级棉花品种试验。

一、性状调查区域

生育时期、整齐度与生长势以各小区作为调查区域；其他性状调查在取样行中进行，取样行就是选取有代表性的两个重复的中间行的 20 株（不包括两端植株）。

二、生育性状

1.生育时期

（1）出苗期：试验区内棉花出苗后，幼苗子叶平展达 50％ 的日期，以"月/日"表示。

（2）开花期：试验区内棉花植株见花株数达到 50％ 的日期，以"月/日"表示。

（3）吐絮期：试验区内棉花植株吐絮株数达到 50％ 的日期，以"月/日"表示。

（4）生育期：出苗期到吐絮期的实际天数，以"天"表示。

（5）全生育期：从播种到收花结束的总天数，以"天"表示。

2.整齐度与生长势

（1）整齐度。分别于出苗期、开花期、吐絮期目测各小区植株形态的一致性,以 1(好)、2(较好)、3(一般)、4(较差)、5(差)表示。

(2)生长势。分别于出苗期、开花期、吐絮期目测各小区植株生长的旺盛程度,以 1(好)、2(较好)、3(一般)、4(较差)、5(差)表示。

三、主要农艺性状

棉花现蕾后调查第一果枝节位;8 月 20 日左右调查株型、叶片特征、植株特征;9 月 10 日左右调查铃型及特征;9 月 15 日左右调查株高、单株果枝数、单株结铃数、田间纯度、收获株数、缺株率;9 月 20～30 日调查品种吐絮情况、含絮力。

1.第一果枝节位

棉花现蕾后,在取样行内调查棉株果枝的始节位,以"个"表示。

2.特征特性

(1)株型:根据棉花植株上下果枝长短分为塔型、筒型、伞型。

(2)茎枝夹角:根据果枝与主茎的夹角分为大(≥60°)、中(45°～60°)、小(≤45°)三种。

(3)茸毛:根据着生在主茎、果枝和叶片的茸毛密度,可分为无、少、中等、多毛四种。

(4)叶色:根据叶片颜色分为浅绿、绿色、深绿三种。

(5)铃型:根据棉铃形状分为圆、卵圆、长卵圆、锥型和不规则型五种。

(6)吐絮情况:根据品种吐絮情况分为畅、不畅、中等三种。

(7)含絮力:含絮力指棉铃开裂后铃壳抱持籽棉的松紧程度,含絮力的调查分为以下五级:

Ⅰ级:棉铃开裂后铃壳抱持籽棉非常松,风轻吹或者轻轻一碰籽棉即从铃壳脱落。

Ⅱ级:棉铃开裂后铃壳抱持籽棉较松,大风吹或者用力多次触碰籽棉较容易从铃壳脱落。

Ⅲ级:棉铃开裂后铃壳抱持籽棉适中,大风吹或者用力触碰籽棉不易从铃壳脱落,但是人工收花时容易采摘。

Ⅳ级:棉铃开裂后铃壳抱持籽棉较紧,大风吹或者用力触碰籽棉难以从铃壳脱落,人工收花时采摘较为困难。

Ⅴ级:成熟棉铃开裂不充分,铃壳抱持籽棉非常紧,大风吹或者用力触碰籽棉不从铃壳脱落,人工收花时采摘非常困难。

(8)其他性状:叶片的大小厚薄,茎节、果节长短,赘芽多少,铃尖突起,铃面光滑程度等。

3.株高

株高是指从子叶节至主茎顶端的高度,以"厘米"表示。

4.单株果枝数

单株果枝数是指棉株主茎果枝数量,果枝以具有明显的幼蕾为标准,以"个"表示。

5.单株结铃数

单株结铃数是指棉株个体的成铃数,单株结铃数=(大铃+小铃)÷3,以"个"表示。最大直径在 2 厘米及以上的棉铃计为大铃,包括烂铃和吐絮铃;直径小于 2 厘米的棉铃及当日花计为小铃。

6.密度

(1)设计密度:定苗时按照行距和平均株距换算出的每 666.7 平方米的株数,以"株/666.7 平方米"表示。

(2)实际密度:调查每小区的实际株数,换算成每 666.7 平方米株数,以"株/666.7 平方米"表示。

(3)缺株率:实际密度与设计密度的差数占设计密度的百分率。当实际密度高于设计密度时,百分率前用"+"号表示,反之用"一"号表示。

四、抗病抗逆性状

1.抗病性调查

6月中旬,在枯萎病发生高峰期调查枯萎病抗性;8月下旬,在黄萎病发生高峰期调查黄萎病抗性。采用 5 级病情分级标准进行调查。病情分级标准如下:

(1)枯萎病病情分级标准:

0 级:棉株外表无病状。

Ⅰ级:病株叶片 25% 以下显病状,株型正常。

Ⅱ级:棉株叶片 25%~50% 显病状,株型微显矮化。

Ⅲ级:棉株叶片 50% 以上显病状,株型矮化。

Ⅳ级:病株凋萎死亡。

(2)黄萎病病情分级标准:

0 级:棉株健康,无病叶,生长正常。

Ⅰ级:棉株 1/3 以下叶片表现病状。

Ⅱ级:棉株 1/3 以上、2/3 以下叶片表现病状。

Ⅲ级:棉株 2/3 以上叶片表现病状,未枯死。

Ⅳ级:棉株枯死。

(3)病株率和病指计算:

病株率(%)=(发病株数÷调查总株数)×100%。

病指=[各级病株数分别乘以相应级数之和÷(调查总株数×最高级数)]
　　　　×100

2.抗逆性调查

在全生育期调查品种的抗倒伏、耐旱、耐盐碱、耐涝、耐高温情况,是否早衰,以及灾害天气危害后的恢复情况等,随时记载。

五、收花

1.铃重取样

第一次收花前,在取样行均匀拾取中上部吐絮正常的棉铃 50 个,用于考种单铃重、籽指。

2.计产收花

分为 3 次(霜前花 2 次、霜后花 1 次)收获,第一次 9 月 20~30 日间择晴天收获,第二次 10 月 25 日收获最后一遍霜前花,第三次 11 月 10 日收获霜后花。各自注明年份、区号、收花行数、收花日期。

六、考种

1.单铃重

第一次收花前在取样行均匀收取中上部吐絮正常的内围棉铃 50 个,晒干称重,计算平均单铃籽棉重为单铃重,以克表示。

2.籽指

测定单铃重的籽棉样品分别轧花后,在各样品棉子中随机取样 2 份,每份 100 粒,分别称重,重复 2 次,取平均值,以克表示。

3.霜前籽棉

10 月 25 日之前实收的籽棉(含僵瓣)为霜前籽棉。

4.霜后籽棉

10 月 26 日至 11 月 10 日实收的籽棉为霜后籽棉,不摘青铃。

5.小区霜前籽棉产量

小区两次收获的霜前籽棉实收产量之和,以克表示。

6.小区霜后籽棉产量

小区收获的霜后籽棉实收产量,以克表示。

7.小区籽棉产量

小区霜前籽棉和霜后籽棉产量之和,以克表示。

8.衣分

取拣出僵瓣后充分混合的籽棉(含霜前籽棉和霜后籽棉)1千克,轧花,称取皮棉重,计算衣分。重复2次,取平均值。

9.霜前籽棉亩产量(产量以千克表示,小区面积为平方米)

霜前籽棉亩产量的计算公式为:

$$霜前籽棉亩产量 = \frac{(小区霜前籽棉平均产 \times 666.7)}{1000 \times 小区面积}$$

此外,还有籽棉亩产量(产量以千克表示,小区面积为平方米)、霜前花率(以%表示)、皮棉亩产量(以千克表示)、霜前皮棉产量(以千克表示)、僵瓣率(以%表示)。

棉花品种试验田间管理技术规程

（SDNYGC-1-6039-2018）

张晓洁[1]　刘国栋[1]　王爱玉[1]　张桂芝[1]　赵红军[1]　王桂峰[2]
赵金辉[1]　陈兰[1]　王琰[2]

（1.山东棉花研究中心；2.山东省棉花生产技术指导站）

一、棉花品种试验简述

山东省是转基因抗虫棉品种试验区，参试品种必须取得转基因安全生产评价证书才能参加区域试验或者生产试验。本规程适用于山东省棉花品种春直播或夏直播试验区的大田管理。

（1）区域试验：对品种的丰产性、稳产型、适应性、抗逆性进行鉴定，经过两年的鉴定，筛选出产量、品质、抗性优异的品种进入生产试验。

（2）生产试验：在同一生态类型区内，按照当地主要的生产方式，在接近大田生产条件下，对品种的丰产性、稳定性、适应性、抗逆性等进行验证，筛选出产量、品质和抗性均优异的品种，推荐国家或省级审定，继而在适宜区域内推广应用，为棉花生产发挥作用。

二、地块选择与播种

1. 地块选择

应选择土壤肥力中等或偏上、地势平坦、地力均匀、排灌方便、通风透光好的地块，同时要求试验地产品保护安全、交通便利。

2. 田间设计

田间设计要适应现代植棉需要，以 76 厘米等行距种植较为适宜，适合机采棉种植。小区面积设置依照试验方案而行,小区行数最好为偶数行,便于田间调查和收花,单行面积不宜超过 6.67 平方米。

3.供试种子

供试种子由各参试单位提供,符合《农作物种子检验规程》(GB/T 3543.1—3543.7—1995),检验符合《经济作物种子 第 1 部分:纤维类》(GB 4407.1—2008)标准的种子,种子发芽率不低于80%。禁止进行包衣及其他化学处理。

4.播种

春直播棉花品种试验一般于 4 月下旬播种,短季棉品种试验宜在 5 月 25 日至 6 月 5 日播种。可以人工开沟条播,也可机械播种,机械播种借鉴大田播种机械,将穴盘式播种器改为指刷槽轮式,并加装了清种槽,将开沟、播种、施肥、覆膜融为一体,可大大提高播种效率。春播试验要地膜覆盖,短季棉品种试验可实行露地直播。

三、田间管理

品种试验在种植模式、播种方式、管理技术等上应与大田生产相适应,同时要求各组别、各品种的田间管理要一致,水肥、中耕、整枝、化控、治虫等管理措施必须一次性完成。

1.苗期管理

棉花出土、子叶变绿后,及时放苗,发现缺苗尽早在本小区内移栽补齐。第 2~3 片真叶时一次性定苗,定苗密度严格按照要求,并且株距均等,每行定苗数量一致。定苗后及时在露地行间中耕,中耕深度应在 6~10 厘米,按照防治指标及时防治蚜虫、红蜘蛛等害虫。

2.蕾期管理

(1)整枝与中耕。棉花一般于 6 月 10 日左右现蕾,此期营养生长旺盛,不宜浇水。可进行粗整枝(有特殊要求除外),即出现第一果枝后,一次性将掉果枝以下的营养枝和叶片,之后除打顶外不再整枝。盛蕾期可进行中耕,中耕深度8~10厘米,可结合中耕培土。

(2)化控和治虫。对于品种区域试验来说,可以轻化控或不化控,以突出品种的农艺性状特点。如果在雨水较多年份,化控必不可少,可根据棉花长势少量多次进行,并且各区组各品种间一定要调控均匀,全生育期666.7平方米用量不超过 7 克;及时防治棉蚜、棉叶螨、棉盲蝽等害虫,不必防治棉铃虫。

3. 花铃期管理

（1）重施花铃肥。初花期追施花铃肥，以速效氮肥（多为尿素）为主，随雨水或灌水施入，每 666.7 平方米施肥量以标准氮素化肥 15 千克为宜。至于盖顶肥可根据土壤性质和地力而施，如果试验地为沙壤土，可在打顶后 1 周内补施，每 666.7 平方米以速效氮肥（多为尿素）5 千克为宜，如果土壤为黏土土质，不宜施盖顶肥。

（2）打顶与化控。花铃期高温高湿，营养生长旺盛，及时化控，缩节胺用量可适当增加，每 666.7 平方米单次用量最多不宜超过 3 克。7 月 15～20 日打顶，打掉"一叶一心"，并把打掉的枝叶带出试验田。花铃期也是内地降雨较多的时节，遇涝及时排水，遇连续 10 天以上干旱也要及时浇水，采用沟灌，切忌漫灌。

4. 吐絮期管理

棉花进入吐絮期后，一般不再行根际追肥和浇水。如果实在持续干旱，可在 8 月下旬浇水，可轻漫灌，不宜重新开沟，以免伤根。在正常年份，按照 76 厘米等行距种植，烂铃较少，但在阴雨较多年份，因为品种的差异，可能会出现烂铃，不可提前采摘烂铃。区域试验品种表现不一，有部分品种后发晚熟，但禁止使用催熟剂。

四、收获

棉花品种区域试验收花要求做到认真仔细、配备完整。

（1）准备收花袋：一般要准备 3 套收花袋子，并在每次收花前写好卡片，注明年份、区号、收花行数、收花日期，放入袋中。

（2）收花挂袋：收花上午，按顺序将收花袋挂在每个小区计产行的首行，下午收花，并由专人监督检查收花情况。

（3）收花时间：计产收花一般分为 3 次（霜前花 2 次、霜后花 1 次），第一次 9 月 20～30 日间择晴天收获，第二次 10 月 25 日收获最后一遍霜前花，第三次 11 月 10 日收获霜后花。

（4）取样：第一次收花前在取样行均匀拾取中上部吐絮正常的棉铃 50 个，用于考种单铃重、籽指。

鲁北棉区棉花高效生产栽培技术规程

（SDNYGC-1-6040-2018）

张晓洁[1]　刘国栋[1]　赵红军[1]　王爱玉[1]　张桂芝[1]　王桂峰[2]

赵金辉[1]　陈兰[1]　王琰[2]

（1.山东棉花研究中心；2.山东省棉花生产技术指导站）

棉花轻简化栽培是我国棉花发展的必然要求。本规程概述了轻简化植棉的品种选择、备播、播种、田间管理以及收获等管理技术，适用于山东省鲁北棉区春直播棉花生产区域。

一、品种选择

综合棉花轻简化栽培对棉花品种的要求，应选择早熟性好、株型紧凑、赘芽叶枝较弱、抗逆抗倒伏能力强的高产优质品种，如山东棉花研究中心培育的K836、鲁棉研37号、鲁棉研28号、鲁7619等。

二、播前准备

1.整地

（1）冬耕。冬前，在前茬作物收获后进行深松或深翻，深度为25～30厘米，可起到疏松土壤、透气蓄水、减少病害、促进根系生长发育的作用。冬耕前要进行前茬作物的秸秆还田或灭茬作业，以残膜回收机清理棉田残留地膜，施足有机肥。

（2）播前整地。播种前15～20天灌水造墒，春播前5～7天以旋耕机或联合整地机等进行旋耕、耙耢，喷施除草剂，做到土壤上松下实、颗粒细净、田平墒足。

2. 种子准备

(1)包衣棉种。棉花轻简化生产要选择包衣棉种，并且要求棉花品种典型性强、一致性好，具备品种的突出特点。

(2)购种。在有经营资质的棉种企业或者育种单位获得种子，获得种子后，及时查验种子质量，检测种子的发芽率。

(3)种子质量。按照国家对棉花种子播种质量的指标要求，大田用种子的纯度不低于95％，净度不低于99％，发芽率不低于80％，水分含量不高于12％。

(4)晒种。播前一周晒种2～3天，要将种子从包装袋中倾出，摊在苇席、布包等上面摊匀晾晒，翻动同时剔除大籽、瘪子、不成熟籽以及其他杂质。

3. 化学除草

(1)播前除草：棉田底墒造好后，于播前喷施除草剂，旋耕耙耢平整，以防治田间杂草危害，减少人工除草工作量。

(2)播后除草：在杂草危害严重地块，可以在棉花播种后再次喷施膜上除草剂，即棉花播种覆膜后，进行膜上喷施，药剂能够透过薄膜，在土壤表面形成药层，起到土壤封闭效果，可以有效防除棉田杂草。

(3)除草剂的使用。可参照农药合理使用准则(GB/T 8321.9—2009)，每666.7平方米使用氟乐灵48％的乳油100～150毫升，于播种前一次性喷施于土表，耙耢均匀。也可用33％的二甲戊灵乳油150～200毫升，兑水15～20千克，播种前或播种后出苗前表土喷雾。

三、播种

采用开沟、播种、施肥、喷药、覆膜一体化精量播种机播种；播种时间以每年4月20～30日较为适宜，造墒较晚地块可以延迟到5月5日；每666.7平方米播种量以1～1.5千克为宜，实收密度在5000～7000株/666.7平方米；为了便于管理和机械收获，可采用76厘米等行距种植，地膜宽度1.2米，播种深度2厘米左右。

四、田间管理

1. 出苗

棉花出苗后只放苗，不再间苗、定苗，放苗补土可以采用机械扶苗机补孔覆土，起到保苗保墒作用。苗齐苗全后，在露地行中耕，保持土壤疏松，中耕深度5～8厘米，中耕应做到不铲苗、不埋苗、不拉膜、不拉沟、不起大土块，达到行间平、松、碎的土质要求。

2. 整枝

采取不整枝方式,除打顶外不再整枝,这样可以减少用工投入。

3. 化控

(1)化控时间。从棉花现蕾后 5～7 天即开始化学调控棉花生长,掌握"少量多次,逐渐加量"的原则。

(2)施用量。每 666.7 平方米喷施缩节胺用量一般是初次使用为 0.3～0.5 克,之后每 7～10 天化控一次,用量根据棉花长势逐渐增加,盛蕾期用量 0.8～1 克,初花期用量 2 克,7 月 15～20 日打顶后重控可加大到 3.5 克。

(3)其他情况。如果在特别干旱的条件下,可以推迟调控,或者减少用量,甚至不化控。化学调控要根据棉花长势而定。

4. 施肥

(1)基肥以有机肥为主,兼施氮、磷、钾匹配的复合肥,施肥量依据地力条件和产量水平而定,占棉花全生育期施肥量的 60%,冬前深翻时施入有机肥,播种时可随施复合肥或控释肥。

(2)花铃肥在见花时施入,一般在 6 月底 7 月初,以速效氮肥为主,可以追施尿素。棉花是对钾敏感的大田作物,在两次施肥中注意施入钾肥,以促进棉花种子和纤维的发育。

(3)叶面肥。对于有早衰迹象的棉田,可以结合化防在后期喷施叶面肥,如尿素或者磷酸二氢钾等。

5. 病虫害防治

(1)前期。包衣棉种播种后,可以有效防止地下害虫和苗期病害,近几年苗蚜有危害加重的趋势,要及早防治。

(2)中后期。现蕾后棉铃虫、蚜虫、盲蝽象、蓟马等害虫逐渐危害棉花生长,要及时做好田间调查,可联合统防统治,采取机械化防控,施用量和施用方法可参照售药说明。

6. 脱叶催熟

(1)施药时间。棉株上部棉桃发育 40 天以上、田间吐絮率达到 60% 时为脱叶催熟的最佳施药期,多在 9 月 25 日至 10 月 5 日之间。

(2)施药种类。采用每 666.7 平方米施用 50% 的噻苯隆可湿性粉剂 30～40 克＋40% 的乙烯利水剂 200 毫升＋水 450 千克混合喷雾施用,以促进棉花脱叶和吐絮。

(3)施药条件。施药后日最低温度不低于 12.5 ℃,并且日均气温不低于 18 ℃维持 3～5 天,施药效果较为理想,喷施后如果 4 个小时内遇雨需要重新补喷,同时喷施时要喷匀喷透。

(4)其他情况。对于密度较大、长势较旺的棉田,应适当增加脱叶剂用量,必要时可以二次喷施,以促进叶片脱落,防止叶片"干而不落"。

五、收获

正常情况下,喷施脱叶催熟剂 20 天后,棉花脱叶率达 95% 以上,吐絮率达 90% 以上,即可收获,如果是人工收获,可以根据天气和人工情况及时采收。如果是机械收获,可以联系采棉机进行机械采摘,棉花收获机的安全性应符合《棉花收获机》(GB/T 21397—2008)的规定,作业质量应符合《采棉机作业质量》(NY/T 1133—2006)的规定。

棉花收获后,应立即用残膜回收机回收田间残膜,并且用秸秆还田机进行棉秆还田作业。

棉花种子包衣包装技术规程

（SDNYGC-1-6041-2018）

张晓洁[1]　刘国栋[1]　赵红军[1]　王爱玉[1]　张桂芝[1]　王桂峰[2]
赵金辉[1]　陈兰[1]　王琰[2]

（1.山东棉花研究中心；2.山东省棉花生产技术指导站）

种子包衣包装技术对种子的发芽率、出苗率、田间成活率都有重大影响，对棉花生产意义重大。本技术规程概述了基础种子质量、种衣剂、包衣机、技术操作、包装技术等，适用于棉花种子加工过程中的包衣、包装环节。

一、基础种子质量

棉花生产用种经成套设备加工后的光子质量要达到净度不低于99.0%，发芽率不低于80%，含水率不超过12.0%，残酸率不超过0.15%，破籽率不超过7%，残绒量不超过0.2%。破子越少，包衣对其损伤越小。

二、种衣剂的选择

种衣剂必须要使用取得农药登记证和生产许可证的合格产品，并且冷贮稳定性好，在低温条件下，其物理性状无明显变化，不影响药效和包衣质量，在室温条件下成膜时间2～4分钟，低温条件下成膜时间不超过10分钟，经包衣后种子发芽率没有明显下降。

三、包衣机准备

包衣机应为符合《种子包衣机技术条件机械行业标准》（JBT 7730.1—

1995)规定的合格产品,具备种衣剂加温装置和防沉淀搅拌功能,具备喷洒均匀或者甩盘式雾化装置。每台包衣机及辅助设备应由1～2名经专业培训的技术人员专门负责操作。

四、包衣操作前准备

1.配置药种比

依据不同类型的种衣剂与种子数量的药种配比,提前计算好种衣剂与种子的配置比例。

2.调试

提前调试包衣机的排料量和供药量,即在不供药的前提下,按照预定的生产效率调节进料数量;根据药种比例,在不供种的前提下,按照供种数量调节药泵或者计量泵的输药量,达到与进料量匹配的供药量。

3.进料要求

采用斗式提升机为包衣机进料,避免间歇进种,包衣机进料斗内装料量不超过容量的3/4,搅拌筒或者滚筒装料量不超过筒容量的2/3。

五、操作方法

1.启动

按顺序启动各部位电机,首先空载运行5～10分钟,检查各部位有无振动、异常声音、轴承升温等。一切正常后,按照确定的生产效率和供药量进行包衣操作。将配制好的药液注入贮药罐,开启搅拌装置进行预搅拌。用提升机把光子输送到贮料仓,并保持料仓始终贮有光子,使其能持续供料。严格按照开关机顺序进行操作。

2.开机顺序

按"药液计量泵电机—甩盘电机(空压机)—滚筒—上料提升机—打开进料口或者排料口阀"的顺序喂入准备好的种子。

3.关机顺序

按"停止进料—关闭药液泵或者计量泵电机—关闭甩盘电机(空压机)—待种子排空后关闭搅拌筒或者滚筒电机"的顺序操作。

4.巡检

在工作过程中应加强巡检,定时复检进料量和供药量是否匹配并及时调整。发生故障应断电停机后再排除故障。

5.清理

包衣结束停机后,关闭总电源,及时清理设备,保持现场干净整洁。

六、注意事项

(1)由于种衣剂有毒性,开机工作前工作人员应穿戴具有防护措施的工作服。严禁直接接触药液;工作时间禁止抽烟、喝水、吃东西,以防中毒。

(2)包衣机作业时,严禁将手伸进搅拌滚筒或打开雾化仓门。

(3)妥善处理种衣剂残液,防止污染环境。

七、包衣种子质量指标

包衣种子质量指标应符合以下要求:净度不低于 99.0%,发芽率不低于80%,含水率不超过 12.0%,破籽率不超过 7%,种衣覆盖度不低于 90%,种衣牢固度不低于 99.65%。包衣后种子应进行干燥后再进行分装作业。

八、种子包装

1.包装原料

成品种子用于销售时,可根据市场需求、客户要求、种子数量及附加值等,选择相应的符合国家标准标记内容的包装。小批量示范用常规种子从经济性考虑,也可采用纸质袋装。种子数量大又需要小规格包装(如 1 千克/袋)时,可选用聚乙烯类塑料材质包装袋。单位包装种子数量小、附加值高的杂交种子可选择使用铝箔材质、金属或纸质罐装。总的原则是既要考虑实用性、美观性、耐用性,又要兼顾成本。

2.包装类型

水分低于安全贮藏水分临界点的种子最多在包装袋子上打 1～2 个孔,种质资源类种子宜密闭真空包装后低温贮藏。

3.自动计量

包衣种子自动计量包装机是成品种子包装作业中的核心设备,要严格按照种子自动包装机安全操作规程进行计量包装作业。根据包装材质调整横竖封预设温度,手动调节并检查制袋质量,成袋、拉袋正常并符合标准后开启计量供料模式,校正供料正常、计量准确后进入自动计量分装模式。

4. 包装标注

成品种子一定要按照 2001 年中华人民共和国农业部令第 50 号发布施行的农作物商品种子加工包装规定进行包装,包装袋要有品种说明、种子质量指标说明、有毒标记、标注净含量、单位名称、联系方式以及环保要求等。

棉花种子播种质量快速检测技术规程

（SDNYGC-1-6042-2018）

张晓洁[1]　　刘国栋[1]　　赵红军[1]　　王爱玉[1]　　张桂芝[1]　　王桂峰[2]

赵金辉[1]　　陈兰[1]　　王琰[2]

（1.山东棉花研究中心；2.山东省棉花生产技术指导站）

快速测定棉花种子的播种质量对棉花生产具有重要的意义，本技术规程规定了棉花种子成熟度、发芽率、含水量的快速检测方法，适用于棉种运营过程和播种前的种子质量快速检测。

一、查看种子生产及加工档案

在对某批种子的质量进行检验之前，首先应该对该批种子的田间生产和加工情况有一个大致的了解，以便对检测结果进行准确分析、判断。有生产和加工档案记录的，要查阅档案记录；没有档案记录的，也要通过询问田间管理人员和加工技术人员了解情况。

1.了解种子生产情况

（1）种子生产情况，包括繁殖地点、地力、发病情况，生育进程、田间管理情况、收花时间与次数，籽棉单产、种子单产等。

（2）预测种子质量。棉种良繁时，若三次收花，前两次的种子质量一般要好于最后一次；籽棉平均单产越高，种子品质越好。

2.了解种子加工情况

对于种子加工状况，要了解种子轧花机械的类型、剥绒次数、脱绒状况、精选方法与程度、烘干方式与温度、种衣剂成分与药种、种水配比、包装方式等。

二、装卸时扦样

大批种子运到后，采取边卸车、边取样的方法扦样。根据种子总量和总袋数，卸车时按照国家农作物种子检验规程的规定，平均扦取规定数量的种子袋数，即每隔规定袋数开袋取样，充分混合，获得混合样品，一般 3～4 天取一个混合样品。

三、直观查看

1. 净度

对获得的初次样品，先查看净度，重点检查是否有土块、石块等大型杂质，是否有明显的其他植物种子，以及种子附着短绒的长度（要求小于 2 毫米）等，一般情况下种子净度通过初步查看即可。

2. 初测含水量

通过手摇、牙咬的方法初步判断种子含水量的高低。一般手摇时有"刷刷"声，牙咬破碎时发出清脆"嘣"音，且种皮和种仁同时破碎的，说明种子干燥，水分含量一般在 12％以下。否则就要尽快晒种以降低水分含量。

四、成熟度检测

棉花种子成熟度多以健子率表示，（毛子）健子率的检测多用开水烫种法或硫酸脱绒法。

1. 开水烫种法

从净种子中随机取样 4 份，每份 100 粒，将种子放于小杯中，倒入开水，搅拌 3～5 分钟，将水滤掉，再经过反复冲洗，待露出种皮原始颜色，倒在白色瓷盘中，根据种皮颜色的差异进行鉴别。种皮呈黑色、深褐色或深红色的为成熟子即健子；呈浅褐色、浅红色或黄白色的为不成熟子即非健子。分别数取健子和非健子粒数，计算健子所占比例即为健子率。

2. 硫酸脱绒法

在卸车过程的种子流中，随机抽取 500～600 粒毛子种子，放入敞口的塑料容器内，按照酸种比 1∶7（克∶毫升）的比例倒入 90％的工业硫酸，边倒入边搅拌，直至短绒全部被酸浸湿变黑褐色，倒入网袋中，迅速用流水冲洗干净，露出种皮原色，将种子倒在白色瓷盘中，随机分成三个重复，按照种皮颜色可以清晰地辨别种子,计算褐色和棕红色的饱满种子所占比例,即为健子率。注意硫酸脱绒种子时间要迅速,不宜超过 5 分钟,其优点是比开水烫种法检测健子率简单准确。

五、快速检测种子发芽率

1. 切口快速检测

可将种子用 60 ℃温水浸种,逐渐降至 45 ℃,浸种 3 小时,再在棉种内脐处斜切一小口,长度为种子长的 1/4,然后切口向下置床于 38 ℃条件下(其他同标准发芽法)发芽。这样 36 小时即可达到标准发芽条件下的发芽状态。

2. 发芽纸快速检测

取 4×100 粒种子,用 60 ℃温水浸种,逐渐降至 45 ℃,浸种 3 小时。将发芽纸 2 层以清水浸湿至不滴水,将浸泡过的种子整齐排列在消毒好的发芽纸上,上覆一层同样湿度的发芽纸,写好编号,从一侧卷起(编号朝外)成直筒,两头以橡皮筋系好,放入发芽盒,置入光照培养箱,光照培养箱温度调到 28 ℃,打开光照开关,3 天即可达到标准发芽条件下的发芽状态。该方法能够节省 3/4 的发芽时间。

六、快速测定棉种水分

按照国家标准 GB/T 3543.4—1995,测定棉花种子水分一般要在 105 ℃下烘干 8 小时,时间较长,有时可能会耽误调运时间。

1. 计算公式

棉花种子水分(Y)变化与烘干时间(X)有 $Y=X/(a+bX)$($0 \leqslant X \leqslant 8$)的关系式,利用这个关系式,在缩短烘干时间的情况下,可以准确推算出种子的含水量。

2. 测定方法

将种子样品分成两份,每份 2 个重复,于 105 ℃的条件下烘干,在 0.5 小时、1 小时后分别称重(按照棉种水分标准测定法称重),并计算出各自的种子水分(分别记作 Y_1、Y_2),从公式 $Y=X/(a+bX)$ 中得到 a、b 的值,即可推算出当 $X=8$(即烘干 8 小时)的 Y 值(即棉种的含水量)。

需要指出的是,本检测流程只是种子检测过程中的一种快速检测方法,具有较强的可操作性,但并不能代表国家标准。

棉花种子加工处理技术规程

（SDNYGC-1-6043-2018）

张晓洁[1]　　刘国栋[1]　　赵红军[1]　　王爱玉[1]　　张桂芝[1]　　王桂峰[2]

赵金辉[1]　　陈兰[1]　　王琰[2]

（1.山东棉花研究中心；2.山东省棉花生产技术指导站）

棉花种子从毛子到商品种子需要经过剥绒、硫酸脱绒、烘干、筛选等技术过程，任何一个加工环节出现问题都会对种子质量产生影响。本技术规程从棉花种子的加工中的基础种子质量、剥绒、稀硫酸配制、脱绒、烘干、摩擦、精选等加工技术方面对棉花种子加工处理技术进行了概述，适用于棉花种子的稀硫酸加工工艺。

一、棉种加工工艺

工艺流程为毛子机械剥绒—毛子计量—稀硫酸配制与注释—离心机甩干—烘干—摩擦—风选和比重选—包衣—提升—成品种子分装。

二、硫酸脱绒前的准备

1.毛子质量

毛子质量不低于国家规定质量标准，即原种纯度不低于99％，常规种纯度不低于95％，净度不低于97％、健子率不低于75％、发芽率不低于70％、水分不超过12％，理想的毛子含水量应在10％～11％，破子率不超过5％，达不到此标准的，不宜作为种子应用。

2.机械剥绒

（1）硫酸脱绒的短绒要求：轧花后的毛子短绒含量在13％以上，硫酸脱绒前种子短绒含量率应为 7%～9%。

(2)剥短绒。在剥短绒时,要仔细了解品种的种子状况,及时调节剥绒机辊与齿的间距,以减少破损。

(3)剥绒后种子质量:净度不低于 97%,健子率不低于 75%,发芽率不低于 70%,含水量不超过 12%,短绒率不超过 9%,破损率增加不超过 2%。

三、稀硫酸配制和稀释

棉种加工所需的稀硫酸在配制时必须掌握好先后顺序,按照 10% 的比例首先加入定量的水,然后再加入定量的浓硫酸,用专业的比重计测试稀硫酸浓度,比重达到 1.14～1.16 即为比较适宜的加工用稀硫酸,再加入按照每千克加工原料 400 千克左右为比例的活化剂。毛子计量和稀硫酸稀释、搅拌过程中,时刻注意监测硫酸比重,以充分保证稀硫酸比重始终稳定在 1.14～1.16,这样才能确保成品种子有较高的合格率。

四、离心机甩干控制

通过离心机,将与毛子浸湿搅拌后多余的稀硫酸甩出。离心机转速的控制可根据离心机底部出料口被甩干毛子的干湿度来确定,通常转速在 31～32 转/分钟时毛子脱酸程度较为理想。

五、毛子脱绒

稀硫酸与棉籽混合,通过机械搅拌充分均匀浸透短绒,再通过烘干设备蒸发水分,使附着在棉绒上的稀硫酸成为浓硫酸,利用浓硫酸的强脱水性,使棉纤维碳化,再通过摩擦设备去掉已碳化的短绒,达到脱绒目的。

1. 烘干

烘干温度控制的关键是烘干筒进口和出口温度。根据加工量大小,烘干筒进口温度一般稳定控制在 200～230 ℃,出口温度稳定控制在(55±2)℃。浸酸毛子从烘干筒进口到达出口所经历的烘干时间是加工出成品种子质量高低的关键。在毛子短绒含量在 7%～9% 时,烘干时间控制在 12～14 分钟效果最佳。

2. 摩擦

烘干后的种子进入摩擦筒,在摩擦筒打磨时同样需要适宜的温度和时间,才能保证种子的加工质量。摩擦筒进口温度稳定控制在 80～85 ℃,出口温度稳定控制在(45 ± 1)℃,种子摩擦时间控制在 20 分钟左右效果较好。摩擦后的种子将会脱去短绒,成为光子。

六、风选与比重选

脱绒后的光子含有部分杂质、瘪子、不成熟籽、破损子等,需要经过风筛式精选机、重力式精选机工序,将其中的杂质、灰尘、破籽、瘪籽等清除,有条件的可加一道色选工序,可以将霉变子筛除,选出成熟度好、整齐度一致、健子率和发芽率高的种子。

风筛选和比重选应根据各自进口处种子的质量优劣程度,调节风筛机的风力和比重机的台面倾斜度,进而清除杂质、灰尘、破籽、瘪籽等;色选机则根据物料颜色差异,利用光电技术将颗粒物料中的杂质和霉变子自动分拣出来,最终筛选出优质合格的成品种子。

七、成品种子检测

对成品种子的质量应严格检测,定时随机取样,每 3～4 天抽取一个混合批次样。动态检测种子的质量指标,将检测结果及时反馈至加工车间,最大限度地避免不合格种子的出现,对不合格批次的种子要坚决予以报废。

加工后成品种子的质量指标为:原种纯度不低于 99％,常规种纯度不低于95％,净度不低于 99.0％,发芽率不低于 80％,含水量不超过 12.0％,残酸率不超过 0.15％,破籽率不超过 7％,残绒量不超过 0.2％。

棉花种子贮藏技术规程

（SDNYGC-1-6044-2018）

张晓洁[1]　刘国栋[1]　赵红军[1]　王爱玉[1]　张桂芝[1]　王桂峰[2]
赵金辉[1]　陈兰[1]　王琰[2]

（1.山东棉花研究中心；2.山东省棉花生产技术指导站）

本技术规程对棉花种子贮藏的人员配备、仓库设施、种子质量要求、包装要求、贮藏期管理等进行了概述，适用于大批量经营用棉花种子的贮藏。

一、人员配备

种子贮藏及日常管理工作应由经过专门专业培训并获得上岗资格的专业人员承担，同时种子扦样员、室内检测员应积极全力配合。

二、种子仓库及设备

1.仓库

棉种仓库宜建在地势高、排水好、不积水、易通风、交通便利的地方。库房要牢固安全，不漏雨、不潮湿，门窗齐全，通风密闭自如。应具有良好的隔热、保温、防潮、防鼠功能，备好垫木或竹排，仓库要有附属晒场。库内禁止放置易燃易爆物、化肥、农药等与种子无关的物品。

2.器具

仓库要备有篷布、笤帚、扫帚、铁锨等清扫或整理仓库的仓用工具；要备有熏蒸杀虫、防鼠灭鼠需要的器材和药品，包括喷雾器、灭蚁药、灭鼠药、杀虫药、粘鼠板、毒鼠盒、消毒剂、除味剂等。

3.设备

仓库应配备测温仪器(温度计)、测湿仪器(湿度表)、能够准确计量的衡器等,还应配有机械通风、除湿设备。仓库应配备灭火器材和水源,对消防器材要定期检查,灭火器要定期更换。

三、贮藏种子的质量要求

相对而言,棉花种子的基础质量越高,耐贮性越好,贮藏安全性也越高。因此,种子贮藏前应对其质量状况进行严格的检测把关,以淘汰无贮藏价值的种子。

1.种子含水量

在棉种储藏过程中,应严格控制种子水量,入库储藏的种子含水量应在12%以下。种子含水量在11%以下时可密闭储藏,11%～12%时可用编织袋包装入库,12%以上应干燥后入库。毛子耐贮性较好,一般常温条件下含水量低于11%的毛子经过一年的贮藏,其发芽率不会减退;而包衣种子对质量要求比较严格,应保证包衣种的水分含量低于11%。

2.发芽率

棉种主要有毛子、光子和包衣种子。毛子发芽率应大于70%,光子和包衣种发芽率应大于80%。

3.干净程度

棉种入库不得带有活的害虫,并且净度好,毛子含短绒率要低于9%,不含任何杂质,符合国标要求。

四、贮藏种子包装物选择

常用的种子包装物主要有塑料袋、编织袋、种子罐等。

(1)塑料袋:塑料袋包装又分为有孔和无孔两种类型,以有孔居多。对于水分含量较低的棉种,以密闭包装更有利于储藏。

(2)罐装:目前市场上应用较多的有纸罐、铁罐等包装物,主要用于棉花包衣种精装,不宜设孔,要求种子符合国家棉花种子质量标准。

根据贮藏种子的质量要求,选择不同材质的包装物,散装种子不宜长期贮藏。

五、棉种储藏期间的管理

1.种子堆放

大批量棉种存放以袋装居多。袋装堆垛可分"非"字形、半"非"字形,高度最多为 7 层;垛间、垛与仓壁之间应留有 0.5～0.8 米的通道;垛底应垫有垫木或竹排。

2.品种标牌

种子仓库、隔仓、堆垛要有标牌,标明品种名称、种类、等级、产地、种子批编号、入库时间等,对于杂交种的亲本存放,要求包装物内外都有标签。

3.严防混杂

棉种在翻晒、倒仓、并垛过程中,要仔细检查核对标牌;散落在地上、无法确定品种的种子不得作种用;种子翻晒前,须清理好晒场,不同品种之间至少要有 2 米的间距,并使用隔离物。

4.定期巡检

种子贮藏期间,根据不同季节、不同环境条件,应实行定期定点检查,遇灾害天气更应及时检查,检查方面包括:

()储藏环境条件,主要包括仓库设施、温度控制、湿度检测、通风密闭等。

(2)种子变化,主要包括种子垛内温度、种子包装、种子水分、发芽率等。

(3)虫霉鼠害。随时检查库存种子的虫害、鼠害、真菌发生情况。发现问题及时跟踪,并采取相应的整治措施,检查结果和整治结果及时记入档案。

六、种子出库

种子出库应严格遵循出入库手续,出库前须对种子批质量进行复检,检测结果未达国家标准的,不得作为种子使用。种子应凭证出库,并核对品种、等级、数量等,严防发错种子。

蒜后短季棉机械直播农机农艺结合技术规程
（SDNYGC-1-6045-2018）

张晓洁[1]　刘国栋[1]　赵红军[1]　王爱玉[1]　张桂芝[1]　王桂峰[2]
赵金辉[1]　陈兰[1]　王琰[2]

（1. 山东棉花研究中心；2. 山东省棉花生产技术指导站）

蒜后直播短季棉技术在鲁西南棉区已逐渐推广，本规程以农机农艺技术融合为基点，对蒜后直播短季棉的相关技术环节进行了概述，适用于山东省蒜后纯直播短季棉区域。

一、种子准备

1.品种选择

短季棉品种均适合蒜后直播要求，播种越晚越要选择生育期较短的品种，目前山东棉区较为适宜的品种有鲁棉研 19 号、鲁 54、鲁棉 241、鲁棉 532 等。

2.购种

在有经营资质的正规企业购买种子，或者在育种单位获得种子，要选择包衣棉种。

3.种子质量

播前 2 天晒种，不得摊在水泥地面上晾晒，要在苇席、布包等上面晒种，保证种子发芽率在 80％以上。

二、机械整地播种

1.机械整地

大蒜收获后，及时以旋耕机或联合整地机旋耕，旋耕深度 10～15 厘米，旋后随即耙耢平整。

2.播种

正常情况下,大蒜在 5 月下旬收获,进入 5 月份大蒜需水量大,一般蒜后不需再浇水造墒,抢墒播种,播种机采用开沟、施肥、除草、播种、镇压、覆土一次性完成的精量播种联合作业机,以 5 月 25 日播种较为合适。

3.播种模式与播量

播种量要求每 666.7 平方米 1～1.5 千克,为适应机采要求,播种行距为 76 厘米等行距,无需覆膜,足墒下种,力争一播全苗。

三、合理密植

短季棉品种植株相对矮小,有效结铃期短,为保证亩总铃数,达到产量预期,要适当增加密度,留苗密度为 5500～7000 株/666.7 平方米,一般不需人工间苗定苗。

四、田间机械化管理

1.防治病虫害

(1)植保机械,喷洒农药、除草剂、叶面肥、化学调控的机械均可通用。

(2)机械选择。根据棉田地块大小,合理选择施药机械,田间通过性好的大地块可选择作业幅度宽、喷洒效率高的大型高地隙药械,中小型地块可采用背负式植保器械,成方连片的大规模地块可采用无人驾驶的植保用飞机。优先选用吊杆式高效喷雾机、风幕式喷杆喷雾、航空植保高效机械。

(3)喷施效果。保证喷雾均匀,使棉花中下部叶片都能附着药剂,尽可能选择带有双层吊挂垂直水平喷头的喷雾机械。为减少农药用量,降低农业污染,应优先应用低量喷雾、静电喷雾等先进技术,实现精准施药。

2.化学调控

(1)提早化控,棉花现蕾即可根据棉花长势和天气情况轻度化控,每 666.7 平方米可施缩节胺 0.3～0.5 克,7～10 天以缩节胺(或者助壮素)化控一次,逐渐加量。蕾期用量最大不超过 1 克,花铃期用量最大不超过 3 克。

(2)调控效果。通过化学调控,棉花株高控制在 80～100 厘米。化学调控可以和机械防治病虫害合并进行,注意缩节胺不可与碱性农药混用。

3.机械中耕和施肥

(1)中耕。棉花的中耕施肥机械常用的是锄铲式中耕机、锄铲式中耕施肥机等,一般与中小型拖拉机配套使用。短季棉生育进程比较集中,要前促后控。棉花出苗齐全后要及时中耕松土,排除土壤板结,消除杂草。

(2)施肥。6 月中下旬结合中耕追施蕾肥,一般条件下,每 666.7 平方米施 7.5~10 千克尿素和 10~15 千克复合肥为宜。7 月 20 日前后见花,要重施花铃肥,每 666.7 平方米施尿素、磷酸二铵各 10 千克,以保证花铃期对氮素的需求。

4.打顶

棉花生长全生育期不需整枝,于 7 月 25 日前后及时打顶。有条件的地块可以借助机械打顶机或者化学药剂封顶技术进行。智能化单株仿行棉花打顶机能够智能检测棉花单株高度,自动调节打顶装置高度,目前已在多地试验示范,取得了较好效果,进一步完善后将得到推广应用。

五、机械化采收

1.脱叶催熟

(1)施药时间。为了腾茬植蒜,要早打脱叶催熟剂,在棉花吐絮率为 40% 时即可进行脱叶催熟,并且要实行多次脱叶法,即一般在 9 月 15~20 前后进行第一次脱叶催熟,之后 7~10 天以同样剂量再喷施第二次。

(2)施药条件。要求施药后 5 天日均气温不低于 18 ℃且相对稳定。

(3)施药种类与数量。以每 666.7 平方米喷施 50% 的噻苯隆可湿性粉剂 30 克＋40% 的乙烯利水剂 200 毫升兑水 450 千克混合施用。如果棉田密度过大、长势较旺时,可以加量使用。注意喷洒均匀,不漏喷,遇雨重喷,确保喷匀喷透。

2.采收

(1)收获。大蒜适宜栽植期为 10 月 10~20 日,在施用脱叶催熟后,10 月 10 日前后棉花脱叶率达 80% 以上,吐絮率达 90% 以上时即可采摘。

(2)机械采收。有条件的地块可以采用采棉机采收,采棉机的安全性应符合《棉花收获机》(GB/T 21397—2008)的规定,作业质量应符合《采棉机作业质量》(NY/T 1133—2006)的规定。

(3)采收指标:采净率在 93% 以上,籽棉总损失率不超过 7%,籽棉含杂率不超过 10%,撞落棉率不超过 2.5%,籽棉含水率增加值不超过 3%。

没有机械采收条件的棉田可人工采收棉花,一般集中采收两次即可。

鲁西北棉花播种技术规程

（SDNYGC-1-6046-2018）

张振兴[1]　董瑞霞[1]　李敏[2]　王朝霞[1]　王艳华[2]

（1.德州市棉花生产技术指导站；2.武城县农业技术推广站）

一、播前准备

1.深耕土壤

采取秋冬耕或春耕，耕翻深度25～30厘米。秋冬耕棉田翻后不进行耙耢，春耕和春后翻二犁的棉田翻后及时耙耢保墒。

在棉花播种前15～20天浇水造墒，春后翻二犁的棉田耕前清除棉田残留的棉柴、地膜等杂物，浅耕15厘米左右，再经过耙耢保墒，使棉田达到"平整、疏松、土碎、残膜净"的要求。

2.种子准备

选择经国审或省审定的品种。全部选用脱绒包衣的种子，种子质量符合国家质量标准并有合格证，包装规范。鲁西北推广的棉花品种有鲁棉研28号、银兴棉28号、K836、鲁棉研37号、鲁6269、瑞棉3号、鲁7619、GK102、山农棉14号等品种。播前晒种，选晴天，将脱绒包衣种子晒种2～3天。晒种时，把种子摊在苇席或编织袋上摊薄，不要放在水泥地上，并注意翻动。

3.合理施肥

冬耕时没有施足有机肥的，每666.7平方米施商品有机肥100～200千克，或优质土杂肥1000千克以上。

（1）传统施肥。棉花耕前，每666.7平方米底施尿素12千克，磷酸二铵15～20千克，硫酸钾10千克。

（2）种肥同播施肥。推广播种、施肥、喷药、覆膜一体化播种机，选用控释化肥，随播种将棉花全生育期所需化肥一次性深施入土壤 15 厘米以下。一般每666.7 平方米施磷酸二铵 15～20 千克、42％的控释尿素 20～25 千克、硫酸钾10 千克。或氮磷钾含量 45％的优质缓控释肥，每 666.7 平方米用量 40～45 千克，种肥距离 7～10 厘米。

二、质量要求

1.墒情

一般棉田 0～20 厘米土层含水量达到田间持水量的 60％～70％时播种较适宜。

2.播期

5 厘米地温稳定超过 14 ℃以上时播种，一般在 4 月 20 日以后播种，鲁西北适宜播期在 4 月 20～25 日。

3.播量

（1）精量播种。播种前将播种机调试好，每 666.7 平方米播包衣棉种 1～1.5 千克。为适应棉花机械化采摘的要求，推广 76 厘米等行距播种，地膜宽120 厘米，一膜盖双行。

（2）传统机械条播。每 666.7 平方米播种 1.5 千克，大小行种植时，小行 60厘米，大行 80～90 厘米。

包衣种子严禁浸种，播深要适宜，一般适墒棉田播深 3 厘米。播种的同时，地膜下喷施 33％的二甲戊灵或 48％的仲丁灵，每 666.7 平方米用量 100～130毫升，兑水 30 千克。

三、保障措施

（1）压实边膜：播种时确保铺膜平展，播种后人工辅助覆土，压实边膜。

（2）中耕松土：播种后对膜间及时中耕，播后遇雨出现板结要及时中耕松土。

（3）及时放苗：当 60％的棉苗子叶变绿后，及时破膜放苗，放苗要避开中午。进入 5 月份后，要预防高温天气造成"烧苗"现象。

棉花大田用种繁育技术规程

（SDNYGC-1-6047-2018）

张振兴[1]　王建华[2]　王朝霞[1]　董瑞霞[1]　许明芳[1]

（1.德州市棉花生产技术指导站；2.武城县农业技术推广站）

一、范围

适用于山东省棉区棉花常规种子的大田用种繁育。

二、大田用种

用常规原种繁殖的第一代至第三代或杂交种，经确认达到规定质量要求的种子。

三、要求

1.资质要求

棉花大田用种的繁育，种子企业是有转基因棉花种子生产经营许可证的企业，具备农业部规定的转基因棉花种子生产经营许可规定的条件。生产繁育的种子是国家和山东省品种审定或引种备案公告的品种。

2.质量要求

生产繁育的大田用种应具有原品种的典型性，大田用种的种子质量及品种品质应达到国家标准规定。棉花常规种子的大田用种纯度不低于95.0%，净度不低于99.0%，发芽率不低于80%，水分不高于12.0%。

3.基地

种子生产企业具有技术力量强的专业技术队伍和相对稳定的生产繁育基地。

4.种源

繁育大田用种的种子来源必须是具有本品种典型性状和品种审定公告描述一致的种子。必须是按照棉花原种生产程序生产的原种,品种纯度不低于99％,净度不低于99％,发芽率不低于80％,水分不高于12％。繁育所用种源不得带有国家检疫性病虫害。

5.检验

在棉花大田用种的繁育中,必须做好田间检验,确保种子纯度。田间检验主要以苗期、结铃盛期、吐絮前为主。

四、生产繁育程序

1.繁种地

繁种地应选择地势平坦、有水浇条件、肥力中等以上,且集中连片的棉田。繁种地隔离条件应达到25米以上。

种子生产地点要在农业转基因生物安全证书批准的区域内,生产地点无检疫性有害生物。

2.档案

必须建立种子田间生产繁育档案,每次田间检验记录要及时记入档案,档案要妥善保管至棉花二个生长周期以上。

3.播种定苗

播种时坚持一地一种,绝不能与其他品种交叉种植。棉花出苗后,要及时查苗移苗,缺苗断垄处可留双苗。定苗采用"去杂苗,拔弱苗,留一致苗"的原则。

4.认真去杂去劣

去杂去劣是保证繁殖种子纯度和典型性的关键。据品种的特性,在棉花的苗期、结铃盛期、吐絮前分别进行,认真鉴别,将杂株、重病株、变异株和不抗虫株拔除。

结铃盛期,对照本品种的标准性状,观察主茎叶型、株型(果枝长短、紧凑程度)、铃型(中部果枝内围铃的大小、形状),拔除与本品种性状有明显差异的棉株,拔除黄萎病极重的棉株。要有专业技术人员进行督导检查,稳定去杂人员队伍,确保棉花品种的田间纯度。

5.田间检验

种子田在棉花生长季节可以检查三次,尤以结铃盛期最为关键,这时棉花品种特征最为明显。

进行田间纯度的检验,主要是根据株型、叶型、叶色、铃型鉴定。按常规种子的取样要求确定样点,每点调查株数不低于 100 株。田间检验完成后,田间检验员应及时填报田间检验报告。

6.收获

对于田间检验合格的种子田,棉花收获前应对繁殖田进行一次彻底检查,进一步去杂去劣。对于田间检验不合格的种子田,应以淘汰。

繁种田不能喷施乙烯利催熟,种籽棉采收一般进行 3~4 次。棉铃要开裂后 5~7 天后采摘,以保证种子成熟。

种籽棉采摘一般截至 10 月 26 日,之后采摘的棉花不能作为种籽棉。收获时要实行统一采摘、统一运输,单独存放,防止混杂。

7.加工保存

种籽棉收获后及时晾晒,确保种子水分降至 12% 以下。加工前要彻底清理轧花机,不同品种单独轧花,防止机械混杂。加工好的种子要在干燥通风的条件下保管。

五、栽培管理技术

1.浇水施肥

浇足底墒水,争取一播全苗。耕前每 666.7 平方米施有机肥 1000 千克,尿素 12 千克,磷酸二铵 15 千克,钾肥 10 千克。或种肥同播,氮磷钾含量 45% 的优质缓控释肥,每 666.7 平方米用量 40~45 千克,种肥距离 7~10 厘米。

2.播种

适宜播期在 4 月 15 日至 25 日,每 666.7 平方米播棉种 1.5 千克,播深 2.5~3 厘米。

3.化学除草

播种后,覆膜前喷施 48% 的仲丁灵或 33% 的二甲戊灵,每 666.7 平方米用量 100~130 毫升,兑水 30 千克。

4.早定苗

2~3 片真叶期定苗,常规棉的密度 3300~3500 株/666.7 平方米左右。

5.整枝打顶

实行简化整枝,除打顶外,去掉下部营养枝,不进行其他整枝管理。繁种田于 7 月 15～20 日打顶。

6.适时化控

棉花现蕾后结合虫害防治进行化控,根据棉花长势,每 666.7 平方米在盛蕾期用缩节胺 1～1.5 克,盛花期用缩节胺 2～3 克,打顶 7～10 天后,用缩节胺 4～5 克,主喷果枝顶尖,化学封顶。

7.科学用药

重点防治棉蚜、棉盲蝽象、棉铃虫、烟粉虱、棉蓟马等害虫,选用高效低毒农药,合理混用、交替使用不同的药剂。

8.吐絮期管理

繁种地吐絮期遇干旱要浇水。如出现连续阴雨天气,下部出现烂铃,摘收种籽棉之前应提早摘除烂铃。

棉花西瓜间作高效栽培技术规程

（SDNYGC-1-6048-2018）

张振兴[1]　　王朝霞[1]　　刘杰[2]　　许明芳[1]　　芦红艳[1]

（1.德州市棉花生产技术指导站；2.禹城市农业农村局）

一、范围

适用于山东省北部棉花主产区和西瓜产区。

二、产地环境条件

应符合 NY/T 5010—2016 无公害农产品标准，种植业产地环境条件。

三、种植模式

采用"2-1"式种植，即 2 行棉花中间种植 1 行西瓜，每 150 厘米为一种植带，种 2 行棉花，大行距 100 厘米，小行距 50 厘米，株距 30 厘米，每 666.7 平方米留苗 2900～3000 株。小行内种 1 行西瓜，西瓜行距 150 厘米，株距 50 厘米，每 666.7 平方米留苗 800～900 株。小拱棚覆盖。

四、品种选择

棉花种子质量符合 GB 4407.1、西瓜种子质量符合 GB 16715.1 的规定。

（1）西瓜品种选用高产、早熟、抗病性强的优良品种，如京欣系列、密冠龙、丰收 3 号、鲁青 7 号等。

（2）棉花品种选用高产、优质、抗病的鲁棉研 28、鲁 6269、K836、鲁棉研 37、鲁 7619、山农棉 14 号等。

五、整地施肥

选择土质疏松的沙壤土或中壤土，3 月初开始整地。机械挖西瓜定植沟，沟距 150 厘米。定植沟一般宽 30 厘米，深 30 厘米，有机肥和复合肥全部沟施，深翻。每 666.7 平方米施腐熟的有机肥 2000 千克、磷酸铵 15 千克、45% 的硫酸钾型复合肥 40 千克，西瓜是忌氯作物，切忌施用氯化钾。

六、西瓜种植管理

1. 西瓜催芽下种

3 月 20 日后种植沟提前洇地造墒，4 月初，未包衣的西瓜种子用 55 ℃ 的水浸泡半小时后，再浸泡 10 小时，取出稍晾，用纱布包好，在 25～30 ℃ 的温度下进行催芽，一般 3 天即可发芽，50% 种子露白后即可播种。

2. 西瓜播种

播深 1～2 厘米，芽朝下。播种后，覆膜前喷施 48% 的仲丁灵或 33% 的二甲戊灵，每 666.7 平方米用量 60～80 毫升，兑水 30 千克，喷除草剂一定要严格掌握用量，宁少勿多。

顺种植沟扣小拱棚，棚膜厚 0.01 厘米，宽 100 厘米，注意压边一定要踩实，防大风刮起。

3. 苗期管理

4 月 15 日以后，西瓜苗期中午前后适当通风，选晴朗天气，在每棵瓜秧的上部膜上开直一小口，随气温的升高可把口开得稍大，使膜内温度不高于 35 ℃，不低于 25 ℃。5 月初拆棚，西瓜拆棚后浅锄一遍。

4. 整枝压蔓

采用双蔓整枝法，保留主蔓和基部一条健壮蔓，其余侧蔓全部去掉，两蔓相距 30 厘米左右，同向伸展。蔓长 60 厘米时压第一道，此后压 2～3 道。

5. 留瓜

西瓜主蔓第 2 或第 3 雌花为坐瓜节位，每株留瓜 1 个。

6. 人工授粉

采取人工辅助授粉的方法，给第 2 或第 3 雌花授粉，人工授粉在 7～9 时进行。

7.肥水管理

西瓜全生育期一般浇水 3～4 次,当西瓜长至 5～6 片叶时应浇小水,切忌大水漫灌,直到幼瓜鹅蛋大、瓜面茸毛退掉前为止,这时瓜已座牢,进入需水需肥的关键期,每 666.7 平方米追尿素 8 千克、硫酸钾 5 千克,浇一次大水。以后视天气情况 5～7 天浇一次,以保持地面湿润为宜,采收前 7 天停止浇水。

8.防鸟害

从结瓜起到成熟整个生长期,都会遭到鸟类不同程度的危害,应注意驱赶、防护。

9.适时收获

西瓜开花后 30 天左右成熟,进入成熟期的西瓜要适时采收,一般鲜售的90％熟时采收,运输的则 80％熟时采收,西瓜采摘后及时清除瓜秧。

10.棉瓜共生期病虫害防治

严禁使用剧毒、高残留的农药。选用国家允许在无公害农产品上使用的农药进行防治。西瓜采收前 7 天禁止喷施农药。施药前一定要严格按照说明书的用量和操作进行。

西瓜霜霉病、疫病可采用嘧菌酯、代森锰锌和氰霜唑等药剂进行防治。西瓜炭疽病可采用苯醚甲环唑、吡唑醚菌酯、嘧菌酯、代森锰锌等药剂进行防治。蚜虫用啶虫脒、噻虫嗪、呋虫胺、氟啶虫胺腈和溴氰虫酰胺防治。棉铃虫用氯虫苯甲酰胺和溴氰虫酰胺进行常量喷雾。

七、棉花种植管理要点

1.棉花播种

在 4 月 20～25 日,在拱棚膜两侧打孔点播或掀起地膜后条播。

2.施肥

由于西瓜地施肥较多,棉花留苗可适当稀植,适当减少施肥数量。西瓜拉秧后,及时回收残膜,在棉株坐桃 1～2 个后每 666.7 平方米追施尿素 10～15千克。

3.整枝

7 月 15～20 日打顶,实行简化整枝,去掉下部营养枝,不进行其他整枝管理。

4.适时化控

一般化控 3 次。初花期每 666.7 平方米用缩节胺 1.5 克,盛花期每 666.7

平方米用缩节胺 2～3 克,棉花打顶 7～10 天后,每 666.7 平方米用缩节胺 4～5 克,主喷果枝顶尖。缩节胺的用量要结合棉花田间长势及降雨量多少酌情增减。

棉花精准化施肥技术规程

SDNYGC-1-6049-2018

董超　赵庚星　陈红艳

（山东农业大学资源与环境学院）

一、棉田土样的采集与处理

1.采集准备

在进行采样前,采样人员要对采样区熟悉了解,明确采样方法和要求。根据实际情况,制定详细的采样工作计划,绘制采样点位分布草图和取样路线草图。准备好采样相关设备,包括导航定位设备、土样采集工具、采样袋、采样标签等。

2.采样单元

采样单元的大小取决于对施肥精准化程度的要求,可分点位、田块、区域等不同尺度。每个采样单元内,根据单元大小均匀布设多个采样点,然后将同一采样单元内的土样合并为一个混合样,以保证样点的代表性。

3.采样时间

采样最佳时间定于上季作物收获后,本季棉花种植前,尽可能避免种植过程中产生的影响。

4.采样方法

棉田采样深度一般为0～20厘米,取样器应垂直于地面入土,采样时取土深度和采样量保持一致。按照预定的采样路线,多点采样混合。每个采样单元用四分法取1千克左右的混合土样,多余土样摒弃。采样的同时利用定位设备记录单元经纬度坐标,精确到0.1秒。

5. 样品标记

采集好的土壤样品放入统一的样品袋,在标签上写好编号、位置等信息,内置一张,外贴一张。

6.土壤养分测定

(1)水解性氮测定。利用碱解扩散法测定。

(2)有效磷测定。利用碳酸氢钠或氟化铵—盐酸浸提—钼锑抗比色法(分光光度法)测定。

(3)速效钾测定。利用乙酸铵浸提—火焰光度计、原子吸收分光光度计法或发射光谱分析(ICP)法测定。

二、精准化施肥量确定

精准化施肥是根据棉田养分由土壤和施肥两个方面供给,通过设定目标产量来确定肥料施用量。具体需计算目标产量、棉花需肥量、土壤供肥量、肥料利用率等参数来计算精准化肥施量。

1. 棉花需肥量

(1)棉花目标产量。棉花目标产量可采用平均单产法确定。平均单产法是基于施肥区前三年平均单产和年递增率为基础确定目标产量,其计算公式是:

棉花目标产量 Y(千克/666.7 平方米)=前三年平均单产×(1+年递增率)

递增率可按 10%～15%计算。

棉花目标产量(参考值):低产棉田皮棉产量低于 75 千克/666.7 平方米;中产棉田皮棉产量 75～100 千克/666.7 平方米;高产棉田皮棉产量高于 100 千克/666.7 平方米。

(2)棉花需肥量。棉花需肥量按皮棉每 100 千克所需有效养分量计算,可通过对正常成熟的棉花全株养分进行分析,自测当地参数,将其乘以棉田的目标产量来计算棉花需肥量,公式如下:

棉花需肥=棉花目标产量×千克产量所需

皮棉 100 千克产量所需养分量(参考值):低产棉田氮(N)为 14.0～17.7 千克,磷(P_2O_5)为 4.3～6.4 千克,钾(K_2O)为 14.0～15.7 千克;中产棉田氮(N)为 13.1～14.0 千克,磷(P_2O_5)为 5.0～4.3 千克,钾(K_2O)为 13.1～14.0 千克;高产棉田氮(N)为 11.0～13.1 千克,磷(P_2O_5)为 3.8～4.9 千克,钾(K_2O)为 12.6～13.1 千克。

2. 肥料利用率

(1)肥料养分含量。供施肥料包括无机肥料与有机肥料,无机肥料、商品有机肥料含量按其标明量,不明养分含量的有机肥料养分含量可参照当地不同类型有机肥养分平均含量获得。

(2)肥料利用率计算。肥料利用率因土壤肥力高低、施肥技术不同和每年收成多少而变化,使用差减法来计算:将施肥区棉花的养分吸收量减去缺素区棉花的养分吸收量,其差值视为肥料供应的养分量,再除以所施肥料养分含量就是肥料利用率,公式如下:

$$肥料利用率(\%)=$$

$$\frac{施肥区养分吸收量(千克/666.7平方米)-缺素区养分吸收量(千克/666.7平方米)}{肥料施用量(千克/666.7平方米)\times 肥料中养分含量(\%)}$$

肥料利用率(参考值):棉花对氮肥的利用率为 $40\%\sim 58\%$,对磷肥的利用率为 $18\%\sim 25\%$,对钾肥的利用率为 $40\%\sim 50\%$。

3. 棉田土壤供肥量

(1)土壤养分校正系数。土壤养分校正系数是将土壤有效养分测定值乘以一个校正系数,以表达土壤的"真实"供肥量,使用缺素区棉花地上部分吸收该元素量与其元素土壤测定值计算得到。

土壤养分校正系数(参考值):土壤碱解氮校正系数低产棉田为 $0.7\sim 0.8$,中产棉田为 $0.5\sim 0.6$,高产棉田为 $0.3\sim 0.4$;土壤速效磷校正系数低产棉田为 $1.0\sim 1.2$,中产棉田为 $0.8\sim 1.0$,高产棉田为 $0.6\sim 0.8$。

(2)棉田土壤供肥量计算。棉田土壤供肥量等于棉田土壤养分的实际测试值乘以土壤养分校正系数,公式如下:

$$棉田土壤供肥=棉田土壤\times 土壤养分$$

4. 棉田精准施肥量

棉田精准施肥量的计算是依据棉花需肥量、棉田土壤供肥量、肥料中养分含量和肥料利用率,利用棉花目标产量需肥量与土壤供肥量之差计算,计算公式为:

$$棉田精准施肥量(千克/666.7平方米)=$$

$$\frac{棉花需肥量(千克/666.7平方米)-棉田土壤供肥量(千克/666.7平方米)}{肥料中养分含量(\%)\times 肥料利用率(\%)}$$

三、施肥方案

1. 推荐施肥量

通过棉田精准施肥量计算公式,可分别计算出棉田各样点所需的氮、磷、钾等养分的精确化用量,进而可通过不同肥料的养分含量,换算出实际肥料的精确用量,从而形成诸样点精准化的施肥配方。对于棉田地块、区域等更大尺度,可根据不同的施肥精准程度需求,计算平均的肥料用量水平。

同时,根据各地土壤养分情况,可计算出相应的施肥量参考值。一般棉区皮棉目标产量小于 70 千克/666.7 平方米时,尿素(含氮 46%)用量在 13～22 千克/666.7 平方米;产量水平 70～100 千克/666.7 平方米时,尿素(含氮 46%)用量在 16～25 千克/666.7 平方米;产量高于 100 千克/666.7 平方米时,尿素(含氮 46%)用量在 18～30 千克/666.7 平方米。沙质土的施氮量应大于黏质土。

普通过磷酸钙(含磷量 12%)用量根据低、中、高产田参考值分别为 30～60 千克/666.7 平方米、40～70 千克/666.7 平方米、60～80 千克/666.7 平方米。氯化钾(含钾量 60%)用量根据低、中、高产田参考值分别为 6～9 千克/666.7 平方米、8～12 千克/666.7 平方米、10～18 千克/666.7 平方米。

2. 施肥比例及时间

氮肥的基肥、追肥比例随棉区产量水平和土壤质地而定,如轻壤土或沙性土基施比例为 40%～60%,开花前后追 20%～30%,花铃期再追 20%～30%;壤质土氮肥的基施比例为 60%～75%,25%～40% 在开花前后追施;保肥能力较好的壤土或黏土可进一步加大基肥比例。磷肥的 70%～80% 用作基肥,或全部基施,钾肥以基施和蕾期追施各 50% 效果为好。

棉花面积分布及长势遥感监测技术规程

（SDNYGC-1-6050-2018）

陈红艳　赵庚星　董超

（山东农业大学资源与环境学院）

一、简介

本标准从数据准备、图像预处理、棉花种植区提取、棉花长势参数计算与评价和统计制图等方面，规定了基于中高分辨率多光谱遥感影像监测棉花面积分布与长势的方法，适用于山东省棉花主要种植区的面积分布及长势监测与调查。

二、监测流程

棉花面积分布与长势遥感监测流程如图 1 所示。

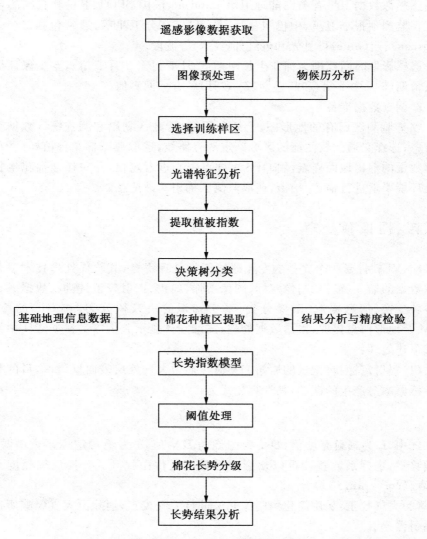

图 1　棉花面积分布与长势遥感监测流程图

三、数据准备

1.影像获取及时相要求

选择并获取监测区多时相的中高分辨率多光谱遥感影像。多光谱遥感是利用具有两个以上波谱通道的传感器对地物进行同步成像的一种遥感技术,它将物体反射辐射的电磁波信息分成若干波谱段进行接收和记录。常见的多光谱遥感影像数据卫星有美国陆地卫星 Landsat、法国 SPOT 卫星和我国的环境与灾害监测预报小卫星、中巴卫星、资源卫星、高分卫星等，通常包括红(red)、绿(green)、蓝(blue)可见光和近红外(NIR)等波段。

遥感影像时间范围为棉花生长中期(6 月下旬至 9 月下旬)，至少保证棉花生长蕾期(6 月中下旬)和旺盛期(7～8 月)各有一期影像。

2.调查数据准备

收集监测区已有的地形图、土地利用图、行政区划图和调查统计数据等相关资料；选择交通比较便捷的区域确定调查路线，选取典型棉花种植样区，布设足够数量的棉田地面样点，用 GPS 对样点中心进行定位，并对样地棉花生长状况及环境要素进行描述、拍摄，获取监测区棉田基础信息。

四、图像预处理

ENVI 软件是一个完整的专业遥感图像处理平台，其软件处理技术覆盖了图像数据的输入/输出、图像定标、图像增强、纠正、正射校正、镶嵌、数据融合以及各种变换、信息提取、图像分类、基于知识的决策树分类、与 GIS 的整合、DEM 及地形信息提取、雷达数据处理、三维立体显示分析等。在 ENVI 中依次完成下述处理：

(1)辐射定标：将记录的原始 DN 值转换为大气外层表面反射率，目的是消除传感器本身产生的误差，其计算公式为：

$$L=DN/a+L_0$$

式中，L 为辐射亮度值，DN 为图像的 DN 值，a 为绝对定标系数增益，L_0 为偏移量，定标系数直接可以从影像元数据文件中找到。转换后辐亮度单位为：$W/(cm^2 \cdot \mu m \cdot sr)$。

(2)大气校正：采用简化黑暗像元法进行大气校正，消除由大气影响所造成的辐射误差。

(3)投影变换：根据监测区所在的地理范围，在 ENVI 软件中定义新的地图投影，对应选择或设置投影类型及坐标体系等相关参数，并将影像投影变换为新定义的投影系统。

(4)几何精校正：运用监测区地形图，采用地形图到图像的方式对遥感图像进行几何精校正。具体方法为：在遥感影像中选择路路交叉、路渠交叉等明显地物点作为地面控制点，每景图像至少选取 30 个控制点，应用多项式校正模型和双线性内插重采样模型对原始图像进行几何精校正，最终的定位精度控制在 0.5 个像元之内。

（5）掩膜处理：借助于土地利用现状数据，尤其是行政边界线，进行监测区域裁剪、掩膜，得到监测区影像数据。

五、棉花种植区提取

1. 建立影像解译标志

根据影像上的色调、亮度、形状、纹理及地理位置与地物关系特征，参考附表1建立重要地物的解译标志。

表1　　　　　　　　　主要地类解译标志（6月中上旬）

地类	G_{NIR}、G_{red}、G_{green}波段 RGB 假彩色合成	地类特征描述
棉花		鲜红色，条块分明，连片分布，大面积呈网格状，规则地块纹理均匀、光滑或者有格子状的浅条纹
玉米		总体色调为淡绿色夹杂着浅红色，一般有规则的长方形地块，纹理均匀
林果		色调暗红，形状不规则，边界不明显，常镶嵌在棉花的大面积红色图像之中，旁边一般有居民地分布，纹理比较均匀，但是不细腻
居民点		色调为青色，呈现为浅青色、深青色等，呈不规则的形状，零星分布在田地的周围，淡红色中夹杂着青色
道路		色调为浅蓝色，几何形状呈现条状，联系着农村居民点
水体		深蓝色，色调深。水库面积大，形状呈规则的几何形，边缘清晰。主要色调为黑色，河流几何形状呈现条状，弯曲比较窄

（2）计算光谱参数

基于多光谱影像数据，计算蓝、绿、红和近红外波段光谱灰度值（分别为 G_{blue}、G_{green}、G_{red}、G_{NIR}），并利用其红光和近红外波段的光谱反射率，计算归一化植被指数（normalized difference vegetation index，NDVI），NDVI 是一种反映土

地覆被状况的遥感指标,定义为近红外通道与可见光通道反射率之差与之和的商,计算公式为:

$$NDVI=(NIR-R)/(NIR+R)$$

式中,NIR 为近红外波段的反射率,R 为红光波段的反射率。

3.影像解译决策树建立

首先根据近红外波段灰度值 G_{NIR} 和 NDVI 值排除水体,进而根据蓝、绿和红三波段的灰度值之和排除居民点用地,然后依据 G_{NIR} 剔除道路用地和玉米地,最后再根据 NDVI 值识别出棉花种植区。相关阈值可通过图像目视交互及实地调查信息确定。以环境与灾害监测预报小卫星 CCD 遥感数据为例,监测区棉花分布遥感解译决策树如图 2 所示。

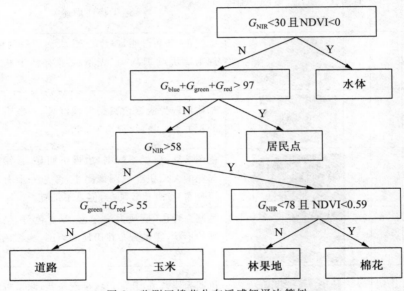

图 2　监测区棉花分布遥感解译决策树

4.棉花种植区的提取

基于可见光及近红外波段光谱灰度信息,结合图像的归一化植被指数 ND-VI,建立棉花识别模型,提取棉花种植面积,形成棉花种植区分布图。

5.结果修正

采用上述决策树方法分类后,对仍然存在的由于光谱混淆导致的错分地物类型,则采用目视解译方法,根据实地调查信息,对分类结果进行修正。

6.精度检验

可采用两种方法对监测区棉花提取结果进行精度检验:对于有地面调查样点区域的,利用地面调查样点进行精度验证;对于无地面验证点的监测区,采用空间分辨率更高的遥感数据或网络遥感数据源（如 Google Earth、天地图等），通过随机选取棉花样本进行精度评价。

全省尺度上，分类精度应达到 80％以上；地市尺度上，分类精度应达到 85％以上；县级尺度上，分类精度达到 90％以上为合格。否则，需要根据监测区实际情况，适当调整图 2 决策树中表达式的域值，直至达标。

六、棉花长势监测

1.计算棉花植被指数

优化土壤调节植被指数（optimize soil-adjusted vegetation index，OSAVI）是胡特（Huete）于 1988 年基于 NDVI 和大量观测数据提出的土壤调节植被指数，用以减小土壤背景的影响，其计算公式为：

$$OSAVI=(1+L)(NIR-R)/(NIR+R+L)$$

式中，NIR 为近红外波段的反射率；R 为红光波段的反射率；L 是随着植被密度变化的参数，取值范围为 0～1。

按照上述公式计算优化土壤调节植被指数（OSAVI）作为棉花植被指数。

2.棉花长势分级

依据 OSAVI 的分布趋势，采用自然拐点分级方法，将棉花种植区分为"长势较差""长势一般""长势较好"三个级别，使类内差异最小，类间差异最大。

3.棉花长势结果分析

对棉花长势情况进行统计分析和时空分布分析，统计各长势等级的面积比例，分析其空间特征。

七、监测产品制作

1.类型

监测产品以文字、专题图及统计表格等形式表示。文字信息是对监测结果的描述，包括时间、范围、卫星及传感器、监测等级等。棉花分布及长势遥感监测专题图包括图名、图例、比例尺、棉花分布及长势信息以及行政区域地理信息。统计表格包括面积分布、长势等级、面积比例等。

2.制图

叠加监测区境界线、道路、居民点等编图要素，加载公里格网、坐标、比例尺等地图整饰信息，以不同颜色及符合显示棉花分布区及不同长势区，形成监测区域棉花面积分布及长势遥感监测专题图。

3.统计

采用 ENVI 及 ArcGIS 软件(是一个用于构建集中管理、支持多用户的企业级 GIS 应用的平台)对最终面积分布及长势监测图进行统计,得到监测区及不同行政区域的棉花面积及长势监测数据。

棉田病虫草害绿色防治技术规程

（SDNYGC-2-6001-2018）

门兴元[1]　赵文路[2]　王桂峰[3]　李丽莉[1]　卢增斌[1]　刘明云[4]

（1.山东省农业科学院植物保护研究所；2.德州市农业科学研究院
3.山东省棉花生产技术指导站；4.滨州市棉花生产技术指导站）

一、防治对象和原则

（1）防治对象：棉蚜、棉盲蝽、棉铃虫、棉蓟马、棉叶螨、地下害虫、苗病、枯萎病、黄萎病、棉田杂草等。

（2）防治原则：按照预防为主，综合防治，充分发挥棉田生态调控和棉花自身补偿作用，选用抗（耐）品种，协调运用农业防治、生物防治和高效低毒环境友好的化学防治等措施，达到持续控制棉田病虫草害的目标。

二、防治技术

1.清洁田园和秋耕深翻

（1）棉花收获后及时拔除棉秆并清洁田园，清除病虫残体。

（2）秋耕深翻，有条件棉区秋冬灌水保墒，压低病虫越冬基数。

2.合理作物布局调控病虫害

（1）在棉田周边田埂和林带下种植苜蓿、蛇床等植物，增殖涵养天敌，增强天敌对棉蚜、棉铃虫、棉叶螨的控制能力。

（2）在棉田周边种植苘麻条带，诱集烟粉虱，集中杀灭。

（3）在棉田周边种植绿豆条带，诱集绿盲蝽，集中杀灭。

3. 选用抗(耐)病虫品种

因地制宜选用抗枯萎病、耐黄萎病品种,选用抗烟粉虱优质高产品种。

4. 种子处理

(1)根据本地苗期主要病虫种类,合理选用杀虫剂、杀菌剂包衣种子。杀虫剂可选用吡虫啉、噻虫嗪等控制苗期棉蚜、蓟马,杀菌剂可选用咯菌腈、精甲霜灵、嘧菌酯、苯醚甲环唑等预防苗期病害。

(2)采用1000亿芽孢每克枯草芽孢杆菌可湿性粉剂、5%氨基寡糖素水剂处理种子,预防苗病、枯萎病、黄萎病。

5. 杂草防除

(1)播后苗前,用精异丙甲草胺或乙草胺喷洒处理土壤,然后覆膜。

(2)杂草出苗后,在杂草3叶前,可用高效氟吡甲禾灵乳油喷雾防治。

6. 选用生物源农药防治病虫害

(1)棉铃虫、斜纹夜蛾的卵孵化始期,喷施核型多角体病毒、苏云金杆菌等。

(2)棉蚜发生期,每666.7平方米喷施0.5%的藜芦碱可溶液剂75~100毫升。

(3)采用多抗霉素叶面喷雾真菌性铃病,选用乙蒜素防治细菌性铃病。

7. 释放和保护利用天敌控制害虫

(1)释放赤眼蜂防治棉铃虫。棉铃虫成虫始盛期释放螟黄赤眼蜂,放蜂量每次每666.7平方米10000头,每个蜂卡1000头蜂,每666.7平方米挂10个蜂卡,间隔3~5天,释放2~3次。

(2)释放中红侧沟茧蜂防治棉铃虫、甜菜夜蛾等。2龄幼虫期释放中红侧沟茧蜂,放蜂量每次每666.7平方米500~1000头,每666.7平方米挂5个释放器,每个释放器100~200个蜂茧。

(3)保护天敌。棉花生长前期注意保护天敌,发挥天敌控害作用。棉花苗蚜发生期,当棉田天敌单位(以1头七星瓢虫、2头蜘蛛、2头蚜狮、4头食蚜蝇、120个蚜茧蜂为1个天敌单位)与蚜虫种群量比高于1:120时,不施药防治,利用自然天敌控制蚜虫。

8. 诱杀害虫

(1)性诱剂诱杀。棉铃虫越冬代成虫始见期,每666.7平方米设置1个干式飞蛾诱捕器和诱芯。

(2)食诱剂诱杀。棉铃虫、地老虎、斜纹夜蛾、甜菜夜蛾程成虫始见期,以条带方式滴洒,每隔50~80米于一行棉株顶部叶面均匀施药,诱杀成虫。

9. 选用高效低毒环境友好型药剂防治病虫害

(1)防治蚜虫可选用烯啶虫胺、噻虫嗪、溴氰虫酰胺等;防治棉盲蝽可选用氟啶虫胺腈等;防治棉铃虫、甜菜夜蛾等夜蛾科害虫可选用茚虫威等、灭幼脲、抑食肼等、甲氨基阿维菌素苯甲酸盐、溴氰虫酰胺等;防治棉叶螨选用联苯菊酯、乙唑螨腈等。

（2）预防和防治枯萎病、黄萎病可选用辛菌胺醋酸盐、乙蒜素、氨基寡糖素等。

（3）防治铃病。真菌性铃病发病初期可选用多抗霉素、乙蒜素、辛菌胺醋酸盐、吡唑醚菌酯等,细菌性铃病可选用乙蒜素、中生菌素、吡唑嘧菌酯等。

（4）苗病（炭疽病、立枯病、猝倒病、红腐病）。发病初期可选用吡唑醚菌酯、嗯霉灵等药剂。

棉田绿盲蝽综合防治技术规程

（SDNYGC-2-6002-2018）

门兴元[1]　　夏晓明[2]　　王桂峰[3]　　李丽莉[1]　　卢增斌[1]　　刘明云[4]

（1.山东省农业科学院植物保护研究所；2.山东农业大学植物保护学院
3.山东省棉花生产技术指导站；4.滨州市棉花生产技术指导站）

一、防治原则

1.预防为主

集中消灭绿盲蝽越冬卵，压低越冬虫源。

2.综合防治

以农业防治措施为基础，创造有利于棉花生长而不利于绿盲蝽发生危害的生态环境，充分发挥自然控制因素的控害作用，协调运用综合防治技术，优先采用农业、物理和生物防治措施。

3.统防统治，抢晴防治

成虫发生期，成虫飞行能力强，善于躲藏危害，要统一防治。多雨季节，要抢晴防治。

4.合理用药，延缓防抗性

多种农药交替使用。

二、统防统治技术

1.农业防治

(1)合理作物布局。棉田尽量不要与枣、葡萄、苹果、梨、桃、樱桃等果树邻作或者间作，减少绿盲蝽转移寄主。

（2）铲除棉田内越冬虫源。清除棉田棉花秸秆、枯枝落叶。实行秋耕冬灌，减少棉田越冬卵基数。

（3）适时棉田周边除草。6月初，每666.7平方米棉田周边喷布41％的草甘膦异丙胺盐水剂122～268克，混加45％的马拉硫磷乳油25～37.5克，铲除棉田周边杂草上的虫源。

④诱集植物诱杀。5月下旬，在棉田埂种植绿豆行，6月中旬起每10天每666.7平方米在绿豆上喷45％马拉硫磷乳油25～37.5克，集中防治棉田绿盲蝽成虫。

2.物理防治

物理防治主要是色板诱杀。绿盲蝽成虫发生高峰期，棉田设置黄色黏虫板，黏虫板高于棉花10厘米，每666.7平方米根据虫情用量20～50片粘捕绿盲蝽成虫。

3.生物防治

生物防治主要是性诱集诱捕。绿盲蝽成虫发生高峰期，棉田设置绿盲蝽性诱芯诱捕。高于棉花10厘米处悬挂白色黏虫板，在黏虫板中央放置绿盲蝽性诱芯，诱杀绿盲蝽成虫。每666.7平方米根据虫情用量10～20个。

4.化学防治

（1）化学防治指标。棉田苗期百株虫量5头或新被害株率2％～3％，花蕾期为百株虫量10头或5％～8％，铃期为百株虫量20头。

（2）棉田绿盲蝽高效杀虫剂。每666.7平方米45％的马拉硫磷乳油25～37.5克、26％的氯氟·啶虫脒水分散粒剂6～8克、50％的氟啶虫胺腈水分散粒剂7～10克、4％的阿维啶虫脒乳油15～20毫升。

（3）迁入棉田高峰期防治。6月中下旬，绿盲蝽成虫大量迁入棉田，连续用药1～2次。

（4）适时化学防治。6～9月，在绿盲蝽种群数量超过防治指标时，及时进行喷药防治。

棉花蚜虫绿色防控技术规程

（SDNYGC-2-6003-2018）

赵文路[1]　　门兴元[2]　　李丽莉[2]　　李相忠[3]　　王之君[4]　　田殿彬[4]

（1.德州市农业科学研究院；2.山东省农业科学院植物保护研究所

3.夏津县农业农村局；4.平原县农业农村局）

一、防治对象和原则

在棉花全生育期防治棉蚜,包括苗蚜、伏蚜等。坚持"预防为主,综合防治"植保方针和"科学植保、公共植保、绿色植保"的植保理念,从棉田生态系统出发,综合考虑棉蚜、天敌生物和环境等因素,根据棉蚜发生预报和实际发生情况,制定防治策略,确定防治适期,协调运用农业、生物、物理、化学等措施和防治技术,压低棉蚜的种群数量,获得最佳效果,确保棉花高质高效绿色生产。

二、防控措施

1.加强预警监测

利用黄板监测,范围较小的棉区,在棉田设置黄板,密切注意粘板上有翅蚜的数量变化,高度始终高于棉株5～10厘米,在蚜虫发生期每天检查记录棉蚜数量,3～5天更换1次粘板,监测棉蚜发生动态。

2.农业防治

（1）加强田间管理。秋翻冬灌,冬春两季铲除田间杂草,破坏棉蚜越冬场所,保持田园卫生,减少棉田苗蚜的发生量。控制棉田后期灌水,适时化控防止棉花徒长,可降低棉蚜危害。

（2）增施有机肥,配方施肥。增施有机肥料,合理施用化肥,氮、磷、钾配比要适当,避免单纯过多施用氮肥,防止贪青徒长、倒伏及晚熟,以提高棉花抗病虫能力。

(3)选择抗蚜品种。种植抗蚜品种减少蚜虫危害。

3. 物理防治

利用银灰膜避蚜,在苗床铺设约 15 厘米的银灰色塑料薄膜,苗床上方每隔 60～100 厘米挂 3～6 厘米的宽薄膜条。

4. 生物防治

(1)植物带涵养天敌。利用蛇床、苜蓿、油菜等功能植物,在棉田边缘林荫下种植功能植物带(宽约 10 米),涵养瓢虫、草蛉、食蚜蝇等天敌生物,防治棉蚜。功能植物带不施用任何杀虫剂,及时除草。

(2)合理间作。因地制宜开展棉花与花生、大豆、西瓜等作物间套作,也能有效增加棉田天敌数量。

(3)植物源农药防治。在蚜虫达到防治指标时用烟碱、苦参碱、阿维菌素等防治。

5. 化学防治

(1)种子包衣或拌种。可选择 40% 的噻虫嗪悬浮种衣剂(400 克每 100 千克种子),或者 600 克每升吡虫啉悬浮种衣剂(750 克每 100 千克种子)包衣种子防治苗蚜。

(2)高效低毒农药喷雾。棉蚜发生达到 3 片真叶前卷叶株率 5%～10%,4～8 片真叶期后卷叶株率 10%～20%。选择吡虫啉、噻虫嗪、烯啶虫胺等进行防治,使用过程中注意不同地块及防治时间交替使用。

三、防控注意事项

(1)加强虫情测报,适时用药,未达到防治指标时不要用药。

(2)棉花生长前期即 7 月 10 日前以保护利用天敌控害为主,尽量避免用药。

(3)棉花生育后期施药,提倡用高杆喷雾机或飞机作业。

(4)注意喷雾要均匀周到,田间地头、路边杂草都要喷到。

(5)注意轮换用药,每种农药每年最多使用 2 次,农药要交替使用,延缓抗药性。

棉花黄萎病病田调查与病田等级划分技术规程

（SDNYGC-2-6004-2018）

简桂良　张文蔚

（中国农业科学院植物保护研究所）

一、棉花黄萎病

1. 棉花黄萎病病原菌

棉花黄萎病是一种由大丽轮枝菌（Verticillium dahliae Kleb.）引起的毁灭性棉花病害,其病原菌大丽轮枝菌属于淡色孢科轮枝菌属。棉花黄萎病菌初生菌丝体无色,后变橄榄褐色,有分隔,直径 2～4 微米。菌丝体常呈膨胀状,可单根或数根菌丝芽殖为微菌核。

2. 黄萎病田间发病症状

黄萎病在自然条件下,棉花现蕾以后才逐渐发病,一般在 8 月开花结铃期至吐絮期发病达到高峰。常见的有病株由下部叶片开始发病,逐渐向上发展,病叶边缘稍向上卷曲,叶脉间产生淡黄色不规则的斑块,叶脉附近仍保持绿色,呈掌状花斑,类似花西瓜皮状;有时叶片叶脉间出现紫红色失水萎蔫不规则的斑块,斑块逐渐扩大,变成褐色枯斑,甚至整个叶片枯焦,脱落成光秆;有时,在病株的茎部或落叶的叶腋里可发出赘芽和枝叶。黄萎病株一般并不矮缩,还能结少量棉桃,但早期发病的重病株有时也变得较矮小。在棉花铃期,在盛夏久旱后遇暴雨或大水漫灌时,田间有些病株常发生一种急性型黄萎症状,先是棉叶呈水烫样,继则突然萎垂,迅速脱落成光秆;辟开茎秆或枝干、叶柄基部,可见维管束变褐色。

二、棉花黄萎病病田调查

1.调查时期

根据棉花黄萎病田间发病规律,应当在黄萎病发病高峰时调查,调查适宜时间为 8 月 10～30 日。

2.调查方法

棉花黄萎病田间的分布为核心分布,调查方法适宜采用梅花桩法,即五点分布法,把被调查田块对角线划分,在距离田边 5 米处取 4 行,每行调查 50 株,每个点调查 200 株,每块田调查 5 个点,按五级分级法记录每株病级,计算病株率和病情指数。

调查时注意与早衰和叶斑病及除草剂药害的区别,尤其是 8 月底以后,随着棉花进入生长末期,叶片衰老加快,各种叶斑病也陆续加快发生,很容易混淆,黄萎病叶与早衰主要区别为:早衰是整片叶片均匀黄化,病叶边缘不失水及萎蔫卷曲,叶柄维管束不变色。黄萎病叶与叶斑病主要区别为:叶斑病主要病斑在叶片中间,叶柄维管束不变色。详细如表 1 所示。

表 1　　　　　　　　　　棉花早衰与黄萎病的区别

部位	早衰	黄萎病
叶片	完整	有部分变褐
叶片变色	全叶失绿变黄	从叶缘开始
维管束变色否	不变色	变色
植株	往往全部叶片失绿变黄	往往部分叶片病变
棉田	100%发病	有发病中心

3.调查结果的计算

病株率(R_i):

$$R_i = \frac{n_i}{n_t} \times 100\%$$

式中,n_i 为发病株数,n_t 为总株数。计算结果保留 1 位小数。

病情指数(DI):

$$DI = \frac{\sum (d_c \times n_c)}{n_t \times 4} \times 100$$

式中,d_c 为相应病级,n_c 为各病级病株数,n_t 为总株数。计算结果保留 1 位小数。

三、病田等级划分

根据调查结果,按下面表2所示的标准划分病田等级。

表 2   **棉花黄萎病病田调查与病田等级划分技术规程**

病田等级 类别	病株率 (R_i)	病情指数 (DI)	特性
无病田	$R_i=0$	$DI=0$	未见病株
零星病田	$0<R_i\leqslant1$	$0<DI\leqslant0.5$	有见病株,且病株均为轻病株,病级轻于Ⅱ,未见Ⅲ、Ⅳ重病株,对产量基本上没有影响
轻病田	$1<R_i\leqslant10$	$0.5<DI\leqslant5$	病株均为轻病株,病级轻于Ⅱ,未见Ⅲ、Ⅳ重病株,对产量影响很小
重病田	$10<R_i$	$5<DI$	病株普见,各级病级均有,Ⅲ、Ⅳ重病株常见,枯死的Ⅳ重病株已见。对产量影响很大,已不适宜植棉

棉花黄萎病病株发病等级划分技术规程

（SDNYGC-2-6005-2018）

简桂良　张文蔚

（中国农业科学院植物保护研究所）

一、棉花黄萎病

1.棉花黄萎病病原菌

棉花黄萎病是一种由大丽轮枝菌（Verticillium dahliae Kleb.）引起的毁灭性棉花病害，其病原菌大丽轮枝菌，属于淡色孢科轮枝菌属。棉花黄萎病菌初生菌丝体无色，后变橄榄褐色，有分隔，直径 2～4 微米。菌丝体常呈膨胀状，可单根或数根菌丝芽殖为微菌核。

2.黄萎病发病症状

黄萎病菌能在棉花整个生长期间侵染。在自然条件下，黄萎病一般在播种 1 个月以后出现病株。由于受棉花品种抗病性、病原菌致病力及环境条件的影响，黄萎病可呈现不同症状类型。

（1）幼苗期。在温室和人工病圃里，2～4 片真叶期的棉苗即开始发病。苗期黄萎病的症状是病叶边缘开始褪绿发软，呈失水状，叶脉间出现不规则淡黄色病斑，病斑逐渐扩大，变褐色干枯，维管束明显变色，严重时叶片脱落并枯死。

（2）成株期。黄萎病在自然条件下，棉花现蕾以后才逐渐发病，一般在 8 月花铃期至吐絮期发病达到高峰。病株由下部叶片开始发病，逐渐向上发展，病叶边缘稍向上卷曲，叶脉间产生淡黄色不规则的斑块，叶脉附近仍保持绿色，呈掌状花斑，类似花西瓜皮状；有时叶片叶脉间出现紫红色失水萎蔫不规则的斑块，斑块逐渐扩大，变成褐色枯斑，甚至整个叶片枯焦，脱落成光秆；有时，在病株的茎部或落叶的叶腋里可发出赘芽和枝叶。黄萎病株一般并不矮缩,还能结少量棉桃,但早期发病的重病株有时也变得较矮小。在棉花铃期,在盛夏久旱后遇暴雨或大水漫灌时,田间有些病株常发生一种急性型黄萎症状,先是棉叶呈水烫样,继则突然萎垂,迅速脱落成光秆;辟开茎秆或枝干、叶柄基部,可见维管束变褐色,严重时整株叶片、蕾、花全部脱离,全株枯死。

二、棉花黄萎病病株发病的等级划分

为明确黄萎病对棉花生长和产量的影响,必须对病株的发病等级进行划分,主要以病叶占全部叶片的比例(DLR)划分,其标准如下面的表1所示。

表1　　　　　　　　　　棉花黄萎病病株发病的等级划分标准

病级类别	病叶占全部叶片的比例（DLR）	特性
0 级	DLR＝0	未见病叶,全株健康
Ⅰ级	$0 < DLR \leqslant 1/4$	病叶占全部叶片的比例在 1/4 以下
Ⅱ级	$1/4 < DLR \leqslant 1/2$	病叶占全部叶片的比例大于 1/4,但小于 1/2
Ⅲ级	$1/2 < DLR \leqslant 3/4$	病叶占全部叶片的比例大于 1/2,但小于 3/4
Ⅳ级	$3/4 < DLR$	病叶占全部叶片的比例大于 3/4,甚至全部叶片得病,至整株叶片由于黄萎病叶片、蕾、花全部脱离,全株枯死

棉花苗期根腐病调查及其防治技术规程

（SDNYGC-2-6006-2018）

简桂良　张文蔚

（中国农业科学院植物保护研究所）

一、棉花苗期根腐病

1. 棉花苗期根腐病的定义

苗期根腐病是棉花生产中重要病害之一，它是棉花各种根部病害的复合总称，主要包括棉苗红腐病、棉苗炭疽病、棉苗立枯病、棉苗疫病、棉苗褐腐病、棉苗角斑病、棉苗猝倒病等，发病轻时影响棉苗生长，形成僵苗、弱苗，严重时致使棉苗死亡，造成棉田缺苗断垄。

2. 棉花苗期根腐病的种类

棉花苗期根腐病是各种根部病害的复合总称，由于各种根部病害往往是交叉复合侵染为害，很难区分，故将其总称为"棉花苗期根腐病"，主要包括棉苗红腐病（*Fusarium moniliforme Shled.*）、棉苗炭疽病（*Colletotrichum gossypii Southw*）、棉苗立枯病（*Rhizoctonia solani Kühn.*）、棉苗疫病（*Phytophthora boehmeriae Saw.*）、棉苗角斑病［*Xanthomonas campestris pv. malvacearum* (*Smith*) *Dowson*］、棉苗枯萎病［*Fusarium oxysporum f. sp. vasinfectum* (*Atk.*) *Snyder et Hansen*］、棉苗猝倒病［*Pythium aphanidermatum* (*Eds.*) *Fitzd*］等，大部分为真菌类病害，防治技术上也可以一并防治。

3. 棉花苗期根腐病的症状

棉苗受到上述各种病原菌侵染后，会呈现各种病变和腐烂症状，主要包括幼根、根须、根茎部出现各种病变、腐烂、凹陷、死亡。

（1）棉苗立枯病。植株初期根茎部出现黄褐色病斑，逐渐环绕幼根茎部，形成蜂腰状、黑褐色凹陷，拔时易断，成丝状，叶部病症不常见。病症呈蛛网状，黑丝，常粘附有小土块，最后整株棉苗干枯死亡。

（2）棉苗炭疽病。地面下幼茎基部有红褐色、梭形条斑，稍下陷，组织硬化、开裂，严重时下部全成紫褐色、干缩，使地上部萎蔫。子叶边缘生半圆形病斑，中部褐色，边缘紫红，后期病部易干枯脱落。病症呈粉红色、黏稠状分生孢子块。

（3）棉苗红腐病。发病初期幼芽、嫩茎变黄褐色、水肿状腐烂。幼苗稍大时，嫩根部分产生成段的黄褐色、水浸状条斑。子叶及叶上有淡黄色、近圆形至不规则形病斑，易破碎。病症呈粉红色霉层。

（4）棉苗角斑病。子叶至成株期，在子叶上产生圆至不规则形病斑。真叶上病斑受叶脉限制成多角形或沿叶脉成曲折长条。病斑水浸状，迎光有透明感。病脓潮湿时为黄褐色黏稠物，干燥后呈白色干痂状。

（5）棉苗猝倒病。幼茎发病初期呈淡褐色水烫状，迅速萎倒，水烂很难拔出。子叶呈不规则水烂，湿度大时棉苗上出现纯白浓密菌丝。病症为浓密纯白色棉絮状菌丝。

（6）棉苗疫病。苗期较少发病，病斑呈灰绿色或暗绿色不规则水浸斑，严重时子叶脱落。菌丝极稀少，偶见霉状物。

在生产上，很少有只呈现一种病原菌侵染的现象，尤其是后期，各种苗期根腐病复合侵染，主要表现为幼芽、嫩茎变黄褐色、黑褐色或紫红色水肿状腐烂，调查时以黑褐色为主；根茎部分产生成段的黄-黑褐色病斑、水浸状条斑，逐渐环绕幼茎，形成蜂腰状、黑褐色凹陷；严重时整株棉苗干枯死亡。

二、棉花苗期根腐病的调查

1. 调查时期

根据棉花苗期根腐病田间发病规律，应当在其发病高峰时调查，调查适宜时间为棉苗 1～3 片真叶期，一般为 5 月 10～30 日。

2. 调查方法

田间棉花苗期根腐病的调查可以结合间苗或定苗时进行，主要采用对间苗或定苗时拔除的棉苗，根据棉苗根部病变情况进行分级，由于棉花苗期根腐病是个普遍发生，且田间分布均匀，取样可以采用对角线，或随机取样法进行，45亩以下地块取 3～5 个点，每个点取 200 株以上。以根茎部病斑占根茎部比例（DRR）进行分级，采用五级分级法，分级标准如表 1 所示。

表 1　　　　　　　　　　棉花苗期根腐病调查分级标准

病级类别	病斑占根茎部比例 （DRR）	特性
0 级	DRR＝0	未见病斑,全株健康
Ⅰ级	0＜DRR≤1/4	病斑占全部根茎部的比例在 1/4 以下
Ⅱ级	1/4＜DRR≤1/2	病斑占全部根茎部的比例大于 1/4,但小于 1/2
Ⅲ级	1/2＜DRR≤3/4	病斑占全部根茎部的比例大于 1/2,但小于 3/4
Ⅳ级	3/4＜DRR	病斑占全部根茎部的比例大于 3/4,病斑环绕根茎部整圈,至整株根腐烂,棉株萎蔫,全株枯死

3. 调查结果的计算

根据调查结果计算病株百分率（R_i）和病情指数（DI）,以明确发病的普遍率和严重程度。

病株率（R_i）：

$$R_i = \frac{n_i}{n_t} \times 100\%$$

式中,n_i 为发病株数,n_t 为总株数。计算结果保留 1 位小数。

病情指数（DI）：

$$DI = \frac{\sum(d_c \times n_c)}{n_1 \times 4} \times 100$$

式中,d_c 为相应病级,n_c 为各病级病株数,n_t 为总株数。计算结果保留 1 位小数。

三、棉花苗期根腐病的防治

棉花苗期根腐病只是发生于棉花苗期,一旦过了棉苗期,就比较少发生了,故应针对苗期的生长环境、棉种质量等采用合适的方法进行防治,只要措施得当,棉花苗期根腐病基本上不会造成大的灾害。

1. 农业防治措施

（1）选用高质量的棉种适期播种。高质量的种子是培育壮苗的基础,棉种质量好,出苗率高,苗壮病轻。以 5 厘米土层温度稳定达到12 ℃（地膜棉）至14 ℃（露地棉）时播种,即气温平均在20 ℃以上时播种为宜。

（2）深耕冬灌,精细整地。北方一熟棉田秋季进行深耕可将棉田内的枯枝落叶等连同病菌和害虫一起翻入土壤下层,对防治苗病有一定的作用。两熟套装棉田要在植棉行中深翻精细整地,播种前抓紧松土除草清行,苗期发病比没有翻耕的棉田为轻。

(3)轮作防病。在相同的条件下,轮作棉田比多年连作棉田的苗病轻,而稻棉轮作田的发病又比棉花与旱粮作物轮作的轻。合理轮作有利于减轻苗病,在有水旱轮作习惯的地区,安排好稻棉轮作不仅可以降低苗病发病率,还有利于促进稻棉双高产。

2.种衣剂的应用

采用种衣剂包衣的棉种。随着科技的进步,一些内吸杀虫和防病药剂出现了,种子商业化和产业化后,棉种大部分均为种衣剂包衣的棉种,生产上应当采用含杀菌剂和内吸杀虫药剂种衣剂包衣的种子,这样不仅可以有效防治棉花苗期根腐病,同时还可以高效地防治蚜虫等害虫,如比多合剂。

附录:

棉花苗期根腐病调查表

调查时间: 年 月 日 调查地点:

调查点编号	总株数	各级病株数					病株率/%	病情指数
		0级	Ⅰ级	Ⅱ级	Ⅲ级	Ⅳ级		
1								
2								
3								
4								
5								

调查人: 校核人: 审核人:

年 月 日 年 月 日 年 月 日

棉花生产农药化肥减施技术规程

（SDNYGC-2-6007-2018）

简桂良　张文蔚

（中国农业科学院植物保护研究所）

一、棉花生产中主要的病虫害

棉花生产中主要的病虫害有苗期各种根腐复合病，枯萎病、黄萎病，各种棉铃病害；蚜虫、盲蝽象、棉铃虫、蓟马、红蜘蛛、烟粉虱等。

各种病虫害是棉花生产的主要限制因子之一，为全面控制这些病虫害，生产上采用大量喷施各种化学农药的方法进行防治，不仅会造成环境污染，而且会造成人畜中毒，以及让病虫害产生抗性，使其更加难以控制。化肥是保障棉花高产、稳产的重要基础，但由于过量使用化肥，使化肥的吸收率低，造成了面源污染，土壤板结，地力下降等负面影响。

二、技术要点

1.品种选择

选择抗病虫品种，以抗黄萎病和枯萎病的转基因抗虫棉品种为主，如种植棉 2 号、种植棉 6 号，鲁 28，中棉所 49、61 等，可以有效地控制黄萎病和枯萎病、棉铃虫、红铃虫、棉大卷叶螟，基本上不用农药，大大减少了化学农药对环境、土壤的污染。

2.采用种衣剂包衣棉种

采用含杀菌剂和内吸杀虫药剂，如含吡虫啉的种衣剂包衣的种子，不仅可以有效防治棉花苗期根腐病,同时还可以高效地防治蚜虫等害虫,苗期基本上不用再喷施化学农药治理蚜虫。

3.减肥技术

每666.7平方米施有机肥2000~3000千克,培肥地力,减少单一依赖化学肥料;蕾期每666.7平方米一次性使用缓释肥30千克,进一步减少化学肥料的使用,采用缓释肥可以提高肥料的利用率,减少面源污染,保护农业土壤环境,控制化学肥料向水体的转移污染。

4.化控

现蕾期、盛花期、铃期各化控一次,可以控制棉花的营养生长,促使棉花向生殖生长转化,提高棉花产量的同时,控制黄萎病、棉铃病害。

5.棉株塑型

加强整枝,现蕾期去除1~2个果枝,控制下部3果枝2~3铃,及时去营养枝、赘芽,抑制铃病发生。

6.性诱剂应用

采用诱杀棉铃虫、盲蝽象性诱剂,控制盲蝽象、棉铃虫,进一步减少棉花生产中后期的盲蝽象、棉铃虫危害,更进一步减少化学农药的使用。

苗期棉花抗黄萎病鉴定技术规程

（SDNYGC-2-6008-2018）

张文蔚　　简桂良

（中国农业科学院植物保护研究所）

一、病原菌培养

1. 鉴定所用黄萎病菌

选用中等致病力类型的黄萎病菌如（安阳菌系），各地亦可根据当地的优势菌株选择所用菌株。

2. 黄萎病病原菌培养

将保存在平板或斜面中的黄萎病菌株接入察氏液体培养基中，25 ℃下 180 转/分离心，培养 5～7 天，用 4 层纱布过滤掉菌丝，获得孢子悬浮液。显微镜下用血球计数板统计孢子数目，孢子悬浮液终浓度为每毫升 $1×10^7$ 个孢子。

二、鉴定材料种植管理

1. 制作纸钵

用牛皮纸或报纸卷成直径 6 厘米、高 8 厘米的无底纸钵，用订书机将纸钵两头订紧，防止纸钵松开。将混均匀的灭菌土（生土或营养土：蛭石比例为 2：1,160 ℃灭菌 2 小时）装入钵中，至 2/3 高度，随后将其装入 30 厘米×20 厘米×9厘米的塑料盘中待用。

2. 种子处理及播种

种植前鉴定材料种子用硫酸脱绒,55～60 ℃温度下浸种 30 分钟,再在室内常温下浸泡 10 小时后沥干,将种子均匀撒在纸钵中,每钵 4～5 粒种子,覆盖 1.5 厘米厚的灭菌土。每一鉴定材料重复 3 次,每一重复 12 钵,共计 36 钵。

3.棉苗管理

鉴定材料种植于温室,温度控制在 22～30 ℃,浇水要均匀一致,土壤湿度以保持在 60%～80%为宜,光照应良好。

三、标准对照

鉴定选用一个抗病对照和一个感病对照,抗病对照选择"中植棉 2 号"或"冀棉 958",感病对照选择"86-1"或"冀棉 11"或本地区的常规感病品种。抗病对照选择标准为在常规接菌量下病情指数小于 20 的品种,感病对照选择标准为在常规接菌量下病情指数大于 50 的品种。

四、接种方法

待棉苗一片真叶平展时接种。接菌前一天不浇水,将纸钵从塑料盘内小心取出,用直径 9 厘米的培养皿接种,在培养皿中加入 10 毫升孢子悬浮液,将纸钵放入培养皿,注意将毛细根全部浸入菌液,待菌液完全被吸收,放回塑料盘中,1 小时后适量浇水。

五、发病调查

温室苗期棉花黄萎病的主要症状为枯斑型和黄斑型,病叶边缘褪绿发软,呈失水状,叶脉间出现不规则淡黄色病斑,后拓展为枯斑或掌状黄条斑。接种后 7 天棉苗开始发病,15 天后普遍发病,当感病对照病情指数达到 50 左右,即可全面调查各品种发病率,计算病情指数,进行校正后,评判各品种的抗病水平。

六、调查分级标准

调查采用 5 级分级法,各病级分级标准如下:

0 级:棉株健康,无病叶,生长正常。

1 级:棉株 1～2 片子叶表现病症,变黄萎蔫。

2 级:棉株 2 片子叶和 1 片真叶表现病症,变黄萎蔫。

3 级:棉株 2 片子叶和 2 片或 2 片以上真叶表现病症,变黄萎蔫。

4 级:棉株全部叶片表现病症,严重时叶片全部脱落或顶心枯死。

七、调查结果统计

根据调查结果计算各品种的发病率和病情指数,计算公式为:

发病率(%)=(发病株数/调查总株数)×100%

病情指数(DI)=100×$\sum$(各级病株数×相应病级)/调查总株数×最高病级

注:计算结果精确到小数点后两位。

八、调查结果的校正

由于外界条件可能有差异,不同批次间鉴定结果也可能存在差异,为此,应对鉴定结果进行校正,即采用相对病情指数进行校正。方法为:在鉴定中设立感病对照,当感病对照病情指数达到 50 左右进行发病调查,采用校正系数 K 进行校正,计算公式为:

K=50/本次鉴定中感病对照病情指数。

用 K 值计算被鉴定品种的相对病情指数,计算公式为:

相对病情指数(RDI)=鉴定品种病情指数×K

以 K 值在 0.75~1.25 范围内(相当于感病对照的病情指数在 40.00~66.67)的鉴定结果为准确可靠的数据。

九、鉴定结果的评价

以相对病情指数来划分鉴定品种的抗病级别,各级别评定标准如表 1所示。

表 1 　　　　　　　　棉花对黄萎病的抗病类型划分标准

抗性级别	抗性类型	相对病情指数(RDI)标准
1	免疫(I, Immune)	RDI=0
2	高抗(HR, Highly Resistant)	0<RDI≤10.0
3	抗病(R, Resistant)	10.0<RDI≤20.0
4	耐病(T, Tolerance)	20.0<RDI≤35.0
5	感病(S, Susceptible)	RDI>35.0

附录 A　棉花黄萎病致病菌——大丽轮枝菌(VerticillliumdahliaeKleb.)

1.学名

大丽轮枝菌($VerticillliumdahliaeKleb.$),属菌物界($Fungi$),子囊菌门($Ascomycota$),粪壳菌纲($Sordariomycetes$),小丛壳目($Glomerellales$),轮枝菌属($Verticilllium$)大丽轮枝($VerticillliumdahliaeKleb.$)。

2.培育特性和孢子形态

初生丝体无色,后变淡褐色,有分隔,直径 2～4 微米;菌丝体常呈膨胀状,可单根或数根芽殖为微菌核。分生孢子呈椭圆形,单细胞,大小为(4.0～11.0微米)×(1.7～4.2 微米),由分生孢子梗上的瓶梗末端逐个割裂。分生孢子梗常由 2～4 个轮生瓶梗及上部顶枝构成,基部膨大、透明,每层有瓶梗 1～7 根。

附录 B　察氏培养基配方

$NaNO_3$:2 g/L

K_2HPO_4:1 g/L

$MgSO_4 \cdot 7H_2O$:0.5 g/L

KCl:0.5 g/L

$FeSO_4 \cdot 7H_2O$:0.01 g/L

蔗糖:30 g/L

棉花穴盘育苗技术规程

（SDNYGC-2-6009-2018）

王德鹏　　王桂峰　　秦都林　　王丽晨　　魏学文

（临沂大学山东省棉花生产技术指导站）

一、应用原则

坚持省力省工、省种省床、省肥省水、高出苗率、低发病率、运输简单、移栽轻便的原则，力求获得最佳种植效果。

二、穴盘育苗关键技术

1. 备播

（1）品种选择。同期播种的基质苗较营养钵苗生长发育进程快，可实现早熟丰产，但若品种选配不当，容易出现后期早衰现象，因此，育苗时应选用中晚熟杂交棉品种，以延长有效结铃，发挥单株的个体优势，增加产量，如鲁 H498、中棉所 52 号、创杂棉 28 号、奥棉 6 号等。

（2）种子处理。下种前 15～20 天，大包装的种子将种子摊在竹席或干净的地面上暴晒 3 天，以提高发芽率和出苗整齐度，但不要在水泥地上晒种。

（3）基质要求。基质是培育高质量棉苗的关键因素。结合本地资源优势，以东北草炭、腐熟牛粪、蛭石和珍珠岩为原料，按照 4：3：2：1 配比时经济合理，育出的棉苗最为健壮。每 666.7 平方米棉田用苗需用基质约 60 升。

（4）苗盘规格。棉花育苗宜选用 105 穴的苗盘，每 666.7 平方米需 21 个，穴数太少则效率低下，太多密度太大容易形成高脚苗。

2.建造苗棚

苗棚主要有小拱棚、中拱棚、大拱棚和连栋棚四种,可根据具体情况选用。

(1)小拱棚。棚架为半圆形,高1米左右,宽1.5~2.5米,长度依育苗量而定,骨架用细竹竿(片)按棚的宽度将两头插入地下形成圆拱,拱杆间距30厘米左右,全部拱杆插完后,绑3~4道横拉杆,使骨架成为一个牢固的整体。这种棚可建在大田也可建在庭院,育苗方式可一家一户,也可连片规模集中育苗。建棚选址灵活,造价低廉,但进行苗床管理难度大,温控效果差,抵御大风、低温等自然灾害能力差,安全系数低。

(2)中拱棚、大拱棚。棚架采用钢木结构,建棚成本稍高。中拱棚跨度一般为4米,高1.5米,长10~25米,人员能够入内进行苗床管理,棚内温度、湿度也易于控制;大拱棚跨度一般为8~10米,高2.5米,长30~50米,小型机械可以在棚内作业,管理方便,容易培育壮苗。与小拱棚相比,这两种拱棚抗灾能力显著增强,苗床管理方便,育苗量大,适于集中育苗。

(3)连栋大棚。采用钢架结构,占地以育苗量而定,一般666.7平方米棚一次可育10余万株优质棉苗。土地利用率高,抗灾能力强,棚内温度分布比较均匀且变化比较平缓,棚边低温带所占比例小;棚内可进行小型机械化作业,便于规模化管理,还可以重复使用,是集中工厂化育苗的理想选择。

3.适时播种

一般当5厘米地温大于17 ℃时移栽,棉苗扎根快,缓苗期短,棉苗长势好。鲁西南地区地温稳定超过17 ℃的时间为4月下旬至5月初。标准棉苗培育需要30~35天,因此,适宜育苗下种时间为3月下旬。

(1)基质预湿。用淋水器等向基质洒水并翻拌,使基质含水量达到65%~70%。

(2)基质装盘。把苗盘平铺在地面上,用铁锹把基质均匀撒到苗盘上,用棱棍刮平基质,使每个苗盘穴内基质均匀,然后把大约10个苗盘整齐地摞起来,在上面放一木板,通过脚踩压实。

(3)播种。在苗盘上播种,每穴1粒,加基质和蛭石覆盖种子。

(4)苗盘摆放。整平育苗棚内的畦面,然后铺一层编织袋,以防止棉苗根系下扎,把做好的苗盘平摆在育苗畦内。

(5)浇水。播种后浇一次透水,约4天开始出苗,7天齐苗后用喷雾器喷一次水。

4.苗床管理

此环节尤为重要,要细致耐心,不能高温烧苗,但早春季节要保温促苗,要严格按照操作规程进行管理。齐苗壮苗是高产的基础。

(1)温湿度控制。棉花从出苗到子叶平展,适宜温度为25 ℃左右;当真叶出生后,苗床温度控制在20～25 ℃为宜,当棚内温度超过30 ℃时要加盖遮阳覆盖物,防止烧苗;棚内相对湿度在85％～90％,炼苗期相对湿度掌握在60％左右。

(2)揭开地膜。苗床出苗50％～60％后,抽出育苗盘上的地膜,以利出苗。

(3)炼苗。苗床齐苗后,揭膜炼苗,揭膜在9:00前进行。当棉苗达到两叶一心时开始炼苗,上午揭膜通风,下午覆盖,炼苗时间为7昼夜,标准苗红茎比达2/3。

(4)浇水。晴天在每天上午用喷壶浇水1次(基质的保水性差,每天要查看补水)。起苗前3～6小时浇一次透水,以便于起苗移栽,提高移栽成活率。

(5)化调。在子叶平展后施用1～2 g/kg缩节胺1次,7～10天后再施用1次,达到红绿茎比1:1左右。

(6)施肥。苗龄小于30天移栽,苗床可以不施肥;但苗龄在30天以上时,苗床浇施1％的尿素1次,可以结合病虫害防治一起进行。

(7)病虫害防治。苗床病害主要有炭疽病、立枯病、猝倒病及疫病等,可选用多菌灵或甲基托布津800倍液进行防治。虫害主要是盲蝽象、棉蓟马、蚜虫等,棉蚜、棉蓟马可用吡虫啉防治,盲蝽象可用马拉硫磷、丁烯氟虫清等进行防治。

5.移栽定植

(1)适时移栽。一般移栽时间在4月下旬至5月上旬,土壤含水量达田间持水量的80％～90％,天气晴朗,雨天不宜移栽。

(2)壮苗指标。苗龄30天左右,两叶一心,苗高15～20厘米,子叶完整,叶色深绿,叶片无病斑,茎粗叶肥,根多根密根粗壮,红茎达70％左右。

(3)移栽标准。根据计划,分期起苗,栽高温苗不栽低温苗,遇寒潮停止。栽干土不栽湿土和板结土;栽深不栽浅,返苗发棵3～5天,成活率95％以上。

(4)合理密植。近年来,鲁西南蒜棉套种棉花密度过稀趋势明显,一定程度上影响了棉花产量的稳定性,每666.7平方米定苗2200株左右为宜。

(5)定植要求。用配套打孔器在蒜行打孔,把棉苗携基质放入穴内,用土填满穴孔,3～5天后浇水并查看成活率,缺苗处及时补栽。

(6)早施提苗肥。采用基质穴盘育苗方式育出的棉苗根系在苗期容易形成"马尾辫",主侧根发根能力差,表现为苗期长势偏弱、现蕾后生长速度明显加快的特点。棉花移栽后7～10天及时追施提苗肥,每666.7平方米用尿素2.5～4.0千克或48％的可溶性三元复合肥4～5千克,兑水追施,可以促进棉花早发稳长。

彩色棉栽培技术规程

（SDNYGC-2-6010-2018）

纪家华[1]　刘明云[2]　牛娜[2]　单宝强[2]　王桂峰[3]　秦都林[3]

(1.滨州职业学院;2.滨州市棉花生产技术指导站;3.山东省棉花生产技术指导站)

一、地块选择

选择 500 米内无常规白棉花种植的地块,以防止因昆虫传粉而产生混杂。

二、做好播前准备

1.播前整地

浇足水,施足底肥,精细整地,创造丰产棉田的基础条件。底肥一般每 666.7 平方米施农家肥 2~3 立方米,尿素 15 千克以上,磷酸二铵 30 千克,硫酸钾 5 千克,以确保棉株正常发育。要精细整地,达到"平、细、透、实"四字要求,以提高覆膜质量和播种质量。

2.种子准备

一般应在播前 1~2 天晒种,提高种子生活力和发芽势,保证田间出苗率。播种时尽量使用种衣剂包衣,可以有效预防苗病。

三、提高播种质量

一般年份适宜播期是 4 月中下旬。每 666.7 平方米播量 1.5 千克左右,播深 2~3 厘米为宜,深浅应一致,覆土应均匀。播种后注意喷洒除草剂,以防膜下杂草丛生。

四、加强田间管理

1. 及时放苗、间苗、定苗

当出苗达 80％以上时就可破膜放苗，放苗后要随时用土封严放苗孔，阻止大风揭膜，以利增温保墒，防止土壤返盐。1 片真叶时间苗，3 片真叶时定苗。一般每 666.7 平方米留苗 2000～2500 株。

2. 适时揭膜

揭膜时间一般在 6 月下旬至 7 月初，在棉花进入盛蕾期时进行，以便加强棉田管理。旱地棉田应适当推迟揭膜时间，以防干旱无雨。揭膜后应根据情况及时中耕培土，铲除杂草。

3. 去除早蕾，精细整枝，合理化控

地膜覆盖易造成苗蕾期旺长，且结铃早，下部结铃多，吐絮早，烂铃重。因此要去除早蕾，精细整枝，合理化控。整枝打杈的重点是去除叶枝、赘芽、顶尖和群尖。一般在 6 月下旬去除 2～3 个早蕾，7 月 25 日前后（果枝已有 13～15 个时）打顶。在 8 月 10 日前分次打完群尖，赘芽要随见随去。化学控制要坚持"少量多次、看天、看地、看苗情"的原则，避免重喷、漏喷，搭好丰产架子。若喷后 3 小时内遇雨，应重喷。

4. 追肥灌水

由于地膜覆盖前期壮苗早发，后期易早衰的生育特点，在播前墒情好、底肥足的前提下，苗期一般不用肥水；6 月 10 号左右进入蕾期要巧浇小水，促使棉花稳长增蕾，搭起丰产架子；花铃期应根据天气及时灌排水，见花后每 666.7 平方米施尿素 25 千克，硫酸钾 15 千克，以增蕾保铃。为防早衰，在 8 月中下旬据长势可酌情补施盖顶肥，一般用 0.3％的磷酸二氢钾或 1％的尿素溶液喷施。

5. 病虫害的防治

对地下害虫、红蜘蛛、棉蚜、盲蝽象、黄萎病等要及时防治。棉铃虫重发年份，百株 2 龄以上幼虫达到 20 头以上时，要用化学药物防治。

五、及时去杂、收获

(1)棉花吐絮后将非彩棉植株拔除，保持田间棉花色泽一致。

(2)棉花吐絮后，要及时收获、晾晒，将中喷花和烂桃、霜后花分存。尽可能用布袋、布包收花，避免化学纤维、头发丝等杂质混入棉花

短季棉蒜后直播生产技术规程

（SDNYGC-2-6012-2018）

王宗文[1]　王广春[2]　孔凡金[1]　韩宗福[3]　陈福霞[2]　邓永胜[3]

段冰[3]　申贵芳[3]　马勇[3]　高利英[1]　王娟[2]　王景会[1]

李汝忠[3]　刘爽[2]　王守海[2]

（1.山东棉花研究中心试验站；2.成武县农业农村局；3.山东棉花研究中心）

一、品种选择

短季棉（夏播）品种要求株型矮而紧凑，叶枝弱，赘芽少，早熟性好，开花结铃集中，铃期短，铃壳薄，吐絮畅，易采摘，品质好，抗逆性强，生育期 105～115 天，纯度 95％以上，脱绒包衣，发芽率不低于 80％，单粒穴播时发芽率不低于 90％。审定品种为鲁棉 532、鲁棉研 19 号、鲁棉研 35 号、鲁 54、鲁棉 241、鲁棉 2387、德 0720 等。

二、播前准备

1. 土地准备

滨海、鲁北地区播前整地应做到土壤无明暗坷垃，上暄下实，平整无洼地。在地块待播时，每 666.7 平方米使用 48％的氟乐灵乳油 100～150 毫升兑水 50 千克后均匀喷雾，然后通过耕地或耙耢混土，可有效防治多年生和一年生杂草；鲁西南地区在前茬大蒜作物施基肥较多（一肥两用），棉花不需要施基肥，5 月 18～23 日大蒜机械收获后蒜膜带出田间，即可平整地直接机播棉种，有条件的结合整地可每 666.7 平方米施农家肥 1000～2000 千克改良土壤、培肥地力。

2. 种子准备

在播种前选择晴朗天气将种子摊开，晾晒 2～3 天后再进行播种，以提高发芽率和发芽势；非商品种子（含自留种）除晒种外，应用 25 克/升的咯菌腈悬浮种衣剂，400 克/升的萎锈·福美双悬浮种衣剂或吡唑醚菌酯或嘧菌酯悬浮种衣剂拌种。

三、播种时期

1.适播期

山东棉区短季棉无论是间作套种还是接茬直播，适宜播种期都在 5 月中下旬。结合天气预报，滨海盐碱地可在 5 月中旬雨后抢墒晚春播种；鲁西南地区 5 月 20～25 日收获后紧茬播种，避开播后 5～7 天的大降雨。最晚不能晚于 5 月 30 日播种，过晚会影响生育周期，导致棉花的产量和品质下降，9 月底或 10 月初拔柴，否则会影响鲁西南地区的大蒜栽培。

2.查看墒情

播种前查看土壤墒情，在即将播种的地里，抓一把土壤用力握能成团，然后从 80～100 厘米高的地方落下来，如果土壤能自然散开，这说明土壤墒情是适合播种的；如果土壤不能自然散开，说明土壤墒情不适合播种；地温 18～25 ℃时播种不需要覆盖地膜。

3.除草剂喷施

播种时（后）选用 43％的拉索乳油（甲草胺）每 666.7 平方米 200～300 毫升兑水 50 千克后均匀喷洒，或每 666.7 平方米用 50％的乙草胺 120～150 毫升兑水 30～45 千克均匀喷洒于地表，防治多年生和一年生杂草，注意施药后勿用脚踩施药区。

四、密度配置

1.种植密度

（1）山东棉区留苗密度每 666.7 平方米 5500～6500 株，地力肥宜取下限，地力差宜取上限；播种早宜取下限，播种晚宜取上限。以密植拿产量，充分发挥群体优势。行距配置 76 厘米等行距或 56＋96 厘米大小行配置，株距 14～16 厘米左右。

（2）机械精量播种的用种量为每 666.7 平方米 1.5～2 千克，每穴 1～2 粒种子，株距均匀；播种深度 2～3 厘米，均匀一致。

2.间苗定苗

播种后 4 天左右幼苗出土，7～10 天幼苗出齐。一叶一心间苗，两叶一心定苗;定苗时留大苗去小苗,每穴留单株,有缺苗的地方留双株。幼苗距离 15 厘米左右。定苗后,空穴较多的及时补种早熟玉米或芝麻作物。

五、灌排施肥中耕

1.灌排措施

(1)播前 10～12 天造墒,墒情好可省此工序;鲁西南 5 月 5～10 日针对大蒜田进行灌水,每 666.7 平方米不少于 60 立方米的水,一为提高大蒜产量,二为大蒜收获后为棉花直接播种打下基础,起到"一水两用"的效果,一般苗期不用浇水。

(2)短季棉盛蕾期、花期、铃期没有明显节点。盛蕾期不需浇水,开花至吐絮期,土壤含水量分别降到田间持水量的 60% 以下时,遇旱浇水,隔行沟灌每次每 666.7 平方米 30～50 立方米;遇涝及时排水。

2.合理施肥

(1)播种时,种肥同播,每 666.7 平方米施复合肥 35 千克或二胺 25 千克加钾肥 7.5 千克促苗。盛蕾至见花一次施氯基缓控释肥 666.7 平方米 45～50 千克,控释氮肥 6 千克、速效氮肥 8 千克、磷 7～8 千克、钾 10～12 千克,以养分的释放规律与棉花对养分的吸收规律同步效果为原则,小型机械精量沟施,土壤耕层 15～20 厘米处,距株 35 厘米以上。根据土壤条件,适当增施硫酸锌 1～2千克、硼酸 0.5 千克。

(2)在苗期,为了促使短季棉植株生长,为后期多结铃打下基础,结合施药适量喷施的叶面肥,每 666.7 平方米可用 0.2% 的磷酸二氢钾或 1% 的尿素溶液 30～40 千克进行喷施;花铃期化控防脱蕾铃,促花控旺可适当增施钾肥和喷施叶面肥,增加棉株的抗逆性;吐絮期 9 月初,喷施 1% 的尿素加 0.2% 的磷酸二氢钾溶液叶面喷雾,1～2 次,增加铃重。

3.中耕除草

4～5 叶后,进行一次小型机械中耕除草,深度 5～7 厘米,增温、保墒促植株根系下扎。现蕾期中耕时可视土壤墒情和降雨情况将中耕、除草、培土合并进行,深度 8～12 厘米,机械培土高度为 10～12 厘米,以降低棉田湿度,促根系下扎防倒伏。

六、病虫害防治

1. 病害

主要防治好苗期病如枯萎病、立枯病、青枯病等病害。鲁西南地区大蒜产生的大蒜素对苗病起着良好的预防作用,所以蒜后短季棉病情表现较轻。

防治方法:选用抗病品种;适当增施钾肥和喷施叶面肥,促早发、壮长,增加抗逆性;选用多菌灵可湿性粉剂 1000 倍液喷施,可连喷 2～3 次以杜绝病害的侵染(其他的杀菌剂选百菌清、代森锰锌、吡唑醚菌酯等)。

2. 虫害防治

由于气温高,虫害传播速度加快,应及时采取有效措施,防止虫害的发生。

施药原则:夏天气温高,病虫害繁衍快,根据虫情测报及时预防,提高药效,减少用药量和用工;提倡使用植保机械统防,交替用药不仅可有效减药增效,还可延缓害虫的抗性。

(1)夜蛾科害虫:

①棉铃虫。二代棉铃虫大发生年份,应注意在产卵高峰期化防杀卵,以防残虫为害棉花顶心。视三、四代棉铃虫发生轻重,一般防治 1～2 次即可。二代,百株累计卵量 100 粒或初孵幼虫 10 头;三代,当百株累计卵量 40 粒或初孵幼虫 5 头;四代,百株累计卵量 150 粒或初孵幼虫 10 头,可用甲氨基阿维菌素苯甲酸盐、氯虫苯甲酰胺、茚虫威、溴氰虫酰胺、氟铃脲、高效氯氰菊酯等化学防治。卵盛期到卵孵化盛期是防治关键期,且应注意交替混合用药 1～2 次。

②甜菜夜蛾。1～2 龄幼虫盛期进行防治,施药时间宜在上午 8 时前或下午 5 时后进行。选用甲维盐等药物喷雾防治。

物理防治:每 50 亩安装频振式杀虫灯 1 盏诱杀成虫。

(2)其他害虫。应及时防治棉蚜、红蜘蛛、盲蝽等害虫。

①棉蚜。卷叶株率 10％～15％或单株有蚜虫 30 头时防治棉蚜,可用噻虫嗪、啶虫脒、氟啶虫胺腈等药剂,喷药以叶片背面为主,隔 3～4 天再喷施 1 次,连续喷施 2 次。

②红蜘蛛。红叶率 20％时防治红蜘蛛,可用甲氨基阿维菌素苯甲酸盐、螺螨酯、哒螨灵等药剂。

③棉盲蝽。苗期至蕾铃期当百株有棉盲蝽成、若虫 1～2 头或被害株率达到 3％时防治棉盲蝽,可用噻虫嗪、啶虫脒、马拉硫磷、溴氰菊酯、氟啶虫胺腈等药剂,上午 9 时以前或下午 5 时以后用药,叶子的正面和背面都喷到,不能倒着边走边打。

④烟粉虱。吡虫啉、甲氨基阿维菌素苯甲酸盐、氟啶虫胺腈和溴氰虫酰胺等药剂喷雾防治烟粉虱；烟粉虱世代重叠，繁殖速度快，传播途径多，对化学农药极易产生抗性，建议不与黄瓜、番茄、茄子、辣椒等混栽。

七、科学化控

1. 蕾期

蕾期短季棉长势较旺，根据田间长势和天气情况，棉花生长到 6～8 片真叶，每 666.7 平方米用 0.5～1 克甲哌𬭩兑水 25 千克喷洒棉株，喷洒做到均匀一致；生长发育较差的棉田（荒地、旱地、土壤肥力差的棉田）不宜过早化调。结合喷药防虫，化调次数和剂量根据苗情、墒情和天气情况合理掌握。

2. 花期

花铃期根据苗情、天气综合判断化控 1～2 次，棉花生长到 12～15 片真叶前后，每 666.7 平方米用 2～3 克甲哌𬭩兑水 30 千克均匀喷洒；花铃期化控基本原则是"多次少量"，具体量根据棉花长势和降雨量确定。

3. 打顶后

打顶后一周，每 666.7 平方米用甲哌𬭩 2～2.5 克对水 30 千克均匀喷洒，从而控制无效花蕾，改善田间通风透光条件，减少病虫害的发生。如遇连续阴雨或出现旺长势头的棉田，应适当加大甲哌𬭩用量或补喷一次。

八、整枝打顶

在 7 月初粗整枝，大部分棉株出现 1～2 个果枝时，将第一果枝以下的营养枝和主茎叶一撸到底（"撸裤腿"），全部去掉；7 月 25 前后，果枝 10～12 个时打顶，做到"枝到不等时，时到不等枝"，株高控制在 80～90 厘米。

注意：由于短季棉的生育期比较短，一般在 8 月底以后开的花都不能正常成铃吐絮；短季棉的打顶时间在黄河流域 7 月 25 日前打顶完毕，推迟打顶至 7 月底后会造成蒜后棉的生育期推迟，棉产量不高反而偏低，可适期早打顶以减少无效养分消耗。

九、化学催熟与脱叶

对贪青晚熟的棉田进行脱叶催熟，9 月下旬吐絮率达到 40%～60% 时，喷施植物生长调节剂乙烯利 150 克和噻苯隆 50% 的可湿性粉剂 20 克兑水均匀喷雾,加快叶片脱落和棉铃吐絮,便于机采或者提高人工采摘效率。

注意:使用催熟剂时每 666.7 平方米兑水不少于 30 千克,所有棉株叶片均匀喷到;如施药后 12 小时内遇中雨,应当重喷。

十、摘花收获

根据天气和棉花成熟情况及时人工集中采摘,不摘"笑口棉",不摘青桃;多阴雨天气出现烂铃后,在初发病或烂壳未烂絮时尽早摘除,晾晒。

9 月份后,每隔 7 天～10 天摘花一次,摘取完全张开的棉铃花絮。对短季棉喷施噻苯隆落叶剂棉铃吐絮相对提前,集中待棉株脱叶率达 95％以上,吐絮率达 90％以上时,有条件的可使用小型采棉机采收。

十一、拔棉秆

无需腾茬棉区,棉花采摘结束,棉秆秸秆还田(施用腐熟剂)或运出田间。鲁西南地区争取 10 月 10 日前为大蒜栽培及时完成清茬。

短季棉越冬蔬菜间(套)作技术规程

（SDNYGC-2-6013-2018）

王宗文[1]　　刘明云[2]　　邓永胜[4]　　孔凡金[1]　　牛娜[2]　　韩宗福[4]

申贵芳[4]　　纪家华[3]　　段冰[4]　　高利英[1]　　王景会[1]　　李汝忠[4]

（1.山东棉花研究中心试验站；2.滨州市棉花生产技术指导站；

3.滨州职业学院；4.山东棉花研究中心）

一、大蒜后短季棉直播技术规程

1.总体要求

大蒜 10 月上旬播种，5 月 20 日前后收获。棉花 5 月 20～25 日大蒜机械收获后直播，最晚不能晚于 5 月 30 日播种，9 月底或 10 月初拔柴。

2.大蒜管理

（1）冬前管理。10 月上中旬开沟播种，沟深 5 厘米，深浅一致，蒜瓣大头向下，种瓣腹背连线与行向平行，覆土 1～1.5 厘米。大蒜种植的适宜密度为每 666.7 平方米 2.2～2.8 万株。

播后浇水，整地，播种，然后每 666.7 平方米选择除草剂：①以米蒿荠菜为主的蒜田，可选择 50％的乙草胺 100～150 毫升＋24％的乙氧氟草醚 40 毫升；②若有猪殃殃，配方①再加 25％的噁草酮 100150 毫升；③若有繁缕、牛繁缕，配方①再加 33％的二甲戊灵 100～150 毫升。选择厚度为 0.005～0.006 毫米的地膜覆膜，7～10 天即可出土。在蒜芽快要出土时，清晨用新扫把轻拍地膜，使蒜芽顶破地膜；少数未能顶出地膜的，应用小铁钩及时破膜引苗，以使蒜苗顺利顶出地膜。冬前浇水，12 月上中旬浇越冬水（强寒流侵袭前），一般冬前长到 5～7 叶。

（2）返青期管理。惊蛰后及时浇返青水，浇小水，追返青肥，一般每 666.7

平方米追肥三元复合肥 20～25 千克和真根、植物动力 2013 等富含有腐殖酸、海藻素的有机活性液肥合用，以促进大蒜生长。

（3）退母期管理。一般在 3 月下旬根蛆成虫羽化盛期，利用糖醋盆诱杀和喷雾防治。每 666.7 平方米放置糖醋盆 10～15 个，从 3 月中旬放置到 4 月下旬结束，应及时检查诱杀效果和补充或更换诱剂。利用韭蛆成虫的趋光性，可每 200 亩设置 1 盏黑光灯或强力荧光灯，诱杀成虫，并可同时兼治其他地下害虫。4 月上旬大蒜开始退母，此时是蒜蛆的高发季节。在 3 月下旬应喷施 50％的辛硫磷乳油 1000 倍液防治蒜蛆成虫。浇中水，每 666.7 平方米追施尿素 15 千克，随水冲施药剂，每 666.7 平方米可用 50％的辛硫磷 500～800 毫升，能有效地缓解大蒜退母和蒜蛆造成的黄尖。

此时还要注意防治大蒜的各种病害，农业防治方面：一是改革施肥结构，大蒜的追肥应由单纯无机型向有机无机复合肥型转变，特别是多年重茬黄叶重的盐渍地块，年后追肥要减少无机化肥的使用，在保根、养根、促根上做文章。二是搞好健身栽培，在早春可喷施叶面肥，促进大蒜生长，有效增加绿叶面积，增强植株的抗病耐病能力。可结合杀菌剂喷施叶面肥。三是化学防治大蒜叶枯病，从 3 月中旬初，大蒜叶枯病等病害流行初期，可用 60％的唑醚·代森联或 10％的苯醚甲环唑 1500 倍液 7～10 天喷一次，连续喷 3～4 次；腐霉根腐病可结合春季第一遍水每 666.7 平方米冲施 85％的异果定（甲霜灵硫酸铜钙）800～1000 克。其他病害可结合防治叶枯病进行兼治。

（4）蒜薹生长期。该期是大蒜生长的关键时期，是需水需肥临界期，一般每隔 7 天浇水 1 次，直到收获。每隔 1 次水每 666.7 平方米追施三元复合肥 20 千克或再增施钾肥 10 千克。蒜薹顶部开始弯曲，薹苞开始变白时开始采收采收，蒜薹采收前 3～5 天停止浇水。

（5）蒜头膨大期。5 月中旬，蒜薹收获后进入蒜头膨大期。要注意保持蒜田湿润，一般 5～7 天浇水 1 次，整个蒜头膨大期一般浇 2～3 次水，且浇大水。

（6）收获期。蒜薹收获期为 5 月中上旬开始，一般应选择在晴天中午及午后收获。大蒜收获为 6 月初开始，收获前 5～7 天停止浇水，一般在拔完蒜薹后 15～20天。收获时一定要用蒜秸将蒜头盖好，就地晾晒 1～2 天，不磕不碰，以免蒜头受伤后不耐储藏，降低商品价值。

注意：在蒜薹和大蒜收获前 7～10 天为用药安全间隔期，禁止使用任何化学或违禁农药。

3.棉花管理

（1）品种选择。选择生育期在 110 天左右的已审短季棉（夏棉）品种，鲁棉研 19 号、鲁棉研 35 号、鲁 54、鲁棉 241、鲁棉 2387、鲁棉 532、德 0720 等都是不错的选择。

（2）播前准备

①土地准备。播前整地，做到土壤无明暗坷垃，上暄下实，平整无洼地。在地块待播时，使用 48％的氟乐灵乳油，每 666.7 平方米 100～150 毫升兑水 50 千克后均匀喷雾，然后通过耕地或耙耢混土，可有效防治多年生和一年生杂草。

②种子准备。商品种子选择播前晴天晒种 2 天，以提高发芽率和发芽势；非商品种子（含自留种）除晒种外，应用 25 克/升咯菌腈悬浮种衣剂或 400 克/升萎锈·福美双悬浮种衣剂或吡唑醚菌酯或嘧菌酯悬浮种衣剂拌种。

（3）播种时期。山东棉区短季棉，无论是间作套种还是接茬直播，适宜播种期都在 5 月中下旬，以 5 月 20 号前后为最佳播期。滨海盐碱地可在 5 月中旬雨后抢墒晚春播种植。

播种时（后）选用 43％的拉索乳油每 666.7 平方米 200～300 毫升兑水 50 千克后均匀喷雾，或每 666.7 平方米用 50％的乙草胺 120～150 毫升兑水 30～45 千克，均匀喷洒在苗床上，注意施药后勿用脚踩施药区。

（4）密度配置

①间苗定苗。一叶一心间苗，两叶一心定苗。

②密度配置山东棉区留苗密度为每 666.7 平方米 5000～7000 株，地力肥宜取下限，地力差宜取上限；播种早宜取下限，播种晚宜取上限。以密植拿产量，充分发挥群体优势，行距配置 0.5～0.7 米。

（5）灌排施肥中耕

①灌排措施。播前 10～12 天造墒，墒情好可省此工序；生育期间，遇旱及时浇水，遇涝及时排水。

②合理施肥。播种时，种肥同播，每 666.7 平方米施复合肥 35 千克或二胺 25 千克加钾肥 7.5 千克。盛蕾至见花期间重施花铃肥，666.7 平方米可追施尿素 10～15 千克。7 月底至 8 月初视棉花长势决定施肥与否，长势弱的地块补施盖顶肥，每 666.7 平方米施尿素 10 千克。开沟施肥，深度 15～20 厘米。

③中耕除草。4～5 叶后，进行一次中耕除草，深度 5～7 厘米。现蕾期完成二次中耕，深度 8～12 厘米。初花期第三次中耕，深度 5～7 厘米，结合培土进行。无杂草可免中耕。

（6）科学化控

①蕾期。根据田间长势和天气情况，棉花生长到 8 片真叶前后，每 666.7 平方米用 0.5～1 克甲哌嗡兑水 25 千克喷洒棉株，喷洒做到均匀一致。

②花期。花铃期根据苗情、天气综合判断化控 1～2，棉花生长到 12～15 片真叶前后，每 666.7 平方米用 1.2～2 克甲哌嗡兑水 30 千克均匀喷洒。

打顶后。打顶后一周,每 666.7 平方米用甲哌嗡 2～2.5 克兑水 30 千克均匀喷洒,从而控制无效花蕾,改善田间通风透光条件,减少病虫害的发生。如遇连续阴雨或出现旺长势头的棉田,应适当加大甲哌嗡用量或补喷一次。

(7)虫害防治

①棉铃虫。化学防治:二代棉铃虫大发生年份,注意在产卵高峰期化防杀卵,以防残虫为害棉花顶心。视三、四代棉铃虫发生轻重,一般防治 1～2 次即可。二代,百株累计卵量 100 粒或初孵幼虫 10 头;三代,当百株累汁卵量 40 粒或初孵幼虫 5 头;四代,百株累计卵量 150 粒或初孵幼虫 10 头。可用阿维菌素、溴氰虫酰胺、氟铃脲、高效氯氰菊酯等化学防治。卵盛期到卵孵化盛期是防治关键期,且注意交替混合用药;物理防治:每 50 亩安装频振式杀虫灯 1 盏,以诱杀成虫。

②其他害虫。应及时防治棉蚜、红蜘蛛、盲蝽等非鳞翅目害虫。卷叶株率 10％～15％时防治棉蚜,可用噻虫嗪、啶虫脒等药剂,喷药以叶片背面为主;红叶率 20％时防治红蜘蛛,可用阿维菌素、哒螨灵等药剂;当百株有棉盲蝽成、若虫 1～2 头或被害株率达到 3％时防治,可用噻虫嗪、马拉硫磷、溴氰菊酯等药剂,上午 9 时以前或下午 5 时以后用药,不能倒着边走边打;吡虫啉、阿维菌素、扑虱灵等药剂喷雾可防治烟粉虱。喷药防治要注意喷匀喷透且轮换用药。

(8)打顶时间。7 月 25 日前后,果枝 10～12 个时打顶,做到"枝到不等时,时到不等枝"。

(9)化学脱叶。对于个别晚发棉田,可于棉花吐絮达一半时,喷施植物生长调节剂乙烯利 150 克和噻苯隆 50％的可湿性粉剂 20 克兑水均匀喷雾,加快叶片脱落和棉铃吐絮,便于机采或者提高人工采摘效率。

二、棉花圆葱套作地膜覆盖栽培技术规程

1.圆葱育苗技术

(1)选用良种。出口销售的可选用黄皮品种,如泉州黄玉葱、黄皮 502 和菜选 13 号等。国内销售的可选用高产红皮品种,如淄博红皮、西安红皮和紫星等。

(2)建苗床。8 月下旬建苗床,选择多年没种过葱蒜类作物的地块,每 666.7 平方米施腐熟的粪肥 5000 千克,磷酸二铵 20～30 千克,浅耕细耙,做成平畦,留出覆土。

(3)播种。红皮品种 9 月 3～8 日播种,黄皮品种 9 月 7～13 日播种。此时气温低于常年宜早,气温高于常年宜迟。先灌足底水,再撒播种子,最后覆土

1～1.2厘米。每 666.7 平方米圆葱育苗 80～100 平方米,用种量 0.5～0.6 千克。

(4)苗床管理。齐苗后浇水,及时拔除杂草,喷药防治地蛆和蓟马。根据气温和葱苗长势实施肥水促控,使葱苗在 10 月底达到 3～4 片真叶,假茎横径 0.5～0.7厘米。

2.圆葱前期栽培技术

(1)整地施肥。每 666.7 平方米施粪肥 3000～5000 千克,磷酸二铵 15～20 千克,硫酸钾 10～12 千克(或草木灰 600～900 千克),深耕耙平后做畦,畦面宽 100 厘米,畦埂宽 30 厘米。在畦面上覆盖地膜。

(2)起苗、分苗。定植前起苗,淘汰假茎横径 0.7 厘米以上的大苗和 0.3 厘米以下的小苗。先栽假茎横径 0.5～0.7 厘米的一类苗,后栽假茎横径 0.3～ 0.5 厘米的二类苗。分类定植,分别管理。

(3)定植。10 月底至 11 月初定植。大葱头品种在畦面定植 6 行圆葱,行距 18 厘米,株距 15 厘米;6 行圆葱占地 90 厘米,预留棉行 40 厘米。小葱头品种在畦面定植 7 行圆葱,行距 15 厘米,株距 12 厘米;7 行圆葱占地 90 厘米,预留棉行 40 厘米。先在地膜上打孔,孔深 1～1.2 厘米;再往孔中插苗。栽后立即浇水。

(4)冬前管理。11 月下旬,每 666.7 平方米撒施尿素 5～10 千克,然后浇水,使肥料溶于水中,随水渗下。

(5)春季管理。4 月上旬,每 666.7 平方米撒施尿素 10～12 千克,立即浇水。4 月下旬,每 666.7 平方米撒施尿素 10～15 千克,硫酸钾 10～12 千克,立即浇水。圆葱发生病虫害时,及时施药防治。

3.棉花育苗技术

(1)选用良种。选用杂种优势强的杂交棉新品种,如鲁棉研 24 号、鲁棉研 30 号、鲁棉研 38 号、鲁棉研 39 号、鲁棉研 40 号、鲁 H498、鲁 RH-1 等。

(2)建苗床。3 月中旬建苗床,苗床南北长 10～15 米,东西宽 90～100 厘米,深 20 厘米,铲平床底。

(3)配制营养液。80%的沃土与 20%的腐熟粪肥掺匀,过筛。制钵前一天洒水,钵土含水量要求轻握成团,齐胸落地即散。

(4)制钵、排钵。选用上口直径 5～6 厘米,高 10 厘米的制钵器打钵,排入苗床。晒钵 5～7 天,促进养分转化。

(5)播种。3 月 25 日至 4 月 5 日选晴天播种。先灌水,润透钵土;再点播种子,每钵播 2 粒种子;然后覆土 2～2.5 厘米,覆盖地膜;最后搭拱棚架,覆盖棚膜。

（6）苗床管理。出苗前闭棚升温，个别棉苗顶土时立即揭除地膜以防"烫苗"。齐苗时于晴天中午揭开棚膜间苗松土防苗病。出苗1叶期昼通风，夜盖膜；2～3叶期昼夜通风；3叶期拆除拱棚。苗床缺水时，选晴天中午洒水。起苗前喷啶虫脒、噻虫嗪防治蚜虫。

4.棉葱共生期管理

（1）套栽棉花。4月下旬至5月上旬，在预留棉行套栽棉花，等行距130厘米，株距24～30厘米，密度每666.7平方米1700～2100株。

（2）肥水管理。套栽棉花后，每666.7平方米撒施尿素10～12千克，硫酸钾10～12千克，并立即浇水。5月下旬，破除地膜后每666.7平方米撒施尿素8～10千克，硫酸钾5～8千克，并立即浇水。之后5天左右浇一次水，圆葱收获前7～8天停止浇水。

（3）免除整枝。保留叶枝，无需抹赘芽。

（4）治虫。棉葱共生期短，共生期间棉花一般不需治虫。如果圆葱发生蓟马危害时，应选择毒性差、残效期短的农药防治，如噻虫嗪、吡虫啉或溴氰虫酰胺。

（5）收获圆葱。半数以上葱棵倒伏时，为圆葱收获适合期。要选晴天收刨，收刨后用茎叶盖住葱头晒1～2天，促进养分回流后再把葱头切下。

5.棉花中后期理

（1）去早果枝。6月下旬，每株打掉2个果枝。

（2）治虫

①棉铃虫。化学防治：一般年份不需施药防治二代棉铃虫；二代棉铃虫大发生年份，注意在产卵高峰期化防杀卵，以防残虫为害棉花顶心。视三、四代棉铃虫发生轻重，一般防治1～2次即可，在防治伏蚜、红蜘蛛或飞虱时兼治。二代，百株累计卵量100粒或初孵幼虫10头；三代，当百株累汁卵量40粒或初孵幼虫5头；四代，百株累计卵量150粒或初孵幼虫10头。可用阿维菌素、溴氰虫酰胺、氟铃脲、高效氯氰菊酯等化学防治。卵盛期到卵孵化盛期是防治关键期，且注意交替混合用药；物理防治：每50亩安装频振式杀虫灯1盏，以诱杀成虫。

②其他害虫。应及时防治棉蚜、红蜘蛛、盲蝽象等非鳞翅目害虫。卷叶株率10%～15%时防治棉蚜，可用噻虫嗪、啶虫脒等药剂，喷药以叶片背面为主；红叶率20%时防治红蜘蛛，可用阿维菌素、哒螨灵等药剂；当百株有棉盲蝽成、若虫1～2头或被害株率达到3%时防治，可用噻虫嗪、马拉硫磷等药剂，上午9时以前或下午5时以后用药，不能倒着边走边打；吡虫啉、阿维菌素、扑虱灵等药剂喷雾可防治烟粉虱。喷药防治要注意喷匀，喷透且轮换用药。

(3)培土。圆葱收获后，立即埋土，要求埋土到棉花主茎地上部位 8～10 厘米。

(4)追肥。结合埋土，每 666.7 平方米追施尿素 10～12 千克，磷酸二铵 20～25 千克，硫酸钾 8～10 千克。7 月中旬，每 666.7 平方米追施尿素 10～12 千克。7 月下旬，每 666.7 平方米追施尿素 5～10 千克，8 月上中旬，再进行 1～2 次根外追肥，叶面喷洒 1% 的尿素、0.2% 的磷酸二氢钾混合液。

(5)浇水。追肥培土后，顺沟浇水促发棵。7～8 月份，连续 8～10 天无大雨，棉叶中午发软时立即浇水抗旱。预报近期有雨时，先隔行浇"应急水"，待降雨过程结束后，再确定是否补浇另一行。9 月上中旬遇旱，隔行浇小水抗旱。

(6)排水。大雨后立即排除棉田积水。

(7)整枝。叶枝出现 4～6 个果枝时打顶，枝到不等时；主茎 7 月 20～25 日打顶，时到不等枝；打顶时去掉一叶一心。

(8)化控。套栽棉花行距大，密度小，前期不需化控。打顶前后，旺长棉田每 666.7 平方米用缩节胺 5 克，兑水 60 千克，喷洒茎叶。

(9)中耕。雨后或浇水后浅锄行间，破除板结。

(10)拔柴。10 月中旬，气温降至 15 ℃ 以下时拔柴，为下茬作物腾茬。

棉花胞质雄性不育恢复系及其测交一代花粉育性鉴定技术规程

（SDNYGC-2-6014-2018）

王宗文[1]　孔凡金[1]　邓永胜[2]　韩宗福[2]　段冰[2]　申贵芳[2]

王景会[1]　高利英[1]　李汝忠[2]　王桂峰[3]　秦都林[3]

（1.山东棉花研究中心试验站；2.山东棉花研究中心；3.山东省棉花生产技术指导站）

一、鉴定对象和用途

1.鉴定对象

棉花胞质雄性不育恢复系花粉育性鉴定；不育系恢复系杂交一代花粉育性鉴定。

2.鉴定用途

该鉴定方法主要用于棉花胞质雄性不育恢复系和三系杂交种选育，通过对花粉数量、活性及花器官整体形态的观察，在田间及简单实验条件下对棉花胞质雄性不育恢复系和三系杂交种的花粉进行初步的鉴定，作为棉花胞质雄性不育恢复系和三系杂交种选育的参考依据。

二、花粉育性鉴定方法

1.鉴定时间

初花期和盛花期应分别对花粉育性进行鉴定，花粉采收时间为上午9点至10点半。

2.取样方法

单株花粉育性鉴定时取1朵花即可，株行花粉育性鉴定时取5朵花。用小铁笤筛出花粉粒,装入透气保鲜盒,送实验室鉴定。

3. 花粉育性鉴定

(1)手捻观察法。以常规棉品种作对照(CK)。从开放的花朵中,用拇指和食指取下花药,轻轻捻破,花粉粒落于手指上,感觉并观察手指上的花粉数量,若有和 CK 花接近的花粉量计为+,若花粉量较 CK 少则计为+-,若花粉量较 CK 极少或无花粉则计为-。

标记为-的材料在选育时应淘汰,标记为+、+-的材料可初步保留。

(2)花粉生活力鉴定。采用联苯胺-甲萘酚染色法测定花粉生活力。方法为:称取 0.2 克联苯胺溶于 100 毫升 50% 的乙醇中,盛于棕色瓶内;称取 0.15 克甲萘酚溶于 100 毫升 50% 的乙醇中(先用极少量 95% 的乙醇溶成糯糊状之后再加入 50% 的乙醇进一步溶解),盛于棕色瓶内;称取 0.25 克碳酸钠溶于 100 毫升蒸馏水中。以上 3 种溶液在试验时以等体积混合、摇匀后使用。

取花粉粒涂于载玻片上,先加 1~2 滴联苯胺-甲萘酚试剂,再加 1 滴 3% 的过氧化氢,3~5 分钟后在显微镜下,每个染色载玻片取 5 个视野进行观察计数。生活力强的花粉染成深红色,生活力弱的花粉染成浅红色,无生活力的花粉则不着色。

花粉生活力的计算:花粉生活力=有色(深色和浅色)花粉个数/总观测个数×100%。

恢复系及其测交一代花粉生活力显著低于 CK 花粉生活力,则该材料在选育时应淘汰,若恢复系及其测交一代花粉生活力较 CK 无显著降低,则该材料可初步保留。

棉花常规品种 SSR 标记法纯度鉴定技术规程

（SDNYGC-2-6015-2018）

张军[1]　王芙蓉[1]　陈煜[1]　刘国栋[1]　张传云[1]　张景霞[1]

周娟[2]　杜召海[2]　高阳[1]　孙绪英[1]　王宗文[2]　孔凡金[2]

王景会[2]　王桂峰[3]　秦都林[3]　刘明云[4]

（1.山东棉花研究中心；2.山东棉花研究中心试验站

3.山东省棉花生产技术指导站；4.滨州市棉花生产技术指导站）

一、术语

1. SSR 标记

SSR（simple sequence repeat）是一类由 2～6 个碱基组成的基本单元串联重复而成的 DNA 序列。由于不同品种间 SSR 基本单元串联重复的次数不同，形成了品种间 SSR 标记的多态性。

2. 特征带

是指某一个 SSR 引物在待测样品的不同个体间扩增的带型占比相对较多的带型，定义为该品种的特征带。

3. 异型带

是指某一个 SSR 引物在待测样品的个体中扩增出的带型与该品种的特征带型不同，定义为异型带。

二、原则

通过制定 SSR 分子标记棉花常规品种种子纯度鉴定技术规程，建立科学规范的棉花常规品种种子纯度鉴定技术体系，以确保检测结果的准确性、可靠性，为提高棉种质量、维护棉种市场秩序、保障棉花产业健康发展奠定基础。

三、操作步骤

1. 样品制备

待检测样品的种子或者是幼嫩叶片。

2. DNA 提取

（1）从供检样品中随机抽取 20 粒种子，浸泡 20 小时左右，剥掉种皮，或取 20 个单株的叶片，每单株约 0.2 克，将单粒种子或单株的叶片放入 2 毫升离心管中，加入钢珠，向 EP 管内加入 700 微升预冷的提取缓冲液（DNA 提取液配方见附录 A），利用振荡器打碎。

（2）冰浴 10 分钟。

（3）放入离心机，7200 转/分离心 10 分钟，弃上清。

（4）向沉淀中加入 600 微升裂解缓冲液（DNA 裂解缓冲液配方见附录 B），65 ℃水浴锅预热，然后用枪头地轻轻地搅动混匀，放入 65 ℃水浴锅水浴 45 分钟，其间缓慢翻转几次。

（5）供检样品如果是种子，则加入 600 微升酚：氯仿：异戊醇（25：24：1）混合液，缓慢颠倒 EP 管 30 次以上，12000 转/分离心 10 分钟。如果是叶片，则加入 600 微升氯仿：异戊醇（24：1）混合液，缓慢颠倒 EP 管 30 次以上，10000 转/分离心 10 分钟；抽提两次。

（6）将上清液移入新的 EP 管中，加入上清液等体积的异丙醇（20 ℃预冷）及 1/10 体积的醋酸钠，轻轻翻转 EP 管，至观察到有白色絮状沉淀时，放置 10 分钟。10000 转/分离心 10 分钟，弃上清。

（7）加入 700 微升 70% 的乙醇洗涤沉淀，然后离心 5 分钟，弃上清，放在通风橱里，干燥和通风一段时间，直到酒精的味道完全消失。

（8）加入 200 微升双蒸水，放在 4 ℃冰箱内溶解 DNA，并保存。

3. PCR 扩增

利用 26 对核心引物（见附录 C），分别扩增待检样品的 20 个单株。

（1）PCR 反应体系：PCR 反应体系如表 1 所示，依次向 PCR 管中加入反应试剂并混匀。

表 1 　　　　　　　　　　PCR 的扩增反应体系（10 μL）

试剂	用量
超纯水	5.7 μL

续表

试剂	用量
模板 DNA	1.0 μL
缓冲液	1.0 μL
dNTP	0.2 μL
正向引物	1.0 μL
反向引物	1.0 μL
Taq DNA 聚合酶	0.1 μL

②PCR 扩增程序:将 PCR 管放入 PCR 仪中,按如表 2 所示的程序进行扩增。

表 2   **SSR 标记的 PCR 扩增程序**

步骤	温度	时间
预变性	95 ℃	45 秒
变性	94 ℃	30 秒
退火	52~57 ℃	45 秒 32 个循环
延伸	72 ℃	1 分钟
延伸	72 ℃	10 分钟
保存	25 ℃	至取出

4. PCR 扩增产物的检测

(1)将干净的玻璃板装入电泳槽,将 1.5% 的琼脂粉溶液用微波炉加热溶化,封槽。

(2)配置 8% 的聚丙烯酰胺凝胶,迅速灌入玻璃板间,灌胶时要平稳,防止产生气泡,灌好后将梳子插入两玻璃板之间。待胶凝后,注入电泳缓冲液,然后竖直向上拔掉梳子。

(3)用加样枪点样,每个泳道点样量为 1.2 微升。

(4)打开电泳仪电源,将电压调为 260 伏,电泳时间为 40 分钟。

(5)关闭电泳仪,倒掉缓冲液(可重复使用),卸胶。用枪头在凝胶上做好标记后,将胶块放入纯净水中固定。

(6)向盛胶的方盘中倒入 0.1% 的硝酸银溶液,放置摇床上晃动 8 分钟,然后倒掉染色液。

(7)将2%的氢氧化钠溶液和甲醛按100∶1的体积比混合,倒入方盘中,摇床晃动5分钟,至显现出清晰的条带为止,用纯净水冲洗一遍。

(8)取出凝胶平铺在X光读片机上,记录带型。带型占比较多的记为"1",其他带型的记为"2""3""4"。

四、常规品种纯度的计算

供检样品扩增带型为"3"的,即为该品种的特征带型,其他的则为异型带。统计多态性引物扩增带型为"1"的数目占总检样品所有多态性带型的比例,即为供检样品的种子纯度。计算公式如下:

常规品种纯度=带型为"1"的带型数/供捡样品所有带型总数×100%。

附录A 棉花DNA提取液配方

试剂	终浓度	每500 mL用量
葡萄糖	0.35 mol/L	34.68 g
1.0 mol/L的Tris HCl(pH=8.0)	0.1 mol/L	50 mL
0.5 mol/L EDTA(pH=8.0)	0.005 mol/L	5 mL
10%的PVP	2%	100 mL
β巯基乙醇	1%	5 mL
超纯水	100%	定容至500 mL

附录B 棉花DNA裂解缓冲液配方

试剂	终浓度	每500 mL用量
NaCl	1.4 mol/L	40.91 g
1.0 mol/L的Tris.HCl(pH=8.0)	0.1 mol/L	50 mL
0.5 mol/L的EDTA(pH=8.0)	0.02 mol/L	20 mL
10%的CTAB	2%	100 mL
10%的PVP	2%	100 mL
β-巯基乙醇	1%	5 mL
超纯水	100%	定容至500 mL

附录 C 用于陆地棉杂交种纯度鉴定的核心引物

序号	引物	正向引物序列	反向引物序列	染色体
1	NAU2083	AGAAGAGGTTGACGGTGAAG	TGAGTGAAGAACCTGCACAT	Chr. 1
2	NAU2265	CAATCACATTGATGCCAACT	CGGTTAAGCTTCCAGACATT	Chr. 2
3	NAU3995	CTGACTTGGACCGAGAACTT	AAGAGCCCTGGACAATGATA	Chr. 3
4	HAU1300	GGGAGGCAAGTTTGATTAGA	TCGAAATGATCAAGTGTTGG	Chr. 4
5	NAU6960	CAAATCCATGCTAGAGAGTA	ATAGGGTTCATAGGTTTCTT	Chr. 5
6	DPL0811	CCGCTAGGCTTGAGTAAGAATAGA	GGCTGTCTTTGTTGTTGTGAGTTA	Chr. 6
7	TMB1618	GGGAATTGAACCCAAGACCT	GTGAAAGGGGAGGTTCAACA	Chr. 7
8	BNL3257	CAATCTGGGATCAAAAAAACC	GGTGAAACATAGCGTGTTGC	Chr. 8
9	BNL1317	AAAAATCAGCCAAATTGGGA	CGTCAACAATTGTCCCAAGA	Chr. 9
10	DPL0431	CTATCACCCTTCTCTAGTTGCGTT	ATCGGGCTCACAAACATCA	Chr. 10
11	NAU5428	CTCAGAGTGAAGGAGGAGGA	CTTCTTTCCTTTCCCCATTT	Chr. 11
12	NAU4926	CGCCTCTGTATTCGATTCTC	GCGTAAATAAAGCGAAAACC	Chr. 12
13	CGR5390	GCGAGATCTTAGCCGGTTT	ATCCATTGCATTGAGCTTCC	Chr. 13
14	NAU3820	CTTCTCAAAGCCATGAAGGT	AGGATCCAGATTTCTGGTGA	Chr. 14
15	NAU2343	GCTTTGCTTTGGAATGAGAT	ATACTGCAACCCCTCACACT	Chr. 15
16	BNL1026	TTGGGATGTTTCCAAACGTT	AAGCAATTTGACCGACAACC	Chr. 16
17	HAU2786	AGAATGGCATCTGAAGGCGAGA	GGGTCGTTTTGTGCCACTGC	Chr. 17
18	TMB1638	AAAACCAAGAATCGAGGAAAAA	TGCAATCCTCGAAGGTCTTT	Chr. 18
19	NAU1102	ATCTCTCTGTCTCCCCCTTC	GCATATCTGGCGGGTATAAT	Chr. 19
20	BNL3948	GTAATGTTCAACACTTTGCTATTCC	GTTGGTTGGGTGAGCAGAAT	Chr. 20
21	DPL0376	GACAGTCATAAACACCATCGACAT	TTACATCTCTGACACGGAACACTT	Chr. 21
22	CGR6410	GAGTTCGGACCTCAATCGAC	AAGCCGTCATCCAACAACAG	Chr. 22
23	BNL3140	CACCATTGTGGCAACTGAGT	GGAAAAGGGAAAGCCATTGT	Chr. 23
24	NAU3515	GTTGGTGCCATTGTTGAATA	CCTTCCAATGTGCTCTTCTT	Chr. 24
25	BNL827	AAGCTCCACGTGCTCAAGTT	CTCATGTTGTCGGTGGTGTT	Chr. 25
26	DPL0057	AGTTGCACAGCTGTAAGGGTATTT	CCATTAATGCCTGCTACTCTTCTT	Chr. 26

棉花杂交种 SSR 标记法纯度鉴定技术规程

（SDNYGC-2-6016-2018）

张军[1]　　王宗文[2]　　陈煜[1]　　刘国栋[1]　　张传云[1]　　张景霞[1]

周娟[2]　　杜召海[2]　　高阳[1]　　孙绪英[1]　　王芙蓉[1]　　孔凡金[2]

王景会[2]　　王桂峰[3]　　秦都林[3]　　刘明云[4]

（1.山东棉花研究中心；2.山东棉花研究中心试验站
3.山东省棉花生产技术指导站；4.滨州市棉花生产技术指导站）

一、术语

1. SSR 标记

SSR（simple sequence repeat）是一类由 2～6 个碱基组成的基本单元串联重复而成的 DNA 序列。由于不同品种间 SSR 基本单元串联重复的次数不同，形成了品种间 SSR 标记的多态性。

2.杂合带

是指杂合子 F1 代单株 DNA 扩增后呈现的带型是父母本带型的集合。

二、原则

通过制定 SSR 分子标记棉花杂交种纯度鉴定技术规程，建立科学规范的杂交种纯度鉴定技术体系，以确保检测结果准确、可靠，为提高棉种质量、维护棉种市场秩序、保障棉花产业健康发展奠定基础。

三、操作步骤

1. 样品制备

取待检测样品及其父母本的种子或者是幼嫩叶片。

2. DNA 提取

（1）分别从父母本样品中随机抽取 5 粒种子，室温条件下浸泡 20 小时左右，剥掉种皮，每粒种仁取 1/5，混合在一起，或随机采集 5 个单株的叶片，取 1/5 大小，约 0.2 克，混合；供检样品 F1 代杂交种随机抽取种子 20 粒，浸泡 20 小时左右，剥掉种皮，或 20 个单株的叶片，分别将单粒种子或单株叶片放入 2 毫升离心管中，加入钢珠，向 EP 管内加入 700 微升预冷的提取缓冲液（DNA 提取液配方见附录 A），利用振荡器打碎。

（2）冰浴 10 分钟。

（3）放入离心机，7200 转/分离心 10 分钟，弃上清。

（4）向沉淀中加入 600 微升裂解缓冲液（DNA 裂解缓冲液配方见附录 B），65 ℃水浴锅预热，然后用移液器轻轻地搅动混匀，放入 65 ℃的水浴锅中水浴 45 分钟，其间缓慢翻转几次。

（5）供检样品如果是种子，则加入 600 微升酚：氯仿：异戊醇（25：24：1）混合液，缓慢颠倒 EP 管 30 次以上，12000 转/分离心 10 分钟。如果是叶片，则加入 600 微升氯仿：异戊醇（24：1）混合液，缓慢颠倒 EP 管 30 次以上，10000 转/分离心 10 分钟；抽提两次。

（6）将上清液移入新的 EP 管中，加入上清液等体积的异丙醇（−20 ℃预冷）及 1/10 体积的醋酸钠，轻轻翻转 EP 管，至观察到有白色絮状沉淀时，放置 10 分钟。10000 转/分离心 10 分钟，弃上清。

（7）加入 700 微升 70% 的乙醇洗涤沉淀，然后离心 5 分钟，弃上清，放在通风橱里，干燥和通风一段时间，直到酒精的味道完全消失。

（8）加入 200 微升双蒸水，放在 4 ℃冰箱内溶解 DNA，并保存。

3. PCR 扩增

利用 26 对核心引物（见附录 C），首先在父、母本间筛选出扩增产物为共显性条带且条带清晰稳定的多态性引物 3 对，然后再利用筛选出的 3 对多态性引物扩增父母本和待检样品。

（1）PCR 反应体系：PCR 反应体系如表 1 所示，依次向 PCR 管中加入反应试剂并混匀。

表1   PCR 的扩增反应体系（10 μL）

试剂	用量
超纯水	5.7 μL
模板 DNA	1.0 μL
Buffer	1.0 μL
dNTP	0.2 μL
正向引物	1.0 μL
反向引物	1.0 μL
Taq DNA 聚合酶	0.1 μL

（2）PCR 扩增程序：将 PCR 管放入 PCR 仪中，按如表 2 所示的程序进行扩增。

表2   SSR 标记的 PCR 扩增程序

步骤	温度	时间
预变性	95 ℃	45 秒
变性	94 ℃	30 秒
退火	52～57 ℃	45 秒 32 个循环
延伸	72 ℃	1 分钟
延伸	72 ℃	10 分钟
保存	25 ℃	至取出

4. PCR 扩增产物的检测

（1）将干净的玻璃板装入电泳槽，将 1.5％的琼脂粉溶液用微波炉加热溶化，封槽。

（2）配置 8％的聚丙烯酰胺凝胶，迅速灌入玻璃板间，灌胶时要平稳，防止产生气泡，灌好后将梳子插入两玻璃板之间。待胶凝后，注入电泳缓冲液，然后竖直向上拔掉梳子。

（3）用加样枪点样，每个泳道点样量为 1.2 微升。

（4）打开电泳仪电源，将电压调为 260 伏，电泳时间为 40 分钟。

（5）关闭电泳仪，倒掉缓冲液（可重复使用），卸胶。用枪头在凝胶上做好标记后，将胶块放入纯净水中固定。

（6）向盛胶的盘子中倒入 0.1％的硝酸银溶液，放置摇床上晃动 8 分钟，然后倒掉染色液。

（7）将 2％的氢氧化钠溶液和甲醛按 100∶1 的体积比混合，倒入方盘中，摇床晃动 5 分钟，至显现出清晰条带为止，用纯净水冲洗一遍。

（8）取出凝胶平铺在 X 光读片机上，记录带型。带型与父本一致的记为"1"，与母本一致的记为"2"，父母本带型都呈现的记为"3"，其他带型的记为"4"。

四、杂交种纯度的计算

供检样品扩增带型为"3"的，即为该样品的特征带型，其他的则为异型带。统计每对引物带型为"3"的样品数占总检样品的比例，然后计算 3 对引物的平均值，即为供检样品的种子纯度。计算公式如下：

杂交种纯度＝带型为"3"的样品个数/供捡样品总个数×100％。

附录 A　棉花 DNA 提取液配方

试剂	终浓度	每 500 mL 用量
葡萄糖	0.35 mol/L	34.68 g
1.0 mol/L Tris. HCl(pH＝8.0)	0.1 mol/L	50 mL
0.5 mol/L EDTA(pH＝8.0)	0.005 mol/L	5 mL
10％的 PVP	2％	100 mL
β-巯基乙醇	1％	5 mL
超纯水	100％	定容至 500 mL

附录 B　棉花 DNA 裂解缓冲液配方

试剂	终浓度	每 500 mL 用量
NaCl	1.4 mol/L	40.91 g
1.0 mol/L Tris. HCl(pH＝8.0)	0.1 mol/L	50 mL
0.5 mol/L EDTA(pH＝8.0)	0.02 mol/L	20 mL
10％的 CTAB	2％	100 mL
10％的 PVP	2％	100 mL
β-巯基乙醇	1％	5 mL
超纯水	100％	定容至 500 mL

附录 C　用于陆地棉杂交种纯度鉴定核心引物

序号	引物	正向引物序列	反向引物序列	染色体
1	NAU2083	AGAAGAGGTTGACGGTGAAG	TGAGTGAAGAACCTGCACAT	Chr. 1
2	NAU2265	CAATCACATTGATGCCAACT	CGGTTAAGCTTCCAGACATT	Chr. 2
3	NAU3995	CTGACTTGGACCGAGAACTT	AAGAGCCCTGGACAATGATA	Chr. 3
4	HAU1300	GGGAGGCAAGTTTGATTAGA	TCGAAATGATCAAGTGTTGG	Chr. 4
5	NAU6960	CAAATCCATGCTAGAGAGTA	ATAGGGTTCATAGGTTTCTT	Chr. 5
6	DPL0811	CCGCTAGGCTTGAGTAAGAATAGA	GGCTGTCTTTGTTGTTGTGAGTTA	Chr. 6
7	TMB1618	GGGAATTGAACCCAAGACCT	GTGAAAGGGGAGGTTCAACA	Chr. 7
8	BNL3257	CAATCTGGGATCAAAAAAACC	GGTGAAACATAGCGTGTTGC	Chr. 8
9	BNL1317	AAAAATCAGCCAAATTGGGA	CGTCAACAATTGTCCCAAGA	Chr. 9
10	DPL0431	CTATCACCCTTCTCTAGTTGCGTT	ATCGGGCTCACAAACATCA	Chr. 10
11	NAU5428	CTCAGAGTGAAGGAGGAGGA	CTTCTTTCCTTTCCCCATTT	Chr. 11
12	NAU4926	CGCCTCTGTATTCGATTCTC	GCGTAAATAAAGCGAAAACC	Chr. 12
13	CGR5390	GCGAGATCTTAGCCGGTTT	ATCCATTGCATTGAGCTTCC	Chr. 13
14	NAU3820	CTTCTCAAAGCCATGAAGGT	AGGATCCAGATTTCTGGTGA	Chr. 14
15	NAU2343	GCTTTGCTTTGGAATGAGAT	ATACTGCAACCCCTCACACT	Chr. 15
16	BNL1026	TTGGGATGTTTCCAAACGTT	AAGCAATTTGACCGACAACC	Chr. 16
17	HAU2786	AGAATGGCATCTGAAGGCGAGA	GGGTCGTTTTGTGCCACTGC	Chr. 17
18	TMB1638	AAAACCAAGAATCGAGGAAAAA	TGCAATCCTCGAAGGTCTTT	Chr. 18
19	NAU1102	ATCTCTCTGTCTCCCCCTTC	GCATATCTGGCGGGTATAAT	Chr. 19
20	BNL3948	GTAATGTTCAACACTTTGCTATTCC	GTTGGTTGGGTGAGCAGAAT	Chr. 20
21	DPL0376	GACAGTCATAAACACCATCGACAT	TTACATCTCTGACACGGAACACTT	Chr. 21
22	CGR6410	GAGTTCGGACCTCAATCGAC	AAGCCGTCATCCAACAACAG	Chr. 22
23	BNL3140	CACCATTGTGGCAACTGAGT	GGAAAAGGGAAAGCCATTGT	Chr. 23
24	NAU3515	GTTGGTGCCATTGTTGAATA	CCTTCCAATGTGCTCTTCTT	Chr. 24
25	BNL827	AAGCTCCACGTGCTCAAGTT	CTCATGTTGTCGGTGGTGTT	Chr. 25
26	DPL0057	AGTTGCACAGCTGTAAGGGTATTT	CCATTAATGCCTGCTACTCTTCTT	Chr. 26

棉花枯萎病、黄萎病生态防治技术规程

（SDNYGC-2-6017-2018）

王立国[1]　王宗文[1]　刘任重[2]　柳展基[2]　傅明川[2]　李浩[2]
陈义珍[2]　孔凡金[1]　王景会[1]　王桂峰[3]　秦都林[3]

（1.山东棉花研究中心试验站；2.山东棉花研究中心；3.山东省棉花生产技术指导站）

一、生态防治原理

1.冬春晒垡

本技术采用的拔棉柴后的冬天将棉田深耕进行冻垡和晒垡；或早春将棉田深耕进行晒垡；通过冻垡、晒垡，对土壤病菌有一定的杀灭作用。

2.开沟植棉，沟底播种

本技术采用的开沟植棉、沟底播种使棉花根系下扎，改变了棉花原来在土壤耕作层中的根系分布。已有研究表明，微生物在土壤剖面层次中的分布规律是表层或耕层土中的微生物数量最多，耕层以下土层里的少。土层愈下，数量愈少。加深耕翻深度和增施大量有机肥料虽可使下层土中的微生物数量有所增多，但上多下少的规律并不改变。由于棉花枯萎病、黄萎病是真菌性病害，在土壤中定植的枯萎病、黄萎病病菌遇上适宜的温度和湿度，从病菌孢子萌发出菌丝体，接触到棉花根系，便以菌丝体侵入棉花根系内部。而本技术采用棉花在沟底播种，根系分布比传统种植方式根系分布位置偏下，根系离病菌分布多的区域较传统种植方式的根系远，也减少了因中耕伤根引起的感染，因此降低了棉花感染枯萎病、黄萎病菌的发生概率。同时，沟底播种改变了上层根系所在土壤环境的温度和湿度，使之不利于枯萎病、黄萎病的发生。已有研究表明，棉花枯萎病、黄萎病的适宜发病温度为 25～28 ℃，低于25 ℃或高于30 ℃发病缓慢，高于35 ℃时，症状暂时隐蔽。并且土壤越深，土层的温度变化幅度越小。

沟底播种,棉花根系所在土层较正常播种棉花根系偏下,土壤温度、湿度的变化较正常播种棉花根系所在土层慢,有可能在6～9月份温度较高的阶段,沟播植棉棉花根系的土层温度、湿度(特别是温度)不利于棉花枯萎病、黄萎病的发生发展。

二、生态防治技术

1.冬天冻垡晒垡或早春晒垡
拔棉柴后冬天将棉田深耕进行冻垡晒垡,或早春将棉田深耕进行晒垡。

2.精细耙耢
在深耕晒垡的基础上,进行精细耙耢,将地整平。

3.用开沟器开制播种沟
将播种行设置为大小行,大行行距100厘米,小行行距50厘米。开沟标准:沟底宽70厘米,沟深20～30厘米(从沟底到翻土最高点)。沟底播种两行棉花,行距50厘米,沟边与沟边相距80厘米,留出覆膜操作空间。

4.浅沟浇灌
播种前顺沟灌水,整个生长季节亦不采用大水漫灌,而是用小水沿播种行实行沟灌。

5.沟底集中施肥
播种时,随棉种播种机将化学肥料施入两播种行中间。也可在播种前将有机肥撒入沟内,用耘锄将有机肥与土混匀。

6.沟底播种
待灌水渗入沟底后,土壤墒情合适时,顺沟底按地力所需株距,用棉种播种机播种两行棉花,随播种机在沟底覆膜。

其他管理与大田正常管理相同。

三系杂交棉亲本繁育生产技术规程

（SDNYGC-2-6018-2018）

王宗文[1]　邓永胜[2]　韩宗福[2]　王景会[1]　申贵芳[2]　段冰[2]

孔凡金[1]　李汝忠[2]　王桂峰[2]　秦都林[3]　高利英[1]

（1.山东棉花研究中心试验站；2.山东棉花研究中心；3.山东省棉花生产技术指导站）

三系杂交棉亲本繁育包括不育系、保持系、恢复系的繁育。

一、不育系繁殖（保持）

1.基地条件

土层深厚，土质肥沃，地力均匀，地势平坦，排灌方便，无或轻枯，无萎病的棉田。

2.种子准备与处理

不育系及保持系种子应由育种者繁殖提供，宜采用硫酸脱绒、包衣处理亲本种子。

3.隔离要求

不育系亲本应单独隔离繁殖保纯，繁殖田周边种植玉米等高秆作物作隔离带，与其他棉田间隔3000米以上。避免选择附近有蜜源植物或传粉媒介较多的地块作繁殖田。

4.播种方式和时间

播种前2～3天晒种，宜采用育苗移栽方式。在4月初播种，4月底至5月初移栽。若采用地膜覆盖直播方式，则在4月中下旬，当5厘米地温连续5天达到15℃以上时，抢冷尾暖头于晴天播种。

5. 种植与管理

(1)保持系与不育系配置比例宜为1∶(6～8)。

(2)配置方式。保持系、不育系分区种植,保持系种植在繁种田一头或一侧,种植密度和大田相当。

(3)父母本种植密度。不育系种植密度较当地大田稍低,以每666.7平方米2000～2500株为宜。保持系种植密度同大田。

(4)打顶。7月20号前后,或果枝达14个左右时打顶。

(5)化学调控。山东棉区盛蕾期不育系每666.7平方米喷施98％的甲哌鎓原粉0.5～1克,打顶后7～10天每666.7平方米喷施98％的甲哌鎓原粉4～5克封顶;父本保持系化控量酌减。甲哌鎓使用量、使用时间,可根据天气、地力、棉花长势等因素适当调整。

6. 授粉保持

保持系花粉给不育系授粉保持前,应逐棵检查不育系,若发现有可育株,及时拔除;在授粉前和收花前按照不育系、保持系的典型性,根据叶色、叶形、株高、株型、茎秆茸毛、花药颜色、铃形等农艺性状进行除杂。严格去除杂株、劣株、变异株和病株;对于抗虫不育系、保持系,喷雾器喷3000～4000毫克/升卡那霉素溶液鉴定抗虫性,凡叶片颜色和周围正常叶色相比由绿变黄,且7天后不消失,可视为不携带Bt基因,据此去除非抗虫株。授粉结束后拔除全部保持系。

(1)人工授粉

①取粉。从开放的保持系花中,用小剪刀把花药剪出,放在下面铺有纸张的筛网上摊开、筛粉,将花粉装入授粉瓶中,装粉量以授粉瓶容积的1/2～2/3为宜;也可直接从刚开放的保持系花中徒手取下花药,放入授粉瓶中。

当气温较低、花药迟迟不能开裂时,可将花摘下摊放在阳光下晾晒,或采用日光灯照射,促其散粉。

②授粉时间。应在8～12点进行,具体授粉时间根据保持系散粉情况确定。若遇高温干燥天气,则应于11点前完成授粉。如遇降雨或露水较大时,应待棉株上无水后再开始取粉和授粉。

③授粉方法。制种前一天,应将不育系株上已有的成铃、幼铃及刚开的花全部摘除;授粉时一只手拿授粉瓶,水平靠近不育系上当日所开的花,另一只手将其花冠分开,通过授粉瓶盖上的小孔将柱头插入授粉瓶中,然后将授粉瓶倒扣过来,使母本柱头埋没在授粉瓶内的花粉中,轻轻转动授粉瓶,然后从柱头上移开,完成授粉。

当日授粉结束后,应及时倒掉剩余花粉,将授粉瓶用75％的酒精或清水清洗后,倒置晾干。

④质量要求。取粉或授粉时应防止花粉遇水。授粉要均匀,授粉量要充足(肉眼观察可见柱头上应黏有大量花粉粒),避免漏授粉。授粉动作要轻,避免折断或损伤柱头。

授粉制种期间,如需喷施农药、叶面肥、化学调控剂等,应在授粉结束4小时后进行。

(2)异常天气的应变措施

①浇水降温。授粉期间,如遇持续高温天气,繁种田应及时浇水降温。

②保持花粉活力。当气温超过35℃时,可在地头阴凉处挖一小坑,坑深至湿土,将摘下的父本花摊放在坑内,用遮阳网等覆盖以保持花粉活力。有条件时,宜将保持系花放入0~10℃的冷藏箱内保存。

如预报上午有阵雨不能按时授粉,可在头天下午或当天早上雨前摘下翌日要开放或早上将要开放的父本花,均匀摊放在室内,待雨停且棉株上无水后再进行授粉。

(3)采收、加工与储藏、归案

①采收。当吐絮达1/3时开始采摘,应采摘完全吐絮花,每隔7~10天采收一次。气温较高、吐絮较快时,收花间隔可适当缩短。每块繁种田应集中、统一采收。及时晒干储存。

如遇烂铃重的年份,应提前单独收摘烂铃。烂铃花和僵瓣花不得作种子棉。

②加工与储藏。对收购种子棉,应按户、按批分存、分晒、分轧,一库一种,专库存放,专人管理。在收购、运输、晾晒和轧花过程中要严防混杂,注明品种名称、种子数量、繁种单位、繁种地点、户主姓名、入库时间、批次等相关内容。每批种子的进出库均由专人登记备案,并由经手人签字。可一年繁殖(保持),冷库保存,多年利用。

③归案。要求种子生产档案齐备,种子质量有据可查,设计亲本生育期记载档案、生产操作记载档案、投入品使用记载档案、种子入库档案表格,便于跟踪繁育种子的生产过程和质量。

二、恢复系、保持系繁殖

1.隔离要求

恢复系、保持系均应严格单独隔离,繁殖保纯,隔离条件同不育系繁种田。

2. 管理要求

应在开花期和收花前按照恢复系或保持系的典型性,严格去除杂株、劣株、变异株和病株。

3. 采收、加工与储藏、归档

要求同不育系繁种田,可一次繁殖,冷库保存,多年利用。

鲁棉 238 栽培技术规程

（SDNYGC-2-6019-2018）

王宗文[1]　　孔凡金[1]　　邓永胜[2]　　韩宗福[2]　　王景会[1]　　申贵芳[2]

段冰[2]　　高利英[1]　　李汝忠[2]　　王桂峰[3]　　秦都林[3]

(1.山东棉花研究中心试验站;2.山东棉花研究中心;3.山东省棉花生产技术指导站)

鲁棉 238 是山东棉花研究中心选育的转抗虫基因中熟常规品种。该品种全生育期 128 天左右,出苗好,株型较紧凑,长势稳健,叶片中等大小,叶色深绿,抗逆性强,熟相好,结铃性强,霜前花率高,吐絮肥畅,含絮适中,株高 95 厘米左右,单株果枝数 14 个左右,铃卵圆形,单铃重 6.3 克,衣分 41.6%,子指 11.2 克。纤维品质优良,经 HVI900 测试,纤维长度 30.7 毫米,比强度 31.2 cN/Tex,马克隆值 4.7。高抗棉铃虫,抗枯萎,抗黄萎。

一、基地条件

地势平坦,无或轻枯、无黄萎病的棉田。

二、种子准备

宜采用硫酸脱绒、包衣处理的种子。

三、适期播种

播前要选择晴天晒种 2～3 天,直播地膜棉田以 4 月中下旬播种为宜,做到足墒下种,力争一播全苗,苗齐、苗匀、苗壮。

四、密度配置

每 666.7 平方米 3500~4500 株,地力差取上限,地力肥取下限,行距可按机采模式取 76 厘米,也可按当地习惯种植。

五、蕾期管理

以促早发、壮棵稳长、搭好丰产架子为主攻目标。

1. 施足基肥

宜采用测土配方施肥,有机无机结合。每 666.7 平方米施用腐熟优质有机肥 1000~2000 千克,撒施尿素、二铵各 12 千克,氯化钾或硫酸钾 6 千克,然后深翻 20 厘米。盐碱地化肥品种优先选用含硫肥料,如硫酸钾、硫基复合肥等。

2. 病害防治

病害主要有立枯病、炭疽病、红腐病、猝倒病等。可用多菌灵、代森锌可湿性粉剂等喷雾保护。

3. 虫害防治

中期(播种至 7 月初)重点防治地老虎、蜗牛、棉盲蝽、棉蓟马、棉蚜和红蜘蛛等害虫。重点保护棉花顶尖和花蕾。

(1)红蜘蛛:1.8% 的阿维菌素乳油 1500~2000 倍液、10% 的浏阳霉素乳油 1000 倍液或 24% 的螺螨酯悬浮剂 4000~5000 倍液均匀喷雾,交替用药。

(2)棉蚜和蓟马:10% 吡虫啉可湿性粉剂 2000~3000 倍液、25% 的吡虫酮悬浮剂 1000~2000 倍液喷雾或 25% 的噻虫嗪水分散粒剂 2000~3000 倍液防治。

(3)棉盲蝽:5% 的啶虫脒乳油 1000~2000 倍液或 45% 的马拉硫磷乳油 600 倍液喷雾防治,高效氯氰菊酯 4.5% 的乳油 1500~2000 倍液(20 毫升)交替用药。

4. 草害防治

播种后,覆膜前喷施 48% 的仲丁灵或 33% 的二甲戊灵,每 666.7 平方米用量 100~130 毫升,兑水 30 千克。

现蕾后,应在无风时用草甘膦等对杂草茎叶定向喷雾,不得将药液喷到棉花植株上,以免造成药害。

5. 化学调控

应根据苗情、土壤湿度和天气状况进行化控,如出现旺长趋势,可轻度化控,于 8~10 叶期每 666.7 平方米施用助壮素 2~4 毫升或缩节胺 0.5~1 克,兑水 10~15 千克,均匀喷洒。如此期遇旱,棉花长势缓慢,则不用喷施。

6.整枝

(1)传统方式:棉株现蕾,当第一果枝明显出生后,及时打掉果枝以下的叶枝,保留全部真叶。

(2)简化方式:棉株采用免整枝方式,打顶前去掉边心,随后 3~5 天打顶。

7.中耕

盛蕾期结合深中耕 10 厘米促根下扎,锄草和培土一并进行。

六、花铃期管理

此期管理的主要目标是保持棉花稳健生长,减少脱落,提高成铃率,多结铃,结大铃。

1.追肥方案

7 月初见花后重施花铃肥,每 666.7 平方米施尿素 10 千克,氯化钾或硫酸钾 6 千克,施肥深度 12 厘米。根据当地土壤条件,适当补施硫酸锌 1~2 千克、硼酸 0.5 千克,并在 7 月 25 日前后,视情况巧施盖顶肥,以施用速效氮肥为宜,可施尿素 2~3 千克。

8 月上中旬开始叶面喷施 1%~2% 的尿素加 0.3%~0.5% 的磷酸二氢钾溶液,每隔 7~10 天喷 1 次,连续喷 3 次。

2.化学调控

根据棉花长相、土壤湿度和天气情况,酌情及时适度化控。16 叶期前后及打顶后 7 天内各化控 1 次,每 666.7 平方米分别用缩节胺 2 克、3 克左右喷雾。

3.适时打顶

单株 12~15 台果枝时打顶,打顶不应迟于 7 月 25 日。

4.病虫防治

病害主要防治枯萎病、黄萎病和棉铃疫病、红腐病、炭疽病、角斑病、红粉病、黑果病等铃病。在枯萎病、黄萎病对少数病株发病初期,用增效多菌灵(250倍液,每株 100 毫升灌入根际)或用多菌灵等喷雾,每次间隔 7~10 天,连喷 2~3 次。

铃病以农业防治措施为主,可在铃病初见时喷多菌灵、代森锰锌于棉铃部位,每隔 7~10 天喷 1 次,喷 2~3 次。

虫害主要防治棉铃虫、蚜虫、红蜘蛛、烟粉虱、棉盲蝽等。

(1)棉铃虫:用 0.2% 的甲维盐乳油 1500 倍液、50% 的辛硫磷乳油 1000 倍液或 2.5％的功夫菊酯乳油 1000 倍液在田间棉铃虫卵孵化盛期喷雾防治。

（2）烟粉虱：用 25％的噻虫嗪水分散粒剂 2000～3000 倍液，1.8％阿维菌素乳油 1500～2000 倍液或 22％的氟啶虫胺腈水分散粒剂 3000～3500 倍液喷雾防治。

其他害虫防治同上。

七、吐絮期管理

以保根、保叶、增铃重、促早熟、防早衰为中心，尽量延长棉叶的功能期，减缓叶面积的下降速度。

1.增铃重

叶面喷施 1％～2％的尿素加 0.3％～0.5％的磷酸二氢钾溶液。

2.防烂铃

对后期生长较旺、郁闭、结铃较少的棉田，应打老叶、剪空枝、抹赘芽。如遇连绵阴雨造成烂铃，应及早收摘，将棉田中下部 40 天以上棉龄的大桃或黑桃摘回后用 1％浓度的乙烯利喷雾催熟后晾晒。

3.防旱排涝

做好防旱、防涝工作，防治大量蕾铃脱落和烂桃。

4.科学收花

应采摘完全吐絮花且杜绝"三丝"，收花应选晴天雨露干后进行。

低酚棉原种生产技术操作规程

（SDNYGC-2-6020-2018）

宋宪亮[1]　孙学振[1]　毛丽丽[1]　袁延超[1]　秦都林[2]

孟宪文[1]　刘明云[3]

（1.山东农业大学；2.山东省棉花生产技术指导站；3.滨州市棉花生产技术指导站）

一、术语和定义

下列术语和定义适用于本规程。

1.育种家种子

育种家育成的、遗传性状稳定、纯度达100％的最初一批种子。

2.原种

用育种家种子直接繁殖的或按原种生产技术操作规程生产的达到原种质量标准的种子。

3.低酚棉

是一种无色素腺体的棉花类型，其种仁中的棉酚含量低于世界卫生组织和联合国粮农组织规定的标准（0.04％）及国家标准（0.02％）。

二、原种生产

1.原种生产基地的选择

选择地势较高且平坦、土地肥沃、排灌方便的地块，隔离距离1000米以上。

2.原种生产方法

原种生产采取三圃法或自交混繁法。

3. 三圃法

三圃法为采取单株选择、株行鉴定、株系比较、混系繁殖的方法,即株行圃、株系圃、原种圃的三圃制。田间记载项目和室内考种标准见附录。

（1）单株选择

①单株选择的材料。单株选择在原种圃、决选的株系圃中进行,也可专门设置选择圃。

②单株选择的重点。植株及种子色素腺体、株型、叶型、铃型、生育期、抗逆性等主要特征、特性,以及丰产性、抗病性、抗虫性、纤维感官品质等。

③单株选择的时间。首先,进行两次色素腺体性状选择:第一次结合田间间苗,根据幼苗下胚轴何子叶上的色素腺体性状,拔除有色素腺体的杂株;第二次是在现蕾前,根据棉株托叶的色素腺体有无,去除苗期去杂遗留下的有色素腺体杂株。

然后,进行两次单株选择:选择单株时间第一次在盛蕾初花期,着重观察形态特征,并注意观察托叶片上是否有色素腺体,有色素腺体的植株拔除,中选株做好标记;第二次在结铃期,着重观察结铃情况,决选单株挂牌编号。

④单株选择的数量。单株选择的数量应根据下一年株行圃计划面积确定,一般每666.7平方米株行圃需80～100个单株;田间选择时,每666.7平方米株行一般要选200个以上的单株,以备考种淘汰。

⑤收花。单株收花,每株一袋,霜后花不作种用。当选单株每株统一收中部正常吐絮铃5个以上,一株一袋,晒干贮存供室内考种。

⑥单株室内考种决选。单株材料的考种包括7个项目:种子解剖观察色素腺体、单铃籽棉重、纤维分梳长度及其异籽差(异籽差单面不应超过4毫米)、衣分、籽指、异型异色籽。考察纤维分梳长度,每单株随机取5瓣籽棉,每瓣各取中部籽棉1粒,用分梳法测定;单株所收籽棉轧花后,计算衣分率;在轧出的棉籽中任意取100粒(除去虫籽和破籽)测定籽指、异型异色籽,异型异色籽率要求不超过2%。测定籽指后的棉籽50粒,用刀片切开,观察种仁色素腺体,只要出现色素腺体的就淘汰该单株。单株最后决选率一般为50%。

（2）株行圃

①田间设计。将上一年当选的单株种子分行种于株行圃,根据种子量多少,行长一般5～10米,顺序排列,留苗密度比大田稍稀,每隔9个株行设一个对照行(本品种的原种)。每区段的行长、行数要一致,区段间要留出观察道1.0～1.2米,四周种本品种的原种4～6行作保护行。播种前绘好田间种植图,按图播种,避免差错。

②田间观察鉴定。应置备田间观察记载本,分成正本、副本,副本带往田

间,正本留存室内,每次观察记载后及时抄入正本。历年记载本要妥善保存,建立系统档案,以便查考。有条件的单位可录入计算机,建立相应的数据库。观察记载的时间和内容:目测记载出苗、开花、吐絮的日期。苗蕾期观察色素腺体有无、整齐度、生长势、抗病性、抗虫性等。经移苗补苗后,缺苗20%以上者初步淘汰。花铃期着重观察各株行的典型性、一致性和抗病性、抗虫性。吐絮期根据生长势、结铃性、吐絮的集中程度,着重鉴定其丰产性、早熟性等。

田间纯度的鉴定分四次进行:第一次结合间苗,观察下胚轴和子叶色素腺体;第二次在现蕾前,考察植株托叶色素腺体;第三次在盛蕾初花期,着重考察株型和叶型;第四次在花铃期,着重考察株型、铃型、叶型、茎色、茸毛、腺体、花药颜色等,特别是铃型。为使品种典型性得以充分表达,株行圃化调以轻控为宜。

根据田间观察和纯度鉴定,进行选择淘汰。当一个株行内有一棵杂株时即全行淘汰,出现色素腺体的不仅整行淘汰,还要拔除有色素腺体株;形态符合原品种典型性,但出苗、结铃性、早熟性、抗逆性等方面显著不同于邻近对照的株行也应淘汰。田间当选的株行分行收花计产,进行室内考种后决选。

③株行圃室内考种决选。对田间当选株行及对照行,收花前每株行采摘中部果枝第1~2节位吐絮完好的内围铃20个作为考察样品,考种项目为种子色素腺体、单铃籽棉重、纤维分梳长度(20粒)、纤维整齐度、衣分、籽指、异型异色籽率。先测定棉籽色素腺体,随机选取棉籽100粒,用刀片切开,观察种仁色素腺体,只要出现色素腺体的就整行淘汰,不再考察其他项目。株行考种决选标准应达到下列要求:没有出现种子色素腺体;单铃籽棉重、纤维分梳长度、衣分和籽指与原品种标准相同,纤维整齐度90%以上,异型异色籽不超过3%,株行圃最后决选,当选率一般为60%。

④株行圃收花加工。先收淘汰行,后收当选行;霜后花不作种用,但需先分收计产;落地籽棉作杂花处理,不计产量。一般先轧留种花,后轧淘汰花和霜后花。

(3)株系圃

①播种。将上一年当选的株行种子分别种植成株系圃和株系鉴定圃。株系圃每株系播种的面积根据种子量而定,密度稍低于大田;株系鉴定圃2行区至4行区,行长10米,间比法排列(每隔4株系设一对照区),以本品种原种为对照。田间观察、取样、测产及考种均在株系鉴定圃内进行,并结合观察株系圃。

②田间观察鉴定同上面株行圃。

③田间选择。决选时要根据记载、测产和考种资料进行综合评定,一系中

只要出现色素腺体株（植株或种子）则全系淘汰，其余性状杂株率达 0.5% 也全系淘汰；如杂株率在 0.5% 以内，其他性状符合要求，拔除杂株后可以入选。

④株系圃室内考种和决选。每个株系和对照各采收中部果枝上第 1～2 节位吐絮完好的内围铃 50 个作为考种样品。考种项目：棉籽色素腺体、单铃籽棉重、纤维分梳长度（50 粒）、纤维整齐度、衣分、籽指、异型异色籽率。先测定棉籽色素腺体，随机选取棉籽 100 粒，用刀片切开，观察种仁色素腺体，只要出现色素腺体的就整行淘汰，不再考察其他项目。株系圃考种决选标准应达到下列要求：没有出现色素腺体，单铃籽棉重、纤维分梳长度、衣分和籽指与原品种标准相同，纤维整齐度 90% 以上，异型异色籽不超过 3%，株系圃最后决选率一般为 80%。

⑤株系圃收花加工。先收淘汰系，后收当选系；霜后花不作种用，但需先分收计产；落地籽棉作杂花处理，不计产量。一般先轧当选系留种花，后轧淘汰花和霜后花。

（4）原种圃

①播种、观察和去杂。当选株系的种子混系种植成原种圃。种植密度可比一般大田略稀，可采取育苗移栽或定穴点播，以扩大繁殖系数。在苗蕾期、盛蕾初花期、花铃期和吐絮期进行四次观察鉴定。要调查田间纯度，严格拔除杂株，以霜前籽棉留种，此即为原种。

②原种圃室内考种。根据植株生长情况，划片随机取样，每一样品采收中部 100 个正常吐絮铃，共取 4～5 个样品，逐样进行考察，逐项考察棉籽色素腺体（100 粒）、单铃籽棉重、纤维分梳长度（50 粒）、纤维整齐度、衣分、籽指、异型异色籽率。每一考察项目求平均值。

③原种圃收花加工。霜前花作种用，霜后花、落地籽棉作杂花处理，不计产量。

4. 自交混繁法

自交混繁法是通过建立自交系保持品种纯度、混系繁殖扩大种子量的原种生产方法。该方法设置保种圃、基础种子田、原种生产田，在营养钵育苗移栽的条件下，三者比例为 1：20：500。保种圃为自交系种植圃，基础种子田即混系繁殖田。

（1）保种圃

①自交系的建立。材料来源：从育种家种子田中选择单株自交。选择没有色素腺体，而且株型、铃型、叶型等主要性状符合原品种特征特性的单株，并综合考察丰产性、纤维品质和抗病性、抗虫性等。

首先，进行两次色素腺体性状选择：第一次结合田间间苗，根据幼苗下胚轴和子叶上的色素腺体性状,拔除有色素腺体的杂株;第二次是在现蕾前,根据棉株托叶的色素腺体有无,去除苗期去杂遗留下的有色素腺体杂株。

然后,进行两次单株选择:选择单株时间第一次在盛蕾初花期,着重观察形态特征,中选株做好标记;第二次在结铃期,着重观察结铃情况,决选单株挂牌编号。

自交时间与数量:田间选择 400 个单株,于第 5 果枝开花时进行自交,一般选第 1～3 果节花自交,全株自交 15～20 朵,并做好标记。按编号分株采收自交铃,每株收 5 个以上正常吐絮的自交铃,随袋记录株号及铃数,经室内考种,决选 200 个单株备用。

②自交系鉴定。田间设计:将上年决选的单株自交种子按编号顺序分行种植成自交系,每系不少于 25 株,周围种植同品种原种作保护区。

田间观察鉴定:在苗期结合间苗,观察下胚轴和子叶是否有色素腺体,在现蕾前观察托叶上是否有色素腺体,如果有则整行淘汰,并拔除有色素腺体棉苗。如果都没有色素腺体,再观察整齐度、生长势、抗病性、抗虫性等。经移苗补苗后,缺苗 20％以上者初步淘汰。花铃期着重观察各株行的典型性、一致性和抗病性、抗虫性;吐絮期根据生长势、结铃性、吐絮的集中程度,着重鉴定其丰产性、早熟性等。

选择与自交:在初花期选择符合品种特征特性、形态整齐、生长正常的自交系做好标记,于第 5 果枝开花时自交,每系的自交花量不低于 300 朵,分布于全系 2/3 左右的植株。

收花与室内考种:田间决选的自交系按系采收吐絮正常的自交铃,经室内考种后,决选自交系不少于 100 个(另选 5～8 个作预备系)。

株行圃室内考种决选:对田间当选株行及对照行,收花前每株行采摘中部果枝第 1～2 节位吐絮完好的内围铃 20 个作为考察样品。考种项目:种子解剖观察色素腺体(100 粒)、单铃籽棉重、纤维分梳长度(20 粒)、纤维整齐度、衣分、籽指、异型异色籽率。株行考种决选标准应达到下列要求:没有出现有色素腺体棉籽,否则淘汰;单铃籽棉重、纤维分梳长度、衣分和籽指与原品种标准相同,纤维整齐度 90％以上,异型异色籽不超过 3％,株行圃最后决选,当选率一般为 60％。

③保种圃的建立。田间设计:将上年中选的自交系按编号分别种植,每系株数根据原种生产计划面积按比例安排。行距安排便于田间操作,区段前面设观察道,四周用本品种原种作保护区。

保种圃的保持与更新:保种圃各系通过自交独立繁衍,每系自交花数要保证下年种植株数,自交以中部内围花为主,如发现某系出现有色素腺体的单株或者与原品种特征特性不符则淘汰，或者用预备系更换。

收花与提供核心种：按系收摘正常吐絮自交铃，并随袋标明系号，作为下一年保种圃用种。各系自然授粉的正常吐絮铃分别收摘，经考种（包含种子切开色素腺体鉴定）后混合留种，此种称"核心种"，供下年基础种子田用。

（2）基础种子田

①种植。基础种子田要集中种植，1000米内无其他棉花品种。基础种子田四周为原种生产田，由此产生的种子称作"基础种子"。

②去杂去劣。在间苗期（观察下胚轴和子叶）和现蕾前（观察托叶）进行两次植株色素腺体鉴定，拔除有色素腺体棉株。在蕾期、花期要进行普查，并观察其生长状况，如发现杂株、劣株，要及时拔除。

③收获与加工。基础种子田单收、单轧，下年作原种生产田用种。

附录（规范性附录）

1.田间记载项目

（1）出苗期：50％的棉株达到出苗的日期。

（2）开花期：50％的棉株开始开花的日期。

（3）吐絮期：50％棉株开始吐絮的日期。

（4）整齐度：棉株整齐程度分优（＋＋）、一般（＋）、差（－）三级记载。

（5）典型性：根据株型、叶型、茎色、茸毛、铃型等性状进行观察，并以文字记述。

（6）生长势：苗期观察健壮程度，铃期观察生长是否正常，有无徒长和早衰现象，分优（＋＋）、一般（＋）、差（徒长、早衰）（－）三级记载。

（7）丰产性：分优（＋＋）、一般（＋）、差（－）三级记载。

（8）早熟性：观察结铃部位、吐絮早迟、集中程度等，分早熟（＋＋）、中熟（＋）、晚熟（－）三级记载。

（9）病害：重点观察枯萎病、黄萎病，并记载发病株数和病级，其他严重病害也应记载。

（10）虫害：重点观察棉铃虫、棉红铃虫，并记载为害程度，还应记载其他重要虫害。

2.田间管理

田间规划方法、土质、播种期、主要田间管理的日期、内容和方法、灾害情况、收花日期等，在记载本上专页扼要记明。

3.室内考种

（1）绒长：每个棉瓣中取中部1粒籽棉，用分梳法测量长度，求平均绒长，再除以 2，以毫米(mm)表示。

(2)纤维整齐度：纤维整齐度按下式计算：

整齐度＝平均纤维长度±2毫米范围的籽棉粒数/考察棉籽总数×100％

(3)异籽差：同一单株各粒籽棉绒长间的最大差距。

(4)单铃籽棉重：取样棉铃的平均籽棉重，以克(g)表示。

(5)衣分：籽棉中皮棉重量占籽棉重量的百分率。

(6)籽指：100 粒毛籽重量，以克(g)表示。

(7)异型异色籽率：明显不同于本品种的异型和异色的种子占考察种子总数的百分率(％)。

(8)籽棉总产量：棉花一个生长周期内所收籽棉的总重量。

(9)皮棉总产量：籽棉总产量与衣分的乘积。

(10)霜前花率：以霜前各次实收花总产量作为霜前花产量。霜前花产量与收花总量之比为霜前花率，以百分数表示。

棉花苗期耐盐性鉴定技术规程

（SDNYGC-2-6021-2018）

袁延超[1]　　宋宪亮[1]　　孙学振[1]　　毛丽丽[1]　　秦都林[2]

韩秀兰[1]　　刘明云[3]

(1.山东农业大学;2.山东省棉花生产技术指导站;3.滨州市棉花生产技术指导站)

一、材料准备

(1)供试样品:供试种子应为纯度达到95.0%和净度达到99.0%的光籽。

(2)试验设备:土壤水分测定仪、电导率仪、刻度尺。

二、试验步骤

1.鉴定池准备

鉴定池包括盐池和对照池。池四周和池底均用砖和水泥构建(宽3米,深0.3米,长度按需确定)。池顶有可移动式防雨棚,棚顶距地面2米。盐池内填加混合均匀的含盐量0.4%的盐土,对照池填加含盐量不超过0.1%的土壤。

2.样品准备

选取饱满、未受损、一致性好的棉籽作为试验材料。从充分混合的净种子中随机数取棉籽200粒以上。选择公认的耐盐对照品种为对照。

3.播种和管理

盐池和对照池均采用等行距单粒播种,行距50厘米,株距15厘米,播种深度3厘米。每个品种播种5行,池边2行为保护行,3次重复。前期管理与大田管理相同。

4. 鉴定池水分调控

播种时土壤含水量设置为18％～19％,处理期间根据日蒸发量,定量喷施淡水,保持盐池和对照池土壤含水量恒定。

试验持续时间14天。

三、调查和统计方法

1. 调查行和调查株确定

将有代表性小区中间3行试验行作为调查行,将调查行中连续生长棉株去除头尾两棵后作为调查株。

2. 株高、叶片数

株高为子叶节至主茎生长点之间的距离,平展后的叶片计入叶片数。

3. 苗情分类

观察记录盐池和对照池中棉株株高以及叶片形状、颜色和受害症状。按照盐处理棉花苗情长势及形态特征进行级别划分,分级标准如表1所示。

表1　　　　　盐处理棉花苗情分类标准(单株1～2叶期)

级别	苗情长势和形态特征
1	株高、叶片数与对照相当,植株健壮,叶片平展,绿色有光泽,生长正常,无盐害症状
2	株高为对照的70％～100％,真叶数比对照少0.5～1.0片,子叶平展,生长基本正常,盐害症状不明显
3	株高为对照的50％～70％,真叶数比对照0.5～1.0片,子叶边缘卷曲
4	株高为对照的50％以下,无真叶,仅心叶存活,生长点钝化,子叶皱缩、浓绿、边缘卷曲
5	子叶脱落,植株干枯,死亡

4. 盐害指数

按照子叶受害分类计算盐害指数,按照下式计算:

$$盐害指数(\%)=\frac{\sum(各级受害植株数×相应级数值)}{调查总析数×最高盐害级数}×100\%$$

四、评价方法

以盐害指数作为苗期耐盐性评价指标,将棉花苗期耐盐性分为 1～5 级,如表 2 所示。

表 2 　　　　　　　　　苗期盐害指数分级标准

级别	盐害指数/%	耐盐性
1	0.0～15.0	极强
2	15.1～30.0	强
3	30.1～60.0	耐
4	60.1～85.0	弱
5	85.1～100.0	极弱

棉薯间作生产栽培技术规程

（SDNYGC-2-6022-2018）

周勇[1]　　刘明云[2]　　李雪[1]　　牛娜[2]　　李相忠[1]　　李如军[1]

朱怀艳[1]　　陈善军[1]　　宋希明[1]　　刘光涛[1]　　潘玉兴[1]　　徐庆瑞[1]

（1.夏津县农业农村局；2.滨州市棉花生产技术指导站）

一、精细整地，重施基肥，适时造墒

1.整地

棉薯间作立地条件要求地势平坦，排灌方便，整理土地时应注意细耙，做到上平下实。

2.基肥

立冬前，每 666.7 平方米的地撒施 3000～5000 千克腐熟的土杂肥，撒施土杂肥后深耕 30 厘米左右进行冬灌。

3.造墒

来年 2 月中旬检查土壤墒情，墒情差的地块要先造墒再播种，浇水时间一般掌握在 2 月中旬前后，须在在播种薯种前 15 天左右浇完。

二、种植方式

采用"二二式"棉薯间作套种，即两行棉花间作两行马铃薯。播种时以 180 厘米为一个种植带，棉花、马铃薯各种植两行。棉花和马铃薯均采用大小行种植。马铃薯种植在垄上，垄宽 30 厘米，垄距 30 厘米，垄高 15 厘米；马铃薯播种深度为 15～18 厘米，株距 18 厘米；种植密度为每 666.7 平方米 4000 株；棉花与马铃薯行距 30 厘米；棉花大行行距 120 厘米；小行行距 60 厘米；棉花株距 18 厘米,密度每 666.7 平方米 4000 株,同纯作棉田密度相仿。

三、棉薯播种期

棉薯间作种植是马铃薯种植在前,棉花种植在后。马铃薯春播出苗时要避免霜冻,可根据当地终霜日向前推 20～30 天为适播期,且土壤下 10 厘米深处地温要达到 7～8 ℃。夏津县棉薯间作中,马铃薯一般在 3 月上旬播种,棉花播种期一般在 4 月中下旬。

四、选择适宜的棉薯品种

1. 薯种

为了尽量缩短马铃薯和棉花的共生期,因互相遮光降低产量,马铃薯选种应选用休眠期短、株型直立、薯块膨大快、抗病性丰产性强的早熟马铃薯品种,如荷兰 7 号、鲁引 1 号等。

2. 棉种

棉花选种要选择中早熟、抗病虫性较强、丰产性好的棉花品种,如鲁棉研 28 号、银兴棉 4 号等。

五、科学播种

1. 种薯切块催芽

2 月中旬,将种薯晒种 1～3 天后进行切块。切块时,根据芽眼情况切成菱形块状,要保证每个切块至少有 1～2 个健壮芽,薯块切好后平摊在地面上,用4％的赤霉素乳油 800～1000 倍液均匀喷洒表面,晾晒 1～3 天后在室内进行催芽。经过 15～20 天,当薯芽长到 1 厘米左右时,就可以用于播种。

2. 马铃薯播种

3 月中旬进行马铃薯播种,注意播种前对乙草胺乳油进行防草处理。播种覆膜后要压严压实。马铃薯每 666.7 平方米用种量是 110～120 千克,播种时每 666.7 平方米施用氮、磷、钾比例为 16∶12∶22 的复混肥料 100～150 千克。

六、棉薯共生期田间管理

1. 马铃薯苗期管理

4月初,播种约20天左右进行马铃薯放苗,5~7天后及时进行查补苗。进入4月中旬,马铃薯植株生长加快,可根据干旱情况浇一遍水。注意水要浇在两行马铃薯中间的小行,这样也为种植棉花提供了适宜的土壤墒情。

2. 棉花播种

4月中旬开始进行棉花播种。棉花播种前,须在马铃薯之间的大行,每666.7平方米再沟施尿素50千克,以补充土壤肥力。播种时注意掌握行距为60厘米,开沟播种一次完成。棉花播种后可以采取地膜覆盖;但如果温度较高,也可以不覆膜。5月初,棉花进行放苗,根据出苗情况进行查补苗。

3. 科学运筹肥水

5月上旬,马铃薯现蕾开花期对其叶面喷施300倍液磷酸二氢钾2~3次,进一步改善植株营养。同时,由于马铃薯地下块茎开始逐渐长大,对水分的需求很大,因此要浇一遍透水,但应结合墒情按照"小水勤灌"的原则进行马铃薯灌溉,水要浇在马铃薯的两小行之间。

4. 棉薯共生期中期管理

5月中旬,及时对有徒长趋势的马铃薯植株喷施缩节胺,抑制薯茎叶疯长。另外,当棉花苗高长到10~15厘米时进行定苗。可根据株距18厘米进行定苗。同时,如蚜虫达到防治指标,应及时使用有效成分含量为10%的吡虫啉可湿性粉剂,每666.7平方米15~20克,兑水15~20千克喷雾防治。

5. 马铃薯晚疫病的防治

5月中下旬要特别注意对马铃薯晚疫病的防治,其主要症状是在叶尖或叶缘产生水浸状绿褐色斑点。可使用有效成分含量为72%的霜脲锰锌可湿性粉剂,每666.7平方米用107~150克、兑水50~70千克均匀喷雾进行防治。每次间隔7天、喷洒2~3次即可控制病害发展。

6. 马铃薯缺肥管理

间作的马铃薯在生长期一般不用追肥。如果底肥不足出现缺肥,可以每666.7平方米施用氮、磷、钾比例为16:12:22的复混肥料40千克,以提高马铃薯单产和品质。注意生长后期不要使用氮肥,氮肥过多会造成马铃薯地上部分生长过旺,养分失衡,影响产量。但可使用有效成分含量为98%的磷酸二氢钾稀释成300~500倍溶液,每666.7平方米用50千克进行叶面喷施。注意间隔7天喷一次,连喷2~3次。

7.棉薯共生期中后期管理

5月下旬至6月上旬,这时的棉花苗高在20厘米以上,长势十分健壮;而马铃薯植株的生长则已经放缓,地下块茎继续膨大并逐渐开始老化。6月中下旬,马铃薯茎叶基本停止生长并自然变黄、干枯时就可以收获。注意距离马铃薯收获前7天要停止灌溉,以确保收获的马铃薯表皮充分老化便于贮藏,同时也要停止喷施任何药剂以避免农药残留。

8.及时收获马铃薯

当马铃薯匍匐茎干缩与块茎基本脱离后,就可以收获马铃薯。此时马铃薯产量最高,而且薯皮不易被擦破,便于运输和贮藏,因此,此时为收获马铃薯的最佳时间。收刨马铃薯要在晴天、凉爽的条件下进行,刨出来的马铃薯要先在地里晾晒半天,但不能在强光下直晒。

七、棉花中后期田间管理

马铃薯收获后,应及时耙平土地,清除残留的地膜,为棉花生长创造有利条件。6月中下旬在棉花现蕾后,要及时打掉下部的叶枝;6月底至7月初为棉花盲蝽象危害盛期,可以使用有效成分含量为每升25克的氯氟氰菊酯乳油1500倍液,对棉花进行全株彻底喷洒;7月上旬至8月中旬为棉花的花铃期,可根据棉田的旱涝情况进行合理排灌;在7月20日前后要打完顶尖,因相对于纯作棉花,棉薯间作模式下的棉花吐絮期来得会略晚一点,一般在8月下旬开始吐絮,9月为吐絮盛期。注意,对于较晚成熟、青铃超过60%、坐铃40～45天的棉田,要做好后期的乙烯利催熟工作。一般掌握在霜前20天(约10月初),日最高温度超过20℃时喷施,每666.7平方米用40%的乙烯利水剂100～150克为宜。10月中下旬至11月初棉田基本采收完毕。

蒜套棉间作西瓜生产技术规程

（SDNYGC-2-6023-2018）

刘子乾　刘爱美　尚晓宇　张为勇　宋传雪　代彦涛
刘振富　田英才　白树森　刘新　张跃峰

（金乡县农业技术推广服务中心）

一、播种（育苗移栽）

鲁西南大蒜套种棉花间作西瓜种植模式每畦宽 2.3 米，种 11 行大蒜，套种 1 行棉花，1 行西瓜。大蒜于 10 月上旬播种，棉花、西瓜于 4 月上旬同时用阳畦纸筒育苗，4 月下旬至 5 月初移栽至蒜田。

二、合理密植

（1）大蒜行距 18～20 厘米，株距 15 厘米，密度为每 666.7 平方米 2.2～2.3 万株。

（2）棉花行距为 2.3 米，株距 26 厘米，密度为每 666.7 平方米 1100 株。

（3）西瓜行距 2.3 米，株距 50 厘米，密度为每 666.7 平方米 580 株。

三、田间管理

1.大蒜

9 月下旬耕地，基肥施氮磷钾 15-15-15 复合肥 150 千克。播种后浇水，第二天喷除草剂，覆盖地膜。播种约 3 天后，大蒜芽开始露出地面，然后开始人工辅助大蒜破膜，方法是把麻袋或包裹好厚塑料布的铁链放在地膜上面，左右两个人向前拉,一般需要3～4天,则80%～90%的大蒜能够破膜,顺利出苗,剩余的需要人工逐个勾出来。第二年清明节前后开始浇第一水,并冲施海藻肥15～20千克。抽薹后,鳞茎进入生长盛期,应视天气情况7天左右浇一次水,以保持土壤湿润;蒜头膨大期要小水勤浇,保持土壤湿润,降低地温,促进蒜头肥大。蒜头收获前5天要停止浇水,防止田内土壤太湿造成蒜皮腐烂,蒜头松散,不耐贮藏。蒜头一般在5月20日左右收获。

2.棉花

(1)选用良种。应选择中熟偏早的抗虫优质杂交棉种,叶片中等大小,管理省工。

(2)肥水管理。施肥(轻施苗肥、稳施蕾肥、重施花铃肥、补施盖顶肥)、浇水、抗旱、排涝。7月以后进入雨季,视降雨情况灵活掌握,若连续半月不降雨,应及时浇水;如遇长期阴雨,应在宽行开沟及时排出积水。

(3)中耕、扶垄。6月下旬,棉花处于初花期开始中耕,中耕深度6～8厘米,并清除地膜。7月上中旬棉田封垄前,进行中耕扶垄,中耕深度8～10厘米,扶垄高15～20厘米。

(4)加强病虫害防治。及时防治棉花猝倒病、枯黄萎病、蜗牛、地老虎、棉铃虫、棉蚜、盲蝽象、烟粉虱、红蜘蛛等。

(5)整枝。保留叶枝,棉花留1～2个叶枝,叶枝4～5个果枝时打顶,7月15～20日打顶,一般保留16～17个果枝,及时抹去赘芽。

(6)及时化控。盛蕾期每666.7平方米用缩节胺0.5～1克,兑水20千克。盛花期用缩节胺1.5～2克,兑水50千克。打顶后5～7天用缩节胺3～4克,兑水50千克。应根据天气和棉花长势,适时增减化控次数,增减缩节胺用量。适时拔柴,在不影响大蒜产量和品质的前提下,适宜拔棉柴时间在10月5～10日。

3.西瓜

(1)选择品种。根据市场需求,选择适销对路的品种,如品质好、产量高、抗病性强的品种,适合蒜田套种春季栽培的西瓜品种有懒汉818、黑美人等。

(2)种植地的选择。种植西瓜地块选择背风向阳平地,不能连茬种植,宜选排灌方便、土层深厚、沙壤土、有机质丰富的地块种植。

(3)浸种。选用籽粒饱满的西瓜种子,用55℃温水浸泡,不断搅动,当水温降至30℃后,继续浸泡5小时,洗净种皮上的黏液,沥净水后及时播种。

(4)培育壮苗。在4月1日前后用营养钵(育苗盘)集中育苗,避免直播。在浸种催芽前1周要配置好营养土,用营养钵装好营养土,再用薄膜盖好。以免雨水打湿营养钵。在播种时,先用洒水壶把营养土浇透水,然后播种,并盖上

1厘米厚的湿细土。幼苗苗龄30～35天,有2～4片真叶时即可移栽大田。移栽前一天对幼苗进行喷药,预防病虫害。

(5)苗期管理及留苗密度。出苗后,注意及时给幼苗放风,以防幼苗烤死。西瓜幼苗三叶一心时可定植,每666.7平方米种植密度大型西瓜为600～700株,小型西瓜为700～800株。

(6)田间管理:

①肥水管理。开花座果前多施肥水,以促进营养生长。提苗肥在定植后5～7天缓苗后结合浇大蒜膨大水时冲施5千克大蒜冲施肥。及时做好雨后排水,做到雨停沟干。坐瓜期遇高温干旱,可在晚间采取沟灌,但必须保持畦面略干即排水。

②中耕除草。中耕除草应在西瓜蔓长40～50厘米时进行,如果蔓过长中耕,不但操作不便,且容易损伤蔓叶致病侵入,而且锄松的土壤雨后易溅污叶片、花朵及幼瓜。

③整枝理蔓。整枝方式为三蔓式,三蔓式是保留主蔓,并在主蔓基部的第3～5节上选取两条健壮的侧蔓,除去其他侧蔓。主蔓出藤后至第一朵雌花开放时,每隔3～4天对瓜苗整理一次,使主蔓有规律地向前伸展。开花后不再进行理蔓。

④人工授粉。春种西瓜容易出现连续阴雨天气,影响昆虫活动,可采取人工授粉,以提高坐瓜率。

⑤促进坐瓜。选留主蔓上第二、三雌花结瓜比较理想。

⑥果实管理。在多蔓整枝及放任栽培的过程中,有时一株上结几个瓜或坐瓜节位不理想,这时应采取摘瓜措施,摘除低节位或瓜形不正、带病受伤的幼瓜,以保留和保证正常节位正常果实的发育。

(7)病虫害防治:

①农业防治。一是对瓜田附近的沟路边杂草清除干净,减少害虫前期可利用的寄主;二是注意清除西瓜的病株,应将病株拔除集中深埋或烧毁,不要随手丢弃在沟内或路边。

②化学药剂防治。防治枯萎病可用50%的多菌灵可湿性粉剂500倍液或70%的甲基托布津1000倍液灌根1次,每穴灌药液250毫升。露地西瓜病毒病主要是由蚜虫传播,应重点治蚜防病,蚜虫发生高峰前,可喷20%的吡虫啉1500倍液防治。炭疽病发病初期,可喷洒80%的炭疽福美800倍液或70%的甲基托布津可湿性粉剂500倍液。

③适时采收。西瓜授粉后30～35天即可成熟开采上市。采收时要保留瓜柄和一段瓜蔓,既防止病菌侵入,又有一定的保鲜作用。

高密度棉花高产栽培技术规程

（SDNYGC-2-6024-2018）

陈军　赵臣楼　张伟

（高唐县多种经营办公室）

一、棉花产量结构

1.高产棉花的生育进程

春棉的生育进程为：4月20日前后播种；5月初全苗；6月10日前后现蕾；7月上旬开花；等行距条件下7月25日左右封行，大小行条件下7月20日封小行，8月5日左右封大行；7月20日前打顶；8月底9月初吐絮。

2.高产棉花的产量结构

每666.7平方米产皮棉100千克的产量构成：每666.7平方米株数4500～5000株，每666.7平方米有效铃5.5～6.0万个，平均单铃重4.5～5.0克；衣分40％左右，霜前花率80％以上。

二、播前准备

1.深松土壤

冬前深松土壤，深度30厘米左右，2～3年深松一次。

2.施足基肥

整地前每666.7平方米施优质土杂肥2000千克或有机肥50千克，随播种每666.7平方米施氮磷钾复合肥30千克（氮磷钾含量皆在15％以上）。

3. 种子准备

选用产量潜力大的常规抗虫棉品种。全部采用脱绒包衣种子,纯度达 98％以上、健籽率 75％以上、发芽率 80％以上。采用机播需种子 2 千克。

三、棉田管理技术措施

1. 适期播种

在地膜覆盖的情况下,春棉的适宜播期在 4 月 20 日左右。播种采取大小行种植,小行 50 厘米,大行 80 厘米;每 666.7 平方米密度 4500～5000 株。机械播种时,播种、施肥、喷除草剂、地膜覆盖一次完成。

2. 苗期管理

苗期管理的主攻目标是培育壮苗。地膜盖膜的棉田在棉苗出土后 3 天、子叶完全变绿后将苗放出;棉花出苗后要及时检查,发现缺苗尽早移栽补齐;长出一片真叶后及时定苗;苗期要控制肥水,通常情况下不施肥、浇水,遇涝及时排水。

3. 蕾期管理

(1)浇水施肥。蕾期遇旱浇水、遇涝排水,浇水时可隔沟轻浇水;蕾期不施化肥。

(2)化学调控。自现蕾后就要考虑化学调控。一般情况下,可于 6 月中旬化控 1 次,7 月上旬再化控 1 次,每 666.7 平方米施用缩节胺分别为 0.5～1 克、1～1.5 克。

(3)整枝。第一果枝出生后,及时打下果枝以下的叶枝。

(4)中耕培土。蕾期中耕有促根下扎、去除杂草和结合中耕培土防倒伏的作用,可于盛蕾期把深中耕、破地膜、锄草和培土结合一并进行。中耕 8～10 厘米,把地膜清除,将土培到棉秆基部,以利于以后进行排水、浇水。大小行种植的棉田可隔行进行。

4. 铃期管理

(1)重施花铃肥。见花施肥,每 666.7 平方米施氮磷钾复合肥 20 千克(氮磷钾含量皆在 15％以上)。

(2)浇水和排水。遇旱浇水,浇水宜采用沟灌,切忌大水漫灌。遇大雨田间积水时应及时排除。

(3)化学调控。在蕾期化控的基础上,于 7 月中旬化控 1 次,7 月下旬打顶后再化控 1 次,每 666.7 平方米施用缩节胺分别为 1.5～2 克、2～3 克。

(4)整枝打顶。及时去掉主茎上的营养枝和赘芽;按照"时到不等枝、枝到看长势"的原则,于 7 月 10 日前后打顶。打顶后,可用缩节胺控制封行程度。

5.吐絮期管理

后期管理的主要目标是要保护棉花后期的根系吸收功能,延长叶片的功能期。

(1)施肥浇水。进入 8 月份不再追肥,可叶面喷肥。浇水应视降雨情况和土壤墒情而定,通常在 8 月下旬干旱时浇 1 次即可,如秋后持续干旱,浇水时间应坚持到 9 月中下旬。后期浇水不宜重新开沟,以免伤根。

(2)后期整枝。立秋后长出的蕾、白露后开的花都是无效的。为了节约养分,促进结大桃,应尽早摘除无效蕾,可在 8 月 10～15 日进行。其他毛耳、赘芽也宜早去掉。

(3)科学收花。8 月底 9 月初开始吐絮,以在棉铃开裂后 7～10 天采摘为宜。及时摘除烂铃,当棉铃发黄时及时摘除,用催熟剂处理后晾晒。在收花过程中,要严禁异性纤维混入棉花。

6.病虫害的防治

6 月 20 日前以防治棉蚜、螨虫为主,棉花花铃期以防治棉铃虫、盲蝽象为主,后期以防治甜菜夜蛾、白粉虱为主,防治技术同常规大田。

麦棉机收简化栽培技术规程

（SDNYGC-2-6025-2018）

王国平[1]　李亚兵[1]　毛树春[1]　韩迎春[1]　冯璐[1]　王占彪[1]
李小飞[1]　王桂峰[2]　王琰[2]　秦都林[2]

（1.中国农业科学院棉花研究所；2.山东省棉花生产技术指导站）

一、技术提质增效情况

采用麦棉小 3-1 式配置，小麦机播机收，接近满幅种植，较春季套作小麦每 666.7 平方米增产 50～150 千克，增幅 10％～20％；棉花采用机采棉行距配置，产量（籽棉）达到春套棉产量水平。周年减少用工 2～4 个，机械化水平提高 20％～30％，每 666.7 平方米减少物质投入 100～200 元。每 666.7 平方米技术实现周年效益增加 200～300 元。

二、作物合理产量目标

1. 两熟棉花生产管理和生长发育合理进程

4 月备种备耕备播（栽），小麦抢收棉花抢种，6 月壮苗发棵，7 月集中现蕾，8 月开花成铃，9 月中下旬吐絮，10 月中下旬集中收获。

2. 籽棉产量构成

可选用偏早熟春棉，每 666.7 平方米籽棉产量目标 250～300 千克，密度每 666.7 平方米 5000～6000 株，较常规春棉增密 1～1.5 倍，每 666.7 平方米成铃 5 万～6 万个，单铃重 5.0～5.5 克；也可选用早熟棉，每 666.7 平方米籽棉产量目标 200～300 千克，密度每 666.7 平方米 5000～7000 株，较春棉增加增密 50％～100％，每 666.7 平方米成铃 6 万～8 万个，单铃重 4.0～4.5 克。

三、简化栽培技术要点

1.小麦棉花配置模式

小麦优先推荐当地主推早熟品种,做到"四补一促",即选用良种,以种补晚;提高整地质量,以好补晚;增加播种量,以密补晚;增施肥料,以肥补晚;科学管理,促壮苗抓主穗。

播种前根据墒情提前增墒,墒情合适则抢时早播,确保一播全苗,10月底完成播种,最迟不能晚于11月初,每666.7平方米一般播量20～25千克,每晚1天增加0.5～1千克。机器播种,每幅占地2.1～2.3米,幅内每播小麦3行空1行预留播种(或移栽)棉花,预留行宽0.35～0.45米,因此形成麦棉小3-1式配置带,每幅可形成3个种植带,共9行小麦3个预留行。小麦采用联合收割机及时收割,收割台宽度2.2～2.4米,轮距1.4米(如雷沃GE40、雷沃GE50等机型),每幅收获后可形成3行等距棉花,行距为0.7～0.75米。小麦产量水平每666.7平方米为350～500千克。

2. 两熟棉花品种选择

采用偏早熟/早熟抗病转基因抗虫棉,优先推荐近几年国家(本地)主推品种,适于鲁西南两熟棉区,以紧凑株型为宜,例如中棉所50、鲁研棉54,以及机采棉品系中的915、9733、K863等,要求品种生育期110天以内,后期吐絮快,棉铃铃壳较薄,密度自南向北依次增加。

3.棉花一播全苗

棉花可以选择提早套播(栽)或者麦后直播(移栽)。

(1)提早套播(栽)。播种时间结合小麦灌浆水之后,一水两用;在预留行内免耕板土直播或移栽,根据土壤墒情抢时耕作,若墒情较差,可以播前2～3天轻走水,每666.7平方米10～20立方米,及时精量播种(或移栽)1行棉花。育苗方法采用轻简化育苗移栽,壮苗育苗标准:育苗期30～50天,苗高15～20厘米,真叶2～3片,栽前红茎比50%,无病斑,根多密根粗壮。

(2)麦后直播(移栽)。小麦机器收获后,可采用贴茬播种,即在麦茬预留行内安排机器播种,1带1行,播种行距70～75厘米,适合采棉机采收。若是贴茬移栽,栽前补充底墒水,便于移栽。育苗移栽时方法同上。也可以采用麦地旋耕灭茬播种(移栽),整地后抢种棉花,棉花增密缩行的方式种植。对播种行内残茬进行清除,实现播种出全苗、出齐苗。

4.合理密植,简化农艺管理,促早发

采用机采模式"增密争早",抓好成苗质量。加强对播种出苗期的管理,提

高田间整齐度,保证计划种植密度,做到苗全苗齐。

(1)除草、灭茬相结合。麦收后可采用土壤化学药剂封闭 1～2 次,对麦行残茬和预留行露地进行处理,选用乙草胺、异丙甲草胺等施用。棉花早中期进一步视杂草滋生程度,结合翻麦茬 1 次,灭茬宜早。

(2)肥水药相结合。对于中早熟品种或长势弱的品种,生长前期结合长势追提苗肥 1～2 次,可用 0.5%～1% 的硝酸钾或叶面肥喷施处理。田间头水在现蕾初期进行,辅以追肥,每 666.7 平方米施尿素 5～8 千克;花铃肥提前至初花期或初花期前 3～5 天,施用尿素 10～15 千克、二铵 10～12 千克。做好虫情监测,根据不同生长期、不同种群,采取有效防治措施,结合专业统防统治进行。

(3)科学化调,塑造株型。生育期化学调控结合长势选择进行,用缩节胺 2～3 次,每 666.7 平方米苗蕾期用量为 0.3～1 克,打顶前后每 666.7 平方米为 2～5 至 4～6 克,或采用新型芸烯调节素("艾福迪"或"花匠")在初花期 1 次性喷施 60～80 毫升,快速实现生殖转化。结合病虫防治和叶面肥,合理搭配药剂叶面喷施,及时打顶。达到 10 个果枝或每 666.7 平方米 20 万果节以上时,必须打顶,早发棉田在 7 月 15～20 日完成,最迟在 7 月底完成打顶。

(4)科学催熟,及时采摘。对于长势过旺的棉田,可采用乙烯利逐步喷施法,在 9 月中下旬快速叶面喷施 1～2 次,用量为每 666.7 平方米喷施 40～60 毫升。若熟相正常,吐絮率达到 50% 或吐絮至 4～5 果枝时,可直接在 9 月底至 10 月初,选择晴朗天气进行田间催熟,每 666.7 平方米喷施乙烯利 150～200 毫升＋噻苯隆 50～60 克,确保催熟效果。根据吐絮情况,安排人工或机器集中采收,及时腾茬播种冬小麦。

棉花杂交种亲本繁育种植技术规程

（SDNYGC-2-6026-2018）

陈伟[1]　　王红梅[1]　　赵云雷[1]　　王桂峰[2]　　赵佩[1]　　桑晓慧[1]
魏学文[2]　　龚海燕[1]

（1.中国农业科学院棉花研究所；2.山东省棉花生产技术指导站）

一、繁殖田的选择

1.地力条件

繁殖田选择管理方便、地势平坦、交通便利、通风向阳、排灌方便，中等以上肥力，无枯、黄萎病或轻枯、黄萎病的棉田。

2.隔离条件

繁殖田应集中连片，与其他棉花品种间隔应在 1000 米以上，且四周 1000 米之内不应种植蜜源植物，不应放养蜜蜂等传粉昆虫。

二、前期准备

1.种子

由育种家提供种子，种子质量符合 GB 4407.1—2008 的要求，用种前由组织繁育单位（繁殖户）和品种选育单位（育种家）共同取样，每个亲本取样 200 克，组织繁育单位（繁殖户）和品种选育单位（育种家）均分并共同封样留存，同时结合亲本的特性及繁殖地实际病虫害种类，选用适宜的种衣剂拌种。

2.人员配备

每个亲本安排专有监督管理员，按照每 15 亩监督管理员 1～2 人的原则，主要负责检查田间去杂、标记、清理、收获及验收工作。

3.工具

记录本、田间标牌、雨具、塑料布、防暑用品等工具。

三、田间管理

1.整地及底肥

播种前浇足底墒水,耕层深度 18～20 厘米,耙地保墒,土层细实平整。每 666.7 平方米底肥参照棉籽饼肥 150～200 千克,氮、磷、钾三元复合肥 40～50 千克的用量施用,可依据田块肥力酌情增加或减少用量。

2.播种及密度

露地直播 4 月 20～30 日为宜,薄膜覆盖可适当提前 10 天左右。高肥力地块留苗每 666.7 平方米 3200～3500 株,中等肥力留苗每 666.7 平方米 3500～4000 株,低肥力地块留苗每 666.7 平方米 4500 株。

3.苗期管理要点

出苗后 3～5 叶期间苗定苗,缺苗断垄处留双株。依据气候情况,及时中耕,做到早中耕、浅中耕,直至蕾期,次数为 2～3 次。

4.蕾期管理要点

现蕾后,整枝打杈,及时摘除营养枝和赘芽。依据棉花长势、田间土壤及气候情况,及时中耕除草,中耕深度控制在 8～10 厘米。每 666.7 平方米追施复合肥 10～15 千克或尿素 5～10 千克。

5.花铃期管理要点

盛花期每 666.7 平方米追施尿素 5～10 千克。后期依据情况可喷施叶面肥,喷施 1%～2% 的尿素加 0.3%～0.5% 的磷酸二氢钾溶液,以晴天下午喷中上部叶片背面为宜,结合施肥培土。按照"枝到不等时,时到不等枝,高到不等时"的原则及时打顶,在果枝台数达到 14～18 台时应立即打顶。一般正常打顶时间在 7 月 10～20 日。

6.化控

繁育需要依据品种特征特性及时去杂,生产过程中应降低对生长调节剂的使用,仅需打顶后 5～7 天,即 7 月下旬至 8 月初,每 666.7 平方米喷施按 3 千克水加缩节胺 5～7 克喷施一次,如遇雨天等可酌情化控。

7.病虫害防治

综合防治棉花病虫害,重点防治棉花蚜虫、盲蝽象、红蜘蛛、斜纹夜蛾、粉虱、棉蓟马等害虫。

四、去杂

1. 苗期去杂

结合间苗定苗，依据幼苗的长势长相、叶色、叶形、茎秆色等特性，拔除杂苗、劣苗、弱苗、病苗、高大苗以及可疑苗，保留整齐一致的壮苗；抗虫棉在苗期中后期还须采用浓度为3500毫克/千克的卡那霉素溶液鉴定杂株。

2. 蕾花铃期去杂

现蕾开花时依据叶子大小、叶色、叶形、叶腺体、茎秆颜色、茸毛密度、花药颜色、花基斑色等特征特性，花铃期依据株高、株形、铃形等特征特性拔除可疑株与非典型株。

五、收获及贮藏

棉花正常吐絮后及时采摘，选晴天晨露干后进行，只采摘完全吐絮花，不采摘露水花、僵瓣花、剥桃花，采摘后充分晾晒，不同批次收获需分开晾晒。

在轧花前必须将轧花车间以及籽棉、棉籽的传输部件彻底打扫干净，防止人为混杂，不同批次采收的应该分开轧花。

每个亲本分开仓库保存，注明名称、数量、繁育单位、繁育地点、繁育户、入库时间、批次等相关内容。入库前，分户、分批次、分袋随机取样，每份样品分成均份，组织繁育单位（繁殖户）和品种选育单位（育种家）各持一份，同时封存，共同送样检测。

杂交棉高效简化栽培技术规程

（SDNYGC-2-6027-2018）

王红梅[1]　陈伟[1]　赵云雷[1]　王桂峰[2]　赵佩[1]　桑晓慧[1]
魏学文[2]　龚海燕[1]

（1.中国农业科学院棉花研究所;2.山东省棉花生产技术指导站）

一、品种选择

选用优良品种,要求株型清秀、赘芽少、紧凑、丰产、品质优、抗病虫性强的中早熟品种,如中国农科院棉花所培育的中棉所 76 等。

二、适时播种

露地直播以 4 月 20～30 日为宜,薄膜覆盖可适当提前 10 天左右。营养钵育苗以 3 月 20 日至 4 月 10 日播种为宜,一钵一粒,具体参照 DB 42/T 227—2002 的规定。

三、适期移栽

适期适龄移栽,移栽期由温度和茬口所决定。以 5 厘米地温达到18 ℃为移栽适期,过早移栽不利于缓苗。麦套移栽时间在 5 月上旬,蒜套移栽时间在 4 月下旬 5 月初,一般密度为每 666.7 平方米 2000～2500 株。

四、田间管理

1.肥水管理

在底肥充足的情况下，要做到提早重施苗肥。首先施足底肥，底肥每 666.7 平方米施有机肥 500～800 千克，饼肥 25～40 千克，磷肥 50～60 千克，氮肥 30～50 千克，钾肥 10～15 千克。蒜套种底肥可酌情减少，提前早施重施苗肥，6 月中上旬每 666.7 平方米追施尿素 15 千克，结合浇水，以肥促苗，搭好丰产架子。初花期每 666.7 平方米追施尿素 5～10 千克，以增加盛花期棉铃的物质积累，后期可适当补施叶面肥，同时根据墒情及时灌溉，争取不脱肥、不早衰，从而增加产量。

2.轻度化控

依据天气情况，同时结合棉花长势情况合理化控，以轻度化调为主，一般应进行两次化控，初次在初花期，每 666.7 平方米喷施缩节胺 2～2.5 克，后一次在打顶后 7～10 天，每 666.7 平方米喷施缩节胺 3～5 克。

3.整枝和打顶

坚持免整枝或少整枝，即蕾期不整营养枝或粗整一次营养枝。一般年份无需整枝，特殊年份结合化控，仅在蕾期粗整一次，一定要保留合适的营养枝，做到增蕾增铃。一般在营养枝长出 3～5 个果枝时及时打顶，时间一般在 7 月初。如遇干旱年份或迟发棉田，需要在 7 月底同时对营养枝和主茎顶进行打顶。

4.综合防治病虫害

病虫害防治以蚜虫、盲蝽象、蓟马等为重点，做好预测预报，积极实行统防统治，采用化学防治、物理防治、农业防治相结合的方式，做到早查、早防、早治净。

（1）蚜虫防治可采用 10％的吡虫啉或 20％的啶虫脒可湿性粉剂，加水喷雾防治。

（2）盲蝽象防治可用 45％的马拉硫磷乳油或 1.8％的阿维菌素乳油，加水喷雾防治。

（3）棉蓟马可采用 3％的啶虫脒乳油或 40％的辛硫磷乳油，加水喷雾防治。

（4）棉铃虫一般一代、二代不必防治，如需防治，可采用杨柳枝把或频振式杀虫灯诱杀成虫，也可用 2.5％的高效氯氟氰菊酯乳油或 40％的丙溴磷乳油加水喷雾防治，禁用 Bt 制剂防治。

棉花生育状况调查技术规程

（SDNYGC-2-6028-2018）

孙学振[1]　　宋宪亮[1]　　毛丽丽[1]　　李玉道[1]　　王桂峰[2]

秦都林[2]　　刘明云[3]

（1.山东农业大学农学院;2.山东省棉花生产技术指导站;3.滨州市棉花生产技术指导站）

一、生育时期的记载标准

棉花从播种到收花结束的时期称为"生长期"。从出苗到开始吐絮的时期称为"生育期"。棉花一生当中有以下五个重要的生育时期:

(1)出苗期:子叶出土平展即为出苗,出苗率达10%时的日期为始苗期,达50%的日期为出苗期。

(2)现蕾期:幼蕾的三角苞叶达3毫米,肉眼可见为现蕾的标准。全田10%的棉株第一幼蕾出现为始蕾期,达50%的日期为现蕾期。

(3)开花期:全田10%的棉株第一朵花开放的日期为始花期,达50%的日期为开花期。

(4)盛花期:单株日开花量最多的日期为盛花期,一般以50%的棉株第四、五果枝第一个花开放作为进入盛花期的标准。始花期后15天左右进入盛花期。

(5)吐絮期:全田10%的棉株有开裂棉铃的日期为始絮期,达50%的日期为吐絮期。

二、生育状况调查记载标准

（1）株高：即主茎高度，为从子叶节量至顶端生长点的高度，以厘米表示，打顶后则量至最上部果枝的基部。

（2）第一果枝着生节位：主茎上着生第一果枝的节位数，子叶节不计算在内。陆地棉品种一般是6～8。

（3）第一果枝着生高度：指主茎上从子叶节到着生第一果枝处的距离，以厘米表示。

（4）果枝数：指单株上所有果枝数，枝条虽未伸出但已出现幼蕾者即可作为果枝计数，空果枝亦应包括在内。

（5）蕾数：指单株总蕾数（幼蕾以三角苞叶达3毫米、肉眼可见作为计数标准）。

（6）开花数：指调查当天单株开花数（上午为乳白色花，下午为浅粉红花）。

（7）幼铃数：即单株幼铃数，幼铃的标准是开花后2天至8～10天以内子房横经不足2厘米的铃，一般以铃尖未超过苞叶，横经小于大拇指甲作为标准。

（8）成铃数：指开花8～10天以后横经大于2厘米，而尚未开裂吐絮的棉铃数。

（9）吐絮铃数：指铃壳开裂见絮的棉铃数。

（10）烂铃数：指铃壳大部分变黑腐烂的棉铃数。

（11）单株总铃数：指有效花终止期以前，以花及幼铃、成铃、吐絮铃、烂铃的总和计算的铃数。有效花终止期以后，9月底以前的花及幼铃以1/2计，9月底以后不计花及幼铃数。

（12）脱落数：果枝上蕾、铃脱落后的空果节数。

（13）总果节数：指单株上已现蕾的总数，调查时等于蕾数、花数、铃数、脱落数的总和。

（14）脱落率：指脱落数占总果节数的百分率。

（15）伏前桃：指入伏以前所形成的棉铃，统一规定为7月15日调查时的成铃数。

（16）伏桃：指7月16日至8月15日间所结的成铃。伏桃数以8月15日调查的成铃数减去伏前桃计算。

（17）秋桃：指8月16日至9月10日期间所结的有效成铃。秋桃数以9月10日调查的成铃数减去伏前桃和伏桃计算。

（18）单铃重：指单个棉铃的籽棉重，以克为单位。一般于吐絮期间中期采收正常吐絮铃 100 或 200 个,晒干称重,除以采收铃数,三次重复,称为品种的"单铃重"。栽培上应该是在小区内定点测定,每次收花收取点内所有吐絮铃,记录采收个数,晒干称重,将每次采收的籽棉重相加除以采收的总铃数,即得全株平均单铃重。

(19)霜前花产量:指枯霜前已发育成熟的籽棉产量,一般应将枯霜后 3～5 天内收的籽棉计入霜前花产量。

(20)籽指:指百粒棉籽(已轧去纤维的种子)的重量,以克为单位。

(21)衣指:指百粒棉籽上纤维的重量,以克为单位。

(22)衣分:称取 500～1000 克籽棉,轧出皮棉,称"皮棉重",皮棉重占籽棉重的百分率为衣分,亦可用衣指、籽指计算。衣分的计算公式如下:

$$衣分(\%)=\frac{皮棉重}{籽棉重}\times100\% \text{ 或衣分}(\%)=\frac{衣指}{籽指+衣指}\times100\%$$

春播棉间作辣椒生产技术规程

SDNYGC-2-6029-2018

张振兴[1]　魏学文[2]　田殿彬[3]　李敏[4]　肖春燕[2]

许明芳[1]　董瑞霞[1]

（1.德州市棉花生产技术指导站；2.山东省棉花生产技术指导站；

3.平原县农技站；4.武城县农技站）

一、春棉间作辣椒种植模式

种植4行棉花间作6行辣椒，种植带宽度5.3米；棉花大行距90厘米，小行距60厘米。辣椒大行距60厘米，小行距35厘米。辣椒与棉花间距60厘米，棉花平均株距20～21厘米，辣椒株距16厘米，每666.7平方米栽植辣椒4600株，棉花留苗2400株。

棉花先播种，采用开沟、播种、喷药、覆膜一体化播种机播种4行棉花。每666.7平方米播种量0.75～1.0千克。同时，将棉花播种关闭棉花下种口，在辣椒种植带，只机械开沟、喷除草剂、覆2个辣椒种植带的地膜，每个辣椒种植带栽植3行辣椒。辣椒3月中旬育苗，5月1～10日移栽至棉田。

二、整地施肥

朝天椒喜生茬地，不宜连作，地块要求旱能浇涝能排，土壤肥沃，尽量不选择重茬地。

耕层土壤有机质含量1.2%以上，速效氮（N）85毫克/千克以上，速效磷（P$_2$O$_5$）25毫克/千克以上，速效钾（K$_2$O）140毫克/千克以上。

播种前10～12天浇水造墒，造墒后每666.7平方米施充分腐熟的优质农家肥 1 立方米、磷酸二铵 20 千克、硫酸钾 15 千克、尿素 15 千克,或 45％的硫酸钾型复合肥 50 千克。施肥后,浅耕 15 厘米耙平。

三、品种选择

辣椒品种选用三樱椒、天鹰椒 8 号、天宇 3 号、英潮红 4 号、子弹头等。棉花品种选用鲁棉研 37、鲁棉 7619、鲁棉 338、鲁棉 522、鲁棉 1131 等。

四、棉花管理

1. 棉花苗前除草

每 666.7 平方米用 33％的二甲戊灵 100～130 毫升或 48％的仲丁灵 150～180 毫升兑水 20～30 千克,在播种时机械均匀喷洒并盖膜。

2. 肥水管理

播种前施足基肥,不施花铃肥,7 月底至 8 月初,每 666.7 平方米追施 10 千克尿素作盖顶肥。

3. 中耕

6 月中旬中耕,中耕深度 6～8 厘米,并清除地膜。

4. 整枝

6 月中旬棉花现蕾后,及时去掉第一果枝下的叶枝。7 月 15 日打顶,一般保留 13～14 个果枝,株高 110～120 厘米。

6 月中旬,若连续半月不降雨,应连同辣椒轻浇水;7 月以后进入雨季,排出积水。

5. 全程化控

盛蕾期每 666.7 平方米用缩节胺 1～1.5 克,兑水 20 千克;盛花期用缩节胺 2～3 克,兑水 50 千克;打顶后 5～7 天用缩节胺 4～5 克,兑水 50 千克。

五、辣椒管理

1. 培育壮苗

播前 10～15 天进行发芽试验。辣椒 3 月中旬育苗,播种期离定植期 30～40 天,种子浸种催芽播种。苗床土要求为肥沃、疏松、富含有机质的沙壤土。每平方米苗床用 50 克磷酸二铵与土拌匀后铺在畦面上。播种前一次性浇透苗床水。每平方米播种量 15～20 克,播完种子以后覆土 0.5 厘米,覆完土后盖地膜,接着起小拱棚,夜间盖草苫子保温。播种 10 天后,出苗达 50％时及时揭掉地膜,由小拱棚保温保湿。

床土见干见湿,白天 25～30 ℃,夜间 15～20 ℃。四叶一心前不浇水,并随苗高长大,逐渐加大通风口。定植前秧苗锻炼,可将棚膜全部揭掉,炼苗 7 天。定植前 2 天浇透苗床,以利移苗。

辣椒苗有 8～10 片真叶,苗高不超过 20～25 厘米。5 月初,棉花出苗后,在预留带的膜上打孔栽苗,深度以不埋子叶节为宜。定植后随喷施缓苗水。

2.辣椒田间管理

辣椒移栽缓苗期过后,不浇水或少浇水,开花前一般不浇水。进入盛花期后保持土壤湿润,保证有充足的水分供应。进入雨季后浇水要注意天气预报,不可在雨前 2～3 天浇水,防止浇水后遇大雨,引起植株萎蔫,雨后要及时排水。

9 月份以后进入辣椒果实成熟期。成熟期要控制水分,遇涝要及时排水。

移栽后 20 天,植株主茎长到 12～13 片叶时打顶。到 8 月下旬,要及时将植株各分枝顶端掐掉,促进养分向果实上转移。

如果底肥充足,植株生长旺盛,可以不追肥。如果底肥不足,7 月中旬盛果期每 666.7 平方米可追施尿素 8 千克,或水溶性复合肥 10 千克,注意施肥要离开辣椒根系 10 厘米。

3.收获

干椒一般在 10 月 23 日霜降期前收获。采用一次性拔棵收获的方式,收获后的辣椒在地里晒 2 天,果实七成干时上垛,进行自然风干,分级摘椒,摘下来的辣椒要分级晾晒、待售。

六、主要病虫害防治

棉花与辣椒的病虫害防治要结合起来,农药施用应符合相关要求,以蔬菜安全为标准。

1.主要害虫防治

主要害虫有棉铃虫、蚜虫、盲蝽象、烟粉虱、红蜘蛛等。

(1)防治蚜虫药物:苦参碱、高效氯氰菊酯、噻虫螓、啶虫脒等。

(2)防治盲蝽象药物:氟啶虫胺腈、噻虫嗪、联苯菊酯等。

(3)防治棉铃虫药物:高效氯氟氰菊酯、氯虫苯甲酰胺、茚虫威、甲维盐、辛硫磷等。

(4)防治烟粉虱药物:烯啶虫胺、噻虫嗪、吡蚜酮等。

(5)防治红蜘蛛药物:阿维菌素乳油、乙螨唑、达螨灵等。

2. 主要病害防治

病害防治以预防为主，防治结合。病害无论发生与否，均可从 7 月开始至 8 月下旬，根据降水，每 8～14 天喷一次杀菌剂。发现病株时及时施药，控制病害流行。

(1)病毒病：病毒病主要是以预防为主，用噻虫螓及时防治蚜虫、烟粉虱等传毒媒介。发病后可喷施盐酸吗啉胍、宁南霉素，并及时拔出重病株。

(2)疫病防治药物：代森锰锌、甲霜锰锌、嘧菌酯。

(3)炭疽病防治药物：苯醚甲环唑、咪鲜胺、吡唑醚菌酯。

麦棉一年两熟生产技术规程

（SDNYGC-2-6030-2018）

张振兴[1]　　王桂峰[2]　　王之君[3]　　魏学文[2]　　秦都林[2]　　周永[4]

王朝霞[1]　　许明芳[1]

（1.德州市棉花生产技术指导站；2.山东省棉花生产技术指导站；

3.中央农业广播学校平原县分校；4.平原县张华镇农技站）

一、棉花品种的选择

1.品种

选择短季棉山东省生育期 108 天以内的品种，主要有鲁棉 241、鲁棉 532、鲁棉 2357、鲁棉研 35、德棉 15、德棉 0720 等短季棉品种。

2.种子质量要求

纯度不低于 95.0%，净度不低于 99.0%，发芽率不低于 80%，水分不高于 12%。

二、棉花的整地与播种

1.整地

选用带秸秆粉碎功能的联合收割机，必须在 6 月 8 日前及早收完小麦。小麦收获时留茬要低，麦秸较厚的播种带要进行必要的整理。小麦收获前不能浇水，以便于机械收割。麦收后直接干地播种，免耕直播种上棉花，播种后立即浇水，当日播种，当日浇水。

2.播种

6 月 3～8 日播种；棉花使用改装的玉米播种机，浅直播 1.5～2 厘米，种肥同播，每 666.7 平方米播种量 2～2.5 千克；等行距种植，行距 60 厘米。

三、棉花的施肥与浇水

播种的同时底施种肥,每666.7平方米用二铵5千克、尿素6千克,可以不施钾肥。中等肥力棉田在施用种肥的基础上,初花期一次追施尿素12千克。棉花前期干旱要及时浇水,促进棉花的生育进程。

四、定苗与密度

在棉苗3~5叶时进行定苗,定苗密度根据土壤肥力状况决定,土壤肥力较好的地块留苗5000株,中等肥力的地块留苗6000株,地力较薄的地块留苗6500株。

五、病虫草防治

1. 虫害防治

短季棉病害较轻,注意不能早停药,加强后期害虫的防治,可参照山东省棉花中期虫害统防统治技术规程及山东省棉花生产后期主要虫害防治技术规程。

(1)苗蚜:每666.7平方米选用4.5%的高效氯氰菊酯乳油25~45毫升、10%的烯啶虫胺水剂10~20毫升或25%的噻虫嗪10克,兑水15千克喷雾防治。

(2)盲蝽象:每666.7平方米喷施50%氟啶虫胺腈悬浮剂15克、25%的噻虫嗪12克或10%的联苯菊酯30~40毫升。

(3)棉铃虫:每百株棉铃虫低龄幼虫达20头时,每666.7平方米可选5%的高效氯氟氰菊酯30~45毫升、20%的氯虫苯甲酰胺悬浮剂10毫升、5%的甲维盐可溶粒剂10~15克或50%的辛硫磷40~50毫升。

(4)红蜘蛛:防治适期为棉花红蜘蛛发生初期,每666.7平方米可用1.8%的阿维菌素乳油40~60克、20%的乙螨唑悬浮剂5~8克或15%的达螨灵30~40毫升。

(5)烟粉虱:每666.7平方米用25%的噻虫嗪20克或50%的吡蚜酮可湿粉15克。吐絮期用24%的阿维·矿物油50~75毫升加水喷雾。

棉花现蕾后棉铃虫、蚜虫、盲蝽象、蓟马等虫害混合发生,要交替用药,可选用电动喷雾器或机动喷雾器进行喷雾防治,每666.7平方米用水量为蕾期40~50千克、花铃期60~80千克,可联合统防统治采取机械化防控。

2. 杂草防治

棉田浇水后,棉花出苗前,每 666.7 平方米喷施二甲戊灵 130～150 毫升,棉苗四叶以后杂草重的地块,采用 15% 的精喹禾灵 10 毫升或 24% 的乙氧氟草醚 30 毫升兑水 15 千克,定向喷雾防治杂草。

六、化学调控与机械打顶

短季棉前期以促为主,可不化控,初花期每 666.7 平方米喷施缩节胺 1.0 克兑水 15 千克喷雾。打顶后 5～7 天,用缩节胺 4～5 克兑水 20～30 千克喷雾。

根据果枝数、株高等确定机械打顶,一般留 7～9 个果枝,一般时间在 7 月 26 日至 8 月 2 日,株高控制在 80～90 厘米。

七、化学催熟

10 月 10～15 日前,对棉花喷施乙烯利或催熟落叶剂,每 666.7 平方米喷施 40% 的乙烯利 200～300 毫升兑水 30 千克喷雾,并带茬造墒。10 月 25 日后,集中采收棉花。棉花秸秆全面还田,旋耕播种小麦。

八、小麦品种的选择

1. 品种

小麦选择适宜晚播、优质、分蘖成穗率高的品种,如济麦 22 号、济麦 44 号、良星 66 号、济麦 229、红地 95、师栾 02-1、藁优 5766、裕田麦 119、山农 28、烟 1212。

2. 种子包衣

麦种采用包衣种子,控制苗病及地下害虫,防病用戊唑醇或苯醚甲环唑拌种或 32% 的戊唑·吡虫啉悬浮种衣剂,按种子量的 0.5% 拌种。地下害虫重的地块选用 40% 的辛硫磷,按种子量的 0.2% 拌种。

九、整地与施肥

棉花收获后,立即秸秆还田,用大马力机械粉碎两遍,再旋耕整地。每 666.7 平方米施用纯氮(N)6～7 千克,磷(P_2O_5)6～7 千克,钾(K_2O)5 千克。3 月 20 日左右追施纯氮(N)7 千克。

十、播种与播量

10 月 25 日至 11 月 5 日前小麦播种，小麦播种量 17～22 千克，采用宽幅播种机，播深 3～5 厘米，深浅一致，下种均匀，等行距 20 厘米，并播后镇压。冬前小麦有 3～4 个叶。

十一、浇水

抢墒播种的麦田，12 月初要浇好冬水。春季浇好起身水、开花灌浆水，后期搞好"一喷三防"。主要防治好蚜虫。6 月 8 日前，将小麦收获并及时播种短季棉。

棉花单产籽棉 350 千克生产技术规程

（SDNYGC-2-6031-2018）

张振兴[1]　王朝霞[1]　王桂峰[2]　秦都林[2]　柳保贞[3]

董瑞霞[1]　张娟[4]　韩艳素[1]

（1.德州市棉花生产技术指导站；2.山东省棉花生产技术指导站；

3.夏津县植保站；4.德州市农业广播电视学校）

一、产量指标及产量构成

（1）每 666.7 平方米产量指标：棉铃数 65000～71000 个，籽棉单产 340～380 千克，皮棉 145～155 千克。

（2）产量构成：常规棉密度每 666.7 平方米 2800～3600 株，单株成铃 20～24 个，单铃重 5.8～6.2 克，衣分 40%～42%，株高 115～125 厘米，果枝数 13～14 个。

二、土壤肥力、地力条件

土层深厚，地力均匀，壤土或黏壤土，棉花生育关键期能浇水排水。耕层土壤有机质含量 1.2 克/千克以上，速效氮 80 毫克/千克以上，速效磷（P_2O_5）25 毫克/千克以上，速效钾（K_2O）125 毫克/千克以上，有效锌 1.8 毫克/千克以上。

三、品种选择

选择经国家或省审定，纤维品质优良、丰产潜力大、抗病性强的品种。常规棉品种有鲁棉研 28 号、鲁棉研 37 号、鲁棉 338、鲁棉 522、鲁棉 1131、聊棉 15

号、山农棉 14 号、银兴棉 14、中棉所 100。杂交棉品种有鲁杂 311、鲁杂 2138。

选用脱绒包衣种子,质量指标要求种子的纯度不低于 95.0%,净度不低于 99.0%,发芽率不低于 80%,水分含量不超过 12%。

四、播前准备

1.棉花秸秆还田

11 月中下旬,棉花收获后,用 110 马力以上的动力粉碎棉花秸秆 2 遍,同时施尿素 8 千克,再旋耕 2 遍。棉田隔 2 年深耕一次,耕深 25～30 厘米。

2.播前整地

播种前 15～20 天灌水造墒,每 666.7 平方米施优质厩肥 1000 千克,适时浅耕 15 厘米耙耢,清除残膜等。

五、播种

4 月 20～26 日播种,采用开沟、播种、施肥、喷药、覆膜一体化播种机播种,每 666.7 平方米播种量以 1～1.5 千克为宜。可采用 76 厘米等行距种植,一膜 2 行播种,地膜宽度 1.2 米,或大行 90 厘米,小行 60 厘米种植。播种深度 2.5～3 厘米。使用厚度 0.01 毫米的可回收地膜,或采用降解地膜覆盖。

六、棉花中耕定苗

棉花播种后及时中耕松土,特别是雨后要立即中耕。在棉苗出土后 3 天,子叶完全变绿后将苗放出;长出 3 片真叶时及时定苗。

棉花每 666.7 平方米留苗密度:常规棉品种,中高等地力 2800～3300 株;地力偏低的 3300～3600 株;杂交棉 1800～2200 株。

七、底肥施用

种肥同播施肥,利用一体化播种机,将肥料播种 10 厘米以下,种肥距离 7～10 厘米。

在施用有机肥的基础上,中等地力条件下,一般每 666.7 平方米施尿素 10～12 千克、磷酸二铵 15 千克、硫酸钾 10 千克;或施用缓控释肥,氮、磷、钾含量 45%(26-9-10)的优质缓控释肥,每 666.7 平方米用量 40～45 千克。

在上等地力植棉,氮、磷底肥用量减少 20%;连续 3 年以上秸秆还田,磷肥和钾肥用量比常规用量减少 40%;在肥沃地或粮田调茬植棉可以不施底肥。

八、棉田除草

1. 棉花苗前除草

每 666.7 平方米用 33% 的二甲戊灵 100～130 毫升或 48% 的仲丁灵 150～180 毫升兑水 20～30 千克,在播种时机械均匀喷洒并盖膜。

2. 棉花苗后除草

禾本科杂草 3～5 叶期防治,每 666.7 平方米用 10.8% 的精喹禾灵乳油 10～15 毫升兑水 15～20 千克定向喷雾。以阔叶杂草为优势种群的地块,每 666.7 平方米可选用 50% 的扑草净 100～150 克,或 24% 的乙氧氟草醚 20 毫升,兑水 30～40 千克喷雾。

九、蕾期管理

1. 肥水管理

蕾期不追肥,蕾期干旱浇水最关键,10～15 天连续干旱适时轻浇水,灌水量每 666.7 平方米 40～50 立方米。

2. 中耕、破膜和培土

中耕深 7～8 厘米,可视土壤墒情和降雨情况在 6 月 12～18 日揭除地膜,并将地膜清理出田间,锄草培土。培土必须在棉花开花前结束,培土前须先清理地膜,有利于通气防涝。

3. 简化整枝

6 月中旬棉花现蕾后,及时去掉第一果枝下的叶枝。低密度下或缺苗处,在整枝时果枝可以留 1～2 个叶枝,叶枝上长到 5～6 个铃时,及早打去叶枝顶心。

4. 合理化控

化学调控要根据棉花长势确定化控时间,一般从棉花现蕾后 5～7 天开始。每 666.7 平方米喷施缩节胺用量:初次使用量为 0.5～1.0 克,兑水 10～15 千克;果枝 4 个时,盛蕾期用量 1.0～1.5 克,兑水 10～15 千克。

棉株长势较弱时不化控,雨水较多或有旺长趋势的棉田可适当增加缩节胺用量。

十、花铃期管理

1.适时打顶

在 7 月 15～20 日一次打完顶尖。

2.重施花铃肥

一般于见花 5 天后,结 1～2 个铃后(约 7 月 15 日),每 666.7 平方米追施尿素 10～15 千克,可结合降雨后,将尿素加水溜施于棉花大行地表;或深施含氮量较高的复合肥 30 千克。

3.补施盖顶肥

在 8 月 5 日前,对有缺肥表现的棉田施用盖顶肥,每 666.7 平方米施用尿素 7 千克,降雨土壤潮湿的可以加水溜施。

4.及时化控

从开花到结铃盛期,每 666.7 平方米初花期缩节胺用量 2 克,单株果枝 8～11 个时,用缩节胺 3～4 克,兑水 40～50 千克均匀喷雾。在棉花打顶后 5～7 天进行,时间在 7 月下旬,每 666.7 平方米用缩节胺 4～6 克,兑水 40～50 千克均匀喷雾。

5.综合防治

根据病虫害发生情况,搞好盲蝽象、红蜘蛛、伏蚜、蓟马等害虫的综合防治。

十一、吐絮期管理

1.防治虫害

搞好盲蝽象、蓟马、烟粉虱和烂铃的防治。

2.遇旱浇水

秋旱季节及时浇水。对于后期长势已明显衰退或贪青晚熟的棉田,则不可再浇水,以免引起棉株二次生长和吐絮不畅。

3.叶面喷雾

结合打药叶面喷施 2％的尿素水和 0.3％的磷酸二氢钾溶液,每隔 10 天喷一次,连喷 2 次。

4.科学采摘

棉花吐絮 5～7 天时及时采收,每隔 7～10 天采摘 1 次。采摘时,要使用布包盛放,不要使用化纤织物,以减少"三丝"污染。

十二、综合防治棉花虫害

1.苗蚜

高巧等复合种衣剂拌种能有效防治苗蚜。棉花苗期虫害主要是棉蚜、棉蓟马、棉盲蝽等,棉苗卷叶株达到4‰时,每666.7平方米选用4.5%的高效氯氰菊酯乳油25~45毫升、10%的烯啶虫胺水剂10毫升~20毫升或25%的噻虫嗪10克兑水15千克喷雾防治。

2.伏蚜

每666.7平方米可选22%的氟啶虫胺腈悬浮剂20毫升+50%的吡蚜酮可湿性粉剂15克进行喷雾。

3.盲蝽象

第一次防治绿盲蝽应在6月初,每666.7平方米喷施50%的氟啶虫胺腈悬浮剂15克、25%的噻虫嗪12克或10%的联苯菊酯30~40毫升。施药时间应在上午10点之前或下午4点之后,在阴天无雨的情况下可全天施药。

4.棉铃虫

每百株棉铃虫低龄幼虫达20头时,每666.7平方米可选5%的高效氯氟氰菊酯30~45毫升、20%的氯虫苯甲酰胺悬浮剂10毫升、15%的茚虫威悬浮剂15毫升~20毫升、5%的甲维盐可溶粒剂10~15克或50%的辛硫磷40~50毫升。

5.红蜘蛛

防治适期为棉花红蜘蛛发生初期,每666.7平方米可用1.8%的阿维菌素乳油40~60克、20%的乙螨唑悬浮剂5~8克、15%的达螨灵30~40毫升或20%的三唑锡悬浮剂40~50克兑水50千克喷雾防治红蜘蛛。重点喷施棉花叶片背面。

(6)烟粉虱

每666.7平方米用10%的烯啶虫胺50克、25%的噻虫嗪20克、50%的吡蚜酮可湿粉15克防治。吐絮期用24%的阿维·矿物油50~75毫升加水喷雾。施药时间应在上午10点之前或下午4点之后,施药时不要倒着走。

棉花现蕾后棉铃虫、蚜虫、盲蝽象、蓟马等虫害混合发生,要及时做好田间调查,要交替用药,选用电动喷雾器或机动喷雾器进行喷雾防治,每666.7平方米用水量为蕾期40~50千克、花铃期60~80千克,可联合统防统治,采取机械化防控。还要加强安全保护,避免农药中毒。

棉花-甘薯间作生产技术规程

（SDNYGC-2-6032-2018）

张振兴[1]　王朝霞[1]　董瑞霞[1]　许明芳[1]　李相忠[2]
李雪[2]　芦红艳[1]　田殿彬[3]

(1.德州市棉花生产技术指导站；2.夏津县农业农村局；3.平原县农技站)

一、棉花间作甘薯种植模式

种植 2 行棉花间作 2 行甘薯，种植带宽度 2.2 米。棉花大行距 160 厘米，小行距 60 厘米；甘薯种在棉花大行中间，大垄双行种植。甘薯与棉花间距 60 厘米，甘薯小行距 40 厘米，甘薯株距 30 厘米。棉花平均株距 22～25 厘米，每 666.7 平方米栽植甘薯 2000～2100 株，棉花留苗 2500～2600 株。

棉花先播种，机播种 2 行棉花，每 666.7 平方米播种量为 0.8 千克。然后在大行间起垄，大垄双行栽植，垄高 35 厘米，垄上宽 60 厘米，每垄交叉插苗 2 行，行距 40 厘米。

甘薯 3 月上中旬大棚育苗，4 月 25 日移栽至棉田，苗龄 30 天左右，茎粗壮，苗长 20～25 厘米剪苗。

二、品种选择

(1)棉花品种选择：鲁棉研 37、鲁棉 7619、鲁棉 338、鲁棉 522 等果枝较短的品种。

(2)甘薯品种选择：龙薯 9 号、济薯 26、烟薯 25、北京 553、苏薯 8 号、商薯 19。

三、整地施肥

甘薯适宜沙壤土或壤土,耕深 25～30 厘米,起垄前肥料一次性施入,一般不追肥。栽春甘薯重施基肥,每 666.7 平方米施优质土杂肥 2000 千克,磷酸二铵 15 千克、硫酸钾 20 千克、尿素 15 千克,或 45% 的硫酸钾型复合肥 45 千克。其中,60% 的化肥和全部有机肥翻耕施入土壤,余下 40% 的氮、磷、钾肥在起垄时集中施入垄内。高肥地少施或不施速效氮肥。

四、棉花管理

1. 棉花苗前除草

每 666.7 平方米用 33% 的二甲戊灵 70～80 毫升或 48% 的甲草胺 200 毫升兑水 20 千克,在播种时机械均匀喷洒并盖膜。

2. 肥水管理

不施花铃肥,7 月底至 8 月初,每 666.7 平方米施 5 千克尿素作盖顶肥。

3. 整枝

6 月中旬棉花现蕾后,及时去掉叶枝。7 月 15 日前打顶,一般保留 12～13 个果枝,株高 100～110 厘米。

4. 全程化控

盛蕾期每 666.7 平方米用缩节胺 1.0 克,兑水 20 千克;盛花期用缩节胺 2 克,兑水 20 千克,打顶后 5～7 天用缩节胺 2～3 克,兑水 25 千克喷雾。

5. 棉花主要虫害防治

(1)苗蚜:每 666.7 平方米选用 4.5% 高效氯氰菊酯乳油 30 毫升、10% 的烯啶虫胺水剂 10 毫升或 25% 的噻虫螓 6 克,兑水 10 千克喷雾防治。

(2)盲蝽象:每 666.7 平方米喷施 50% 的氟啶虫胺腈悬浮剂 10 克、25% 的噻虫嗪 10 克或 10% 的联苯菊酯 30 毫升喷雾防治。

(3)棉铃虫:每 666.7 平方米可选 5% 的高效氯氟氰菊酯 30 毫升、20% 的氯虫苯甲酰胺悬浮剂 7 毫升或 5% 的甲维盐可溶粒剂 10 克喷雾防治。

(4)烟粉虱:每 666.7 平方米用 25% 的噻虫嗪 20 克或 50% 的吡蚜酮可湿性粉剂 15 克加水喷雾防治。

(5)棉花棉铃虫、蚜虫、盲蝽象、蓟马等虫害混合发生时,要交替用药,选用电动喷雾器或机动喷雾器进行喷雾防治。

五、甘薯管理

1. 栽秧

选择平浅栽法或斜插法栽植。水平浅栽法先插后躺,再抬头,以埋土 5～7 厘米深,地上露 3～4 片叶为宜。斜插法适于短苗栽插,苗长 15～20 厘米,栽苗入土 9～10 厘米,地上留苗 6～10 厘米,薯苗斜度为 45 度左右。栽插后浇足水,4～5 天后及时补苗保证全苗。

2. 一垄双行覆盖

采用厚度为 0.01 毫米、宽 110 厘米的地膜覆盖。在有薯秧处扎一小孔,将薯秧抠出薄膜外,并用细土将膜口封严,防风吹起薄膜。

3. 防杂草

用透明膜覆盖需进行化学除草,每 666.7 平方米用 33％的二甲戊灵 180 毫升或 48％的甲草胺 300 毫升兑水 45～50 千克进行垄面喷雾。用黑地膜覆盖,不用化学除草,紧贴表土覆膜,用土压实,栽后覆膜扣苗。

4. 肥水管理

甘薯生长期间一般不浇水,若久旱不雨,可适当轻浇。若遇涝积水,应及时排除。如果甘薯长势弱,栽后 1 个月后每 666.7 平方米追施尿素 4 千克;中期高温多雨,不宜追肥,不浇水。

六、甘薯主要病虫害防治

坚持"预防为主,综合防治"的植保方针。农业防治措施是加强检疫,选用抗病品种,合理轮作,培育壮苗;化学防治措施是严格按照农药相关使用标准执行;严格控制农药浓度及安全间隔期,注意交替用药。

甘薯栽插前,每 666.7 平方米用 3％的辛硫磷颗粒剂 4～8 千克沟施或撒施,或辛硫磷 200 毫升拌细土 15 千克,均匀施入田内,防治地老虎、金针虫、蛴螬等病虫害。

如有斜纹夜蛾、甘薯天蛾发生时,每 666.7 平方米用 4.5％的高效氯氰菊酯 20～30 毫升,或 20％的氯虫苯甲酰胺悬浮剂 6～12 毫升,或 50％的辛硫磷乳剂 40～50 克兑水 30 千克喷雾防治。

七、采收

根据市场行情与需求,适时收获。龙薯 9 号等鲜食型春薯可在 8 月底采收，其他甘薯一般在 10 月上中旬收获，霜降前收获完毕。

11 月中旬，棉花、甘薯收获完毕，进一步捡出地膜，并用大马力机械粉碎 2 遍秸秆，秸秆全部还田。

棉饲轮作技术规程

（SDNYGC-2-6033-2018）

王桂峰[1]　魏学文[1]　秦都林[1]　李林[2]　孔德培[2]　柴莉英[2]
周光山[2]　沈法富[3]

（1.山东省棉花生产技术指导站；2.山东众力棉业科技有限公司；3.山东农业大学）

一、目标和原则

此规程目标产量为每 666.7 平方米生产子棉 253 千克以上，利用一熟棉田的冬闲期每 666.7 平方米生产饲草 1000 千克，同时实现冬春棉田覆盖，保墒保土，达到高效绿色生产的目的。

二、棉花栽培技术

1.品种选择

选择生育期在 105 天左右，生长势强、结铃吐絮集中的早熟棉品种，如中棉所 74、鲁棉研 241 等。

2.播前准备

收获前茬饲草后要及时灭茬耕种，基肥要施足，播种前每 666.7 平方米施腐熟有机肥 1000～15000 千克、纯氮 20 千克、磷肥 10 千克；整地要做到"平、细、实"；要抢墒或造墒播种，保证足墒利于出苗。

3.播种

播种一般在 5 月 15～25 日，采用无膜直播，深度以 2～3 厘米为好，播种量适当加大（每 666.7 平方米用种量 1.5～2 千克）；栽培上要加大密度，以密补时，中等肥力棉田种植密度为每 666.7 平方米 4500～5000 株，盐碱地等地力差田块,需适当密植,适宜密度为每666.7平方米5000~6000株,播种期每向后推迟1天,每666.7平方米密度需增加100株,行距采用76厘米等行距,以利于机械收获。

4.苗期管理

(1)播种后及时查苗,严重缺苗断垄棉田及时采取催芽补种,一般缺苗棉田采取借苗移栽以及双株补偿的方法。

(2)间苗、定苗棉苗出齐后及早进行间苗,去弱留壮。

(3)勤中耕,做到"出苗中耕,雨后中耕,低温中耕;看苗中耕,看地中耕,先浅后深"。耕深由3~4厘米逐渐加深为6~9厘米,苗期中耕2~3次。

(4)防治僵苗。针对僵苗棉田,每666.7平方米用赤霉素类调节剂0.5克兑水7.5千克或用ABT生根粉0.1克兑水15千克,对棉苗进行喷施。

5.蕾期、花铃期管理

(1)简化整枝

①选留营养枝。蕾期选留生长快、健壮的营养枝2个。

②打顶尖。一般在7月中旬打顶尖,单株留果枝11~13个。

③缩节胺调控。中度、轻度盐碱地棉田,全生育期使用缩节胺的时期和用量如表1所示,可根据雨量大小、苗情长势酌情掌握。

表1　　　　　　　　　　缩节胺使用时期和使用量

生育期	使用量
蕾期	1~1.5克每666.7平方米,兑水30千克每666.7平方米
初花期	2克每666.7平方米,兑水40千克每666.7平方米
盛花期	3克每666.7平方米,兑水40千克每666.7平方米
结铃期	一般棉田:4克每666.7平方米,兑水40千克每666.7平方米 旺长棉田补施1次:3~4克每666.7平方米,兑水40千克每666.7平方米

(2)追肥。初花期每666.7平方米追施纯氮3~6千克,盛花期追施纯氮1.5~3.0千克。中早熟品种追肥量取上限,早熟品种追肥量取下限。

6.病虫害防治

棉花病虫害防治指标和防治方法如表2所示。

表 2　　　　　　　　　　　棉花主要病虫害及其防治方法

主要病虫害		防治指标	防治方法
虫害	棉蚜	3 叶前卷叶率达 10%，3 叶后百株蚜量，2500 头，卷叶率达 20%	10%的吡虫啉 1500～2000 倍液喷雾
		百株三叶蚜量 1 万头，或下部叶片显出少数发亮小蜜点	施用内吸杀虫剂和触杀性杀虫剂防治
	棉蓟马	被害株率 5%	马拉硫磷 1000～1500 倍液喷雾
	地老虎	百株有虫 2～3 头或被害株率 5%	3 龄前用 15%的敌百虫 3 千克每 666.7 平方米撒施或 5%的百事达乳油 2000 倍液地面喷雾；3 龄后撒毒饵（90%的敌百虫晶体与香饼）
	棉铃虫	2 代百株卵粒数 100 粒、幼虫数 10 头；3 代百株卵粒数 45 粒、幼虫数 5 头	药剂防治：用氨基甲酸酯类（万灵）、拟除虫菊酯类（顺反氯氰菊酯）等农药及时防治
			生物防治：玉米诱集带、性诱剂、赤眼蜂等
	棉盲蝽	百株幼虫 100 头或被害率 5%	施用内吸杀虫剂和触杀性杀虫剂防治
病害	立枯病	与培育壮苗早发为目标的栽培技术措施相结合，以预防为主	农业防治：精细整地，增施有机肥；适时播种；适期早间苗，雨后勤中耕；秋季深翻地，将枯枝落叶翻入地下
	炭疽病		药剂防治：出苗后用 50%的甲基托布津或 50%的多菌灵可湿粉剂 600 倍液喷雾，可与杀虫剂配合，达到病虫兼治的效果
	红腐病		
	枯萎病	以灌根预防为主，发病率达 10%	以 50%的甲基硫菌灵或多菌灵灌根预防为主
	黄萎病	以灌根预防为主，发病率达 15%	以 20%的乙蒜素 400 倍液灌根预防为主

7.吐絮期管理

(1)催熟脱叶。在 9 月 20 日左右,每 666.7 平方米用脱吐隆 15 克,乙烯利 0.08 千克,第 2 遍用脱吐隆 12 克,乙烯利 6.67 克。

(2)收花。于 10 月 10～20 日机械收花。

三、饲草栽培管理技术

1.品种选择

选用高产、优质、抗寒性好的冬季牧草,如冬牧 70、紫花苜蓿等。

2.播前准备

棉花收获后及时秸秆还田,旋地、耙地、整平、镇压。结合整地施足底肥,一般每 666.7 平方米施腐熟有机肥 1000～1500 千克,纯氮 4 千克,磷肥 10 千克,钾肥 4 千克。

3.播种

10 月 10～20 日及时播种,用种量根据牧草品种和播种日期确定,如冬牧 70 在 10 月 10 日播量 30 千克,以后每晚 1 天增加播量 1 千克。采用等行距条播,行距 15～20 厘米,播深 3～4 厘米。

4.田间管理

返青期浇水 1 次,每 666.7 平方米用水量 300～433 立方米,随浇水施纯氮 8～10 千克。

5.收割

5 月 15～20 日人工或机械收割。

棉花常规种"四级一圃"种子繁育技术规程

（SDNYGC-2-6034-2018）

王桂峰[1]　　张永山[2]　　魏学文[1]　　宋美珍[2]　　白岩[3]　　李林[4]

张东田[5]　　秦都林[1]　　沈法富[6]

（1.山东省棉花生产技术指导站；2.中国农业科学院棉花研究所；

3.全国农业技术推广服务中心；4.山东众力棉业有限公司；

5.山东鑫瑞种业有限公司；6.山东农业大学）

一、相关概念及技术模式

在棉花常规种子生产中，"四级一圃"高效良繁技术是以育种家种子为种源，基于"大群体小循环"重复繁殖技术路线，按世代顺序繁殖的育种家种子、原原种、原种和良种的种子生产技术（繁育技术路线见图1）。"四级"种子指的是育种家种子、原原种、原种和良种四个级别的种子；"一圃"指的是育种家或定点生产单位的保种圃。

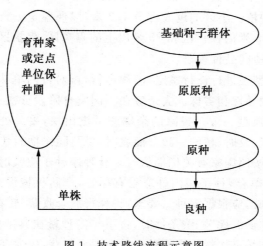

图 1　技术路线流程示意图

（1）育种家种子：是育种家育成的最初种子，具有该品种特异性、一致性和遗传稳定性，达到育种家种子质量标准。

（2）原原种：由育种家种子直接繁殖而来，具有该品种特异性、一致性和遗传稳定性，达到原原种质量标准。

（3）原种：由原原种直接繁殖而来，具有该品种特异性、一致性和遗传稳定性，达到原种质量标准。

（4）生产用种：由原种繁殖而来，用于大田生产具有该品种特异性、一致性和遗传稳定性，达到生产用种质量标准。

二、技术内容

1.育种家种子生产

育种家种子的生产、贮藏是在育种家直接管理下进行的。一个品种育成后，最初优系种子在育种家保种圃或者育种家（单位）授权定点单位足量繁殖，低温干燥贮藏，分年利用。当贮藏的育种家种子即将用尽时，通过保种圃对剩余育种家种子再足量繁殖，贮藏利用。当不具备低温干燥贮藏条件或育种家种子完全用尽时，由育种者采用株行扩繁法生产育种家种子。株行扩繁在保种圃进行。保种圃的面积根据需种量和产种量而定。育种家种子经过一次繁殖即可得到原原种。

（1）保种圃播种应适时早播。对新育成品种最初优系中的典型单株按株行种植，每株种子种 1～2 行，行长 6～8 米，中熟或中早熟品种平均行距 80～100 厘米，株距 25～30 厘米；短季棉品种平均行距 65～70 厘米，株距 20～25 厘米，等行距或宽窄行种植。小区端设人行道 1.2 米，以便鉴定去杂。育种家种子圃周围设宽度为 3～5 米的保护区和 80 米以上的隔离区，保护区种植同品种同类别种子，隔离区种植同品种种子。

（2）按品种典型性进行株行鉴定，淘汰劣行，再对行内单株鉴定，整株去杂，生长季节人工拔除异株和劣株。去杂应在不同发育阶段分次进行，每阶段应进行数次，直至性状典型一致。拔除的杂株应带出田块，妥善处理。各项栽培管理技术措施应合理、及时、精细一致。灌溉时，忌与同作物的其他田块间串灌。

（3）种子检验按照国家有关标准执行。育种家种子应及时收获，做到单收、单运、单晒、单轧、单存，种子袋内外应附有标签，严防机械混杂。当具备"低温库"多年贮藏条件时，应根据需种量要求，将株行混合收获、轧花。

（4）当不具备"低温库"贮藏条件时，按下年需种量在典型株行中收取单株，分别轧花、装袋，作为下次保种圃用种。其余混合收获，成为育种家种子。

(5)当育种家种子不足时,可在保种圃对剩余育种家种子按照株行扩繁法生产。根据需种量,把初始优系中的典型单株种成株行,株行数按需种量而定。每株种植1行,行长8～10米,等行距或宽窄行种植。鉴定以株行的典型性和整齐度为标准,淘汰劣行。

(6)当育种家种子用尽时,育种家可从良繁基地或大田中选取单株,选取单株的数量根据需种量而定,再用株行扩繁法生产育种家种子。根据需种量,把选取的典型单株种成株行,株行数按需种量而定。每株种植1行,行长8～10米,等行距或宽窄行种植。鉴定以株行的典型性和整齐度为标准,淘汰劣行。收获的种子成为育种家种子。根据群体自然选择原理,当发现选取的单株优于原品种时,可以对原品种进行更新换代,即所谓的"保纯兼选,比较更替"。

2.原原种生产

(1)原原种生产在原原种田进行,将育种家种子精量稀播种植或营养钵育苗移栽,在不同生育期,逐株鉴定去杂,混合收获生产原原种。原原种经过一次繁殖可生产原种。

(2)原原种种子田应采取严格的隔离措施。空间隔离上,与其他品种隔离距离80米以上。原原种田经过规范的种植管理、检验等程序(和育种家种子繁殖相同),成熟前和收获后按原原种标准进行纯度、净度和病虫、杂草等田间及室内检验,混合收获、轧花。贮藏应符合国家相关标准。

3.原种生产

在原种田将原原种精量稀播种植或营养钵育苗移栽种植,分株鉴定去杂、混合收获即得到原种。原种用于生产大田用种,其土地选择、鉴定、收获贮藏和原原种扩繁相同。原原种田面积根据下年大田用种量确定。

4.大田用种生产

在国有农场、良种场或特约种子基地,将原种精量稀植或营养钵育苗移栽种植,收获后即可得到大田用种,直接供应大田生产。大田用种繁育基地要求集中连片种植,一场一种或一村一种,严防混杂,田间逐株鉴定去杂,混合收获,即可得到大田用种。

棉花测产技术规程

（SDNYGC-2-6035-2018）

王桂峰[1]　张军[2]　魏学文[1]　宋美珍[3]　孙学振[4]　叶武威[1]

石岩[5]　赵云雷[3]　李林[6]　王德鹏[7]　徐勤青[1]　秦都林[1]

（1.山东省棉花生产技术指导站；2.山东棉花研究中心；

3.中国农业科学院棉花研究所；4.山东农业大学；

5.青岛农业大学；6.山东众力棉业有限公司；7.临沂大学）

一、术语和定义

1.吐絮期

当50％的棉株棉铃开裂时为进入吐絮期。

2.样方

用于测量棉花产量而随机设置的具有一定面积和代表性的样本地段。

3.校正系数

修正实际产量与推测产量之间差距的数值，棉花按85％计算。

4.成铃

棉铃直径大于等于2厘米的棉铃。

5.幼铃

棉铃直径小于2厘米的棉铃。

6.絮铃

铃壳开裂3毫米以上的棉铃。

二、测产方法

1.测产时间

一般在棉花进入吐絮期后进行测产。

2.测产专家组成

测产一般由 5～7 名具有从事棉花科研、教学、推广经验的专家组成专家组,要求至少有 2 名具有副高以上技术职务的专家和技术人员参加。

3.测产前准备

测产前,被测单位应向专家组提供所测产田块的地点、农户名、前茬作物及产量、种植品种、面积和栽培管理资料,还应准备好测产用尺子、收花袋、天平及衣分试轧机等工具。

4.测产面积及样点方选择

(1)小于 15 亩棉田:按照梅花形或对角线取样法取 5 个样点。

(2)15～1500 亩棉田:以 75 亩为一个单元,每个单元按 3 点取样。

(3)1500 亩以上棉田:以 300 亩为一个单元,每个单元随机取 3 点。

5.测产步骤

(1)行距测定:每个样点取 11 行测量行距,计算平均行距,记为 R。

(2)株距测定:每个样点中随机选取 1 行的 21 株测量株距,计算平均株距,记为 P。

(3)铃数调查及计算:每个样点连续选 20 株,分别调查成铃、幼铃、絮铃,分别记为 MB、YB、FB,按下面的公式计算单株总铃数,记为 B:

$$B = \frac{MB + FB + \dfrac{YB}{3}}{20}$$

式中,B 为棉花单株总铃数;MB 为棉花连续选 20 株成铃数,单位为个;FB 为棉花连续选 20 株絮铃数,单位为个;YB 为棉花连续选 20 株幼铃数,单位为个。

(4)单铃重及衣分:每个测产单元采收棉株中部内围完全吐絮铃 100 铃,用天平称重,计算单铃重,记为 W;将采收的 100 铃用衣分试轧机轧花,用天平称皮棉重量,记为 LW,按下面的公式计算衣分(以皮辊轧花机为准,锯齿轧花机衣分加 2 个百分点),记为 L:

$$L = \frac{LW}{W} \times \%$$

式中,L 为棉花衣分率;LW 为棉花皮棉重量,单位为克(g);W 为棉花籽棉单铃重,单位为克(g)。

6.产量计算

(1)籽棉产量计算:按下面的公式计算棉花籽棉产量:

$$SY = \frac{B \times W \times 666.7}{B \times P} \times 85\%$$

式中,SY 为棉花籽棉产量,单位为千克每亩(千克每 666.7 平方米);B 为棉花单株总铃数;W 为棉花籽棉单铃重,单位为克(g);R 为棉花种植行距,单位为厘米(厘米);P 为棉花种植株距,单位为厘米(厘米);85% 为棉花产量校正系数。

(2)皮棉产量计算:按下面的公式计算棉花籽棉产量:

$$LY = SY \times L$$

式中,LY 为棉花皮棉产量,单位为千克每亩(千克每 666.7 平方米);SY 为棉花籽棉产量,单位为千克每亩(千克每 666.7 平方米);L 为棉花衣分率。

7.填写测产报告

测产结束后,由测产专家撰写测产报告,报告内容应包括测产组织单位、测产日期、测产地点与地块、测产地块面积、种植品种、产量结果、生产技术建议等,并在测产报告上签字。

三、注意事项

测产是一项严肃的评估工作,必须做到科学、公正、真实、可靠,切忌主观性和随意性。

要认真做好测产前准备工作,保证测产有序进行。选择测产地块和实收样方必须具有代表性,切忌偏高。测产各项数据应准确无误,资料记录详尽准确。测产时,测产专家应在测量、收获和称重的现场,并监督所有测定过程,计算测产结果。

棉花绿肥间套作生产技术规程

（SDNYGC-2-6036-2018）

王桂峰[1]　魏学文[1]　宋美珍[2]　孙学振[3]　石岩[4]　王红梅[2]

门兴元[5]　张恒恒[2]　徐勤青[1]　秦都林[1]　赵文路[6]

（1.山东省棉花生产技术指导站；2.中国农业科学院棉花研究所

3.山东农业大学；4.青岛农业大学

5.山东省农业科学院植物保护研究所；6.德州市农业科学研究院）

一、棉花绿肥间套作生产与利用方式

棉花绿肥间套作是指在棉花生长前期间作一季绿肥作物，然后根茬还田或直接翻压肥田；或棉花生长后期套作一季绿肥作物，第二年棉花播种前直接翻压肥田的生产方式。山东省棉区目前主要可以采取以下两种方式：

1.棉田间作绿肥

棉田间作绿肥是指棉花实行大小行种植，同期在棉花大行间作绿肥的生产利用方式。棉花间作绿肥的生产方式充分利用了棉花生长前期的光、热资源，同时发挥不同作物的互作效应，实现了棉花与豆科作物双丰收，并且提高了土壤质量。

该方式利用早生速发的绿肥，在棉花7月封垄前翻压绿肥。棉花大小行种植有利于通风透光，可增产籽棉5%～10%。同时，绿肥翻压有利于改善土壤结构，提升土壤质量，减少棉田化肥投入，提高经济效益。

2.棉田套作绿肥

棉田套作绿肥是指在棉花生长后间期套种一季绿肥作物，第二年棉花播种前翻压提升棉田肥力的生产方式。

棉田套作绿肥模式不仅很好地解决了山东一熟棉区冬春季农田土壤裸露

的问题,改善了山东一熟棉区冬春季的生态环境,还可以将二月兰翻压作为绿肥,提升棉田土壤质量,减少化肥用量,提升经济效益,因此其综合应用潜力巨大。

二、适宜的绿肥品种及种子质量要求

1.品种选择

(1)间作以收豆为主要目的时,选择绿豆或针叶豌豆;以提升土壤地力为目的时,选择速生早发的土库曼毛叶苕子。

(2)套作以能够顺利越冬并翻压前干物质量较大的二月兰为绿肥。

2.种子质量要求

应到正规种子供应商处选购种子。获得种子后做好发芽试验,准确掌握种子的发芽率,以确定合理的播种量。

三、棉花间作绿肥技术

1.播种量

(1)绿豆为每 666.7 平方米 1～2 千克。

(2)毛叶苕子为每 666.7 平方米 2.5 千克。

2.播种时间

棉花覆膜后(即 4 月中下旬)在不覆膜带播种针叶豌豆或绿豆。

3.种植方式

在棉花宽行内(不覆膜带)套种针叶豌豆或绿豆,每带种 2 行,行距 15 厘米,株距 10 厘米.

4.管理措施

间作的针叶豌豆或绿豆管理措施同棉花单作,不再另行施肥、灌溉、中耕、病虫害防治等。

四、棉花套作绿肥技术

1.播种量

二月兰为每 666.7 平方米 1.5～2.5 千克。

2.播种时间

适宜播期在 8～9 月份,播种过晚则越冬率过低,影响翻压时的群体生物量。应根据当地降雨量情况,选择降雨后播种,出苗率较高。

3. 种植方式

(1)可选用条播和撒播两种播种方式,每 666.7 平方米条播 1.5 千克,撒播 2.5 千克。播种深度 1～2 厘米即可。

(2)棉花宽窄行种植时,宽行条播 2～3 行二月兰,行距 15～20 厘米;等行距种植时,每行条播 1 行二月兰。

(3)撒播即均匀撒播棉花全部行间即可,如果撒播时地膜未揭,应均匀撒播到无地膜的行间。

4. 管理措施

套作的二月兰管理措施同棉花单作,不再另行施肥、灌溉、中耕、病虫害防治等。

五、绿肥利用技术

1. 间作绿豆

在 6 月下旬收获,收割时留茬 15～20 厘米,根茬翻压。

2. 间作毛叶苕子

在 6 月中下旬直接翻压肥田。

3. 套作二月兰

在 4 月中下旬,棉花播种前 10 天左右进行翻压。翻压可用棉花秸秆粉碎还田机直接还田。棉花播种前的旋耕、镇压会将二月兰翻压于耕层内,不露出地面即可。

六、棉田间套作绿肥的下茬肥料管理

一般情况下,每 666.7 平方米棉田间作毛叶苕子产量 1000 千克,套作二月兰产量 3000 千克,翻压绿肥的棉田可不施土杂肥,化学肥料用量可减少20％～30％。

棉花品种鲁垦棉 33 号栽培技术规程

（SDNYGC-2-6037-2018）

王桂峰[1]　　魏学文[1]　　孙学振[2]　　张东田[3]　　李林[4]　　石岩[5]

白岩[6]　　秦都林[1]

（1.山东省棉花生产技术指导站；2.山东农业大学；

3.山东鑫瑞种业有限公司；4.山东众力棉业科技有限公司；

5.青岛农业大学；6.全国农业技术推广服务中心）

一、品种特征特性

鲁垦棉 33 号由山东省农垦科技发展中心和山东省棉花原原种场选育,于 2009 年通过山东省农作物品种审定委员会审定,审定证书编号为鲁农审 2009020。鲁垦棉 33 号属中早熟品种,出苗好,前中期生长势稳健,后期长势强,叶片中等大小。区域试验结果:生育期 125 天,株高 98 厘米,株型较紧凑,植株塔形,茎秆粗壮。第一果枝节位 7.2 个,果枝数 13.9 个,单株结铃 19.7 个,铃重 5.8 克,铃卵圆形。霜前衣分 41.2%,籽指 10.2 克,霜前花率 95.8%,僵瓣花率 7.3%。2006 年和 2007 年经农业部棉花品质监督检验测试中心 (HVICC)测试:纤维长度 30.2 毫米,比强度 28.9 cN/tex,马克隆值 4.7,整齐度 85.8%,纺纱均匀性指数 149.0。山东棉花研究中心抗病性鉴定为高抗枯萎病,耐黄萎病,高抗棉铃虫。

二、产量目标与品质指标

1.产量目标和产量构成

每 666.7 平方米皮棉产量为 110 千克左右,霜前花率 90% 以上,每 666.7

平方米总铃数 6.0 万个左右,平均单铃重 5.8 克左右,衣分 41％。

2.品质指标

品质指标达到了该品种审定时的纤维品质指标。

三、生育进程与群体指标

1.生育进程

直播棉花 4 月中旬播种,6 月初现蕾,7 月初开花,8 月底 9 月初吐絮。

2.群体指标

(1)株高:现蕾期 20～25 厘米,开花期 50～65 厘米,盛花期 75～90 厘米,吐絮期 110～120 厘米。

(2)果枝数:蕾期每株 7 台左右,开花期至盛花期每株 8～10 台,至吐絮期每株 12～15 台。

(3)单株果节数:蕾期 15～20 个,开花期至盛花期 30～40 个,至吐絮期 50～60个。

(4)成铃数:平均单株成铃 15～20 个,成铃率 40％以上。

四、种植制度与种植方式

1.地膜覆盖直播

于 4 月中旬覆膜直播,鲁西南棉区每 666.7 平方米 2500 株左右,鲁西北棉区每 666.7 平方米 3000 株左右。

2.与小麦套作

小麦与棉花套作宜采用垄作,垄高 15～20 厘米,采用 3-1 式和 4-2 式配置方式。3-1 式带宽为 110 厘米左右,种 3 行小麦,栽 1 行棉花,平均行距 110 厘米左右;4-2 式带宽为 170 厘米,种 4 行小麦,栽 2 行棉花,棉花宽窄行配置,平均行距 85 厘米。鲁西南棉区每 666.7 平方米 2000 株左右,鲁西北棉区每 666.7 平方米 2500 株左右。棉花在 4 月上旬育苗,于 5 月上中旬移栽至小麦预留棉行。

五、各生育期栽培技术

1.苗蕾期管理

(1)施足基肥。宜利用测土配方施肥,也可用如下配方:N：P_2O_5：K_2O：

B∶Zn＝1∶(0.5～0.7)∶(1.0～1.2)∶(0.01～0.02)∶(0.01～0.02)，其中施氮总量以每666.7平方米18～22千克为宜。基肥以总施氮量的30％左右、总施磷量的50％～100％、总施钾量的50％为宜。

（2）病害防治。病害主要有立枯病、炭疽病、红腐病、猝倒病等。棉花齐苗后，若遇有寒流阴雨，苗期病害有暴发的可能时，应及时给棉苗喷药保护。可用多菌灵、代森锌可湿性粉剂等喷雾淋苗。

（3）虫害防治。中期（播种至7月中旬）重点防治地老虎、蜗牛、棉盲蝽、棉蓟马、棉蚜和棉叶螨等害虫。应注重防治棉盲蝽，采取"狠治棉田一代"策略，提早防治，重点保护棉花顶尖和花蕾，同时防治棉田周边杂草和作物等，晴天早晚用药，阴天全天可喷，雨天抢空治。

（4）草害防治。地膜直播棉播种前用高效氟吡甲禾灵、稀禾定、精喹禾灵、精噁唑禾草灵等喷雾与地面耙均。

棉花现蕾后株高达到30厘米以上，植株下部茎秆转红变硬时，用草甘膦等对杂草茎叶喷雾。喷药应在无风时进行，应在喷头上加专用防护罩定向行间喷雾，不得将药液喷到棉花植株上，以免造成药害。

（5）化学调控。应根据苗情和天气状况，于8～10叶期每666.7平方米用0.5～1克缩节胺轻度化控。施用棉花专用配方缓控释肥时，应提早化控，每666.7平方米缩节胺用量以1克左右为宜。

（6）整枝。棉株现蕾后，及早打掉叶枝。

（7）中耕。盛蕾期结合深中耕、锄草和培土一并进行，可用中耕机机械中耕。地膜棉于6月底至7月初清除地膜。

（8）防灾减灾。抗台风和涝灾，清理"三沟"，迅速排除田间积水，扶理棉株，及时补肥，中耕培土。

（9）抗旱：30厘米土层土壤含水量低于田间最大持水量的60％时应及时灌溉，应小水轻浇。

2. 花铃期管理

（1）施肥。采用常规施肥的棉田应早施重施花铃肥，在盛蕾初花期施用，施肥量以总施氮量的50％～60％、总施磷量的0％～50％、总施钾量的50％为宜；沿江棉区应施盖顶肥，以7月底至8月初施用速效氮肥为宜，施氮量占总施氮量的10％左右。

8月上中旬开始叶面喷施1％～2％的尿素加0.3％～0.5％的磷酸二氢钾溶液，每隔7～10天喷一次，连续喷3～5次。

（2）化学调控。施花铃肥后3天内（或16叶期前后）及打顶后7天内各化控1次，每666.7平方米分别用缩节胺2克、3克左右喷雾。

（3）打顶。单株 12～15 台果枝时打顶，打顶不应迟于 7 月下旬。

（4）病虫害防治。病害主要防治枯萎病、黄萎病和棉铃疫病、红腐病、炭疽病、角斑病、红粉病、黑果病等铃病。在枯萎病、黄萎病轻症地对少数病株发病初期，用增效多菌灵（250 倍液，每株 100 毫升灌入根际）或用多菌灵等喷雾，每次间隔 7～10 天，连喷 2～3 次。

铃病以农业防治措施为主，可在铃病初见时用多菌灵、代森锰锌等喷于结铃部位防治，每隔 7～10 天喷 1 次，喷 2～3 次。

（5）防灾减灾。30 厘米土层土壤含水量低于田间最大持水量的 60% 时应及时灌溉，宜采用沟灌方式，不应大水漫灌。遇台风或雨涝时，应及时排出田间积水，扶理棉花，适当推迟打顶时间，抢摘黄铃。

3. 吐絮收获期管理

（1）防早衰。继续叶面喷施 1%～2% 的尿素加 0.3%～0.5% 的磷酸二氢钾溶液，以晴天下午喷中上部叶片背面为宜。

（2）防烂铃。对后期棉花生长较旺、田间郁闭、通风不良、结铃较少的棉田，应打老叶、剪空枝、抹杈，推株并拢，以增加棉田通风透光，增温降湿，减少烂铃。如遇连绵阴雨造成烂铃，应及早摘烂铃，将荫蔽重的棉田中下部 40 天棉龄的大桃或黑桃摘回后，用 1% 浓度的乙烯利喷雾催熟后晾晒。

（3）收花。当大部分棉株有 1～2 个棉铃吐絮时，即开始采摘。应在田间采摘完全吐絮花，不采摘剥桃花，以后每隔 7～8 天采摘一次，收花应选晴天晨露干后进行，但雨前应及时抢摘。

棉花品种鲁津棉36号栽培技术规程

（SDNYGC-2-6038-2018）

王桂峰[1]　魏学文[1]　孙学振[2]　潘文勇[3]　张东田[4]

李林[5]　秦都林[1]

（1.山东省棉花生产技术指导站；2.山东农业大学；3.博兴县金种子有限公司
4.山东鑫瑞种业有限公司；5.山东众力棉业科技有限公司）

一、品种特征特性

鲁津棉36号为中熟转基因抗虫常规棉，全生育期123天左右。植株塔型，无限果枝，果枝与主茎夹角适中，结铃性强，叶形鸭掌形，叶色深绿，有茸毛，苞叶中等大小，花萼环形，花冠乳白色，花药黄色，铃形卵圆形，铃柄长度中等，果枝10.6台，铃重6.9克左右，衣分39.0%左右，籽指11.2克，棉籽形状呈锥形，短绒较密，吐絮肥畅，棉絮洁白，霜前花率高。中国农业科学院棉花研究所人工接种抗病性鉴定结果为抗枯萎病，耐黄萎病。农业部棉花品质监督检验测试中心纤维品质检测结果为上半部绒长30.29毫米，断裂比强度30.4 cN/tex，马克隆值4.91，整齐度指数85.6%，伸长率6.7%，反射率81.9%，黄度7.4，纺纱均匀指数150.00，属于Ⅱ型棉花品种。

二、生产方式

一地一种，集中连片，规模种植。

三、产量目标与品质指标

1. 产量目标和产量构成

每666.7平方米皮棉产量为110千克左右。霜前花率90%以上,每666.7平方米总铃数6.0万个左右,平均单铃重6.2克左右,衣分41%。

2. 品质指标

鲁津棉36号达到了该品种审定时的纤维品质指标。

四、生育进程与群体指标

1. 生育进程

4月中下旬播种,6月初现蕾,7月初开花,8月底9月初吐絮。

2. 群体指标

(1)株高:现蕾期20~25厘米,开花期50~65厘米,盛花期70~85厘米,吐絮期100~110厘米。

(2)果枝数:蕾期每株7台左右,开花期至盛花期每株8~10台,至吐絮期每株12~15台。

(3)单株果节数:蕾期15~20个,开花期至盛花期30~40个,至吐絮期50~60个。

(4)成铃数:平均单株成铃15~20个,成铃率40%以上。

五、种植制度与种植方式

于4月中下旬覆膜直播,每666.7平方米4000株左右。

六、各生育期栽培技术

1. 苗蕾期管理

(1)施足基肥。宜利用测土配方施肥,也可用如下配方:$N：P_2O_5：K_2O：B：Zn=1：(0.5\sim0.7)：(1.0\sim1.2)：(0.01\sim0.02)：(0.01\sim0.02)$,其中施氮总量以每666.7平方米20~25千克为宜。基肥以总施氮量的30%左右、总施磷量的50%~100%、总施钾量的50%为宜。

(2)病害防治。病害主要有立枯病、炭疽病、红腐病、猝倒病等。棉花齐苗后,若遇有寒流阴雨,苗期病害有暴发的可能时,应及时给棉苗喷药保护。可用多菌灵、代森锌可湿性粉剂等喷雾淋苗。

(3)虫害防治。中期(播种至7月中旬)重点防治地老虎、蜗牛、棉盲蝽、棉蓟马、棉蚜和棉叶螨等害虫。应注重防治棉盲蝽,采取"狠治棉田一代"策略,提早防治,重点保护棉花顶尖和花蕾,同时防治棉田周边杂草和作物等,晴天早晚用药,阴天全天可喷,雨天抢空治。

(4)草害防治。地膜直播棉播种前用高效氟吡甲禾灵、稀禾定、精喹禾灵、精噁唑禾草灵等喷雾与地面耙均。

棉花现蕾后株高达到30厘米以上,植株下部茎秆转红变硬时,用草甘膦等对杂草茎叶喷雾。喷药应在无风时进行,应在喷头上加专用防护罩定向行间喷雾,不得将药液喷到棉花植株上,以免造成药害。

(5)化学调控。应根据苗情和天气状况,于8～10叶期每666.7平方米用0.5～1克缩节胺轻度化控。施用棉花专用配方缓控释肥时,应提早化控,每666.7平方米缩节胺用量以1克左右为宜。

(6)整枝。棉株现蕾后,及早打掉叶枝。

(7)中耕。盛蕾期结合深中耕、锄草和培土一并进行,可用中耕机机械中耕。地膜棉于6月底7月初清除地膜。

(8)防灾减灾。抗台风和涝灾,清理"三沟",迅速排除田间积水,扶理棉株,及时补肥,中耕培土。

(9)抗旱:30厘米土层土壤含水量低于田间最大持水量的60%时应及时灌溉,应小水轻浇。

2. 花铃期管理

(1)施肥。采用常规施肥的棉田应早施重施花铃肥,在盛蕾初花期施用,施肥量以总施氮量的50%～60%、总施磷量的0%～50%、总施钾量的50%为宜;沿江棉区应施盖顶肥,以7月底至8月初施用速效氮肥为宜,施氮量占总施氮量的10%左右。

8月上中旬开始叶面喷施1%～2%的尿素加0.3%～0.5%的磷酸二氢钾溶液,每隔7～10天喷一次,连续喷3～5次。

(2)化学调控。施花铃肥后3天内(或16叶期前后)及打顶后7天内各化控1次,每666.7平方米分别用缩节胺2克、3克左右喷雾。

(3)打顶。单株12～15台果枝时打顶,打顶不应迟于7月下旬。

(4)病虫害防治。病害主要防治枯萎病、黄萎病和棉铃疫病、红腐病、炭疽病、角斑病、红粉病、黑果病等铃病。在枯萎病、黄萎病轻症地对少数病株发病初期,用增效多菌灵(250倍液,每株100毫升灌入根际)或用多菌灵等喷雾,每次间隔 7～10 天,连喷 2～3 次。

铃病以农业防治措施为主,可在铃病初见时用多菌灵、代森锰锌等喷于结铃部位防治,每隔 7～10 天喷 1 次,喷 2～3 次。

(5)防灾减灾。30 厘米土层土壤含水量低于田间最大持水量的 60% 时应及时灌溉,宜采用沟灌方式,不应大水漫灌。遇台风或雨涝时,应及时排出田间积水,扶理棉花,适当推迟打顶时间,抢摘黄铃。

3.吐絮收获期管理

(1)防早衰。继续叶面喷施 1%～2% 的尿素加 0.3%～0.5% 的磷酸二氢钾溶液,以晴天下午喷中上部叶片背面为宜。

(2)防烂铃。对后期棉花生长较旺、田间郁闭、通风不良、结铃较少的棉田,应打老叶、剪空枝、抹杈,推株并拢,以增加棉田通风透光,增温降湿,减少烂铃。如遇连绵阴雨造成烂铃,应及早摘烂铃,将荫蔽重的棉田中下部 40 天棉龄的大桃或黑桃摘回后,用 1% 浓度的乙烯利喷雾催熟后晾晒。

(3)收花。当大部分棉株有 1～2 个棉铃吐絮时,即开始采摘。应在田间采摘完全吐絮花,不采摘剥桃花,以后每隔 7～8 天采摘一次,收花应选晴天晨露干后进行,但雨前应及时抢摘。

棉花品种鲁垦棉 37 号栽培技术规程

（SDNYGC-2-6039-2018）

王桂峰[1]　　魏学文[1]　　沈法富[2]　　石岩[3]　　赵文路[4]　　门兴元[5]

李林[6]　　张东田[7]　　徐勤青[1]　　秦都林[1]

（1. 山东省棉花生产技术指导站；2. 山东农业大学；3. 青岛农业大学

4. 德州市农业科学院；5. 山东省植物保护研究所

6. 山东众力棉业科技有限公司；7. 山东鑫瑞种业有限公司）

一、品种特征特性

鲁垦棉 37 号（陕审棉 2010001 号）全生育期 130 天，为中早熟品种，植株塔型，无限型果枝，果枝与主茎夹角适中，第一果枝节位 6.9 个，株高 95.0 厘米，茎秆茸毛较少，结铃性强，叶型鸭掌形，叶色绿，有茸毛，花冠乳白色，花药呈黄色，铃卵圆形，铃重 5.8～6.2 克，铃柄中长，衣分 41%，籽指 10.4 克，短绒较密，吐絮畅，霜前花率 98% 以上。抗病性鉴定：高抗枯萎病、抗黄萎病。上半部平均长度 29.3 毫米，断裂比强度 30.8 cN/tex，马克隆值 4.7，符合棉花品质量化指标 II 型标准。

二、产量目标与品质指标

1. 产量目标和产量构成

每 666.7 平方米皮棉产量为 100 千克左右。霜前花率 90% 以上，每 666.7 平方米总铃数 6.0 万个左右，平均单铃重 6.0 克左右，衣分 41.0%。

2. 品质指标

鲁垦棉 37 号达到了该品种审定时的纤维品质指标。

三、生育进程与群体指标

1. 生育进程

4 月中下旬播种,6 月初现蕾,7 月初开花,8 月底 9 月初吐絮。

2. 群体指标

(1)株高:现蕾期 20～25 厘米,开花期 50～65 厘米,盛花期 70～85 厘米,吐絮期 100～110 厘米。

(2)果枝数:蕾期每株 7 台左右,开花期至盛花期每株 8～10 台,至吐絮期每株 12～15 台。

(3)单株果节数:蕾期 15～20 个,开花期至盛花期 30～40 个,至吐絮期 50～60 个。

(4)成铃数:平均单株成铃 15～20 个,成铃率 40% 以上。

四、种植制度与种植方式

于 4 月下旬覆膜直播,每 666.7 平方米 4000 株左右。

五、各生育期栽培技术

1. 苗蕾期管理

(1)施足基肥。宜利用测土配方施肥,也可用如下配方:N:P_2O_5:K_2O:B:Zn=1:(0.5～0.7):(1.0～1.2):(0.01～0.02):(0.01～0.02),其中施氮总量以每 666.7 平方米 20～25 千克为宜。基肥以总施氮量的 30% 左右、总施磷量的 50%～100%、总施钾量的 50% 为宜。

(2)病害防治。病害主要有立枯病、炭疽病、红腐病、猝倒病等。棉花齐苗后,若遇有寒流阴雨,苗期病害有暴发的可能时,应及时给棉苗喷药保护。可用多菌灵、代森锌可湿性粉剂等喷雾淋苗。

(3)虫害防治。中期(播种至 7 月中旬)重点防治地老虎、蜗牛、棉盲蝽、棉蓟马、棉蚜和棉叶螨等害虫。应注重防治棉盲蝽,采取"狠治棉田一代"策略,提早防治,重点保护棉花顶尖和花蕾,同时防治棉田周边杂草和作物等,晴天早晚用药,阴天全天可喷,雨天抢空治。

(4)草害防治。地膜直播棉播种前用高效氟吡甲禾灵、稀禾定、精喹禾灵、精噁唑禾草灵等喷雾与地面耙均。

棉花现蕾后株高达到 30 厘米以上,植株下部茎秆转红变硬时,用草甘膦等对杂草茎叶喷雾。喷药应在无风时进行,应在喷头上加专用防护罩定向行间喷雾,不得将药液喷到棉花植株上,以免造成药害。

(5)化学调控。应根据苗情和天气状况,于 8~10 叶期每 666.7 平方米用 0.5~1 克缩节胺轻度化控。施用棉花专用配方缓控释肥时,应提早化控,每 666.7 平方米缩节胺用量以 1 克左右为宜。

(6)整枝。棉株现蕾后,及早打掉叶枝。

(7)中耕。盛蕾期结合深中耕、锄草和培土一并进行,可用中耕机机械中耕。地膜棉于 6 月底 7 月初清除地膜。

(8)防灾减灾。抗台风和涝灾,清理"三沟",迅速排除田间积水,扶理棉株,及时补肥,中耕培土。

(9)抗旱:30 厘米土层土壤含水量低于田间最大持水量的 60% 时应及时灌溉,应小水轻浇。

2. 花铃期管理

(1)施肥。采用常规施肥的棉田应早施重施花铃肥,在盛蕾初花期施用,施肥量以总施氮量的 50%~60%、总施磷量的 0%~50%、总施钾量的 50% 为宜;沿江棉区应施盖顶肥,以 7 月底至 8 月初施用速效氮肥为宜,施氮量占总施氮量的 10% 左右。

8 月上中旬开始叶面喷施 1%~2% 的尿素加 0.3%~0.5% 的磷酸二氢钾溶液,每隔 7~10 天喷一次,连续喷 3~5 次。

(2)化学调控。施花铃肥后 3 天内(或 16 叶期前后)及打顶后 7 天内各化控 1 次,每 666.7 平方米分别用缩节胺 2 克、3 克左右喷雾。

(3)打顶。单株 12~15 台果枝时打顶,打顶不应迟于 7 月下旬。

(4)病虫害防治。病害主要防治枯萎病、黄萎病和棉铃疫病、红腐病、炭疽病、角斑病、红粉病、黑果病等铃病。在枯萎病、黄萎病轻症地对少数病株发病初期,用增效多菌灵(250 倍液,每株 100 毫升灌入根际)或用多菌灵等喷雾,每次间隔 7~10 天,连喷 2~3 次。

铃病以农业防治措施为主,可在铃病初见时用多菌灵、代森锰锌等喷于结铃部位防治,每隔 7~10 天喷 1 次,喷 2~3 次。

(5)防灾减灾。30 厘米土层土壤含水量低于田间最大持水量的 60% 时应及时灌溉,宜采用沟灌方式,不应大水漫灌。遇台风或雨涝时,应及时排出田间积水,扶理棉花,适当推迟打顶时间,抢摘黄铃。

3. 吐絮收获期管理

(1)防早衰。继续叶面喷施 1%~2% 的尿素加 0.3%~0.5% 的磷酸二氢钾溶液,以晴天下午喷中上部叶片背面为宜。

(2)防烂铃。对后期棉花生长较旺、田间郁闭、通风不良、结铃较少的棉田,应打老叶、剪空枝、抹杈,推株并拢,以增加棉田通风透光,增温降湿,减少烂铃。如遇连绵阴雨造成烂铃,应及早摘烂铃,将荫蔽重的棉田中下部40天棉龄的大桃或黑桃摘回后,用1‰浓度的乙烯利喷雾催熟后晾晒。

(3)收花。当大部分棉株有1~2个棉铃吐絮时,即开始采摘。应在田间采摘完全吐絮花,不采摘剥桃花,以后每隔7~8天采摘一次,收花应选晴天晨露干后进行,但雨前应及时抢摘。

棉花品种仁和 39 号盐碱地栽培技术规程

（SDNYGC-2-6040-2018）

王桂峰[1]　　魏学文[1]　　宋美珍[2]　　叶武威[2]　　沈法富[3]　　白岩[4]

张东田[5]　　李林[6]　　徐勤青[1]　　秦都林[1]

（1.山东省棉花生产技术指导站；2.中国农业科学院棉花研究所；

3.山东农业大学；4.全国农业技术推广服务中心；

5.山东鑫瑞种业有限公司；6.山东众力棉业有限公司）

一、特征特性

仁和 39 号于 2009 年通过了山东省农作物品种审定委员会的审定,审定证书编号鲁农审 2009023 号。仁和 39 号属中早熟品种,出苗较好,幼苗期发育快,全生育期长势稳健,叶片中等大小。区域试验结果:生育期 127 天,株高 100 厘米,植株塔形;第一果枝节位 6.9 个,果枝数 13.5 个,单株结铃 17.8 个,铃重 6.3 克,铃卵圆形;霜前衣分 39.2％,籽指 10.8 克,霜前花率 95.8％,僵瓣花率 6.9％。2006 年和 2007 年经农业部棉花品质监督检验测试中心测试,纤维长度 30.5 毫米,比强度 29.1 cN/tex,马克隆值 5.0,整齐度 85.7％,纺纱均匀性指数 146.4。山东棉花研究中心抗病性鉴定结果为抗枯萎病,耐黄萎病,高抗棉铃虫。

二、产量目标与品质指标

1.产量目标和产量构成

每 666.7 平方米皮棉产量为 100 千克左右。霜前花率 90％以上,每 666.7 平方米总铃数 6.0 万个左右,平均单铃重 6.3 克左右,衣分 39.0％～40.0％。

2. 品质指标

仁和 39 号达到了该品种审定时的纤维品质指标。

三、生育进程与群体指标

1. 生育进程

直播棉花 4 月中旬播种,6 月初现蕾,7 月初开花,8 月底 9 月初吐絮。

2. 群体指标

(1)株高:现蕾期 20～25 厘米,开花期 50～65 厘米,盛花期 75～85 厘米,吐絮期 100～110 厘米。

(2)果枝数:蕾期每株 7 台左右,开花期至盛花期每株 8～10 台,至吐絮期每株 12～14 台。

(3)单株果节数:蕾期 15～20 个,开花期至盛花期 30～40 个,至吐絮期 50～60 个。

(4)成铃数:平均单株成铃 12～18 个,成铃率 40% 以上。

四、种植制度与种植方式

于 4 月中旬覆膜直播,鲁西北棉区每 666.7 平方米 4000 株左右。

五、各生育期栽培技术

1. 苗蕾期管理

(1)施足基肥。宜利用测土配方施肥,也可用如下配方:$N：P_2O_5：K_2O：B：Zn=1：(0.5～0.7)：(1.0～1.2)：(0.01～0.02)：(0.01～0.02)$,其中施氮总量以每 666.7 平方米 18～22 千克为宜。基肥以总施氮量的 30% 左右、总施磷量的 50%～100%、总施钾量的 50% 为宜。

(2)病害防治。病害主要有立枯病、炭疽病、红腐病、猝倒病等。棉花齐苗后,若遇有寒流阴雨,苗期病害有暴发的可能时,应及时给棉苗喷药保护。可用多菌灵、代森锌可湿性粉剂等喷雾淋苗。

(3)虫害防治。中期(播种至 7 月中旬)重点防治地老虎、蜗牛、棉盲蝽、棉蓟马、棉蚜和棉叶螨等害虫。应注重防治棉盲蝽,采取"狠治棉田一代"策略,提早防治,重点保护棉花顶尖和花蕾,同时防治棉田周边杂草和作物等,晴天早晚用药,阴天全天可喷,雨天抢空治。

（4）草害防治。地膜直播棉播种前用高效氟吡甲禾灵、稀禾定、精喹禾灵、精噁唑禾草灵等喷雾与地面耙均。

棉花现蕾后株高达到 30 厘米以上，植株下部茎秆转红变硬时，用草甘膦等对杂草茎叶喷雾。喷药应在无风时进行，应在喷头上加专用防护罩定向行间喷雾，不得将药液喷到棉花植株上，以免造成药害。

（5）化学调控。应根据苗情和天气状况，于 8～10 叶期每 666.7 平方米用 0.5～1 克缩节胺轻度化控。施用棉花专用配方缓控释肥时，应提早化控，每 666.7 平方米缩节胺用量以 1 克左右为宜。

（6）整枝。棉株现蕾后，及早打掉叶枝。

（7）中耕。盛蕾期结合深中耕、锄草和培土一并进行，可用中耕机机械中耕。地膜棉于 6 月底 7 月初清除地膜。

（8）防灾减灾。抗台风和涝灾，清理"三沟"，迅速排除田间积水，扶理棉株，及时补肥，中耕培土。

（9）抗旱：30 厘米土层土壤含水量低于田间最大持水量的 60% 时应及时灌溉，应小水轻浇。

2. 花铃期管理

（1）施肥。采用常规施肥的棉田应早施重施花铃肥，在盛蕾初花期施用，施肥量以总施氮量的 50%～60%、总施磷量的 0%～50%、总施钾量的 50% 为宜；沿江棉区应施盖顶肥，以 7 月底至 8 月初施用速效氮肥为宜，施氮量占总施氮量的 10% 左右。

8 月上中旬开始叶面喷施 1%～2% 的尿素加 0.3%～0.5% 的磷酸二氢钾溶液，每隔 7～10 天喷一次，连续喷 3～5 次。

（2）化学调控。施花铃肥后 3 天内（或 16 叶期前后）及打顶后 7 天内各化控 1 次，每 666.7 平方米分别用缩节胺 2 克、3 克左右喷雾。

（3）打顶。单株 12～15 台果枝时打顶，打顶不应迟于 7 月下旬。

（4）病虫害防治。病害主要防治枯萎病、黄萎病和棉铃疫病、红腐病、炭疽病、角斑病、红粉病、黑果病等铃病。在枯萎病、黄萎病轻症地对少数病株发病初期，用增效多菌灵（250 倍液，每株 100 毫升灌入根际）或用多菌灵等喷雾，每次间隔 7～10 天，连喷 2～3 次。

铃病以农业防治措施为主，可在铃病初见时用多菌灵、代森锰锌等喷于结铃部位防治，每隔 7～10 天喷 1 次，喷 2～3 次。

（5）防灾减灾。遇台风或雨涝时，应及时排出田间积水，扶理棉花，适当推迟打顶时间，抢摘黄铃。

3. 吐絮收获期管理

（1）防早衰。继续叶面喷施 1％～2％的尿素加 0.3％～0.5％的磷酸二氢钾溶液，以晴天下午喷中上部叶片背面为宜。

（2）防烂铃。对后期棉花生长较旺、田间郁闭、通风不良、结铃较少的棉田，应打老叶、剪空枝、抹杈，推株并拢，以增加棉田通风透光，增温降湿，减少烂铃。如遇连绵阴雨造成烂铃，应及早摘烂铃，将荫蔽重的棉田中下部 40 天棉龄的大桃或黑桃摘回后，用 1％浓度的乙烯利喷雾催熟后晾晒。

（3）收花。当大部分棉株有 1～2 个棉铃吐絮时，即开始采摘。应在田间采摘完全吐絮花，不采摘剥桃花，以后每隔 7～8 天采摘一次，收花应选晴天晨露干后进行，但雨前应及时抢摘。

中棉所76蒜棉套种技术规程

（SDNYGC-2-6041-2018）

王红梅[1]　　王桂峰[2]　　陈伟[1]　　魏学文[2]　　赵云雷[1]　　龚海燕[1]

桑晓慧[1]　　赵佩[1]　　徐勤青[2]　　秦都林[2]

（1.中国农业科学院棉花研究所；2.山东省棉花生产技术指导站）

中棉所76是由中国农业科学院棉花研究所选育的转抗虫基因中熟杂交一代品种，于2009年通过国家农作物品种审定委员会审定（审定编号：国审棉2009011）。中棉所76上半部平均长度30.7～30.9毫米，断裂比强度31.2～32.0 cN/Tex，马克隆值4.4～4.5，纤维品质优。该品种株形清秀，营养枝弱，赘芽少，丰产，吐絮集中且早熟性好，适宜与大蒜套种。

一、大蒜

1.优选良种

选用优良的早熟大蒜品种，种蒜选用蒜瓣肥大、色泽洁白、基部突起的蒜瓣，单瓣重以5～7克为宜，播种前剥完，同时播前晒种2～3天。

2.播种

于10月上中旬进行播种，开沟播种，沟深3～4厘米。株距根据播种密度和行距来定。种子摆放上齐下不齐，腹背连线与行向平行，蒜瓣尖部向上，覆土1～1.5厘米，播后及时浇水覆膜，密度为每666.7平方米2.2万～2.6万株。同时预留套种行，行宽25厘米。播完后，每666.7平方米的面积用37%的蒜清二号EC兑水喷洒。喷后及时覆盖厚0.004～0.008毫米的透明可降解地膜。

3.田间管理

播种前，氮、磷、钾按照1∶0.6∶0.8的配方比例施足底肥，苗期出苗率达到50%后须天天放苗，放完为止，同时及时清杂和补膜，花芽、鳞芽分化期浇一次返青水,结合浇水每 666.7 平方米追施氮肥和钾肥各 5 千克,蒜薹伸长期浇好催苔水,结合浇水每 666.7 平方米追施氮肥和钾肥各 3 千克,蒜薹采收前 3～4 天停止浇水,蒜头膨大期每 6 天浇水一次,蒜头采收前 7 天停止浇水,蒜头膨大初期,结合浇水每 666.7 平方米追施氮肥和钾肥各 4 千克,

4.病虫害防治技术

按照"预防为主,综合防治"的原则,优先采用农业防治、生物防治、物理防治,合理使用化学防治,禁止使用国家明令禁止的高毒、高残留农药。

(1)农业防治。选用抗病品种或脱毒蒜种,同时采用深耕土壤、适宜密度、合理水肥等栽培管理措施。

(2)物理防治。地膜覆盖栽培,银灰地膜避蚜,每 50 亩投放一盏杀虫灯诱杀害虫;采用 1∶1∶3∶0.1 的糖、醋、水入 90% 的敌百虫晶体溶液,每 666.7 平方米放置 10 盆诱杀成虫。

(3)生物防治。每 666.7 平方米可采用苦参碱乳剂 2～3 千克防治葱蝇幼虫。

5.采收

蒜薹顶部开始弯曲,薹苞开始变白时采收蒜薹,应于晴天下午及时采收。大蒜植株叶片开始枯黄,顶部有 2～3 片绿叶,假茎松软时应及时采收蒜头。

二、棉花

1.种植模式

依据实际情况,可采用 4－1 式或 4－2 式种植,即大蒜 4 行、棉花 1 行或者棉花 2 行(大小行),密度以每 666.7 平方米 2500 株左右为宜。

2.育苗

单户可采用营养钵育苗法,于 3 月中下旬选择适宜移栽处建苗床。苗床底部平坦,一般苗床面积建成宽 1 米左右,长 10～15 米,土壤与腐熟肥按照 7∶3 的比例充分混匀并过筛。采用内径 6～7 厘米,高 10 厘米的塑料钵育苗,同时按照计划移栽密度增加 20% 的营养钵数量。要求装满营养土,排入苗床内。晒钵 5～7 天,促进养分转化。连片种植推荐使用穴盘基质育苗法,棉苗抗逆性强,返苗期短,且节省成本。

3.播种

3 月底至 4 月初,选择晴天播种,播种前充分洒水,浇透钵块,要求达到钵与钵之间能见明水的程度,每钵点播 2 粒种子,要求小头在下,大头在上,播完后用细土或沙子覆盖,厚度 1.5～2 厘米,抹平拍紧,随后用薄地膜平铺床面,搭拱

形棚架,拱高45～50厘米,并覆盖农膜,固定压实。

4.苗床管理

播种至出苗闭棚升温,促进萌发出苗。少量棉苗出土时扯掉地膜,预防烫苗。齐苗后选微风晴天中午揭开棚膜,边间苗边松土,然后重新盖好棚膜。出苗至1叶期昼通风、夜盖膜,2～3叶期日夜通风,3叶期拆除拱棚。苗床缺水时,选晴天中午洒水。

5.移栽补苗

4月下旬至5月初移栽,移栽前7～10天浇足底墒水,移栽苗龄2～3片真叶。采用等行距或大小行栽植模式,等行距110厘米,株距30厘米,大小行种植,小行80厘米,大行130厘米,穴盘大小和纸钵大小选择打孔深度,要求打孔后移栽不能漏出钵体,拿摆钵要求苗直钵正,不破钵、不散钵,大小苗分开栽,栽后立即浇透水。移栽后采用爽土、细土及时封土,封土要求严实,厚度以3～5厘米为宜。

移栽结束后,剩余棉苗应假植移栽在垄或畦埂上,按正常大田方法浇水、施肥,确保棉苗生育进程保持一致作补苗用。

大蒜收获时要保全地膜,同时及时进行查补,缺苗处可移栽补种已育大苗,并及时浇水。

6.肥水管理

一般不施苗肥,也可依据前茬作物施肥情况,在移栽后7～10天内结合大蒜浇水,轻施苗肥,要求每666.7平方米使用尿素5千克左右。进入蕾花期及时追肥,具体在6月下旬,回收薄膜后结合中耕施用,要求每666.7平方米使用尿素10千克左右;花铃期的追肥十分重要,一般在7月上中旬,结合中耕起垄一次施用,要求每666.7平方米使用复合肥30千克左右,另外依据情况可喷施叶面肥,如喷施1%～2%的尿素加0.3%～0.5%的磷酸二氢钾溶液,以晴天下午喷中上部叶片背面为宜。同时依据天气情况及时浇水和排涝。

7.病虫害防治

病虫害防治以蚜虫、盲蝽象、烟粉虱等为重点,要做好预测预报,积极实行统防统治,采用化学防治、物理防治、农业防治相结合的方式,做到早查、早防、早治净。

(1)蚜虫防治可采用10%的吡虫啉或20%的啶虫脒可湿性粉剂,加水喷雾防治。

(2)盲蝽象重点防治二代和三代,可用吡虫啉或3%的啶虫脒和1.8%的阿维菌加水喷雾防治。

(3)烟粉虱可用60%的吡蚜酮和20%的烯啶虫胺加水喷雾防治。

8.化控

及时化控,一般应进行两次化控,初次在初花期,每666.7平方米喷施缩节胺2~2.5克;后一次在打顶后7~10天,每666.7平方米喷施缩节胺3~5克。同时依据田间长势情况酌情增加化控次数。

9.整枝及打顶

粗整枝一次,一般在6月上中旬棉花现蕾后,将第1果枝以下的叶枝连同主茎叶全部去掉。按照"枝到不等时,时到不等枝,高到不等时"的原则,在果枝台数达到14~18台时应立即打顶去一叶一心,一般时间在7月上中旬,要求一次打完。

10.收获

棉花正常吐絮后及时采摘。选晴天晨露干后进行,只采摘完全吐絮花,不采摘露水花、僵瓣花、剥桃花,采摘后充分晾晒、分存、分售。

棉花种子过量式硫酸脱绒酸量测定技术规程

（SDNYGC-2-6042-2018）

王桂峰[1]　魏学文[1]　李林[2]　王义平[3]　张东田[4]　秦都林[1]

（1.山东省棉花生产技术指导站；2.山东众力棉业有限公司；

3.山东农兴种业股份有限公司；4.山东鑫瑞种业有限公司）

一、指示剂配制

（1）配制指示剂所需器皿及仪器和原料（50毫升量筒、漏斗、小滴瓶、取料勺、精度为0.01克的电子天平、含量95%的酒精、研钵、甲基红、溴加酚绿）。

（2）准备工作：

①先把电子天平预热20分钟后校正，需校正两次，准确无误后方可使用。

②准备一张较光滑的纸，大小与天平底盘大小一致即可。

（3）操作步骤：

①把光滑的纸放在电子天平上，先称皮，清零后再称0.02克甲基红。

②把含量95%的酒精倒入量筒中，量出40毫升即可。

③把称好的甲基红放入研钵内，然后加入酒精（酒精不要全倒入，要留一小部分）。

④开始用力研磨，研磨15分钟后，观察到甲基红全部溶入酒精，再称溴甲酚绿0.01克。

⑤把称好的溴甲酚绿倒入研钵中搅拌均匀。

（4）把配好的指示剂液体倒入小滴瓶中，随倒随用，剩余酒精冲洗研钵，直至研钵干净、酒精用完为止，再在小滴瓶上放上滴管盖严。

二、硼砂标准液的配制

1. 配制标准液所需仪器、器皿和原料(小烧杯、玻璃杯、1 升容量瓶、精度为 0.0001 克的电子天平、纯硼砂、取料勺、蒸馏水电炉、干燥器)。

2. 准备工作：

①先把电子天平预热 20 分钟后校正,需校正两次,准确无误后方可使用。

②准备一张较光滑的纸,大小与天平底盘大小一致即可。

(3)操作步骤：

①先把小烧杯放入烘箱中(115 ℃),烘 45 分钟后取出,放入干燥器中冷却,冷却 30~45 分钟后称重。

②称重去皮后,加硼砂 7.6274 克于杯中,加蒸馏水后放电炉上加热,温度控制在 50~70 ℃,随加热随搅拌。

③搅拌好后,停 1 分钟倒入容量瓶,倒时用玻璃杯立到容量瓶中,顺玻璃棒慢慢倒入。需多次如此重复,直至硼砂完全溶解。若容量瓶的液体还没有达到标准线下 1 厘米处,需再向容量瓶中加入蒸馏水。配完标准液 3 小时后,需再标定一次。

三、工业浓硫酸含量测定

(1)仪器、器皿及原料(250 毫升量筒、比重计 2 支、2 毫升的移液管、50 毫升的量筒、250 毫升三角烧瓶、100 毫升容量瓶、25 毫升酸式滴定管、工业浓硫酸、蒸馏水)。

(2)测定前的准备：

把试验所需的各种器皿先用自来水洗干净后,现用蒸馏水冲洗一遍,把标准液倒入滴定管。

(3)实验步骤：

①先把要测的工业浓硫酸倒入 50 毫升量筒,离量筒口大约 1 厘米,放入比重计。然后用移液管吸 2 毫升到 100 毫升容量瓶中,再加入蒸馏水到刻度线,盖好盖,颠倒摇匀(大约需要 15 分钟)。

②把摇匀的硼酸和硫酸液用移液管(另一支)从 100 毫升容量瓶中取 2 毫升,放入三角烧瓶中,再用量筒量取 50 毫升蒸馏水倒入三角烧瓶中,然后加 3 滴指示剂。

③将配好的液体用硼砂标液滴定,随滴定随摇,溶液的颜色由红慢慢变浅,

变至淡绿色为终点,看滴管的滴液的实际刻度,记录数据。

(4)结果计算:

公式:浓硫酸浓度=4.9×滴液的体积/工业浓硫酸比重

注:同一批次的酸抽取 3～4 桶测定,如与标注相符即不再取,如不相符,需每桶都测。

四、稀硫酸含量测定的规程

1.仪器、器皿及原料(250 毫升量筒、比重计、2 支 5 毫升的移液管、50 毫升的量筒、250 毫升三角烧瓶、100 毫升容量瓶、25 毫升酸式滴定管、稀硫酸、蒸馏水)。

(2)测定前的准备:把试验所需的各种器皿先用自来水洗干净后,现用蒸馏水冲洗一遍,把标准液倒入滴定管。

(3)实验步骤:

①先把要测的稀硫酸溶液倒入 50 毫升量筒,离量筒口大约 1 厘米,放入比重计。然后用移液管吸 5 毫升到 100 毫升容量瓶中,再加入蒸馏水到刻度线,盖好盖,颠倒摇匀(大约需要 15 分钟)。

②把摇匀的稀硫酸溶液用移液管(另一支)从 100 毫升容量瓶中取 5 毫升,放入三角烧瓶中,再用量筒量取 50 毫升蒸馏水倒入三角烧瓶中,然后加 3 滴指示剂。

③将配好的液体用硼砂标准液滴定,随滴定随摇,溶液的颜色由红慢慢变浅,变至淡绿色为终点,看滴管滴液的实际刻度,记录数据。

(4)结果计算

公式:稀硫酸的含量=0.784×滴液的体积/稀硫酸的比重

五、测量残酸的操作规程(快速法)

1.仪器、设备及原料(恒温箱、三角烧瓶、蒸馏水、酸脱后的光籽、指示剂、滴液管、精度为 0.001 克的电子天平、温度计、电炉)。

(2)检测前的准备:

①先把电子天平预热 20 分钟后校正,需校正两次,准确无误后方可使用。

②把试验所需的各种器皿先用自来水洗干净后,现用蒸馏水冲洗一遍,把标准液倒入滴定管。

（3）检验步骤：

①取待测棉籽 50 粒称重（G 克）后记录，放入三角烧瓶中，加入 100 毫升蒸馏水。

②把三角烧瓶放在电炉上加热，温度计放在三角烧瓶中，一边加热一边轻摇，等温度升到 60 ℃不再加热，60 ℃保温 5 分钟后加指示剂 3 滴。

③用硼砂标准液滴定至红变绿色为终点，消耗体积用 V 表示。

（4）结果计算：

残酸含量＝$0.196V/G$

六、测量残酸的操作

1. 仪器、设备及原料（恒温箱、三角瓶、蒸馏水、酸脱后的光籽、指示剂、滴液管、精度为 0.001 克的电子天平）。

（2）测前的准备：

①先把电子天平预热 20 分钟后校正，需校正两次，准确无误后方可使用。

②把试验所需的各种器皿先用自来水洗干净后，现用蒸馏水冲洗一遍，把标准液倒入滴定管。

（3）实验步骤：取待测棉籽 50 粒称重（G 克）后记录，放入三角烧瓶中，加入 100 毫升蒸馏水，放入 30 ℃的恒温箱中浸泡 1 小时，取出摇匀，加指示剂 3 滴，用硼砂标准液滴定至红变绿色为终点，消耗体积用 V 表示。

（4）结果计算：

残酸含量＝$0.196V/G$

棉花种子(毛籽)检验技术规程

(SDNYGC-2-6043-2018)

王桂峰[1]　魏学文[1]　王红梅[2]　叶武威[2]　沈法富[3]

张东田[4]　李林[5]　徐勤青[1]　秦都林[1]

(1.山东省棉花生产技术指导站;2.中国农业科学院棉花研究所;3.山东农业大学;

4.山东鑫瑞种业有限公司;5.山东众力棉业有限公司)

一、种子棉定向

种子棉是指采用《山东省棉花原原种场棉花良种繁育技术标准》生产的棉花。

二、籽棉收购

1.籽棉水分检测:使用水分测量仪测量压实籽棉水分含量,其值不得高于11%,不达标籽棉不得入库、加工。

(2)籽棉衣分检测:使用试轧机对抽样籽棉试轧,衣分偏离该品种正常衣分2%以上的不能收购。

三、籽棉轧花

使用96片以上的锯齿轧花机轧花,每个品种轧花前对全套设备进行清理,将上次轧花残留的种子打扫干净,防止混杂。

四、基础毛籽

1.毛籽扦样

(1)仪器设备:扦样器装扦样器、双管扦样器散装扦样器、双管扦样器(比袋装双管扦样器长度要长)。

(2)种子的扦样程序:

①扦样前的准备:扦样员应向仓库管理员了解该批种子堆、装、混合、储藏过程中有关质量的情况。

②种子批的划分:一批种子棉花的最大种子批 2.5 万千克,超过 2.5 万千克要分成 2 个或更多的种子批。

③种子批的均匀度:被扦的种子批应在扦样前进行适当混合掺匀和机械加工处理,使其均匀一致。

(3)扦取的初次样品

①袋装种子扦样:根据种子批袋装的数量确定扦样袋数:1~5 袋,每袋都扦取,至少扦取 5 个初次样品;6~14 袋,扦不少于 5 袋;15~30 袋,每 3 袋至少扦取 1 袋;31~49 袋,扦不少于 10 袋;50~400 袋,每 5 袋至少扦取 1 袋;401~560 袋,扦不少于 80 袋;560 袋以上,每 7 袋至少扦取 1 袋。

②散装种子扦样。根据种子批散装的数量确定扦样点数,扦样点数:50 千克以下,不少于 3 点;51~1500 千克,不少于 5 点;1501~3000 千克,每 300 千克至少扦取 1 点;3001~5000 千克,不少于 10 点;5001~20000 千克,每 500 千克至少扦取 1 点;20001~28000 千克,不少于 40 点;28001~40000 千克,每 700 千克至少扦取 1 点。

(4)配置混合样品。把初次样品混合均匀一致。

2.检测毛籽水分(低温恒重烘干法)

(1)送验样品重量,需磨碎的为 100 克,不需磨碎的为 50 克。

(2)仪器设备。铝盒、烘箱、干燥器、电子天平、粉碎机。

(3)操作步骤:

①把铝盒放入 115 ℃烘箱内烘 45 分钟,取出放入干燥器内,冷却半小时后称重,记录。

②将送验样品充分混合,可用匙在样品罐内搅拌,从搅拌均匀的样品中取 15~20 克。

③烘前将必须磨碎的种子磨碎,做两个重复(试样在盒中的分布每平方厘米不超过 0.3 克)。

④取两份试样,每份 4.5~5.0 克,放入预先烘干的铝盒内,用精度为 0.0001 克的天平称重,记录。烘箱通电预热到110~115 ℃,将样品摊平后,把铝盒放入烘箱上层,样品盒距温度计的水银球约 2.5 厘米,迅速关闭烘箱门,在 5~10 分钟内箱温回升至(103±2)℃时开始计时,烘 8 小时。用坩埚钳或戴上手套盖好盒盖(在箱内加盖),取出放入干燥器内冷却至室温(30~45 分钟)后称重,记录。

(4)结果计算

$$种子水分 = \frac{m_2 - m_3}{m_2 - m_1}$$

式中,m_1 为样品盒的重量,m_2 样品盒和盖及样品烘前的重量,m_3 样品盒和盖及样品烘干后的重量。

(5)容许误差:若两个重复差距不超过 0.2%,结果为两测定数值的平均数,精确度 0.1%,否则重做。

3.检测毛籽健籽率

健子率是指经净度测定后的净种子样品中,除去嫩子、小子、瘦子等成熟度差的棉子,留下的健壮种子数占样品总粒数的百分率。在一般生产条件下,棉种水分达到国家标准,则健子率与发芽率呈正相关。其检测方法主要有以下几种。

(1)剪子法:从扦取的种子样品中取试样 4 份,每份 100 粒,逐粒用剪刀剪开,然后观察,根据色泽、饱满程度进行鉴别。色泽新鲜,油点明显,种仁饱满者为健子;色泽浅褐、深褐,油点不明显,种仁瘪细者为非健子。

(2)沸水烫种法:从扦取的种子样品中随机取试样 4 份,每份 100 粒,将试样分别置于小烧杯中,用沸腾的水浸烫并搅拌 5 分钟,待棉子短绒浸湿顺倒后,取出进行鉴别。种皮呈黑色、深褐色或深红色的为成熟子,即健子;呈浅褐色、浅红色或黄白色的为不成熟子,即非健子。分别数健子数和非健子数。

(3)硫酸脱绒法:从扦取的种子样品中随机取试样 4 份,每份 100 粒,将试样分别置于玻璃杯中,搅拌 1~2 分钟,待棉子短绒全部腐蚀尽,迅速用清水冲洗多次,直至水清无浑浊,然后根据种皮颜色的差异进行鉴别,鉴别标准同开水烫种法。

⑤结果计算。健子率(%)=(供检棉子数—非健子数)/供检棉子数×100

以四份试样的健子率平均结果为该批种子的健子率。

4.检测毛籽破籽

从扦取的样品中取出大于 400 粒的毛籽,用浓硫酸脱绒后冲洗干净,放入烘箱中烘至表皮没有水分。取出后数出 400 粒待检测种子,检测种子的表皮是否有破损,把有破损的捡出,最后数出破籽的总数。

结果计算:破籽率(%)=破损数/400×100

5.测短绒率

(1)仪器、器皿及原料:铝盒、浓硫酸、小烧杯、电炉子、温度计、干燥器、干净棉纱、烘箱、试纸。

(2)测定前的准备:把试验所需的各种器皿先用自来水洗干净后,再用蒸馏水冲洗一遍,把标准液倒入滴定管。

(3)测定的操作步骤:

①把铝盒放入 115 ℃的烘箱内烘干 45 分钟,取出放入干燥器内,冷却 30～45 分钟后冷却称重,记录。

②取 3 份脱短绒后的毛籽,分别放入 3 个铝盒中,每份小于 10 克。

③将烘箱温度调至 115 ℃,把铝盒放入后,温度升到 115 ℃开始计时,烘 45分钟后取出,放入干燥器内冷却,然后称重。

(6)把铝盒内的毛籽取出,分别放入小烧杯中,加 2～5 毫升浓硫酸脱绒,边搅拌边稍稍加热(温度控制在 50 ℃以下),脱光冲洗干净后,用试纸试后没有酸的残留,用干净的棉纱把水擦拭干后,再倒回原铝盒中均匀抹平,105 ℃下烘干1 小时后取出,冷却 30～45 分钟后称重,检测毛籽芽率。

五、种子发芽率测试

1.仪器、设备(发芽盒、发芽箱、砂子、无污染自来水、试纸)。

2.发芽前的准备

把砂子用 0.05～0.80 毫米的套筛筛好、洗净,用烘箱消毒(200 ℃烘 2 小时),取出冷却后备用,砂子的 pH 值以 6.0～7.5 为宜。发芽盒用含量 75%的酒精擦洗消毒。

(3)实验操作步骤:

①数 400 粒混合均匀的样品。

②把砂子(毛籽)按 6∶1 的比利(6 克砂子 1 毫升水)调制好,(光籽)按 8∶1 的比利(8 克砂子 1 毫升水)调制好。

③把调制好的砂子放入消毒好的发芽盒中,砂子的厚度占发芽盒高度的1/2 既可,然后用镊子搅拌均匀,再用手抹平,不要留有空隙。

④将数取的种子均匀地平压排在发芽床上(每盒 100 粒,共 4 个重复),使棉种与砂子持平,粒与粒之间应保持一定的距离,以减少相邻种子间在发育过程中的相互影响和病菌侵染,然后加盖 1 厘米的调和好的同样湿度的砂子,覆盖的砂子不要压紧,用手抹平既可。

⑤在发芽盒的侧面贴上标签,标签上注明品种名称、样品名称、样品编号、重复次数、置床日期,盖好盒盖,水平放入发芽箱内,使标签朝外,便于观察鉴定。

⑥种子放入发芽箱后6天开始初次计数,12天开始末次计数,区分正常幼苗和不正常幼苗。

(4)结果计算:四个发芽盒的总数除4,所得的平均数就是发芽率。注意:发芽试验结束后,计算试验种子各重复发芽率的百分数。如4次重复之间的最高值和最低值在容许误差之内结果有效,否则需重做。

氧化-生物双降解地膜在棉花生产中的应用技术规程

（SDNYGC-2-6044-2018）

王桂峰[1]　　魏学文[1]　　王丽红[2]　　宋美珍[3]　　孙学振[4]　　秦都林[1]

张金凤[5]　　张华祥[5]　　赵文路[6]

（1.山东省棉花生产技术指导站；2.山东天壮环保科技有限公司；

3.中国农业科学院棉花研究所；4.山东农业大学

5.东营市垦利区农业农村局；6.德州市农业科学研究院）

一、术语和定义

1.氧化-生物双降解地膜：以低密度聚乙烯（LDPE）、线性低密度聚乙烯（LLDPE）、高密度聚乙烯（HDPE）或其共混料为主要原料，加入氧化-生物双降解添加剂及其他辅助材料，经加工制得在自然环境中可进行氧化降解及生物降解的地膜。

（2）地膜降解诱导期：从地膜铺设之日起，到地膜出现多处（2～4处每平方米）不超过2厘米自然裂缝或孔洞（直径）的时间。在此日期之前，地膜膜面保持基本完整，地膜拉力没有明显下降。

（3）地膜覆盖显效期：在棉花播种至花铃期，地膜覆盖能够显著促进棉花的生长发育，该时期后，地膜破裂或去除地膜对棉花生长和经济产量不产生明显影响。

二、地膜选用

1.型号选择

棉花地膜覆盖显效期一般为（60±5）天，选择氧化-生物双降解地膜降解诱导期不早于棉花地膜覆盖显效期的产品型号。

2.覆膜宽度

根据棉花播种行距,采用大小行种植的机铺膜所选用的膜宽以 95 厘米为宜,地膜覆盖窄行,采用机采棉种植的机铺膜所选用的膜宽以 120 厘米为宜。

3.膜厚选择

选用膜厚 0.004～0.006 毫米的氧化-生物双降解地膜。

4.使用量

根据地膜覆盖率和地膜规格,常规棉田每 666.7 平方米使用 2 千克氧化-生物双降解地膜。

三、覆膜前准备

1.精细整地

棉花播前造墒(盐碱地进行洗碱压盐)后,在土壤适耕期内及时整地保墒,做到墒情充足,地面平整细碎,表土疏松,上虚下实,无作物残茬,以利于地膜覆盖。

2.播种覆膜

5 厘米地温稳定在 14 ℃时棉花播种。

3.覆膜方式

采用多功能棉花铺膜播种机械,播种、覆膜、压土、喷施除草剂一次完成。

4.除草剂的施用

正确选用棉田除草剂,膜下膜上喷施要严格按照标准剂量施用,装有打药装置的机具应做到药量准、喷洒匀、不重(漏)喷。

四、机具要求

棉花铺膜播种应按规定程序批准的产品图样和技术文件制作。

五、覆膜作业

1.覆膜质量要求

铺膜时,牵引车行进速度均匀控制在 3 千米/小时之内,铺设地膜舒展平整,封闭严密;膜边开沟深度 10～12 厘米,覆土厚度 8～10 厘米,覆土宽度 8～10 厘米。

2.地膜安装

安装地膜时,确保地膜轴转动均匀,防止地膜过度拉伸,影响铺膜质量,造成不均匀降解。

3.地膜铺设

作业中及时调整地膜横、纵向拉力,如出现以下情况应立即停机调整:

(1)横向皱纹:减小左右两压膜轮的压力,调整机组前进速度。

(2)纵向皱纹:减小膜卷的卡紧力,适当降低机组前进速度。

(3)斜向皱纹:调整两压膜轮,使其压力均匀一致。

(4)出现卷边:增大压膜轮的压力,减小覆土铲的偏角。

(5)出现破膜:减小两压膜轮的压力,调整覆土铲与地膜之间的距离。

六、地膜降解

1.氧化降解

棉花盛蕾期结合棉花中耕,将土壤掩埋的地膜裸露在地表,促进氧化降解。

2.生物降解

棉花收获后,不需要捡拾残膜,结合土壤秋冬深耕,可将残膜翻入耕层,促进生物降解。

七、地膜贮存

氧化-生物双降解地膜在贮存过程中应防止日晒、雨淋,请在避光、阴凉、干燥处妥善保管。产品在运输时应防止受机械碰撞、雨淋、日晒及玷污,保证包装完整。产品应整齐排放于清洁、阴凉、通风及避光的库房内,贮存期自生产日期起不超过 1 年。